高职高专机电类专业系列教材

电路与电子技术

（第二版）

路松行　编著

西安电子科技大学出版社

内 容 简 介

本书是为了适应高职高专电路与电子技术课程教学与改革的需要而编写的。内容以必须、够用为度，突出实用性。

全书分上、中、下三篇，共20章。其中上篇为电路基础，中篇为模拟电子电路，下篇为数字电子电路。书中有较多的例题和应用实例，并对电子设计自动化(EDA)软件的功能和使用方法作了简要介绍，每章后配有习题，每篇后还配有技能实训内容。

本书可作为高职高专院校机电、电气、自动化、计算机类等专业的教材，也可作为相近专业的教学参考书。

★本书配有电子教案，需要者可与出版社联系，免费索取。

图书在版编目(CIP)数据

电路与电子技术/路松行编著．—2版．—西安：西安电子科技大学出版社，2012.5(2023.9重印)
ISBN 978-7-5606-2768-7

Ⅰ.①电… Ⅱ.①路… Ⅲ.①电路理论—高等职业教育—教材 ②电子技术—高等职业教育—教材 Ⅳ.①TM13 ②TN01

中国版本图书馆CIP数据核字(2012)第039708号

责任编辑 云立实 秦志峰
出版发行 西安电子科技大学出版社(西安市太白南路2号)
电　　话 (029)88202421 88201467 邮　　编 710071
网　　址 www.xduph.com 电子邮箱 xdupfxb001@163.com
经　　销 新华书店
印刷单位 广东虎彩云印刷有限公司
版　　次 2012年5月第2版 2023年9月第12次印刷
开　　本 787毫米×1092毫米 1/16 印张 20.5
字　　数 487千字
印　　数 45 001～46 000册
定　　价 48.00元
ISBN 978-7-5606-2768-7/TM
XDUP 3060002-12

前　言

本书是根据国家教育部《高等工程专科学校电子技术课程教学基本要求》和面向21世纪人才培养目标而编写的，可供高职高专院校机电、电气、自动化、计算机类等专业教学使用，也可作为相近专业的教学参考书。

本书较好地体现了培养面向21世纪、以能力为本的应用型人才的教学特点，考虑了当前教学内容增加而课时压缩的现状，在内容选取上以必须、够用为度，突出实用性。书中概念和原理叙述力求简洁明了，尽量减少数学论证和公式推导。为了突出技术课的特点，在每篇后还配有技能实训内容，以加强学生动手能力的培养。为了适应科技高速发展的需要，书中适当加强了模拟集成电路和中规模数字集成电路的介绍、分析和应用，力求缩小课堂教学与实际应用之间的差距。另外，本书也对电子设计自动化(EDA)软件的功能和使用方法作了简要介绍。

本书上篇“电路基础”(第1章～第6章)可供38～48学时使用，中篇“模拟电子电路”(第7章～第14章)可供48～60学时使用，下篇“数字电子电路”(第15章～第20章)可供42～48学时使用。书中有些内容属于拓展、深化内容，可由教师根据专业特点和学时的多少取舍。全书共有9个技能实训，教师可根据各自院校的实训条件进行教学。

借本书再版之机，作者根据多年的教学体会，结合使用本书师生的反馈意见，对全书进行了以下几方面的修订：一是对全书进行了认真的审查，对初版时出现的错误和不妥之处重新进行了更正；二是对部分较难的习题进行了更换和删减；三是对数字电路中某些过于简化的论述进行了适当的补充说明，使其可读性更强一些；四是更换了部分实训内容，使之和相应章节内容的联系更加紧密；五是结合当前EDA技术在教学中逐渐被认识和加强的现状，对在教学上应用较多的Multisim 8软件的使用方法作了一定篇幅的介绍，使学生学会初步使用EDA软件，加深对教学内容的理解，了解实际设计电路和进行电路仿真的方法；六是把复数的表示和计算方法作为附录，以供那些开设本课程时还没有学过复数的学生作为参考。

本书再版得到了西安电子科技大学出版社云立实等编审人员的大力协助，其他院校使用本教材的教师也提出了许多宝贵的意见和建议，在此一并表示感谢！

在本书的编写和修订过程中，参阅了许多相关教材和书籍，在此向有关的作者致以诚挚的谢意。

由于作者水平有限，加之修订的时间仓促，书中一定还存在不少错误和不妥之处，真诚希望读者继续给予批评指正。

编　者

2012年2月28日

目　　录

上篇　电路基础

中篇　模拟电子电路

下篇 数字电子电路

上　篇

电路基础

第 1 章　电路的基本概念和基本定律

1.1　引　　言

1.1.1　电路和电路的组成

电流流通的路径称为电路。在讨论电路的普遍规律或复杂电路的问题时，又把电路称为网络。可以说网络是电路的泛称，它具有更为广泛和普遍的意义。

1.1.2　模型化的概念

实际电路由实际的元件组成。图 1.1(a)所示为一简单的实际电路模型，它由电源、负载(用电设备)、连接导线和控制设备等部分组成。由于实际电路元件的性能往往很复杂，因此为了分析和计算方便，通常采用模型化的方法来表征实际电路元件。

所谓模型化，就是突出实际电路元件的主要电磁特性，忽略其次要因素，用理想的模型，近似地反映实际元件的特性。图 1.1(b)即为图 1.1(a)的模型化电路。

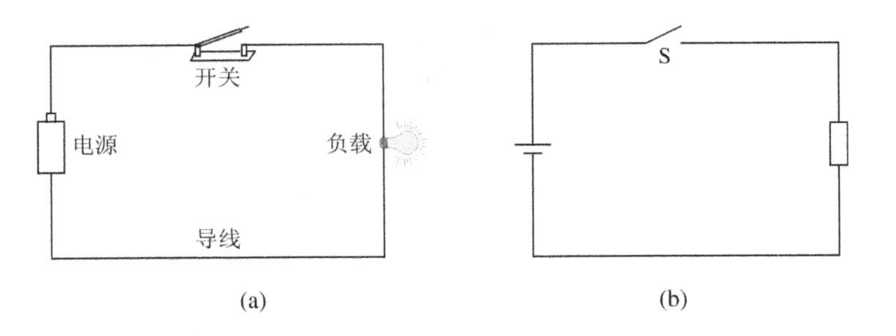

图 1.1　模型化电路的概念
(a) 电路的组成；(b) 电路的模型

1.1.3　电路的功能

电路的功能主要有两种：一是进行能量的传送和转换；二是对输入信号进行传递和处理，输出所需的信号。在这两种功能中，电源或信号源的电压或电流是电路的输入，它推动电路工作，故又称为激励；负载或终端装置的电压、电流是电路的输出，又称为响应，如图 1.2 所示。

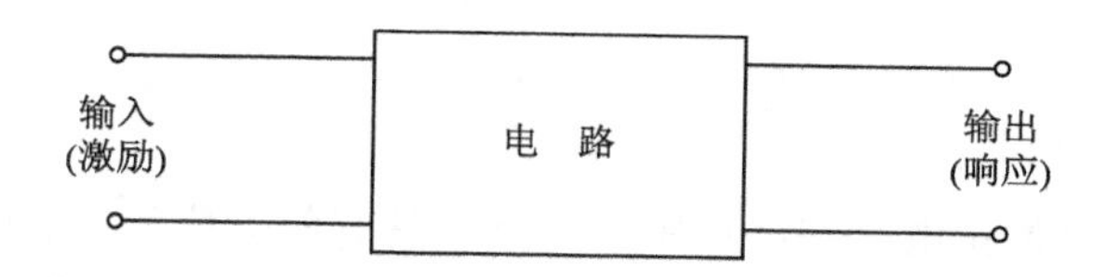

图 1.2　电路的激励和响应

对电路的研究，主要是进行电路分析，即在已知电路结构、元件参数的情况下，计算电路激励与响应之间的定量关系，分析电路在实现其功能的过程中的各种现象、状态及性能。

1.2　电路中的基本物理量

1.2.1　电流

1. 定义

金属导体内部的自由电子在电场力的作用下做有规则的定向运动，就形成电流。电流的大小用电流强度表示，定义为

$$i=\frac{\mathrm{d}q}{\mathrm{d}t} \tag{1.1}$$

式(1.1)的物理意义是单位时间内通过导体横截面的电荷量。其中 i 表示电流强度，单位是安培，简称安，用 A 表示；$\mathrm{d}q$ 为微小电量，单位是库仑，用 C 表示；$\mathrm{d}t$ 为微小的时间间隔，单位是秒，用 s 表示。

2. 方向

在物理学中规定正电荷运动的方向(或负电荷运动的反方向)为电流的实际方向(或真实方向)。在复杂电路中，电流的实际方向往往难以判断。为了分析问题方便起见，常引入参考方向的概念，即任意选择一个方向作为参考方向，当实际的电流方向与参考方向相同时，此电流值定义为正值，相反时，定义为负值，如图 1.3 所示。

图 1.3　电流的参考方向

参考方向又称假定正方向，简称正向。在正向选定之前，讨论电流的正负是没有意义的。

1.2.2　电位、电压和电动势

1. 电位

电路从本质上讲是一个有限范围的电场，在电路内的电场中，每一个电荷 q 都具有一定的电位能 W(又叫电势能)。用物理量 V 来表征电场中任一点的特征，称为电位，它定

义为

$$V=\frac{\mathrm{d}W}{\mathrm{d}q} \tag{1.2}$$

V 在数值上等于单位正电荷在电场中某一点所具有的电位能，也可理解为电场力将单位正电荷从该点沿任意路径移到参考点所做的功，其单位为伏特，简称伏，用V表示。$\mathrm{d}W$ 表示电场力把 $\mathrm{d}q$ 从一点移到另一点所做的功，单位为焦耳，用J表示。

要注意，电位是一个相对的物理量，它的大小和极性与所选取的参考点有关。参考点的选取是任意的，但通常规定参考点的电位为0，故参考点又称为零电位点(习惯上取大地为零电位点，用符号"⊥"表示)。

电位虽是对某一点而言的，但实质上还是指两点间的电位差。参考点一经选定，该电路中各点的电位也就惟一确定了。不指定参考点，讨论电位就没有意义。电位在物理学中称为电势。

2. 电压

电路中任意两点间的电位差称为电压，它是衡量电场力做功能力的物理量，用 u 或 U 表示，单位为V。在数值上，电压等于单位正电荷在电场力的作用下从电场中的一点移到另一点时电场力所做的功。

电压有实际方向和参考方向之分。实际方向是指在电场力作用下，正电荷移动的方向。实际方向定义为从高电位指向低电位，即电位降低的方向。参考方向的选取具有任意性，在实际分析电路时，若难以判断电压的实际方向，则可任意选取一端为高电位，另一端为低电位。这样由假定的高电位指向低电位的方向，即为电压的正方向(参考正方向)。

电压的实际方向与正方向一致时，电压为正值，否则为负值。没有标明电压的正方向，谈论电压的正负是没有意义的。

电压的正方向有三种表示方式：

(1) 用箭头指向表示，由假定的高电位到低电位；

(2) 用符号"+"和"−"表示假定的正负极性；

(3) 用双下标的表示法，如图1.4中的 U_{ab}，它的前一个下标表示起点，后一个下标表示终点。

这三种方法通用，实际使用时可任选一种。

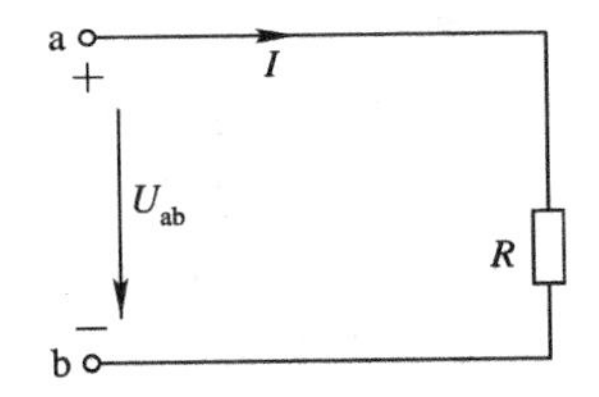

图1.4　电压参考方向的三种表示法

3. 电动势

电动势是度量电源内非静电力(化学力、电磁力等)做功能力的物理量，在数值上等于非静电力把单位正电荷从负极移到正极所做的功。其实际方向为使电位能升高的方向，即由低电位指向高电位。故电动势和电压的实际方向相反。

电动势的符号用 E 来表示，单位和电位、电压一样，都为伏特(V)。

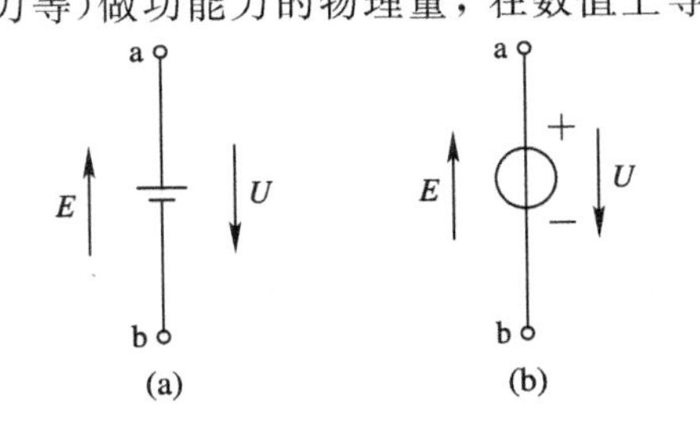

图1.5　电源的符号

(a) 电池的符号；(b) 一般电源或信号源的符号

通常用图1.5(a)所示的符号表示电池，用图1.5(b)所示的符号表示一般电源或信号源(在实际使用中，不用画出 E、U 的方向)。通常用符号上标出的正、负极表示假定正方向。

1.2.3 功和功率

电量 q 在电场力作用下从一点移到另一点，电场力所做的功即为电功，用 W 表示。

单位时间里电场力所做的功称为电功率，简称功率，用 p 表示，即

$$p = \frac{\mathrm{d}W}{\mathrm{d}t} \tag{1.3}$$

由式 $\mathrm{d}W=u\,\mathrm{d}q$，$i=\mathrm{d}q/\mathrm{d}t$，可得

$$p = ui \tag{1.4}$$

式中字母 u 和 i 表示任一时刻电压和电流的瞬时值。当 $p>0$，即 $u>0$，$i>0$ 时，表示电流由实际的高电位端流向低电位端，该段电路吸收电功率，为一负载；当 $p<0$，即 $u>0$，$i<0$ 时，或 $u<0$，$i>0$ 时，表示电流由实际的低电位端流向高电位端，该段电路放出电功率，为一电源。

在国际单位制中，功率的单位是瓦特，用 W 表示。通常说的 1 度电就是电流以 1 千瓦的功率在 1 小时内所做的功，即

$$1\ 度电 = 1\ \mathrm{kWh} = 1000 \times 3600\ \mathrm{J} \tag{1.5}$$

1.3 电阻元件与电源元件

1.3.1 电阻的线性与非线性

1. 电阻器

导体对电子运动呈现的阻力称为电阻。对电流呈现阻力的元件称为电阻器，它的主要特征用伏安特性来表示。换句话说，如果一个二端元件，在任一瞬间 t，它的电压 $u(t)$和电流$i(t)$之间的关系如果能用 u—i 平面(或 i—u 平面)上的一条曲线来确定，则称此二端元件为电阻器，称这条曲线为电阻器的伏安特性，如图 1.6 所示。

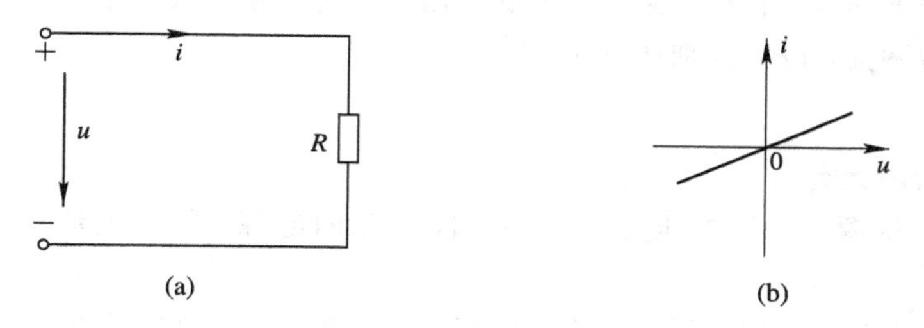

图 1.6 电阻器及其伏安特性

(a) 符号和线路；(b) 伏安特性

如果伏安特性曲线是通过原点的直线，则表明电阻器的电压和电流成正比，我们称这种电阻器为线性电阻元件，其伏安特性的斜率的倒数用 R 表示，称为电阻，单位为欧姆

(Ω)，即

$$R = \frac{1}{G} = \frac{u}{i} = 常数 \tag{1.6}$$

式(1.6)是欧姆定律的表示式，该定律可表述为：线性电阻中的电流与其上所加的电压成正比。式中的G为电导，单位为西门子(S)。电阻和电导是描述电阻元件特征的两种参数，它们互为倒数。

2. 线性电阻元件的基本特征

(1) 线性电阻元件的电压和电流成正比，其伏安特性曲线都为过原点的直线，且其上所加的电压(激励)与其中通过的电流(响应)具有相同的波形。

(2) 线性电阻元件对不同方向的电流或不同极性的电压表现出的伏安特性对称于坐标原点，即所有线性电阻元件都具有双向特性。此种元件称为双向元件，它的两个端子无须加标志区分，可按任意方式接到电路中。

需要说明的是，纯粹的线性电阻是不存在的。在一定条件下，只要电阻值变化很小，在其考虑问题的范围内允许忽略，就可把这种电阻作为线性电阻处理，以使问题简单化。

3. 非线性电阻元件及其特征

一个电阻元件，如果它的特性曲线在u—i平面上不是通过原点的直线，则称该电阻元件为非线性电阻元件。非线性电阻元件的主要特征是：

(1) 非线性电阻元件的电压与电流不成正比，因而其伏安特性不符合欧姆定律。

(2) 大多数非线性电阻元件的伏安特性对坐标原点是非对称的，所以一般都不具有双向特性。它在正反两个方向连接下呈现出的性能差别很大，因此必须注明电阻元件两个端子的正负极性，才能正确使用。

(3) 分析含有非线性元件的非线性电路一般要用图解法。半导体二极管和三极管都是非线性元件，它们的伏安特性将在以后的章节中详尽分析。本章主要讨论线性电阻电路。

1.3.2 电源元件

将其他形式的能量转换成电能的设备，称为电源。如果电源的参数都由电源本身的因素确定，而不因电路的其他因素而改变，则称为独立电源，以后简称电源。

电源是电路的输入，它在电路中起激励作用。根据电源提供电量的性质不同，可分为电压源和电流源两类，以下分别加以讨论。

1. 电压源

电压源分为两大类：

(1) 直流电压源——端电压方向不随时间变化的电源，如干电池、蓄电池、稳压电源等。

(2) 交流电压源——端电压方向随时间变化的电源，如发电厂提供的市电。

本节仅研究直流电压源，有关交流电压源的内容将在交流电路中讲解。

在理想状态下，直流电压源的内阻等于0，因而它的端电压不随流过它的电流而改变。换句话说，无论负载如何变化，若它对外电路都提供一个恒定的电压，则把这种电压源称为理想电压源，简称恒压源。恒压源具有以下几个主要特征：

(1) 它的输出电压始终恒定，不受输出电流的影响。

(2) 通过它的电流不由它本身决定，而取决于与之相连的外电路的负载的大小。它的符号、线路和伏安特性如图 1.7 所示。

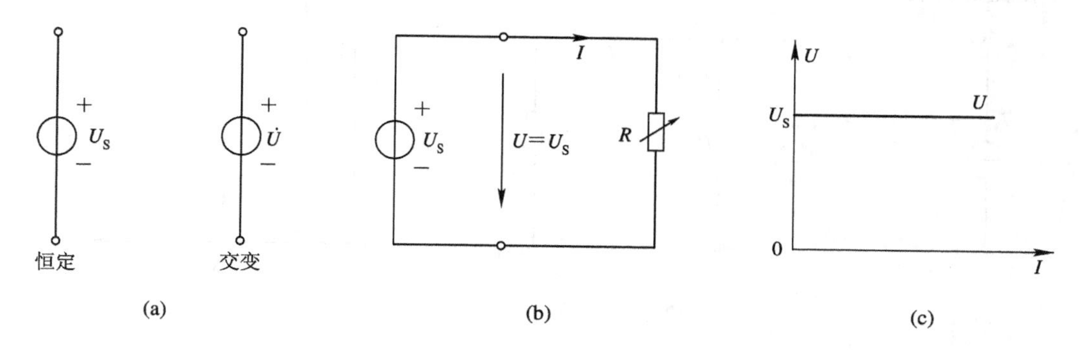

图 1.7 恒压源

(a) 符号；(b) 线路；(c) 伏安特性

需要注意的是，由于实际电源的功率有限，而且存在内阻，因此恒压源是不存在的，它只是理想化模型，只有理论上的意义。

实际的电压源简称为电压源，它的符号、线路和伏安特性如图 1.8 所示。

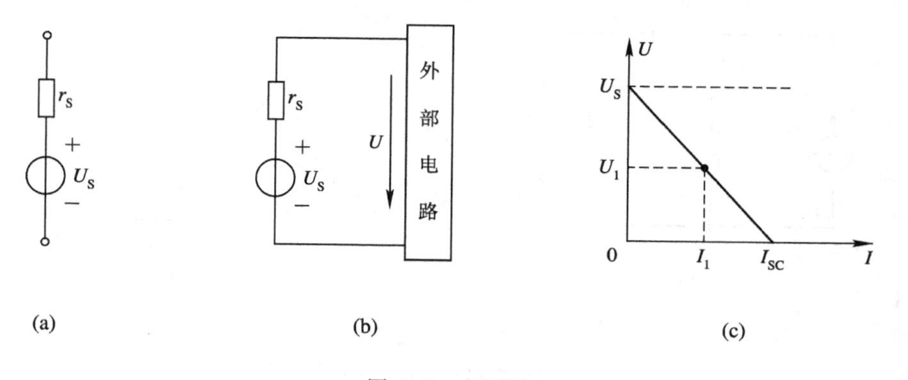

图 1.8 电压源

(a) 符号；(b) 线路；(c) 伏安特性

图 1.8 中，U_S 为电压源的端电压，r_S 为内阻，U 为外电路的端电压，I 为输出电流。它们之间的关系式为

$$U = U_S - Ir_S \tag{1.7}$$

当 $I=0$ 时，$U=U_S$，这种电路状态称为开路，这时的电压称为开路电压。

当 $U=0$ 时，$I=U_S/r_S=I_{SC}$，这种电路状态称为短路，这时的电流 I_{SC} 称为短路电流。

2. 电流源

电流源是另一种形式的电源，它向外电路提供电流。若它提供的电流不随时间变化，则称为直流电流源，否则称为交流电流源。本节仅讨论直流电流源。

不论外电路的负载大小，始终向外电路提供恒定电流的电流源，称为理想电流源，简称恒流源。恒流源具有以下几个主要性质：

(1) 它的输出电流始终恒定，与外部电路的负载大小无关，且不受输出电压的影响。

(2) 恒流源的端电压是由与之相连的外电路的电阻的大小确定的。电阻值改变，恒流源的端电压随之改变。

恒流源的符号、线路和伏安特性如图 1.9 所示。

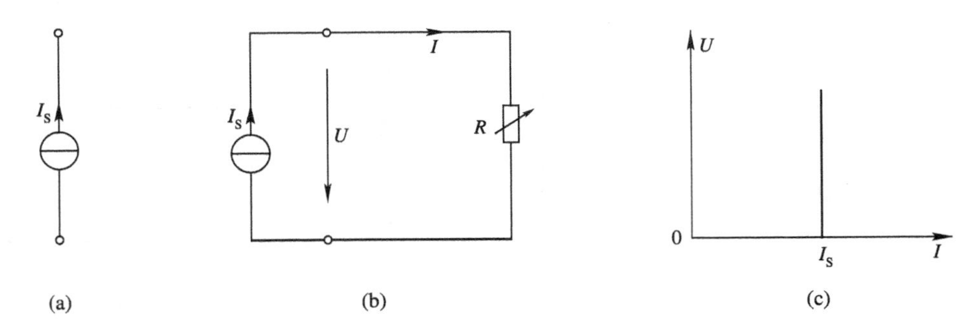

图 1.9 恒流源

(a) 符号；(b) 线路；(c) 伏安特性

恒流源是理想化模型，现实中并不存在。实际的恒流源一定有内阻，且功率总是有限的，因而产生的电流不可能完全输出给外电路。实际的电流源简称为电流源，如图1.10所示。

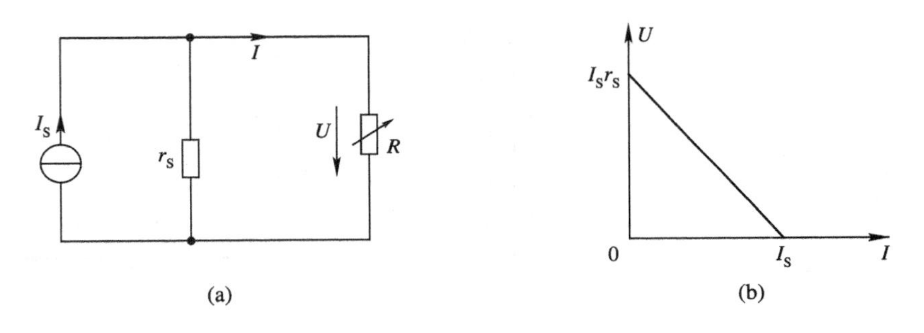

图 1.10 电流源

(a) 模型电路；(b) 伏安特性

图 1.10 中，r_S 表示电流源的内阻；U 表示电流源的端电压；R 表示外部电路的负载；I 表示电流源输出的电流值，大小为

$$I = I_S - \frac{U}{r_S} \tag{1.8}$$

由上式可知，r_S 越大，r_S 的分流作用越小，输出电流 I 越大。

当 $I=0$ 时，$U=I_S r_S$；$U=0$ 时，$I=I_S$。

电压源与电流源可以相互等效变换，从而使某些复杂电路得以简化，这在电路的分析和计算过程中是一种有用的方法。

1.4 基尔霍夫定律

无论电路多么复杂，它都是由各种元件按照不同的几何结构连接而成的。电路中每一个元件的电压和电流的大小和关系都要服从元件本身的伏安特性。这种取决于元件本身的制约关系称为元件约束。而整个电路中电流和电压的大小和关系与网络连接的方式有关。这种取决于电路结构的制约关系称为拓扑约束。

线性元件的约束关系由欧姆定律确定；非线性元件的约束关系由其伏安关系确定；而电路结构的约束关系则由基尔霍夫定律确定。

基尔霍夫定律是电路中电压和电流必须遵循的基本定律，是分析电路的依据，它由电流定律和电压定律组成。此处先介绍定律中涉及的三个与图形有关的术语。

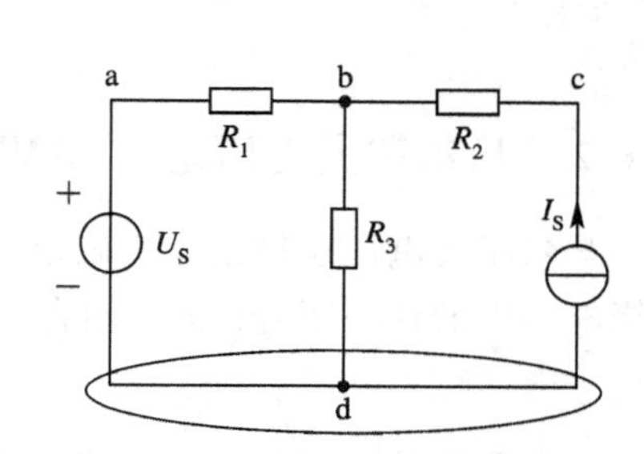

图 1.11　支路、节点和回路示意电路图

(1) 支路——电路中没有分支的一段电路就称为一条支路，如图 1.11 中的 dab、bcd、bd。

(2) 节点——两个以上支路的连接点，如图1.11 中的 b、d。

(3) 回路——由支路组成的闭合路径称为回路，如图 1.11 中的 abda、bcdb、abcda。

1.4.1　基尔霍夫电流定律(KCL)

基尔霍夫电流定律是用于确定某一节点各电流之间相互关系的定律。其表述为：在任一瞬间流入和流出任一节点的电流的代数和恒等于 0。用公式表示为

$$\sum I = 0 \qquad (1.9)$$

例如图 1.12 所示电路，若规定流入节点的电流为正，流出为负，则有

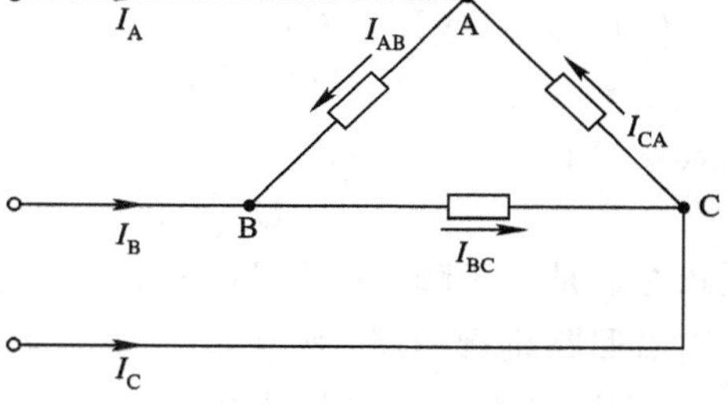

图 1.12　示例电路图

$$I_A + I_{CA} + (-I_{AB}) = 0$$
$$I_B + I_{AB} + (-I_{BC}) = 0$$
$$I_C + I_{BC} + (-I_{CA}) = 0$$

从上面三个式子中可看出，KCL 有两套正负号：一种是支路电流的假定正方向确定之后，实际电流相应的正负之分；另一种是支路电流的正方向与规定的流入节点为正、还是流入节点为负之间的正负关系。

上述三个式子也可变形为

$$I_A + I_{CA} = I_{AB}$$
$$I_B + I_{AB} = I_{BC}$$
$$I_C + I_{BC} = I_{CA}$$

从上面三个式子可看出：对任一节点而言，在任一瞬间流入节点的电流恒等于流出节点的电流。这是基尔霍夫定律的另一种表述，可用数学式表示为

$$\sum I_i = \sum I_o \qquad (1.10)$$

式中，I_i 为流入节点的电流，I_o 为流出节点的电流。

基尔霍夫定律也可推广应用于包围部分电路的任一假设的闭合面，即把一个闭合面当作广义节点来处理。如图 1.12 中 A、B、C 所包围的部分，把 A、B、C 三个节点的电流方

程式相加，可得到

$$I_A + I_B + I_C = 0$$

由此可见，在任一瞬间，通过任一闭合面的电流的代数和也恒等于0。

KCL是电荷连续性原理在电路中的体现。也就是说，在电场中，电荷的运动是连续的，任何瞬间流入某一节点的电荷恒等于流出该节点的电荷，电荷既不能产生，也不能消失。

1.4.2 基尔霍夫电压定律(KVL)

基尔霍夫电压定律是用来确定回路中各段电压间关系的定律。其表述为：在任意瞬间环绕电路中的任一闭合回路，闭合回路中各段电压的代数和恒等于0。用数学式表示为

$$\sum U = 0 \tag{1.11}$$

这里环绕的含义是指从回路中任一节点出发，按逆时针或顺时针方向沿任意路径又回到原节点。

如图1.13所示，利用KVL解题的步骤是：

(1) 选一闭合回路，如abca。

(2) 规定该闭合回路的环行方向，如顺时针，以a→b→c→a绕行。

(3) 规定沿绕行方向电压降为正，电压升为负。

(4) 列出KVL方程：

$$U_1 + U_3 - U_{S1} = 0$$

上式变形后得

$$U_1 + U_3 = U_{S1}$$

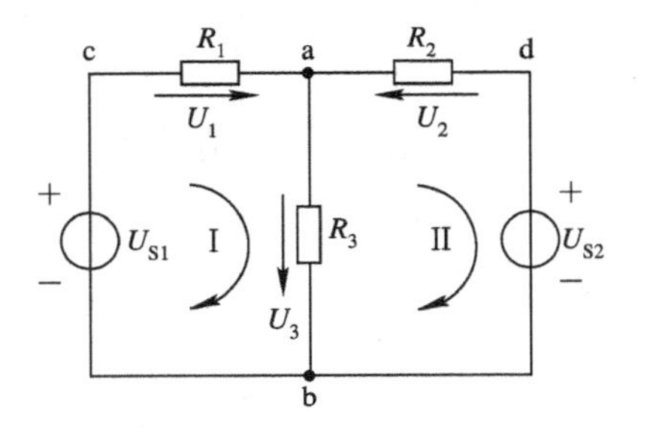

图1.13　KVL示例电路

上式左边是电压降，右边是电压升。由此可见，KVL也可表达为：以顺时针方向或逆时针方向沿回路绕行一周，则在该方向上的电压升之和等于电压降之和。

KVL也涉及两种不同的正负号：一种是支路电压的假定方向确定之后，实际电压相应的正值和负值；另一种是支路电压的方向相对于绕行方向的正负关系，比如规定沿回路绕行方向的电压降为正，电压升为负。

KVL可以推广到回路中的一段电路，如图1.14所示。

由于

$$U_1 + U_2 + U_3 - U = 0$$

则有

$$U = U_1 + U_2 + U_3$$

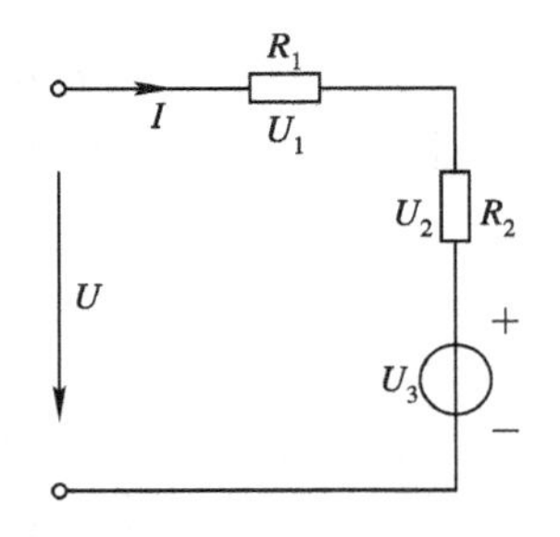

图1.14　KVL的推广示例电路

KVL是电位单值性原理在电路中的应用。单位正电荷从一点出发，沿任意路径绕行一周又回到出发点，该电荷的电位值没有改变，就表示电场力对它做的功等于0，即沿任一闭合回路总电压的和恒等于0。

KCL和KVL是分析电路的基本定律，它们只与电路的结构有关，而与电路中元件的性质无关，即无论元件是线性的还是非线性的，或有源的还是无源的均适用。

习 题 1

1. 电路如题图 1.1 所示，根据(1)、(2)、(3)、(4)四种条件，判断元件 H 是电源还是负载。

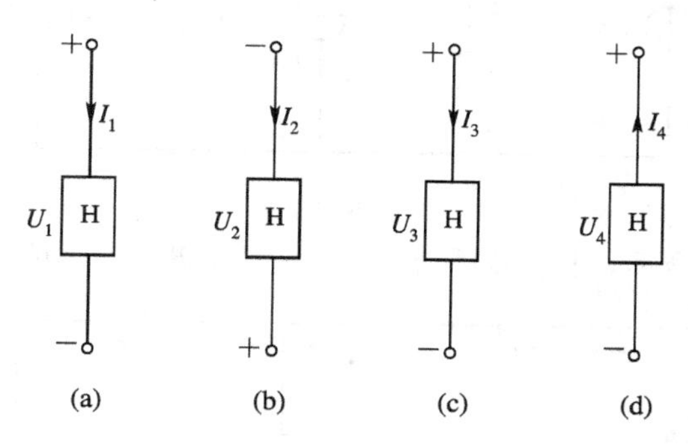

题图 1.1

(1) $U_1 = -1$ V，$I_1 = 2$ A；

(2) $U_2 = -2$ V，$I_2 = 3$ A；

(3) $U_3 = 4$ V，$I_3 = 2$ A；

(4) $U_4 = -2$ V，$I_4 = -3$ A。

2. 电路如题图 1.2 所示，计算下列电路的 U_{ab} 及功率，并指明是产生功率还是消耗功率。

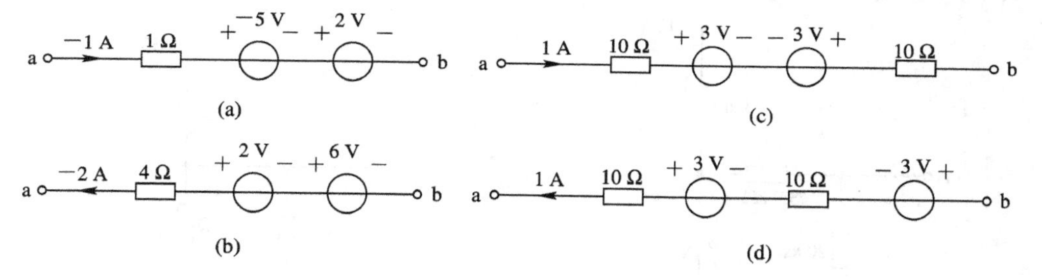

题图 1.2

3. 电路如题图 1.3 所示，求：

(1) 图(a)中的 U_{ab}，U_{cf}，U_{cb}，U_{bc}；

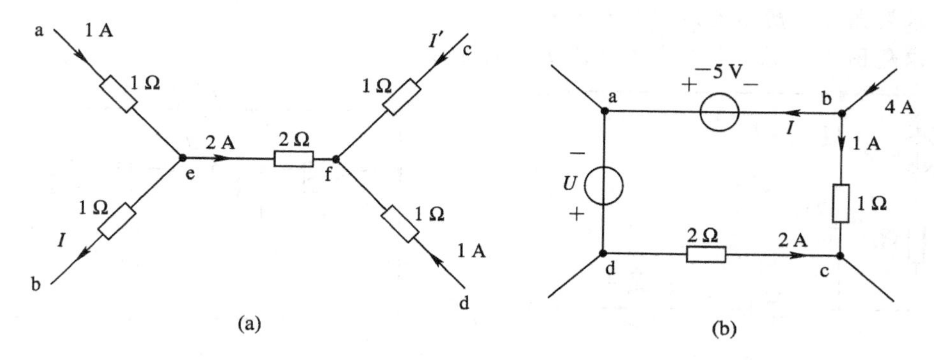

题图 1.3

(2) 图(b)中的 U 及 -5 V 电压源的功率。

4. 电路如题图 1.4 所示，求 U_1 和 U_2。

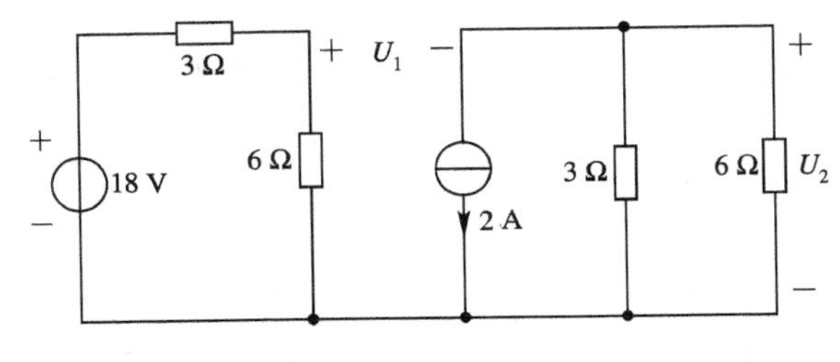

题图 1.4

5. 电路如题图 1.5 所示，求 U_1、U_2 和 I。若 9 V 电源反接，则 U_1、U_2、I 各变为多少？

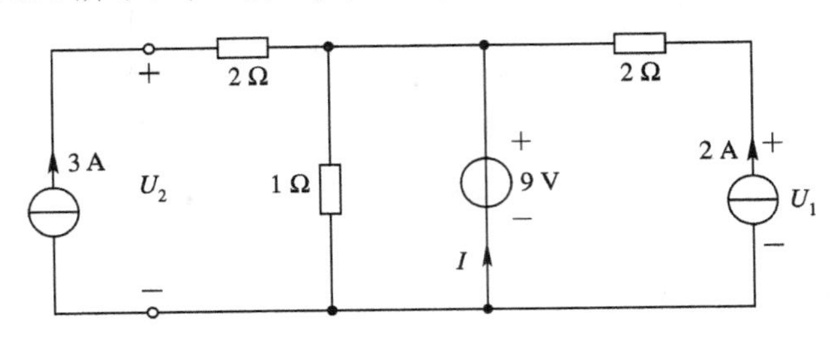

题图 1.5

6. 电路如题图 1.6 所示，在开关 S 断开和闭合两种情况下，求 A 点电位。

7. 电路如题图 1.7 所示，求 A 点电位。

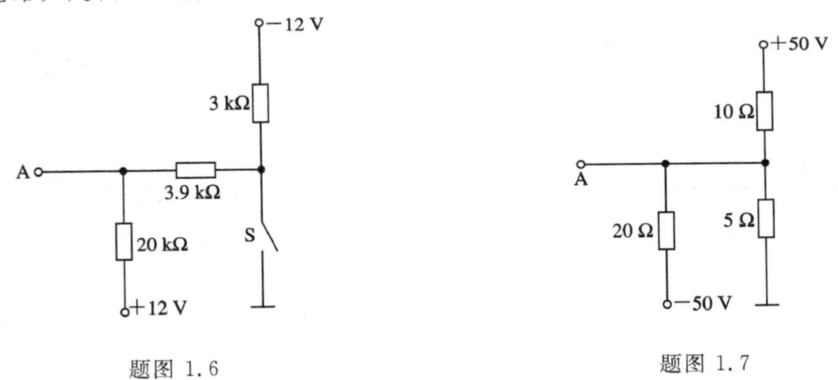

题图 1.6　　　　题图 1.7

8. 求题图 1.8 所示电路中的电压 U_{ab}。

9. 求题图 1.9 所示电路中的电流 I 和电压 U。

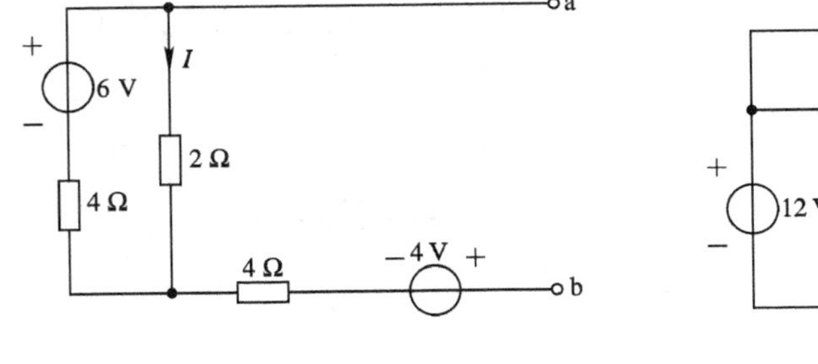

题图 1.8

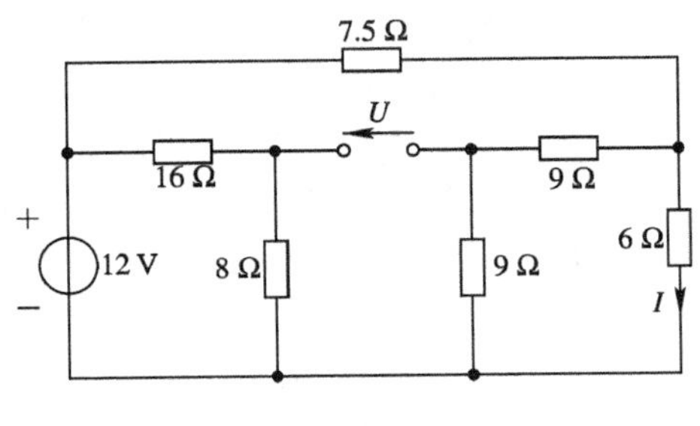

题图 1.9

10. 电路如题图 1.10 所示，已知：$U_1=U_3=1$ V，$U_2=4$ V，$U_4=U_5=2$ V，求 U_X。

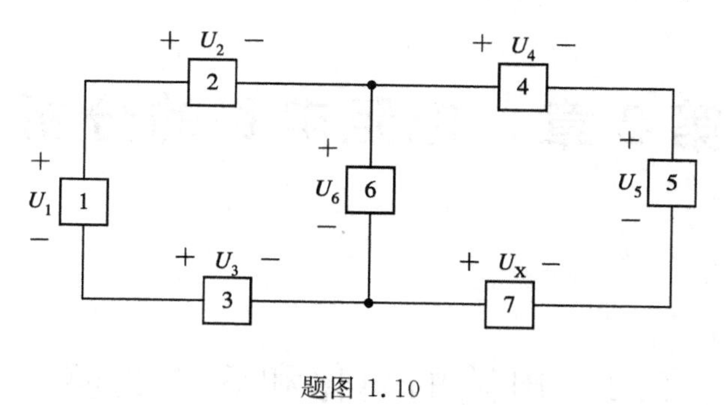

题图 1.10

第 2 章　电阻电路的分析

2.1　电路的简化和等效变换

在分析复杂的网络时，为了分析与计算的方便，应首先对电路进行简化，但简化必须在等效的条件下进行。所谓等效，是对网络的端口而言的。若两个网络端口的伏安特性完全相同，则此两个网络等效，这时就可用一个网络替换另一个网络，从而达到简化电路的目的。这是电路分析的基本方法之一。

要注意，等效变换是对网络外部而言的，网络内部并不等效；且等效变换也只适用于线性网络，非线性网络之间不能进行等效变换。

2.1.1　电阻的串、并联等效变换

1. 串联电路的等效变换及分压关系

如果电路中有若干电阻顺序连接，通过同一电流，则这样的连接法称为电阻的串联。如图 2.1(a)所示，电压为 U，电流为 I，有 n 个电阻串联。图 2.1(b)中，如果电压也为 U，电流也为 I，电阻为 R，则两电路等效。其等效电阻为

$$R = R_1 + R_2 + \cdots + R_n = \sum_{k=1}^{n} R_k \tag{2.1}$$

即电阻串联时，其等效电阻等于各个串联电阻的代数和。

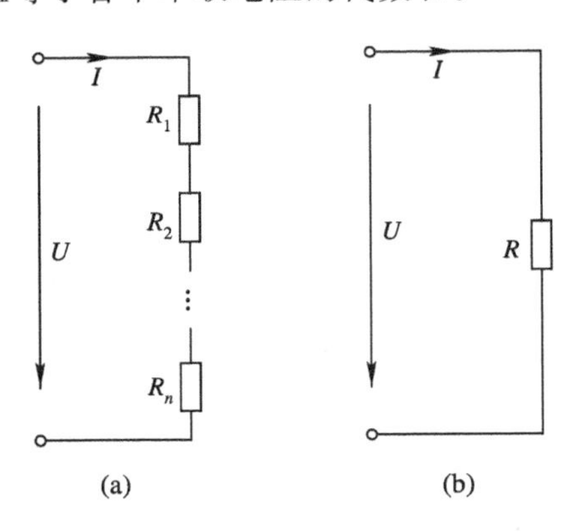

图 2.1　电阻的串联

各电阻上分压关系为

$$U_1 : U_2 : \cdots : U_n = R_1 : R_2 : \cdots : R_n \tag{2.2}$$

且

$$U_j = \frac{R_j}{R}U = \frac{R_j}{\sum_{k=1}^{n} R_k}U \tag{2.3}$$

当串联的电阻只有两个时，则有

$$U_1 = \frac{R_1}{R_1 + R_2}U \tag{2.4}$$

$$U_2 = \frac{R_2}{R_1 + R_2}U \tag{2.5}$$

2. 并联电路的等效变换及分流关系

若干电阻并排连接，在电源作用下，各电阻两端具有同一电压，则这些电阻的连接称为并联，如图 2.2(a)所示。其等效电路如图 2.2(b)所示，等效电阻 R 为

$$\frac{1}{R} = \frac{1}{R_1} + \frac{1}{R_2} + \cdots + \frac{1}{R_n} \tag{2.6}$$

或用电导表示为

$$G = G_1 + G_2 + \cdots + G_n = \sum_{k=1}^{n} G_k \tag{2.7}$$

式(2.6)和(2.7)表明，电阻并联时，其等效电阻 R 的倒数等于各分电阻倒数之和，或者说，总电导等于各分电导之和。

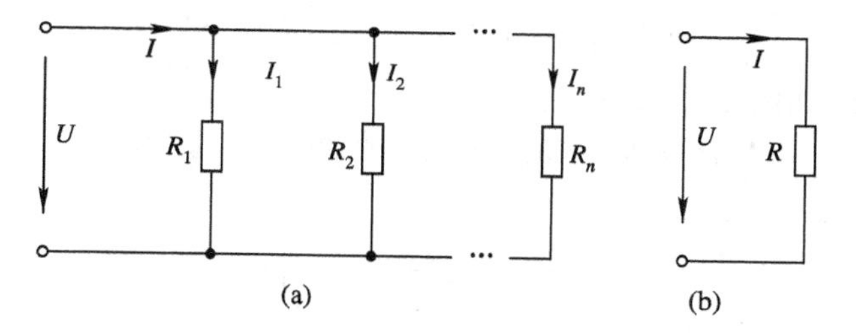

图 2.2　并联电路的等效

并联电路中各支路电流的分配关系为

$$I_1 : I_2 : \cdots : I_n = G_1 : G_2 : \cdots : G_n \tag{2.8}$$

且

$$I_n = \frac{U}{R_n} = G_n U = \frac{G_n}{G}I \tag{2.9}$$

当电路中只有两个电阻并联时，有

$$R = \frac{R_1 R_2}{R_1 + R_2} \quad 或 \quad G = G_1 + G_2 \tag{2.10}$$

其电流分配关系为

$$I_1 = \frac{R_2}{R_1 + R_2}I \tag{2.11}$$

$$I_2 = \frac{R_1}{R_1 + R_2}I \tag{2.12}$$

以上两式使用较多，应牢记。

3. 混联电路的等效变换

既有串联又有并联的电路称为混联电路。如果某混联电路能通过串、并联简化，则该电路仍属于简单电路。

例 2.1 如图 2.3(a)所示，电源 U_S 通过一个 T 型电阻传输网络向负载 R_L 供电，试求：负载电压、电流、功率及传输效率。设 $U_S=12$ V，$R_L=3$ Ω，$R_1=R_2=1$ Ω，$R_0=10$ Ω。

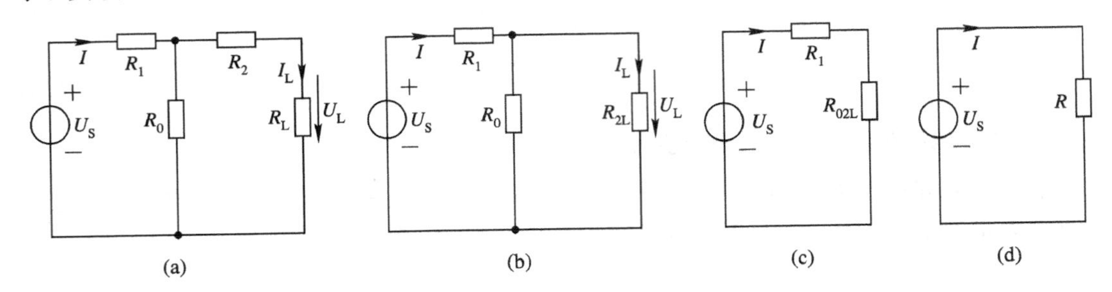

图 2.3 例 2.1 电路图

解 这一电路可用串、并联化简的办法求解。

(1) 先将 R_2 与 R_L 相串联，得到图 2.3(b)：

$$R_{2L}=R_2+R_L=1+3=4\ \Omega$$

再与 R_0 相并联，得等效电阻 R_{02L}，如图 2.3(c)所示：

$$R_{02L}=\frac{R_0R_{2L}}{R_0+R_{2L}}=\frac{10\times 4}{10+4}=2.86\ \Omega$$

最后求出总电阻 R，如图 2.3(d)所示：

$$R=R_1+R_{02L}=1+2.86=3.86\ \Omega$$

(2) 求总电流 I：

$$I=\frac{U_S}{R}=\frac{12}{3.86}=3.11\ \text{A}$$

(3) 用分流法求出负载的电流与电压：

$$I_L=\frac{R_0}{R_0+R_{2L}}I=\frac{10}{10+4}\times 3.11=2.22\ \text{A}$$

$$U_L=I_LR_L=2.22\times 3=6.66\ \text{V}$$

(4) 计算功率与效率：

负载功率

$$P_L=U_LI_L=6.66\times 2.22=14.79\ \text{W}$$

电源功率

$$P_S=U_SI=12\times 3.11=37.32\ \text{W}$$

传输效率

$$\eta=\frac{P_L}{P_S}\times 100\%=\frac{14.79}{37.32}\times 100\%=39.63\%$$

2.1.2 星形与三角形网络的等效变换

不能用串联和并联等效变换加以简化的网络称为复杂网络。复杂网络中最为常见的是星形(Y)和三角形(△)连接的三端网络，如图 2.4 所示。

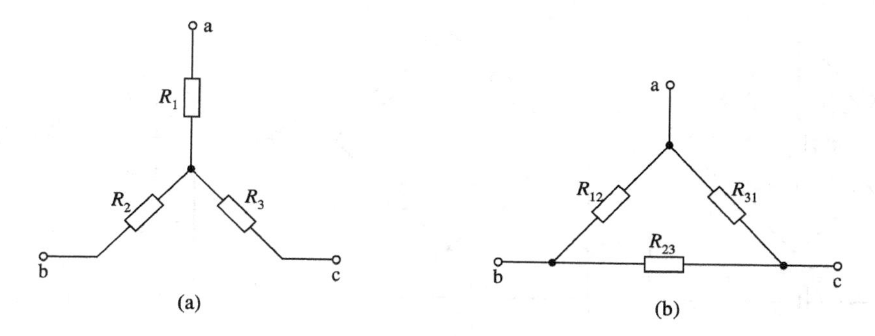

图 2.4 星形与三角形网络

(a) 星形；(b) 三角形

含有星形或三角形的网络，经常需要在它们之间进行等效变换，才可能使整个网络得以简化。这两种电路彼此相互等效的条件是：对任意两节点而言的伏安特性相同，或者说对应于两节点间的电阻相等，则这两种电路等效。这两种电路等效变换的条件是(此处省去推导过程)：

(1) 将三角形等效变换为星形(△→Y)：

$$\left.\begin{aligned} R_1 &= \frac{R_{12}R_{31}}{R_{12}+R_{23}+R_{31}} \\ R_2 &= \frac{R_{23}R_{12}}{R_{12}+R_{23}+R_{31}} \\ R_3 &= \frac{R_{31}R_{23}}{R_{12}+R_{23}+R_{31}} \end{aligned}\right\} \tag{2.13}$$

由式(2.13)可看出：

$$\mathrm{Y}_{\text{某节点电阻}} = \frac{\triangle_{\text{相对应节点连接的两电阻的乘积}}}{\triangle_{\text{3个节点相接电阻之和}}} \tag{2.14}$$

(2) 将星形变换成三角形(Y→△)：

$$\left.\begin{aligned} R_{12} &= \frac{R_1R_2+R_2R_3+R_3R_1}{R_3} \\ R_{23} &= \frac{R_1R_2+R_2R_3+R_3R_1}{R_1} \\ R_{31} &= \frac{R_1R_2+R_2R_3+R_3R_1}{R_2} \end{aligned}\right\} \tag{2.15}$$

由式(2.15)可看出：

$$\triangle_{\text{两节点之间的电阻}} = \frac{\mathrm{Y}_{\text{3个电阻成对乘积之和}}}{\mathrm{Y}_{\text{第3个节点所接电阻}}} \tag{2.16}$$

特别的，当 Y 形网络的全部电阻都相等时，与此等效的△形网络的电阻也必定相等，且等于 Y 形网络电阻的三倍，如图 2.5 所示。这时

$$R_{\mathrm{Y}} = \frac{1}{3}R_{\triangle}, \quad R_{\triangle} = 3R_{\mathrm{Y}}$$

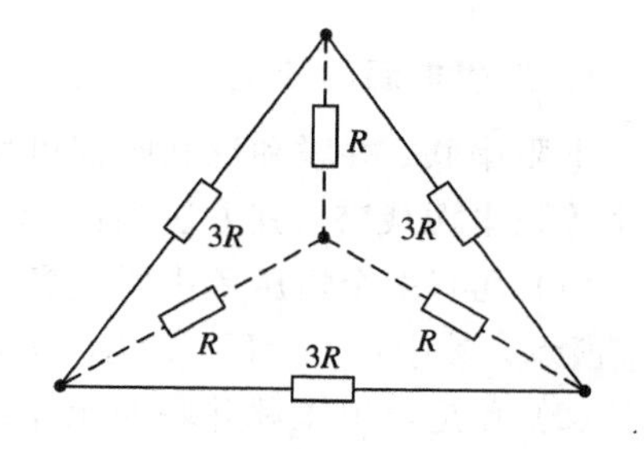

图 2.5 对称时 Y—△的变换关系图

例 2.2 电路如图 2.6(a)所示，求 I_{db}。

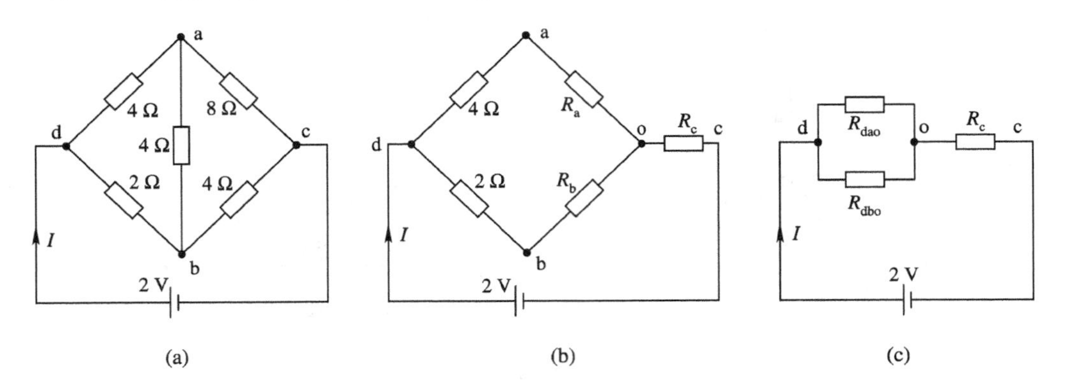

图 2.6 例 2.2 图

解 先把图 2.6(a)中的$\triangle_{abc}$网络等效变换成图 2.6(b)中的 Y_{abc}网络，求出 Y 形连接对应的等效电阻如下：

$$R_a = \frac{4 \times 8}{4+4+8} = 2\ \Omega$$

$$R_b = \frac{4 \times 4}{4+4+8} = 1\ \Omega$$

$$R_c = \frac{4 \times 8}{4+4+8} = 2\ \Omega$$

将图 2.6(b)进一步化简为图 2.6(c)，其中

$$R_{dao} = 4+2 = 6\ \Omega$$

$$R_{dbo} = 2+1 = 3\ \Omega$$

故

$$I = \frac{2}{\dfrac{6 \times 3}{6+3}+2} = 0.5\ \text{A}$$

则

$$I_{db} = \frac{6}{6+3} \times 0.5 = 0.33\ \text{A}$$

2.1.3 电压源与电流源的简化和等效变换

1. 理想电源的简化

电阻串联、并联和混联时都可用一个等效电阻代替，那么电源串联、并联时，也可用一个等效电源代替，其方法是：

(1) 凡有多个恒压源串联或多个恒流源并联，其等效电源为多个电源的代数和，如图 2.7 所示。其中：$U_S = U_{S1} + U_{S2} - U_{S3}$，$I_S = I_{S1} + I_{S2} - I_{S3}$。

(2) 凡是与恒压源并联的元件或与恒流源串联的元件均可除去，即可将与恒压源并联的支路开路，将与恒流源串联的支路短路，如图 2.8 所示。

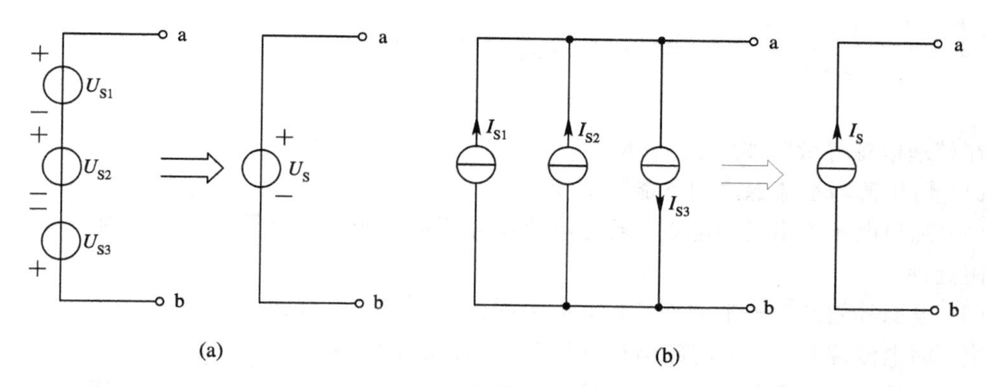

图 2.7　等效电源的概念

(a) 恒压源串联；(b) 恒流源并联

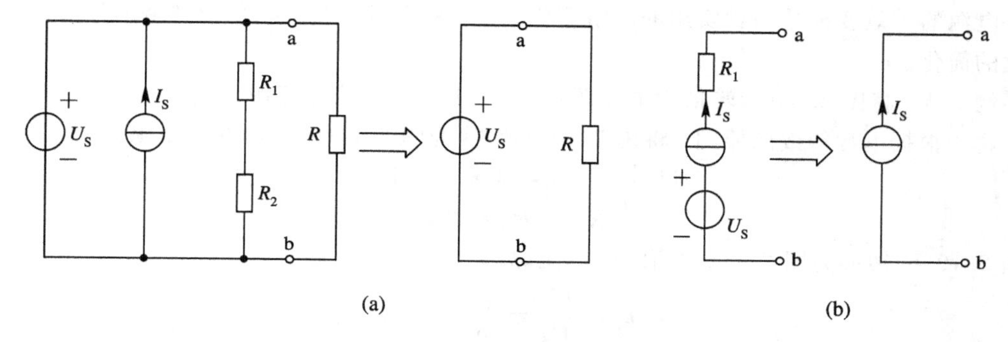

图 2.8　恒压源与恒流源串、并联简化

(a) 并联；(b) 串联

2. 电压源与电流源的等效变换

一个实际的电源对其外部电路来说，既可以看成是一个电压源，也可以看成是一个电流源，因而在一定条件下它们可以等效变换。下面求其等效的条件。

为了便于比较，把两种电源的模型用图 2.9 表示。

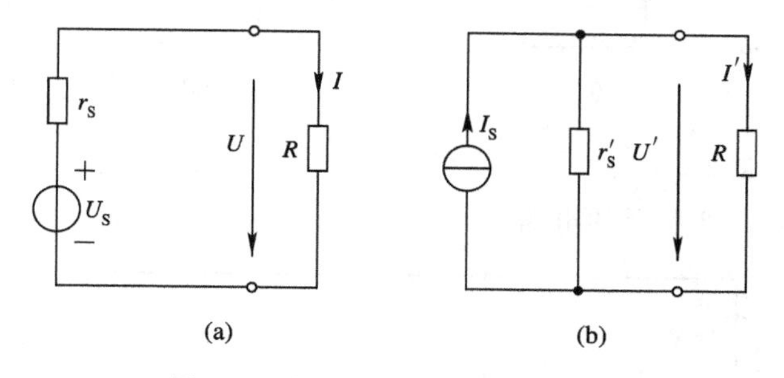

图 2.9　电压源与电流源等效变换

由于

$$I=\frac{U_S-U}{r_S}=\frac{U_S}{r_S}-\frac{U}{r_S}$$

$$I'=I_S-\frac{U'}{r_S'}$$

若这两个电源等效，必有 $U=U'$，$I=I'$，则等效条件为

$$\frac{U_S}{r} = I_S \quad 或 \quad U_S = I_S \times r_S \tag{2.17}$$

$$r_S = r_S' \tag{2.18}$$

在处理电源等效时要注意：

(1) 恒压源与恒流源之间不能等效变换。

(2) 凡与电压源串联的电阻，或与电流源并联的电阻，无论是否是电源内阻，均可当作内阻处理。

(3) 电源等效是对外电路而言的，电源内部并不等效。例如电压源开路时，内部不发出功率；而电流源开路时，内部仍有电流流过，故有功率消耗。

(4) 等效时要注意两种电源的正方向，电压源的正极为等效电流源流出电流的端子，不能颠倒。

电源的等效变换是一种实用的网络简化法，利用它可以使一些复杂网络的计算有一定程度的简化。

例 2.3 将图 2.10(a)转换为电压源，图 2.10(b)转换为电流源。

解 根据电源等效的原则，将图 2.10(a)转换为图 2.11(a)所示的电压源：

$$U_S = I_S R_S = 4 \times 3 = 12\ \text{V}$$

$$R_S' = R_S = 3\ \Omega$$

将图 2.10(b)转换为图 2.11(b)所示的电流源：

$$I_S = \frac{U_S}{R_S} = \frac{10}{5} = 2\ \text{A}$$

$$R_S' = R_S = 5\ \Omega$$

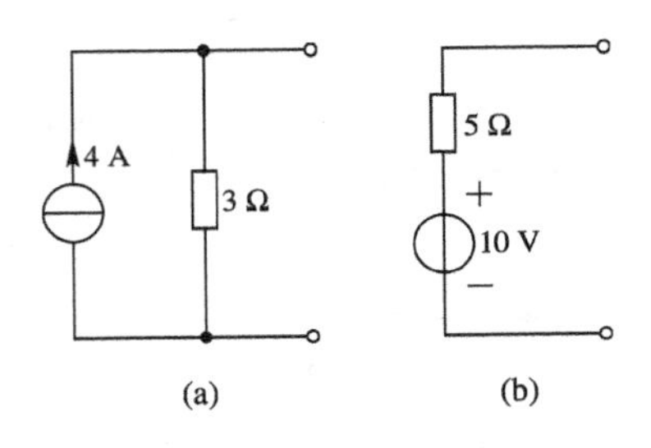

图 2.10 例 2.3 电路图

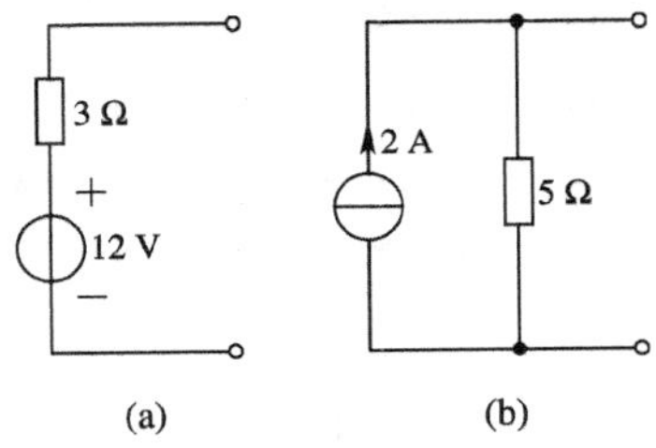

图 2.11 例 2.3 等效电路图

例 2.4 简化图 2.12 所示的电路。

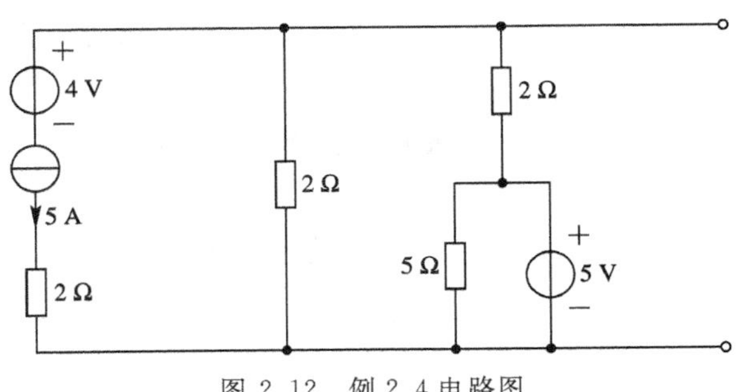

图 2.12 例 2.4 电路图

解　(1) 除去与恒流源串联的元件及与恒压源并联的元件，如图 2.13(a)所示。

(2) 将电压源化为电流源，如图 2.13(b)所示。

(3) 将两个电流源简化等效，如图 2.13(c)所示。

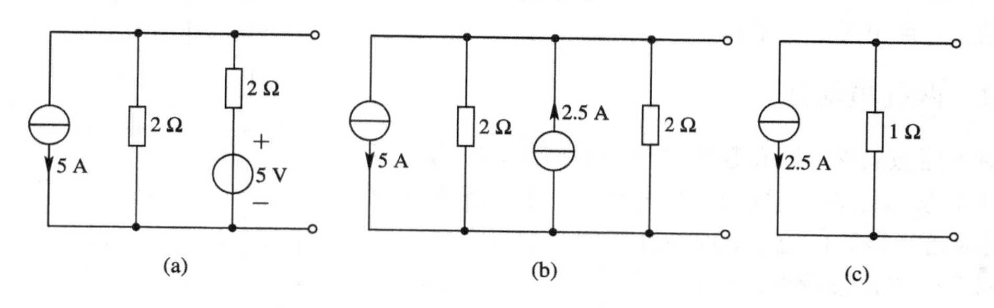

图 2.13　例 2.4 的简化电路

2.2　网络分析和网络定理

网络分析的任务是在已知电路结构、元件参数的条件下，求解各支路电流、支路电压及相应的功率关系。基尔霍夫定律和欧姆定律是网络分析的理论基础。

本节内容不仅对电阻性网络，而且对含有电容、电感的网络以及交流电路都普遍适用。

2.2.1　支路电流法

支路电流法是指以支路电流为未知量，应用 KCL 和 KVL 列出电路方程，从而求解各支路电流的方法。

例 2.5　如图 2.14 所示电路，已知 U_{S1}、U_{S2} 及 R_1、R_2 和 R_3，求各支路的电流。

解　假定各支路电流的正方向如图中所示。

由 KCL 和 KVL 列出电路方程。

对 c 和 d 点都可列出 KCL 方程，但独立方程只有一个，如 c 点：

$$I_1 + I_2 = I_3$$

对回路 acdba 和 cefdc 可列出 KVL 方程：

$$I_1R_1 + I_3R_3 = U_{S1}$$

$$-I_2R_2 - I_3R_3 = -U_{S2}$$

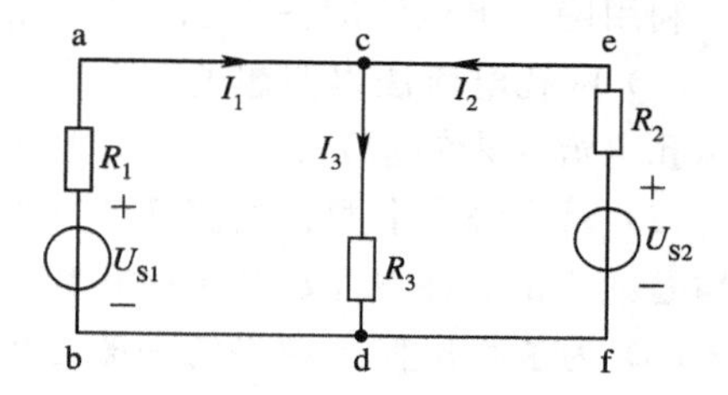

图 2.14　例 2.5 电路图

对回路 acefdba 也可列出 KVL 方程，但由于它可由以上两个方程相加得到，故它不独立，因而无需列出。

由以上三个方程联立，可解出 I_1、I_2 和 I_3。

由上例可看出，支路电流法直接应用基尔霍夫定律求解未知量，其关键在于列出足够而且独立的 KCL 和 KVL 方程。

一般来讲，对有 n 个节点、b 条支路的网络，只能列出$(n-1)$个独立的 KCL 方程，另需$l=b-(n-1)$个独立的 KVL 方程，才能求出 b 个支路电流。

保证这 l 个回路彼此独立的方法是按网孔选取回路。网孔是电路中最简单的单孔回路，即没有其他支路穿过的回路，如图 2.15 所示(为了简明起见，只画出了网络结构，且用线段表示)。

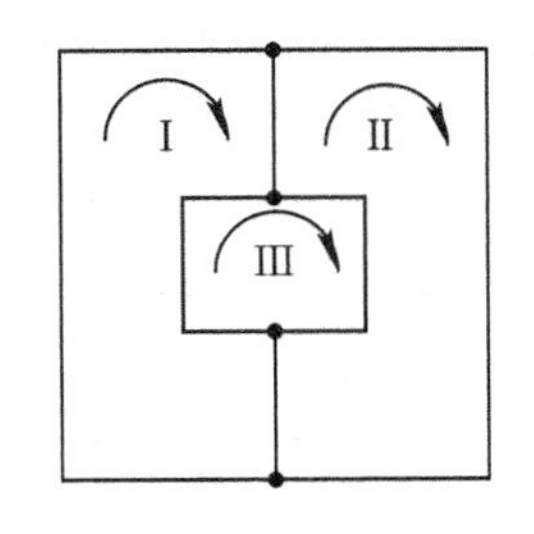

图 2.15　网孔的概念

2.2.2　网孔电流法

对支路数较多、网孔数相对较少的网络，应用支路电流法分析求解时，需列出的方程式较多，计算量较大，这时若用网孔电流法，网络分析就可以简化。

网孔电流是假设的环绕网孔的电流。以网孔电流为未知量列出 KVL 方程的分析方法，称为网孔电流法或网孔分析法。

现在仍以讲解支路电流法的电路(例 2.5 的电路)讲解网孔电流法，如图 2.16 所示。

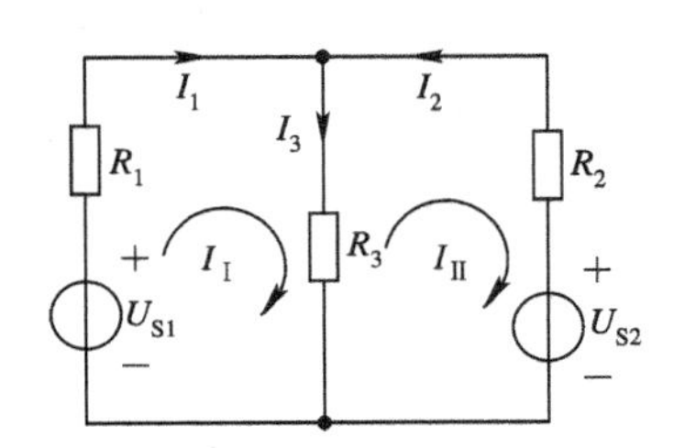

图 2.16　网孔电流法实例

设网孔Ⅰ的环绕电流为 I_{I}，网孔Ⅱ的环绕电流为 I_{II}，由图 2.16 可知，$I_{\text{I}}=I_1$，$I_{\text{II}}=-I_2$，$I_3=I_{\text{I}}-I_{\text{II}}=I_1+I_2$。由此可见，支路电流和网孔电流有着惟一确定的关系，只需求出网孔电流，各支路电流就可确定。

由 KVL，列网孔电压方程：

网孔Ⅰ：

$$I_{\text{I}}(R_1+R_3)-I_{\text{II}}R_3=U_{\text{S1}}$$

网孔Ⅱ：

$$-I_{\text{I}}R_3+I_{\text{II}}(R_2+R_3)=-U_{\text{S2}}$$

求解以上方程，可得 I_{I}、I_{II}。

利用网孔电流法应注意以下几点：

(1) 网孔电流法以假想的网孔电流为未知量。由于网络的网孔数恒少于支路数，因此用网孔电流为未知量列方程，计算起来相对于支路电流法较为简便。

(2) 因为每一个网孔电流都与其他网孔电流无关，所以用网孔电流列出的每个电压方程均是独立的，且方程数等于网孔数。

(3) 为了写出任意网络的一般方程，寻求普遍规律，此处引入自电阻和互电阻的概念。自电阻是指本网孔所有的电阻之和，用 R_{11}、R_{22}、…表示，如图 2.16 中网孔Ⅰ的自电阻为 $R_{11}=R_1+R_3$。互电阻是指相邻网孔的共有电阻，用 R_{12}、R_{13}、…、R_{21}，R_{23}等表示。图 2.16 中 R_3 即为网孔Ⅰ和网孔Ⅱ的互电阻，即 $R_{12}=R_{21}=R_3$。

(4) 当网孔的绕行方向与网孔电流的方向一致时，自电阻总为正值。互电阻的正负取决于流过互电阻的两个网孔电流的方向是否一致。若两个相邻的网孔电流的方向都按顺时针绕行，则互电阻为负；若一个为顺时针绕行，另一个为逆时针绕行，则互电阻为正。无论互电阻正或负，都只表示网孔电流在互电阻上产生的压降方向不同，并不说明电阻是负值。

在回路绕行方向与网孔电流方向一致，且网孔电流的正方向都规定为顺时针(或逆时

针)的情况下，任意网络的网孔电压方程为

$$\left.\begin{aligned}R_{11}I_{\mathrm{I}}+R_{12}I_{\mathrm{II}}+\cdots+R_{1i}I_i+\cdots+R_{1n}I_n&=U_{\mathrm{I}}\\R_{21}I_{\mathrm{I}}+R_{22}I_{\mathrm{II}}+\cdots+R_{2i}I_i+\cdots+R_{2n}I_n&=U_{\mathrm{II}}\\&\vdots\\R_{i1}I_{\mathrm{I}}+R_{i2}I_{\mathrm{II}}+\cdots+R_{ii}I_i+\cdots+R_{in}I_n&=U_i\\R_{n1}I_{\mathrm{I}}+R_{n2}I_{\mathrm{II}}+\cdots+R_{ni}I_i+\cdots+R_{nn}I_n&=U_n\end{aligned}\right\}\tag{2.19}$$

式中，I_{I}，I_{II}，…，I_n 为各网孔的网孔电流；R_{11}，R_{22}，…，R_{nn} 为各网孔的自电阻，自电阻均为正值；$R_{ik}(i\neq k)$是各网孔的互电阻，互电阻均为负值；U_{I}，U_{II}，…，U_n 是各网孔中电源电压的代数和，电位升为正，电位降为负。网孔中若含有电流源，则应把它等效成电压源；若含恒流源支路，则恒流源的电流应设定为该网孔的网孔电流。

以上方程组可使用行列式求解。

例 2.6 电路如图 2.17 所示，$R_1=R_2=R_3=R_4=R_5=1\ \Omega$，试用网孔电流法求 U_o。

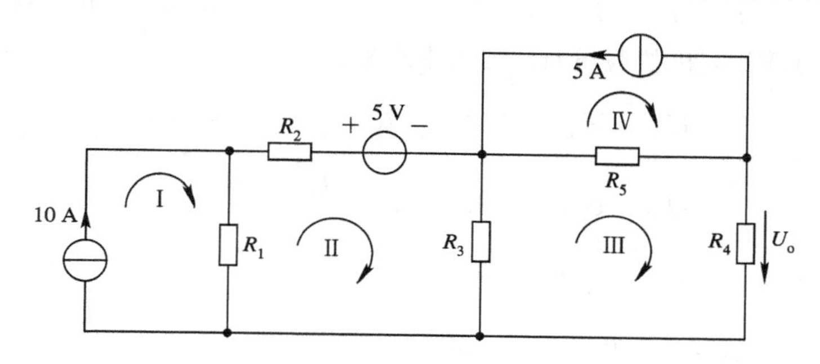

图 2.17 例 2.6 电路图

解 首先选定网孔，并假定网孔电流都按顺时针方向，如图中所示。

因为Ⅰ、Ⅳ网孔含电流源，故可选

$$I_{\mathrm{I}}=10\ \mathrm{A},\quad I_{\mathrm{IV}}=-5\ \mathrm{A}$$

对Ⅱ、Ⅲ两个网孔列电压方程，得到

$$-I_{\mathrm{I}}R_1+I_{\mathrm{II}}(R_1+R_2+R_3)-I_{\mathrm{III}}R_3=-5$$
$$-I_{\mathrm{II}}R_3+I_{\mathrm{III}}(R_3+R_4+R_5)-I_{\mathrm{IV}}R_5=0$$

代入数据并整理，得

$$3I_{\mathrm{II}}-I_{\mathrm{III}}=5$$
$$-I_{\mathrm{II}}+3I_{\mathrm{III}}=-5$$

方程联立，解出

$$I_{\mathrm{III}}=-1.25\ \mathrm{A}$$

故

$$U_o=I_{\mathrm{III}}R_4=-1.25\times1=-1.25\ \mathrm{V}$$

2.2.3 节点电位法

以节点电位为未知数，列出和求解节点方程的方法，称为节点电位法或节点分析法。

因为网络的独立节点数恒少于支路数，所以以节点电位为未知数列得的方程将少于支路电流方程。特别是对节点少、网孔多的网络来说，应用此法将会使网络分析大为简化。

在网络中选取任一节点为参考点，其他节点对此参考点的电压就是该节点的电位。一旦各节点电位已知，各节点之间的支路电流即可随之解出。通常含 $n+1$ 个节点的电路有 n 个节点的电位是需求的未知数。

下面以图 2.18 为例来说明。它有两个节点，各支路都跨接于这两节点之间，因此只要把这两点之间的电压求出来，各支路的电流就可由 KVL 列出的电压平衡方程式求得。所以以节点电位为未知量是可解的。

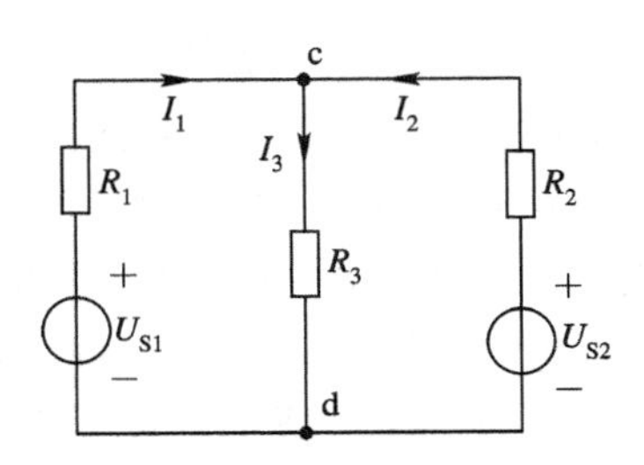

图 2.18　节点电位法示意图

选定参考电位 $V_d=0$，并设 c 点电位为 V_c 且大于 0，则 $U_{cd}=V_c>0$。

由节点 c 列出一个独立方程：

$$I_1+I_2=I_3$$

各支路电流可由 KVL 列出的假想回路方程中求出：

$$U_{S1}-U_{cd}=I_1R_1 \quad 或 \quad I_1=\frac{U_{S1}-V_c}{R_1}$$

$$U_{S2}-U_{cd}=I_2R_2, \quad I_2=\frac{U_{S2}-V_c}{R_2}$$

$$U_{cd}=I_3R_3 \quad 或 \quad I_3=\frac{V_c}{R_3}$$

将以上三式代入 $I_1+I_2=I_3$，得

$$\frac{U_{S1}-V_c}{R_1}+\frac{U_{S2}-V_c}{R_2}=\frac{V_c}{R_3}$$

此处节点电位 V_c 是未知数。上式经过整理后得

$$V_c=\frac{\dfrac{U_{S1}}{R_1}+\dfrac{U_{S2}}{R_2}}{\dfrac{1}{R_1}+\dfrac{1}{R_2}+\dfrac{1}{R_3}} \tag{2.20}$$

解出 V_c 后，各支路电流就可随之求得。式中分子各项是各有源支路中含有电压源的各项变换成电流源的值。

如果把各支路用电导表示，则式(2.20)整理后可以改写成如下形式：

$$V_c=\frac{U_{S1}G_1+U_{S2}G_2}{G_1+G_2+G_3} \tag{2.21}$$

这里假定节点电位为未知数，各回路电压自动满足回路方程，从而省略了回路方程数，减少了求解联立方程数，因此使网络分析得以简化。

对上述方法作进一步推广可知：如果网络只有两个节点，而在两节点之间跨接有 m 个支路，各支路电阻分别为 R_1，R_2，…，R_m，则不难得出其一般表达式为

$$V=\frac{\dfrac{U_{S1}}{R_1}+\dfrac{U_{S2}}{R_2}+\cdots+\dfrac{U_{Sm}}{R_m}}{\dfrac{1}{R_1}+\dfrac{1}{R_2}+\cdots+\dfrac{1}{R_m}} \tag{2.22}$$

用电导表示时表达式为

$$V=\frac{U_{S1}G_1+U_{S2}G_2+\cdots+U_{Sm}G_m}{G_1+G_2+\cdots+G_m} \tag{2.23}$$

式中，分母各项 G_1、G_2、…、G_m 表示各支路的电导；分子各项是各支路电流源的代数和，对应各项电流源电流流入节点时为正，流出节点时为负，无电流源时为 0。上式又称为弥耳曼定理。

例 2.7 试用节点电位法求解图 2.18 所示各支路电流，其中 $U_{S1}=130$ V，$U_{S2}=117$ V，$R_1=1\ \Omega$，$R_2=0.6\ \Omega$，$R_3=24\ \Omega$。

解 将已知数据代入式(2.20)得

$$V_c=\frac{\frac{130}{1}+\frac{117}{0.6}}{1+\frac{1}{0.6}+\frac{1}{24}}=120\ \text{V}$$

$$I_1=\frac{130-120}{1}=10\ \text{A}$$

$$I_2=\frac{117-120}{0.6}=-5\ \text{A}$$

$$I_3=\frac{120}{24}=5\ \text{A}$$

2.2.4 等效电源定理

对于结构比较复杂的网络，如果仅要求计算其中某一条支路的电压或电流时，就可以把这条支路单独抽出来，余下的电路就是一个二端网络(引出两个端点的网络简称为二端网络，而内部含有电源的二端网络称为有源二端网络)。

等效电源定理是研究线性有源二端网络等效简化的定理。应用该定理，可不必求出网络中的全部支路电流，只需把不感兴趣的部分用等效电路代替，从而简化电路，求出待求支路的未知量。

等效电源定理包括戴维南定理和诺顿定理，现分别讨论如下。

1. 戴维南定理

1) 定理

任意线性有源二端网络，就其二端点而言，可用一个恒压源及一个与之相串联的电阻等效代替。其恒压源的电压等于该网络二端点的开路电压，相串联的内阻等于除源网络从二端点看入的等效电阻，如图 2.19 所示。

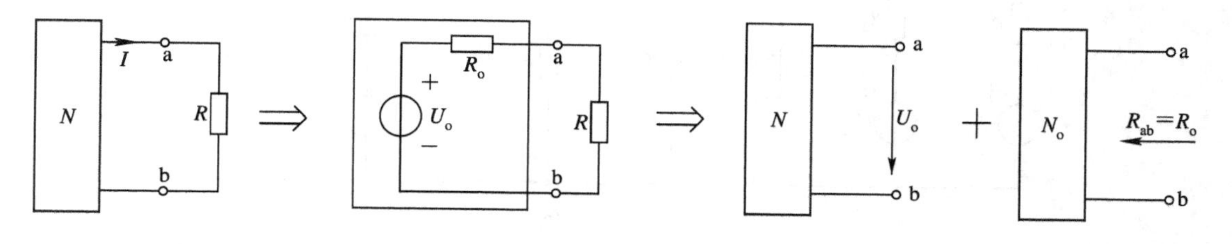

图 2.19 戴维南定理的示意图

2）计算

利用戴维南定理计算支路电流的关键在于求开路电压和除源网络的等效内阻。

求开路电压有两种方法：

（1）断开 R 支路，使网络减少一条支路，电路得到某种程度的简化，利用电路分析的各种方法，可求出开路电压。

（2）对于非常复杂的电路，可通过实验，把 R 支路断开，直接用电压表测量开路电压。

求除源网络的等效电阻有三种方法：

（1）等效变换法：让电压源短路，电流源开路，对网络进行各种等效变换，求出 R_{ab}。

（2）短路电流法：求出开路电压 U_o 和端口短路电流 I_{SC}，计算 R_o，即

$$R_o = \frac{U_o}{I_{SC}}$$

（3）外加电源法：从网络中的 a、b 两端对除源网络外加电压源 U_S（或电流源 I_S），计算端口电流 I（或端口电压 U），于是有

$$R_o = \frac{U_S}{I} \quad 或 \quad R_o = \frac{U}{I_S}$$

在实际中必须注意，电压源一般不允许短路，采用短路电流法时应采取限流措施，防止烧坏电源。

另外，等效电源定理只对外部电路等效，至于网络内的效率、功率等均不等效。

例 2.8 图 2.20 所示电路中的 $R_1=2\ \Omega$，$R_2=4\ \Omega$，$R_3=6\ \Omega$，$U_{S1}=10\ \text{V}$，$U_{S2}=15\ \text{V}$，试用戴维南定理求 I_3。

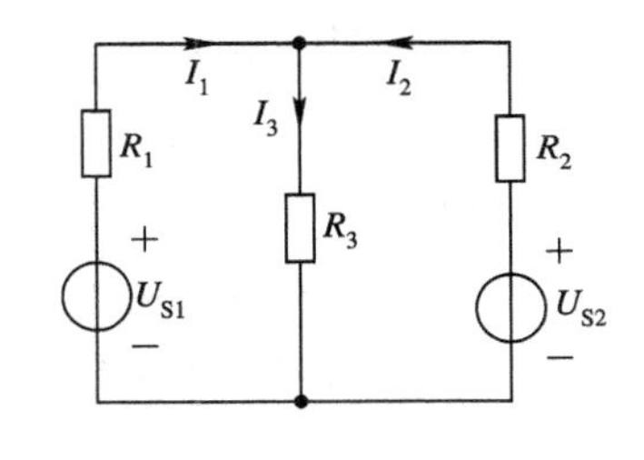

图 2.20 例 2.8 电路图

解 （1）求开路电压 U_o。将 R_3 支路断开，如图 2.21(a)所示。

因为

$$I = \frac{U_{S1} - U_{S2}}{R_1 + R_2} = \frac{10 - 15}{2 + 4} = -\frac{5}{6} = -0.83\ \text{A}$$

所以

$$U_o = IR_2 + U_{S2} = -0.83 \times 4 + 15 = 11.68\ \text{V}$$

（2）将电压源短路，求等效电阻 R_o，如图 2.21(b)所示。

$$R_o = \frac{R_1 R_2}{R_1 + R_2} = \frac{2 \times 4}{2 + 4} = 1.33\ \Omega$$

（3）利用等效电路图 2.21(c)，求出 I_3。

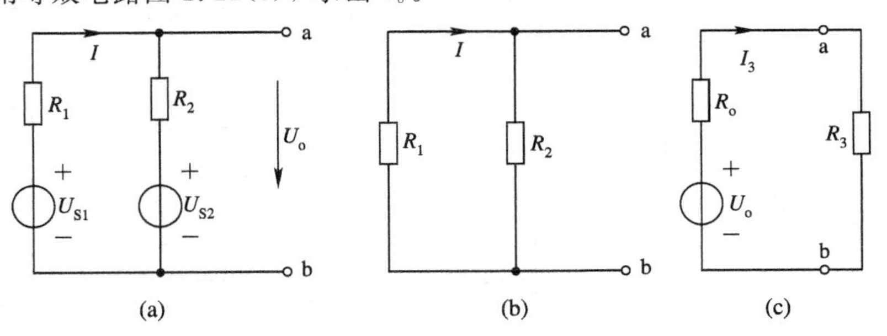

图 2.21 例 2.8 等效电路

$$I_3 = \frac{U_o}{R_o + R_3} = \frac{11.68}{1.33+6} = 1.59\ \text{A}$$

2. 诺顿定理

诺顿定理指出：任意线性电阻元件构成的有源二端网络，就其二端点而言，可以用一恒流源及并联电阻支路等效代替，恒流源的电流大小为输出端的短路电流，方向与短路电流方向相同，等效电阻为除源网络从两端点看入的等效电阻。

其示意图如图 2.22 所示。

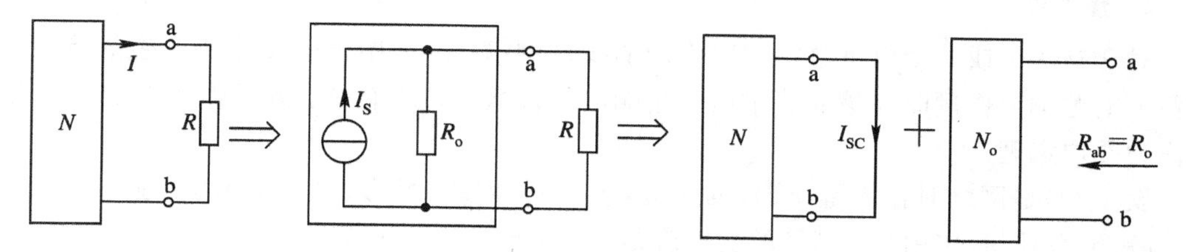

图 2.22 诺顿定理示意图

诺顿定理和戴维南定理通过等效电源定理可相互等效，且都可以利用叠加定理证明(此处省略)。

当计算有源二端网络的开路电流比计算开路电压简便时，应该用诺顿定理。

例 2.9 用诺顿定理计算图 2.20 所示电路中的 I_3。

解 (1) 求短路电流，如图 2.23(a)所示：

$$I_S = I_1 + I_2 = \frac{U_{S1}}{R_1} + \frac{U_{S2}}{R_2} = \frac{10}{2} + \frac{15}{4} = 8.75\ \text{A}$$

(2) 求等效内阻 R_o：

$$R_o = \frac{R_1 \times R_2}{R_1 + R_2} = \frac{2\times 4}{2+4} = 1.33\ \Omega$$

(3) 求 I_3，等效电路图如图 2.23(b)所示：

$$I_3 = \frac{R_o}{R_o + R_3} \cdot I_S = \frac{1.33}{1.33+6} \times 8.75 = 1.59\ \text{A}$$

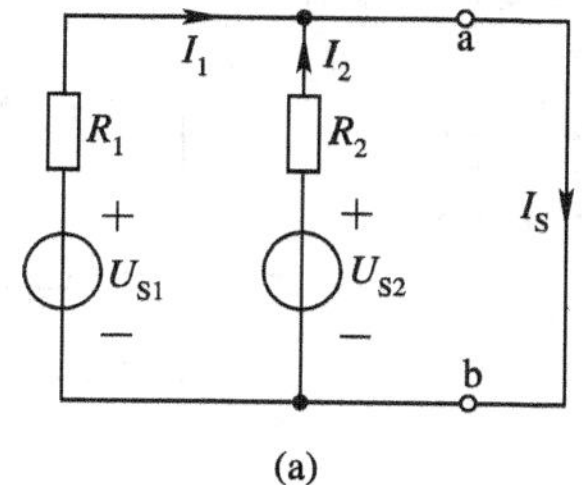

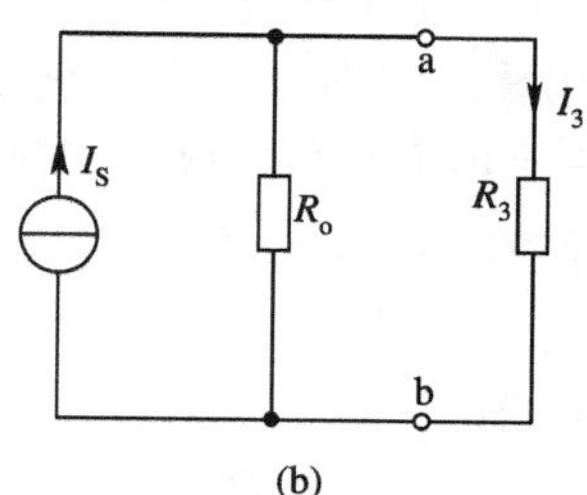

图 2.23 例 2.9 等效电路

2.3 线性网络的基本性质

参数恒定的无源元件，其电压和电流的关系如果可用一次线性方程来描述，则这些元件统称为线性元件。由独立电源和线性元件构成的网络称为线性网络。线性网络有几个重要性质，如比例性、叠加性、对偶性等，下面分别加以介绍。

1. 比例性

对线性网络而言，如果输入量是 $x(t)$，输出量是 $y(t)$，则当输入量增大 k 倍时，输出量也增大 k 倍。即 $x(t) \rightarrow y(t)$时，$kx(t) \rightarrow ky(t)$。

响应随着激励的增减而按同样比例增减的性质就是线性网络的比例性。

2. 叠加性

对含有两个或两个以上电源同时作用的线性网络，网络中任一支路所产生的响应，等于各个电源单独作用时在该支路中所产生响应的代数和。这个关于激励作用的独立性原理又称为叠加定理。

设 $y_1(t)$是网络对输入量 $x_1(t)$的响应，$y_2(t)$是网络对输入量 $x_2(t)$的响应，当输入量 $x_1(t)$和 $x_2(t)$同时作用时，网络的响应应是 $y_1(t)+y_2(t)$，即若

$$x_1(t) \rightarrow y_1(t), \quad x_2(t) \rightarrow y_2(t)$$

则

$$x_1(t)+x_2(t) \rightarrow y_1(t)+y_2(t)$$

如图 2.24 所示。

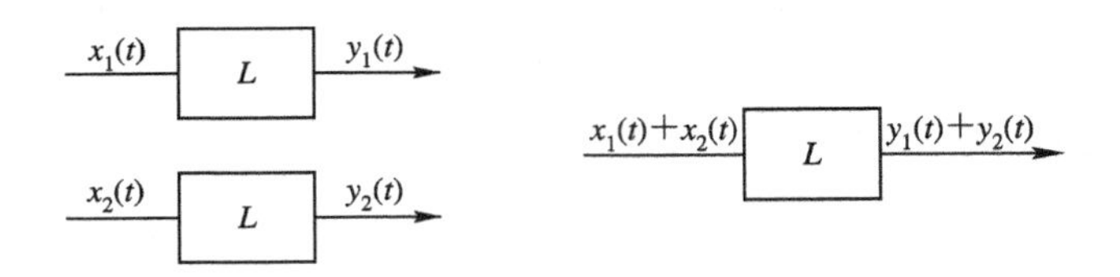

图 2.24 叠加定理示意图

在应用叠加定理分析计算网络问题时应注意：

(1) 当某个独立源单独作用时，其他独立源应除去，即电压源短路、电流源开路，但要保留内阻。

(2) 在叠加时，分响应与总响应正方向一致时取正号，相反时取负号。

(3) 叠加定理不能用于计算功率，也不适用于非线性网络。

例 2.10 利用叠加定理求图 2.25 电路中的 U_o。

解 本题有三个电源，利用叠加定理可分别求出三个电源单独作用时在 R_o 支路产生的压降，如图 2.26 所示。

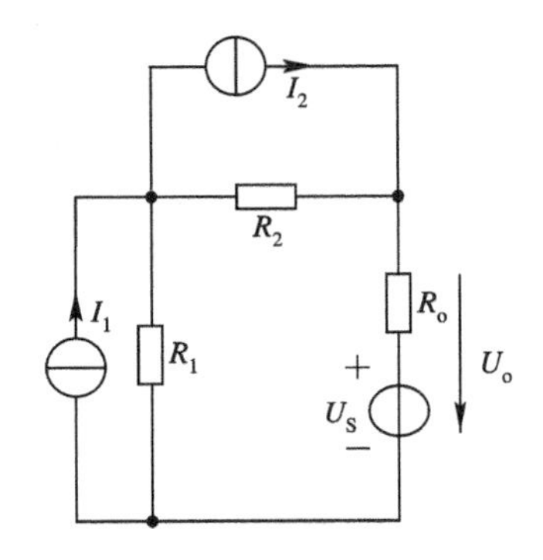

图 2.25 例 2.10 电路图

由图 2.26(a)，有

$$U_{o1}=\frac{R_1 R_o}{R_1+R_2+R_o} I_1$$

由图 2.26(b)，有

$$U_{o2}=\frac{R_2 R_o}{R_1+R_2+R_o} I_2$$

由图 2.26(c)，有

$$U_{o3}=-\frac{R_o}{R_1+R_2+R_o} U_S+U_S=\frac{R_1+R_2}{R_1+R_2+R_o} U_S$$

故

$$U_o = U_{o1} + U_{o2} + U_{o3} = \frac{I_1 R_o R_1 + I_2 R_o R_2 + U_S(R_1 + R_2)}{R_1 + R_2 + R_o}$$

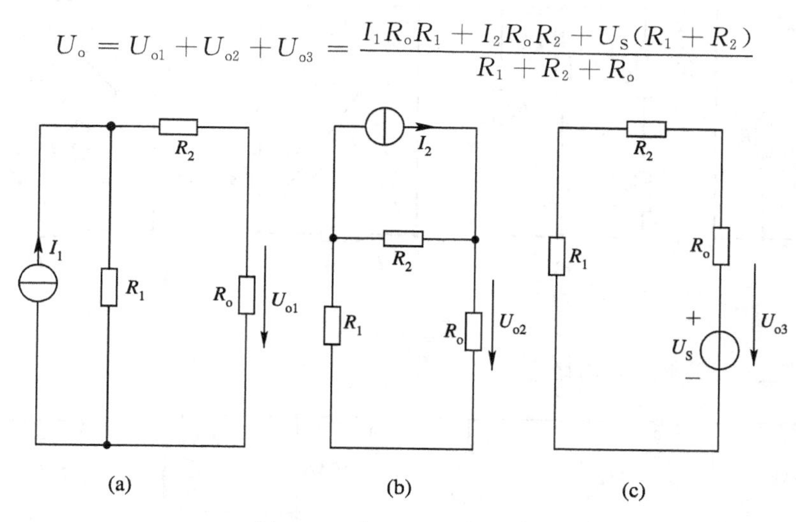

图 2.26 每个电源单独作用

3. 对偶性

在电路元件、结构、状态及定律等方面，经常具有成对出现的相似性，这种成对的相似性就称为对偶性，具体的相似关系就称为对偶关系，如表 2.1 所示。

表 2.1 对 偶 关 系

对偶项目	对 偶 关 系	
元件	电阻元件 电压源 恒压源	电导元件 电流源 恒流源
变量	电压 节点电压	电流 网孔电流
参数	电阻 自阻 互阻	电导 自导 互导
状况	开路	短路
结构	串联 网孔	并联 节点
定律或公式	KVL 分压公式 串联电阻 $\sum R = R_1 + \cdots + R_n$	KCL 分流公式 并联电导 $\sum G = G_1 + \cdots + G_n$

习 题 2

1. 求题图 2.1 所示各电路的等效电阻 R_{ab}，其中 $R_1 = R_2 = 1\ \Omega$，$R_3 = R_4 = 2\ \Omega$，$R_5 = 4\ \Omega$，$G_1 = G_2 = 1\ \text{S}$。

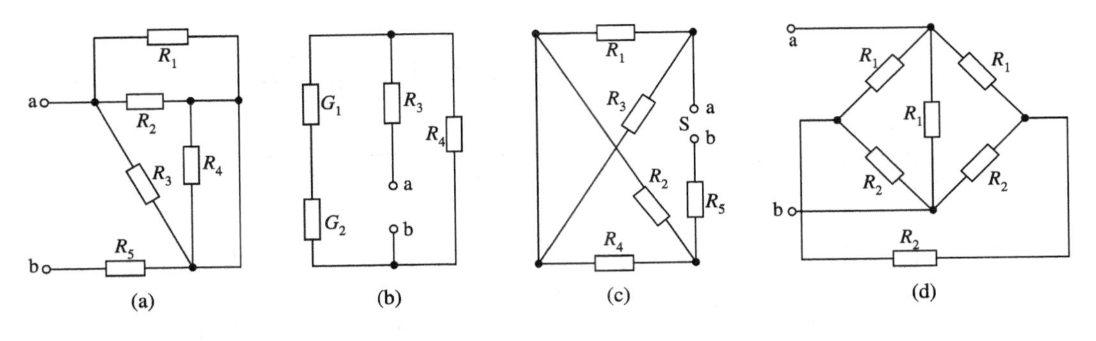

题图 2.1

2. 简化题图 2.2 所示各电路。

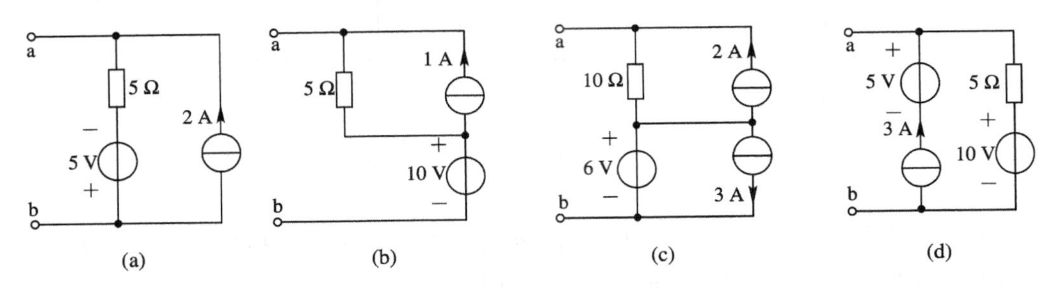

题图 2.2

3. 电路如题图 2.3 所示，求 I。

4. 用支路电流法求题图 2.4 中各支路电流。

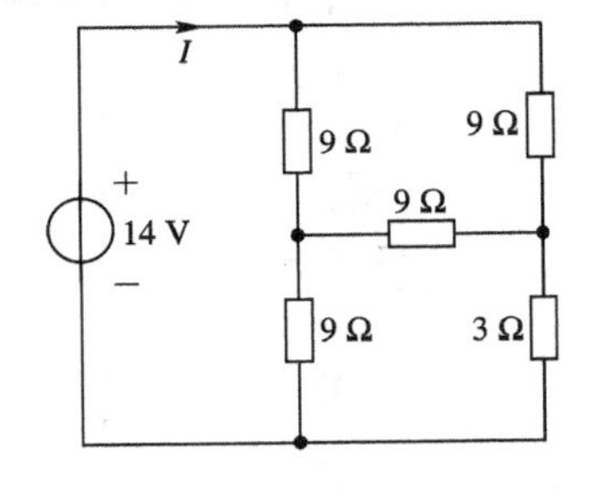

题图 2.3

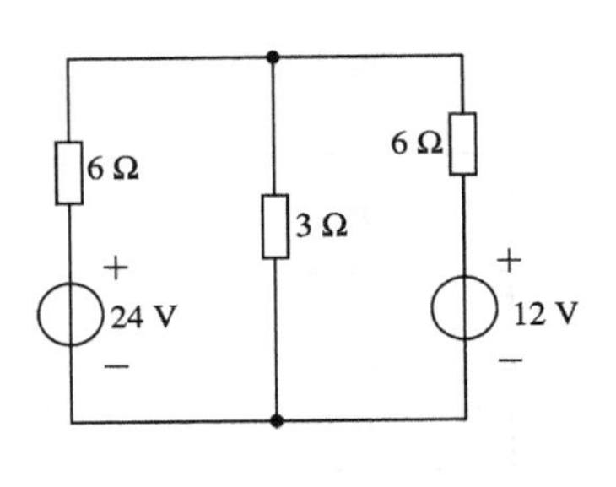

题图 2.4

5. 电路如题图 2.5 所示，用网孔分析法求 I_1。

6. 电路如题图 2.6 所示，试求 I_1、I_2、I_3。

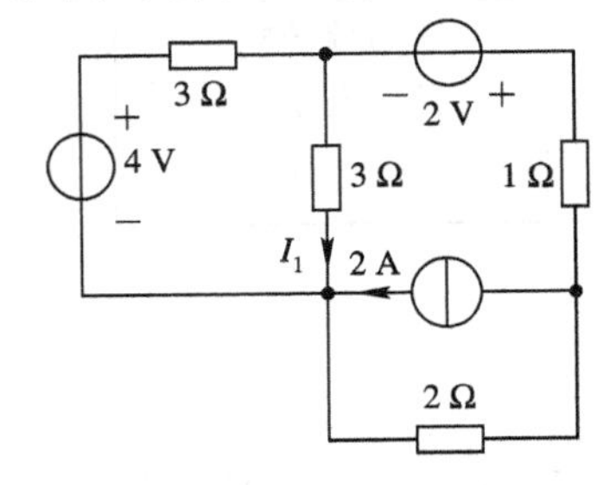

题图 2.5

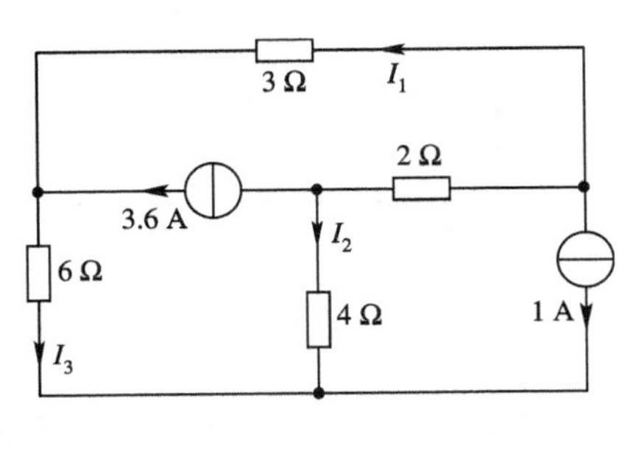

题图 2.6

7. 电路如题图 2.7 所示，求 4 A 电流源提供的功率。

8. 用叠加定理求题图 2.8 中的 I_o 和 90 V 电源的功率。

9. 电路如题图 2.9 所示，求 U_S，I_S 共同作用时的 I_X。

(1) $U_S=20$ V，$I_S=0$ A，$I_X=12$ A；

(2) $U_S=0$ V，$I_S=2$ A，$I_X=8$ A；

求 $U_S=20$ V，$I_S=2$ A 时，I_X 为多少？

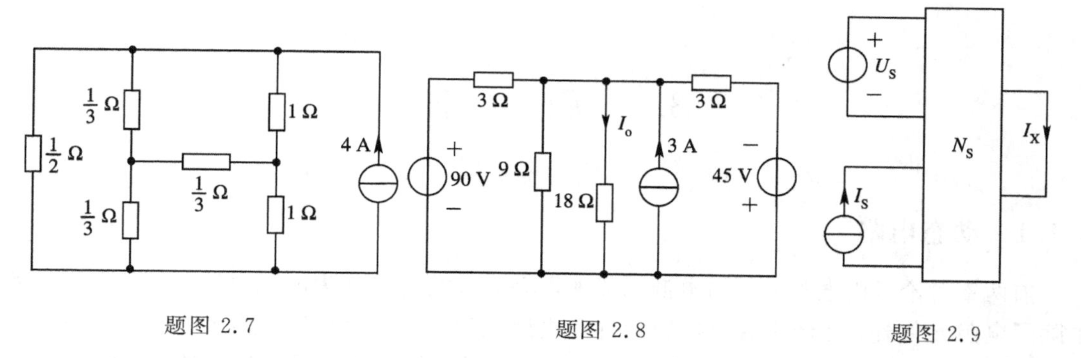

题图 2.7　　题图 2.8　　题图 2.9

10. 求题图 2.10 所示电路的戴维南等效电路。

11. 分别用戴维南定理和诺顿定理求题图 2.11 中的电流 I。

12. 电路如题图 2.12 所示，求 U_o。

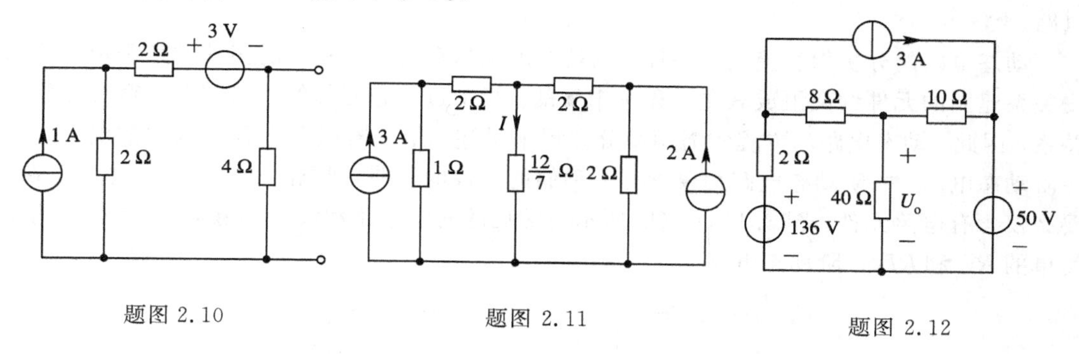

题图 2.10　　题图 2.11　　题图 2.12

第 3 章　一阶动态电路分析

3.1 引　　言

3.1.1 动态电路

前两章讨论了由电阻元件与电源构成的电路，这类电路称为电阻电路。实际上，电路中除了电阻元件外，还经常含有电容元件和电感元件。电容元件和电感元件的伏安关系为微分关系或积分关系，其电压或电流并不像电阻元件那样取决于同一时刻激励的电流或电压值，而与其激励的全过程有关，因此常被称为动态元件或记忆元件。又由于这两种元件在电路中有储存能量的作用，因此也常被称作储能元件。含有动态元件的电路，称为动态电路。

动态电路的分析像直流电路一样，也是将由基尔霍夫定律建立的拓扑约束和由元件伏安关系建立的元件约束组成联立方程来求解的。只不过动态元件的伏安关系为微分或积分关系，因此，动态电路的方程常需用微分方程来描述。用一阶微分方程来描述的电路称为一阶动态电路。一阶动态电路为仅含有一种储能元件的电路，即电路要么仅含有电容元件，要么仅含有电感元件。图 3.1(a)、(b)所示为常见的充电电路和线圈励磁电路，它们即为最简单的 RC 和 RL 一阶动态电路。

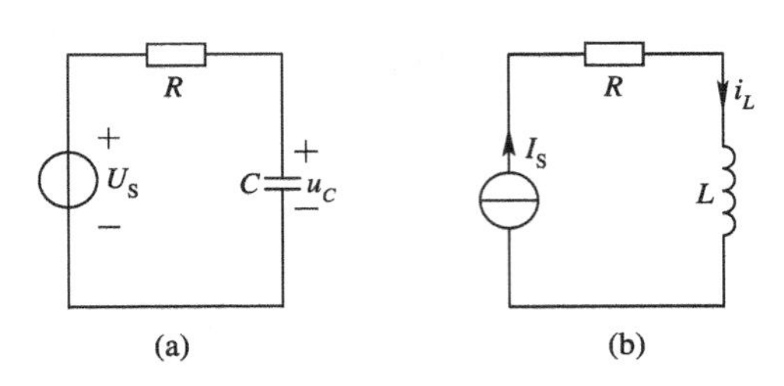

图 3.1　简单的一阶动态电路

3.1.2 零输入、零状态、全响应

在讨论电阻电路时，由于电阻不是储能元件，因此不涉及储能问题。而在动态电路中，常遇到电容或电感的储能问题，也就是在电路开关闭合前，电容元件(电感元件)已经储有初始电压(电流)，如图 3.2 所示。

S_1 闭合前，电容 C 已有电压 $u_C(0)=U_0$；S_2 闭合前，电感元件中已有电流 $i_L(0)=I_0$

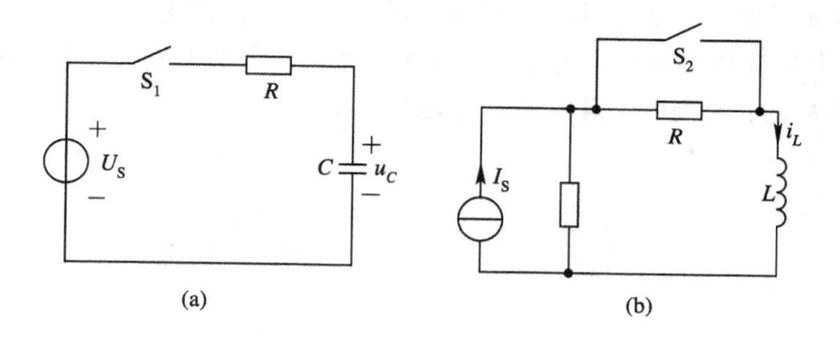

图 3.2 电路的初始储能

流过。为便于分析，称电路状态改变或参数改变为换路。换路时刻用 $t=0$ 表示。换路前一瞬间用 $t=0^-$ 表示，换路后一瞬间用 $t=0^+$ 表示。将换路前一瞬间的电容电压和电感电流值称为初始值，用 $u_C(0^-)$和 $i_L(0^-)$表示。那么，图 3.2 中，$u_C(0^-)$就表示电容元件在换路前一瞬间的电压值，而 $i_L(0^-)$表示电感元件在换路前一瞬间的电流值。

储能元件初始值为 0 的电路，称为零状态电路。在零状态电路中，各支路或元件的响应，称为零状态响应。图 3.2 中，若 $u_C(0^-)=0$，此时电容 C 从 0 开始充电，就是一个零状态电路。若 $i_L(0^-)=0$，则该电路也称为零状态电路。

动态电路中，若外加激励源 u_S 和 i_S 的值都是 0，则此时电路没有外部激励，只有储能元件的储能产生的电压和电流。这种电路称为零输入电路。零输入电路中各支路或元件的响应称为零输入响应。如电容器的放电电路、电磁铁的消磁电路等，都是零输入电路。

有外加激励且储能元件的初始值不为 0 时，各元件或支路的响应称为全响应。显然，零输入响应、零状态响应仅是全响应的一种特例。本章的分析以全响应为主。

3.2 电容与电感

3.2.1 电容

电容是电路中最常见的基本元件之一。两块金属板之间用介质隔开，就构成了最简单的电容元件。若在其两端加上电压，二个极板间就会建立电场，储存电能。

电容元件用 C 来表示。C 也表示电容元件储存电荷的能力，在数值上等于单位电压加于电容元件两端时，储存电荷的电量值。在国际单位制中，电容的单位为法拉，简称法，用 F 表示。电容的单位也常用微法(μF)、皮法(pF)，它们与 F 的关系是

$$1\ \text{F} = 10^6\ \mu\text{F} = 10^{12}\ \text{pF}$$

若参考正方向一致，则电容储存的电荷量 q 与其极板电压 $u(t)$成线性关系(如图 3.3 所示)：

$$q(t) = Cu(t) \tag{3.1}$$

其伏安关系为

$$i = \frac{\mathrm{d}q}{\mathrm{d}t} = C \cdot \frac{\mathrm{d}u}{\mathrm{d}t} \tag{3.2}$$

上式说明，电容元件的伏安关系为微分关系，通过电容元件的电流与该时刻电压的变化率成正比。显然，电压变化率越大，通过的电流就越大；如果加上直流电压，则 $i=0$。这就是电容的一个明显特征：通高频，阻低频；通交流，阻直流。

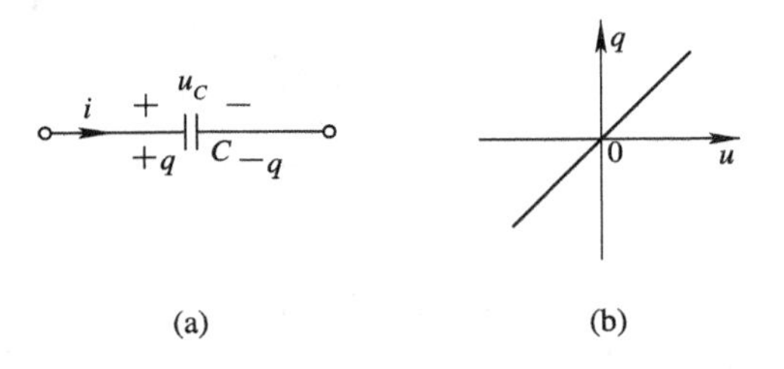

图 3.3　电容元件及其库—伏特性

如果知道电流，那么就可求出电容两端的电压：

$$u(t)=\frac{1}{C}\int_{-\infty}^{t} i(\xi)\ \mathrm{d}\xi \tag{3.3}$$

上式中将积分变量 t 换为 ξ，以区别积分上限 t。此式表明，电容两端的电压与电流的全过程有关。也就是说，电容元件是记忆元件，有记忆电流的作用。

在实际计算中，电路常从某一时刻 $t=0$ 算起，即从某一初始电压 $u(0)$ 开始，则

$$\begin{aligned}u(t)&=\frac{1}{C}\int_{-\infty}^{t} i(\xi)\ \mathrm{d}\xi\\&=\frac{1}{C}\int_{-\infty}^{0} i(\xi)\ \mathrm{d}\xi+\frac{1}{C}\int_{0}^{t} i(\xi)\ \mathrm{d}\xi\\&=U(0)+\frac{1}{C}\int_{0}^{t} i(\xi)\ \mathrm{d}\xi\end{aligned} \tag{3.4}$$

式中，$U(0)$ 表示从负无穷大到 $t=0$ 时刻电容所积累的电压值，即初始值。这也从数学上解释了初始值的含义。

电容元件的功率为

$$p(t)=u(t)\cdot i(t)=Cu(t)\ \frac{\mathrm{d}u(t)}{\mathrm{d}t} \tag{3.5}$$

电容元件 t 时刻的储能为

$$\begin{aligned}W_C(t)&=\int_{-\infty}^{t} p(\xi)\ \mathrm{d}\xi=\int_{-\infty}^{t} Cu(\xi)\cdot\frac{\mathrm{d}u(\xi)}{\mathrm{d}\xi}\ \mathrm{d}\xi\\&=\int_{u(-\infty)}^{u(t)} Cu(\xi)\ \mathrm{d}u(\xi)\\&=\frac{1}{2}Cu^2(t)-\frac{1}{2}Cu^2(-\infty)\end{aligned}$$

在 $t=-\infty$ 时刻，电容储能为 0，故

$$W_C(t)=\frac{1}{2}Cu^2(t) \tag{3.6}$$

上式表明，不论电压是正是负，电容元件的储能始终是大于或等于 0 的。

3.2.2　电感

把导线绕在一根铁心上，就构成了一个简单的电感元件。当接通电源后，线圈四周就

建立了磁场，储存了磁场能量，故电感是储存磁场能量的元件。

电感元件用 L 表示。L 也表示电感元件中通过电流时产生磁链的能力，在数值上等于单位电流通过电感元件时产生磁链的绝对值。在国际单位制中，L 的单位为亨利，简称亨，用 H 表示。电感的单位也常用毫亨(mH)、微亨(μH)，它们与 H 的关系为

$$1\ \mathrm{H} = 10^3\ \mathrm{mH} = 10^6\ \mu\mathrm{H}$$

在图 3.4 所示的关联参考方向下，电感的磁链与电流呈线性关系：

$$\varphi(t) = Li(t) \tag{3.7}$$

式中，L 既表示电感元件，也表示电感元件的参数。

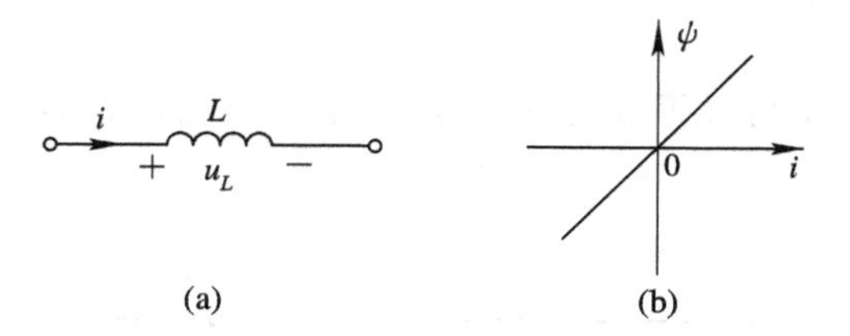

图 3.4　电感元件及韦—安特性

电感元件的伏安关系为

$$u(t) = \frac{\mathrm{d}\varphi(t)}{\mathrm{d}t} = L \cdot \frac{\mathrm{d}i(t)}{\mathrm{d}t} \tag{3.8}$$

上式表明，电感元件的伏安关系为微分关系，元件两端的电压与该时刻电流的变化率成正比。显然，电流的变化率越大，则 u_L 越大。而在直流电路中，$U_L=0$，电感相当于短路。

如果已知电压，则可求出对应的电流：

$$i(t) = \frac{1}{L}\int_{-\infty}^{t} u(\xi)\ \mathrm{d}\xi \tag{3.9}$$

上式表明电感元件也是记忆元件，有记忆电压的作用。

仿照对电容的分析方法，从 $t=0$ 时刻算起的电流为

$$i(t) = i(t_0) + \frac{1}{L}\int_{t_0}^{t} u(\xi)\ \mathrm{d}\xi \tag{3.10}$$

电感元件的功率关系为

$$p(t) = i(t)u(t) = Li(t) \cdot \frac{\mathrm{d}i(t)}{\mathrm{d}t} \tag{3.11}$$

电感元件的储能为

$$W_L(t) = \int_{-\infty}^{t} p(\xi)\ \mathrm{d}\xi = \frac{1}{2}Li^2(t) \tag{3.12}$$

3.2.3　电容、电感的串、并联

1. 电容串联

C_1，C_2，…，C_n 串联，可以等效为一个电容 C。等效电容 C 的倒数等于各个串联电容的倒数之和，即

$$\frac{1}{C} = \frac{1}{C_1} + \frac{1}{C_2} + \cdots + \frac{1}{C_n} \tag{3.13}$$

如图 3.5 所示。

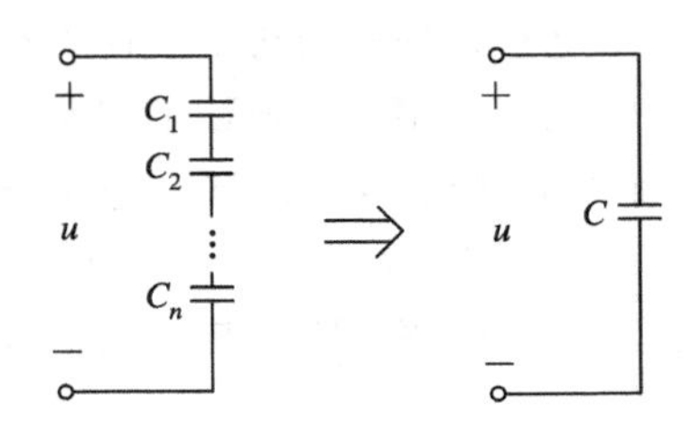

图 3.5 电容串联

2. 电容并联

C_1, C_2, …, C_n 并联，可以等效为一个电容 C。等效电容 C 等于各个并联电容之和，即

$$C = C_1 + C_2 + \cdots + C_n \tag{3.14}$$

如图 3.6 所示。

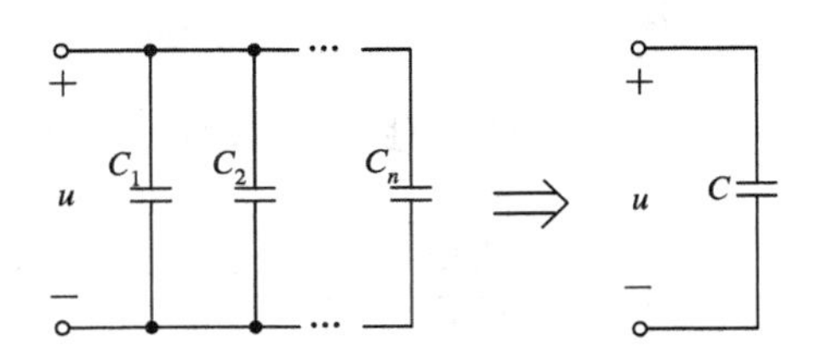

图 3.6 电容并联

3. 电感串联

L_1, L_2, …, L_n 串联，可以等效为一个电感 L。等效电感 L 等于各个串联电感之和，即

$$L = L_1 + L_2 + \cdots + L_n \tag{3.15}$$

如图 3.7 所示。

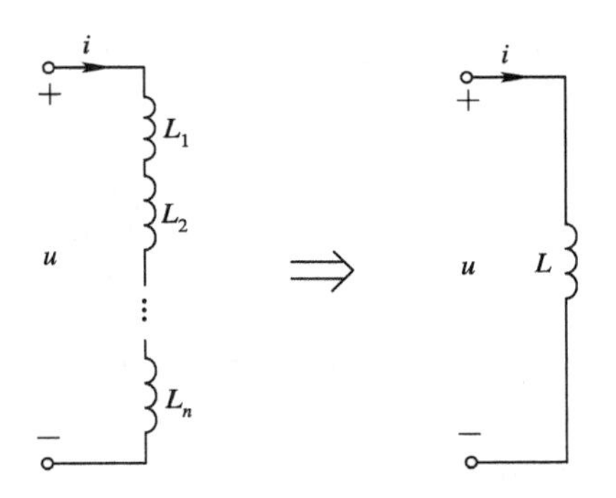

图 3.7 电感的串联

4. 电感并联

L_1, L_2, …, L_n 并联，可以等效为一个电感 L。等效电感的倒数等于各个并联电感的倒数之和，即

$$\frac{1}{L}=\frac{1}{L_1}+\frac{1}{L_2}+\cdots+\frac{1}{L_n} \tag{3.16}$$

如图 3.8 所示。

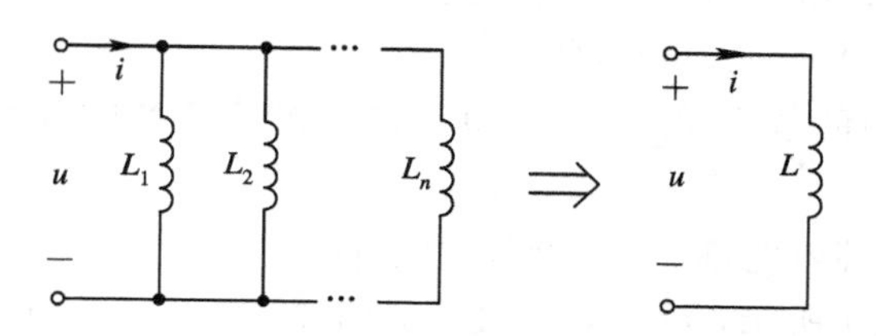

图 3.8 电感的并联

3.3 电路初始值的计算

3.3.1 换路定则

在求解动态电路的微分方程时，积分常数是由变量的初始值决定的。也就是说，在求解动态电路之前，应先求出电路中各未知量的初始值。

如图 3.9 所示电路，$t=0$ 时，S 闭合，S 闭合前 $u_C(0^-)=U$。

由电容的伏安关系，可得 $t=(0^+)$时，电容的电压

$$u_C(0^+)=u_C(0^-)+\frac{1}{C}\int_{0^-}^{0^+} i_C(\xi)\,\mathrm{d}\xi \tag{3.17}$$

式中，若 i_C 为有限值，不发生突变，则在无穷小区间 $t(0^-)$到 $t(0^+)$，积分项

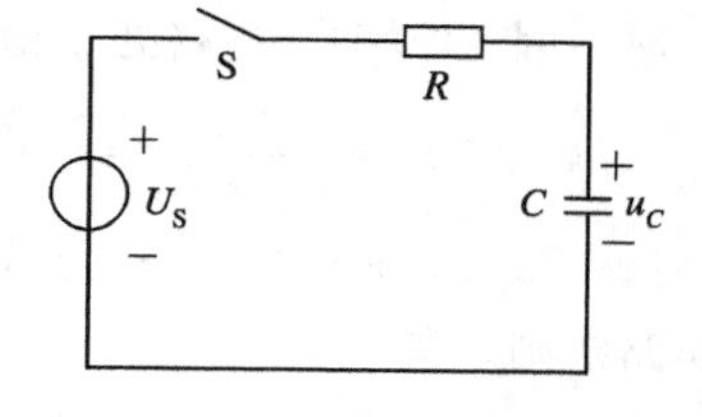

图 3.9 *RC* 电路的换路示例

$$\int_{0^-}^{0^+} i_C(\xi)\,\mathrm{d}\xi=0 \tag{3.18}$$

所以，从 $t(0^-)$到 $t(0^+)$时刻，有

$$u_C(0^+)=u_C(0^-) \tag{3.19}$$

上式表明，电容两端的电压在电容电流为有限值的情况下，在换路时刻是不会突变的。

同理，由电感的伏安关系，在换路时刻，电感电流为

$$i_L(0^+)=i_L(0^-)+\frac{1}{L}\int_{0^-}^{0^+} u_L(\xi)\,\mathrm{d}\xi \tag{3.20}$$

在 u_L 为有限值情况下，积分项也等于 0，故

$$i_L(0^+)=i_L(0^-) \tag{3.21}$$

上面分析表明，在 $t=0$ 处，若电容电流和电感电压为有限值，则电容电压和电感电流在该处是连续的，不会发生突变。式(3.19)和(3.21)称为换路定理，或称换路定则。

需要指出的是，换路定理只有在电容电流和电感电压为有限值时才成立。电路其他各处的初始值及在冲击作用下的电容电流、电感电压均是可以跃变的。

3.3.2 初始值的计算

电路中储能元件的初始值(电容电压和电感电流)可由换路定则确定，其具体步骤如下：

(1) 由换路定则求出 $u_C(0^+)$和 $i_L(0^+)$。

(2) 用 $u_S=u_C(0^+)$的电压源、$i_S=i_L(0^+)$的电流源替换电容元件和电感元件，得到 $t(0^+)$时刻的等效电路。

(3) 求解置换后的等效电路，可得到其他电量的初始值。

例 3.1 如图 3.10 所示，$t=0$，开关 S 由 1 扳向 2，$t<0$ 时电路处于稳态。已知 $R_1=2\ \Omega$，$R_2=2\ \Omega$，$R_3=4\ \Omega$，$L=1$ mH，$C=5\ \mu$F，$U_S=24$ V，求换路后的初始值$i_L(0^+)$、$i_C(0^+)$和 $u_C(0^+)$。

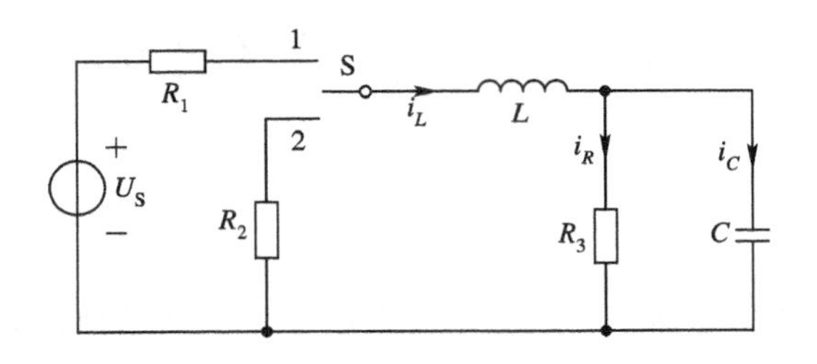

图 3.10 例 3.1 电路图

解 因 $t<0$ 时，电路处于稳态，故

$$i_L(0^-)=\frac{U_S}{R_1+R_3}=\frac{24}{2+4}=4\ \text{A}$$

$$u_C(0^-)=U_{R_3}=4\times 4=16\ \text{V}$$

由换路定则，有

$$i_L(0^+)=i_L(0^-)=4\ \text{A}$$

$$u_C(0^+)=u_C(0^-)=16\ \text{V}$$

$t=0^+$时的等效电路如图 3.11 所示。

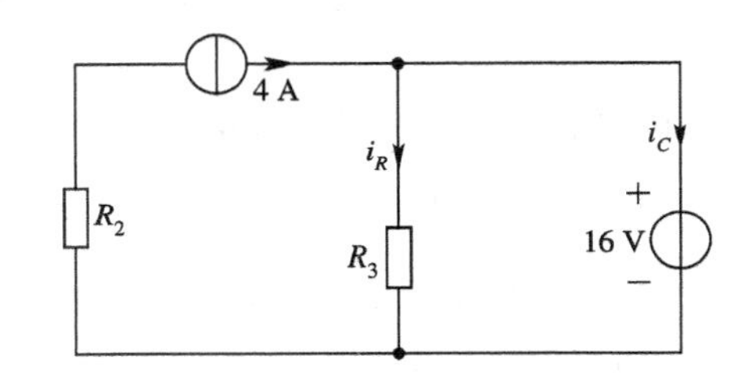

图 3.11 例 3.1 等效电路图

$$i_R(0^+)=\frac{16}{R_3}=\frac{16}{4}=4\ \text{A}$$

$$i_C(0^+)=i_L(0^+)-i_R(0^+)=0\ \text{A}$$

3.4 一阶电路分析

3.4.1 一阶电路分析

一阶电路不论是零输入响应、零状态响应，还是全响应，均可以利用 KVL、KCL 和电路的伏安关系加以分析。

如图 3.12 所示的 RC 电路，$t=0$ 时闭合 S，闭合前 $u_C(0^-)=U_0$，求 $u_C(t)$。

当 $t=0^+$，S 闭合后，由 KVL 得

$$U_S=u_R+u_C$$

又 $\quad i = C\dfrac{\mathrm{d}u_C}{\mathrm{d}t}, \quad u_R = iR = RC\dfrac{\mathrm{d}u_C}{\mathrm{d}t}$

KVL 方程化为

$$\begin{cases} RC\dfrac{\mathrm{d}u_C}{\mathrm{d}t} + u_C = U_S \\ u_C(0^+) = U_0 \end{cases}$$

图 3.12 RC 电路图

方程的解为

$$u_C(t) = U_S + A \cdot \mathrm{e}^{-\frac{t}{\tau}} \tag{3.22}$$

其中，$\tau=RC$，A 为积分常数。

将 $t=0^+$ 代入式(3.22)，得到

$$u_C(0^+) = U_S + A = U_0$$

则

$$A = U_0 - U_S$$

最后得到

$$u_C(t) = U_S + (U_0 - U_S)\mathrm{e}^{-\frac{t}{\tau}} \tag{3.23}$$

式中，U_S 为电容的最终充电电压，即 $t=\infty$ 时，$u_C(\infty)=U_S$，该值称为响应的稳态值，用 $f(\infty)$表示；$\tau=RC$，是由电路参数决定的常数，具有时间量纲，称为时间常数；U_0 为响应的初始值，用 $f(0^+)$表示。$f(0^+)$、$f(\infty)$和 τ 称为一阶电路的三要素，利用这三要素可以很容易地求出一阶电路的全响应，即

$$f(t) = f(\infty) + [f(0^+) - f(\infty)]\mathrm{e}^{-\frac{t}{\tau}} \tag{3.24}$$

这一结论对一阶电路普遍适用。

3.4.2 一阶电路的三要素求解法

一阶电路可以通过微分方程来求解，也可以直接用三要素来求解，即对任何响应量 $f(t)$，均可以先求出该响应的稳态值 $f(\infty)$、初始值 $f(0^+)$和电路的时间常数 τ 这三个量，然后代入公式(3.24)，即可得到响应的解。这种分析方法，称为一阶电路的三要素分析法。具体的求解过程可归纳如下：

(1) 计算初始值 $f(0)$：可通过换路定则和等效电路进行。

(2) 计算稳态值 $f(\infty)$：一阶动态电路进入稳态后，电容相当于开路，电感相当于短路，从而可以得到一个不含电容和电感的电路，该电路即为相应的动态电路进入稳态后的情况。从中可以方便地求出各响应量的稳态值。

(3) 计算时间常数 τ：一阶 RC 电路的时间常数 $\tau=RC$，一阶 RL 电路时间常数 $\tau=L/R$。其中 R 为从动态元件两端看入，除源后电路的等效电阻。遇有多个 C 和 L 的串并联电路，可先除源，再求出等效的 C 和 L。

3.4.3 一阶电路响应的分析

一阶电路的响应可表示为

$$f(t) = f(\infty) + [f(0^+) - f(\infty)]\mathrm{e}^{-\frac{t}{\tau}}$$

式中，$[f(0^+)-f(\infty)]\mathrm{e}^{-t/\tau}$为随时间呈指数规律衰减项，该项在 $t\to\infty$时，衰减到 0，称为

暂态分量；另一部分 $f(\infty)$是动态电路进入稳态后的响应量，称为稳态分量。

若电路的初始值 $f(0^+)=0$，则响应为

$$f(t) = f(\infty)(1 - e^{-\frac{t}{\tau}}) \tag{3.25}$$

上式即为一阶电路的零状态响应。

若电路没有外加电源时，稳态值 $f(\infty)=0$，则电路的零输入响应为

$$f(t) = f(0^+)e^{-\frac{t}{\tau}} \tag{3.26}$$

从式(3.25)和(3.26)可以看出，一阶电路的全响应就是电路的零输入响应与零状态响应的叠加：

$$f(t) = f(\infty) + [f(0^+) - f(\infty)]e^{-\frac{t}{\tau}} = f(0^+)e^{-\frac{t}{\tau}} + f(\infty)(1 - e^{-\frac{t}{\tau}})$$

例 3.2 如图 3.13(a)所示的电容 C 放电电路，已知 $u_C(0^-)=U_0=12$ V，$C=1$ μF，$R=6$ Ω，求放电过程中 $u_C(t)$及 $i(t)$，并从电压变化说明时间常数 τ 的含义。

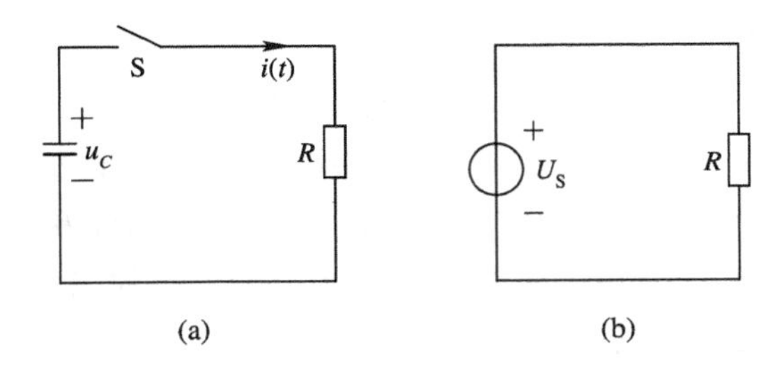

图 3.13 例 3.2 电路

解 由换路定则，有

$$u_C(0^+) = u_C(0^-) = 12 \text{ V}$$

$t=0^+$ 时 S 闭合，初始值等效电路如图 3.13(b)所示，故

$$i(0^+) = \frac{U_S}{R} = \frac{12}{6} = 2 \text{ A}$$

电路的时间常数 τ 为

$$\tau = RC = 6 \times 1 \times 10^{-6} = 6 \times 10^{-6} \text{ s}$$

电路进入稳态后(电容放电结束)

$$u_C(\infty) = 0, \quad i(\infty) = 0$$

所以

$$u_C(t) = u_0 e^{-\frac{t}{\tau}} = 12e^{-\frac{t}{\tau}} \text{ V}$$

$$i = 2e^{-\frac{t}{\tau}} \text{ A}$$

若令 $t=\tau, 2\tau, 3\tau, \cdots, \infty$，则

$$u(\tau) = U_0 e^{-1} = 0.368U_0$$

$$u(2\tau) = U_0 e^{-2} = 0.135U_0$$

$$u(3\tau) = U_0 e^{-3} = 0.050U_0$$

$$\cdots$$

$$u(\infty) = 0$$

从上面的式子中可以看出，τ 反映了电路过渡过程的快慢。τ 越大，过渡过程越慢。对

放电过程而言，每经过一个时间常数 τ，电容电压下降 0.368 倍。显然，τ 越小，放电过程越快。

例 3.3 如图 3.14(a)所示电路，$t=0$ 时，开关闭合，S 闭合前电路处于稳态，$R_1=4\ \Omega$，$R_2=2\ \Omega$，$R_3=2\ \Omega$，$C=5\ \mu\text{F}$，求 $t\geqslant 0$ 时的 $u_C(t)$，$i_C(t)$，$i(t)$。

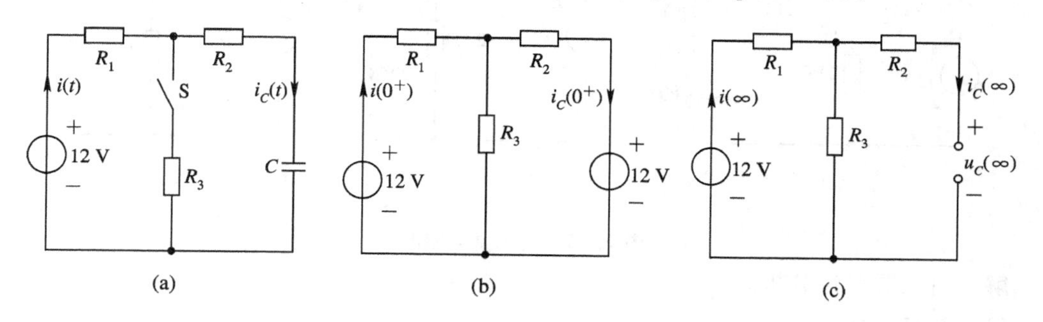

图 3.14 例 3.3 电路图

解 (1) 初始值的计算。

由换路定则知

$$u_C(0^+)=u_C(0^-)=12\ \text{V}$$

$t=0^+$ 时的等效电路为图 3.14(b)，所以

$$\begin{cases}(R_1+R_3)i(0^+)-R_3 i_C(0^+)=12\\ -R_3 i(0^+)+(R_2+R_3)i_C(0^+)=-12\end{cases}$$

解得电流初始值为

$$i(0^+)=1.2\ \text{A}$$

$$i_C(0^+)=-2.4\ \text{A}$$

(2) 稳态值的计算。

电路进入稳态时，电容相当于开路，等效电路如图 3.14(c)所示。

$$U_C(\infty)=\frac{R_3}{R_1+R_3}\times 12=4\ \text{V}$$

$$i(\infty)=\frac{12}{R_1+R_3}=\frac{12}{4+2}=2\ \text{A}$$

$$i_C(\infty)=0\ \text{A}$$

(3) 时间常数 τ 的计算。

在图 3.14(c)所示的电路中，将电压源短路，从电容端看进去，可得到等效电阻为

$$R=R_2+\frac{R_1R_3}{R_1+R_3}=2+\frac{4}{3}=3.33\ \Omega$$

$$\tau=RC=5\times 10^{-6}\times 3.33=1.67\times 10^{-5}\ \text{s}$$

将以上三要素代入公式，得到

$$u_C(t)=4+(12-4)\text{e}^{-\frac{t}{1.67}\times 10^5}=4+8\text{e}^{-6\times 10^4 t}\ \text{V}$$

$$i(t)=2-0.8\text{e}^{-6\times 10^4 t}\ \text{A}$$

$$i_C(t)=-2.4\text{e}^{-6\times 10^4 t}\ \text{A}$$

例 3.4 如图 3.15 所示的电路，$t=0$ 时，S 闭合，闭合前电路处于稳态，求 $t\geqslant 0$ 时的

$i(t)$及$u(t)$。

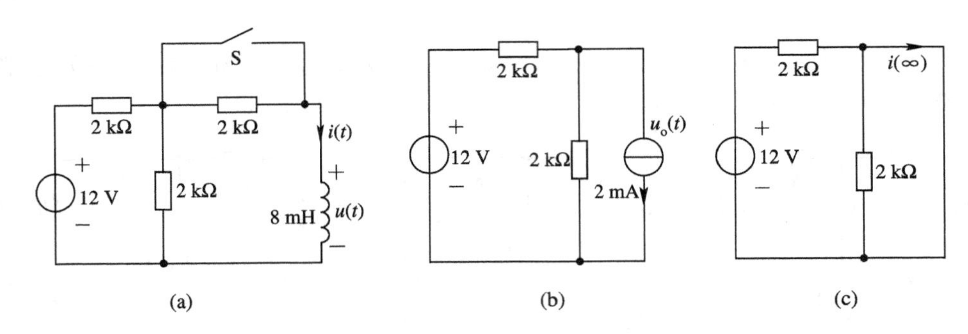

图 3.15　例 3.4 电路图

解　由三要素法分析。

(1) 求初始值。

S 闭合前电路处于稳态，电感相当于短路，故

$$i_{\mathrm{S}}=\frac{U}{R}=\frac{12}{2\times10^3+1\times10^3}=4\ \mathrm{mA}$$

$$i(0^+)=i(0^-)=\frac{1}{2}i_{\mathrm{S}}=2\ \mathrm{mA}$$

$t=0^+$时的等效电路如 3.15(b)所示，利用叠加定理有

$$u(0^+)=\left(\frac{12}{2\times10^3+2\times10^3}\times2\times10^3-2\times10^3\times1\times10^{-3}\right)=4\ \mathrm{V}$$

(2) 求稳态值。

换路后 $t=\infty$时，电感相当于短路，则

$$u(\infty)=0\ \mathrm{V}$$

$$i(\infty)=\frac{12}{2\times10^3}=6\ \mathrm{mA}$$

(3) 求 τ。

从电感端口看进去的等效电阻为

$$R=\frac{2\times2}{2+2}=1\ \mathrm{k\Omega}$$

$$\tau=\frac{L}{R}=8\times10^{-6}\ \mathrm{s}$$

故

$$i(t)=6+(2-6)\mathrm{e}^{-\frac{t}{\tau}}=6-4\mathrm{e}^{-1.25\times10^5t}\ \mathrm{mA}$$

$$u(t)=4\mathrm{e}^{-1.25\times10^5t}\ \mathrm{V}$$

习　题　3

1. 如题图 3.1 所示，开关在 $t=0$ 时动作，试求电路中的动态元件在 $t=0^+$ 时刻的电压、电流。

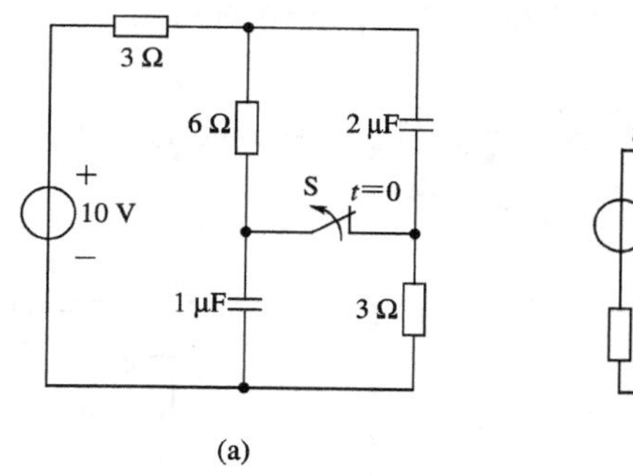

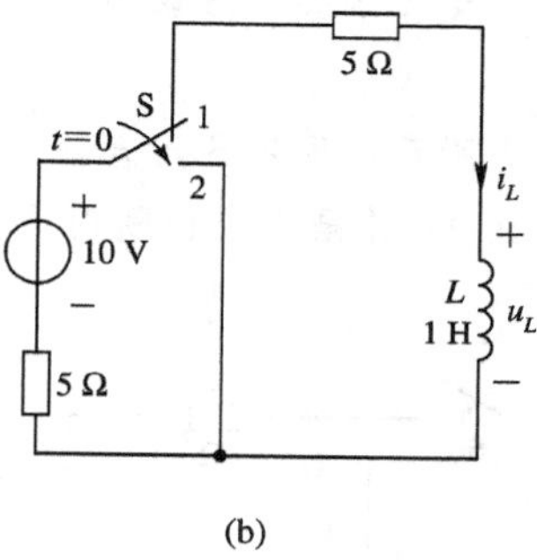

题图 3.1

2. 如题图 3.2 所示，电路原已稳定。$t=0$ 时开关 S 断开，试求断开后瞬间各支路电流和储能元件上的电压。

3. 如题图 3.3 所示，求开关 S 断开后，电容电压 $u_C(t)$ 和放电电流 $i_C(t)$。

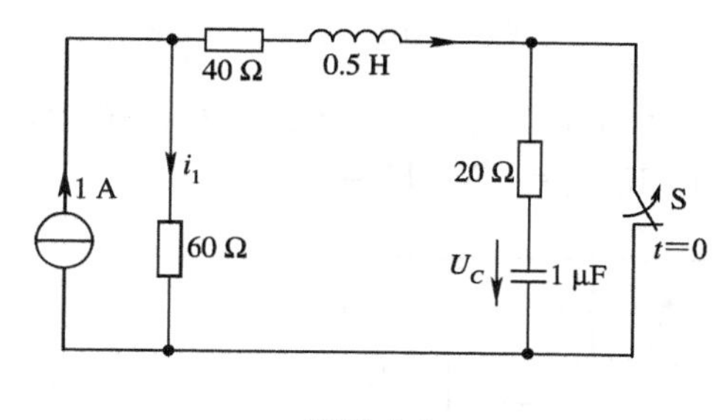

题图 3.2

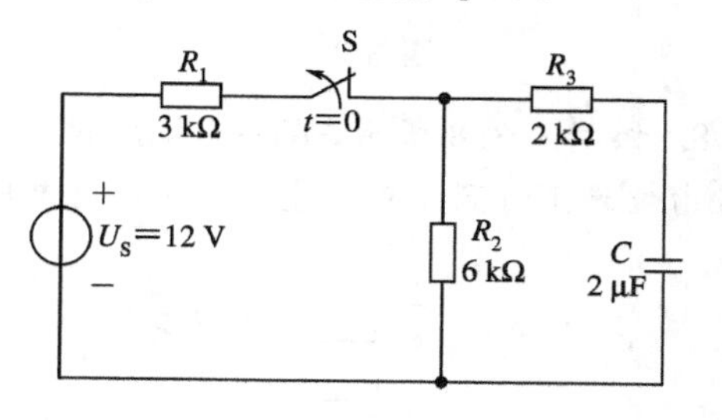

题图 3.3

4. 如题图 3.4 所示，电路中接有量程为 50 V 的电压表，表的内阻 $R_V=4\ \text{k}\Omega$。当 $t=0$ 时，将开关 S 断开，断开前电路处于稳态。求开关断开后的电感电流 $i_L(t)$ 及开关刚断开时电压表两端的电压值。

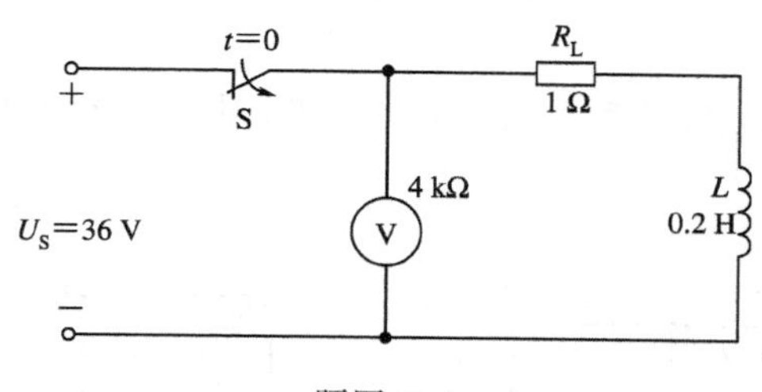

题图 3.4

5. 如题图 3.5 所示电路，在 $t=0$ 时开关 S 闭合，求 $u_C(t)$。

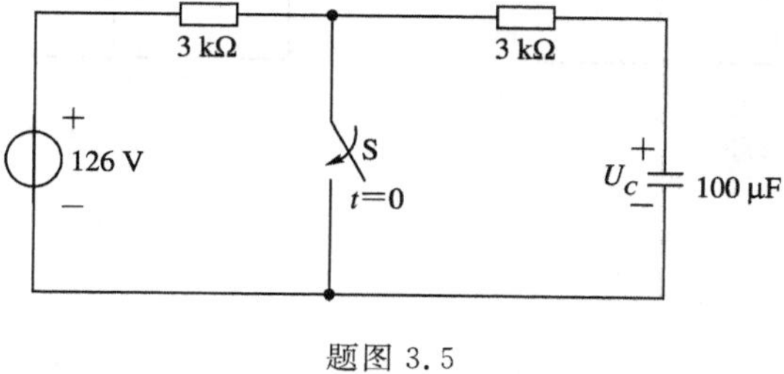

题图 3.5

6. 电路如题图 3.6 所示，换路前电路已处于稳态，$t=0$ 时开关 S 闭合。试求换路后 $u_C(t)$ 和 $u_S(t)$。

7. 如题图 3.7 所示，开关 S 闭合前，电感中无储能，当 $t=0$ 时，开关 S 闭合。求 $t\geqslant0$ 时，电流 $i_L(t)$ 和 $i(t)$，并画出它们随时间变化的曲线。

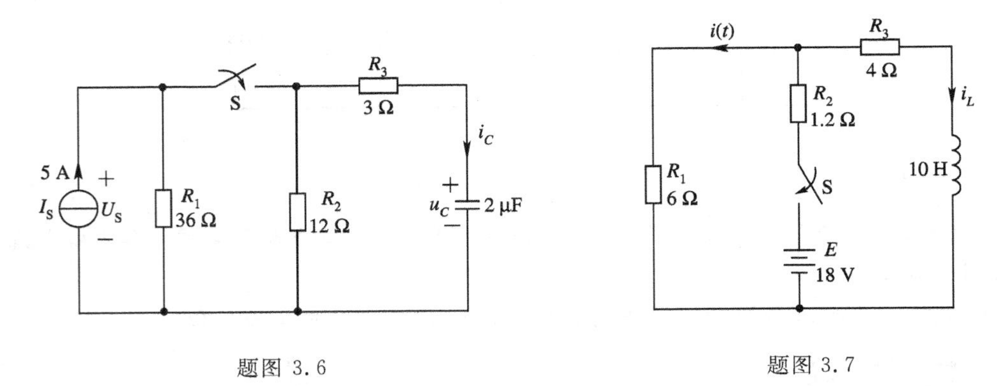

题图 3.6　　　　题图 3.7

8. 如题图 3.8 所示，$R_1=1\ \text{k}\Omega$，$R_2=2\ \text{k}\Omega$，$C_1=6\ \mu\text{F}$，$C_2=C_3=3\ \mu\text{F}$，在 $t=0$ 时，开关 S 由位置 1 打到位置 2 上。试求输出电压 $u_C(t)$，设 $U_1=3\ \text{V}$，$U_2=5\ \text{V}$。

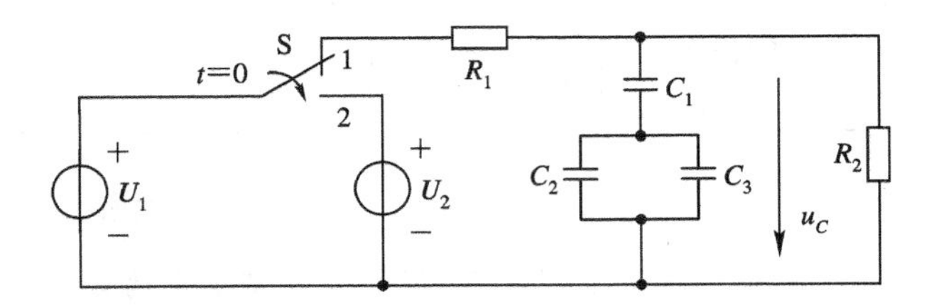

题图 3.8

9. 如题图 3.9 所示电路中，$U_S=10\ \text{V}$，$I_S=2\ \text{A}$，$R=2\ \Omega$，$L=4\ \text{H}$。试求 S 闭合后电路中的电流 i_L 和 i。

10. 如题图 3.10 所示，$t=0$ 时 S 打开，打开前，电路已达到稳定，求 $u_C(t)(t\geqslant0)$，并绘出曲线。

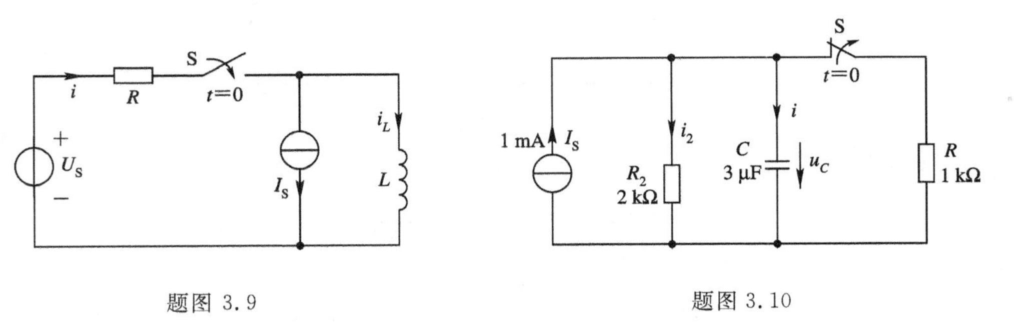

题图 3.9　　　　题图 3.10

第 4 章　正弦交流电的基本概念

4.1 引　　言

电路中的电量有周期性和非周期性两类。波形的大小和方向随时间作正弦周期性变化的电量称为正弦交流电，如图 4.1 所示。

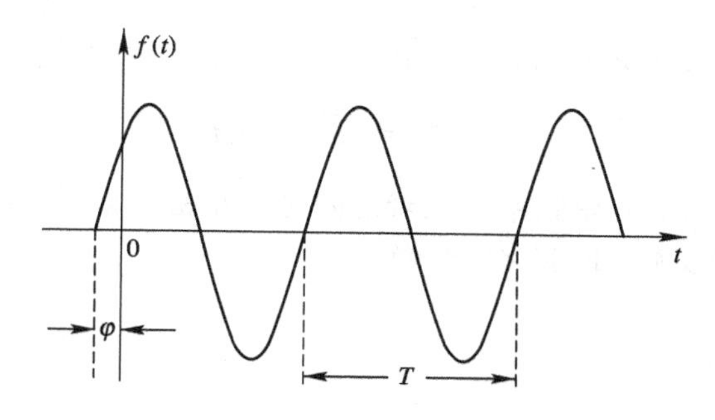

图 4.1　正弦交流电

正弦交流电的数学表达式为

$$i = I_{\mathrm{m}} \sin(\omega t + \varphi) \tag{4.1}$$

式中，i 表示正弦交流电的瞬时值；ω 表示正弦交流电变化的快慢，称为角速度；I_{m} 表示正弦交流电的最大值，称为幅值；φ 表示正弦交流电的起始位置，称为初相位。

正弦交流电比恒定直流电更容易产生、传输和分配。使用正弦交流电的电机、电器等用电设备可获得较好的性能。正弦交流电的信号经过各种数学运算(如四则运算、微积分)后仍是正弦函数，使得正弦交流电成为最基本也是最重要的电量形式，应用非常广泛。正弦交流电也可简称为交流电。

本章将讨论正弦交流电的基本概念、表示方法和组成交流电路的基本元件(电阻、电感和电容)。

4.2 正弦交流电的三要素

正弦交流电的特性可用变化的快慢、相位和大小来表示。这三个量是确定正弦交流电的三要素，现分别讨论如下。

4.2.1 变化的快慢

正弦交流电变化的快慢可用三种方式表示。

1. 周期 T

交流电量往复变化一周所需的时间称为周期，用字母 T 表示，单位是秒(s)，如图 4.1 所示。

2. 频率 f

每秒内波形重复变化的次数称为频率，用字母 f 表示，单位是赫兹(Hz)。频率和周期互为倒数，即

$$f = \frac{1}{T} \tag{4.2}$$

我国电网所供给的交流电的频率是 50 Hz，周期为 0.02 s。

3. 角频率 ω

交流电量角度的变化率称为角频率，用字母 ω 表示，单位是弧度/秒(rad/s)，即

$$\omega = \frac{\varphi}{t} = \frac{2\pi}{T} = 2\pi f \tag{4.3}$$

上式表明，周期 T、频率 f 和角频率 ω 三者之间可以互相换算。它们都从不同角度表示了正弦交流电的同一物理实质，即变化的快慢。

4.2.2 相位

1. 相位和初相位

正弦电量的表达式中的 $\omega t+\varphi$ 称为交流电的相位。$t=0$ 时，$\omega t+\varphi=\varphi$ 称为初相位，简称初相，它是确定交流电量初始状态的物理量。在波形上，φ 表示在计时前的那个由负值向正值增长的零点到 $t=0$ 的计时起点之间所对应的最小电角度，如图 4.1 所示。不知道 φ 就无法画出交流电量的波形图，也写不出完整的表达式。

2. 相位差

相位差是指两个同频率的正弦电量在相位上的差值。由于讨论的是同频正弦交流电，因此相位差实际上等于两个正弦电量的初相之差，例如

$$u = U_m \sin(\omega t + \varphi_1)$$
$$i = I_m \sin(\omega t + \varphi_2)$$

则相位差

$$\Delta\varphi = (\omega t + \varphi_1) - (\omega t + \varphi_2) = \varphi_1 - \varphi_2 \tag{4.4}$$

当 $\varphi_1>\varphi_2$ 时，u 比 i 先达到正的最大值或先达到零值，此时它们的相位关系是 u 超前于 i(或 i 滞后于 u)。

当 $\varphi_1<\varphi_2$ 时，u 滞后于 i(或 i 超前于 u)。

当 $\varphi_1=\varphi_2$ 时，u 与 i 同相。

当 $\Delta\varphi=\pm\pi/2$ 时，称 u 与 i 正交；而 $\Delta\varphi=\pm\pi$ 时，称 u 与 i 反相。

以上五种情况分别如图 4.2(a)、(b)、(c)、(d)和(e)所示。

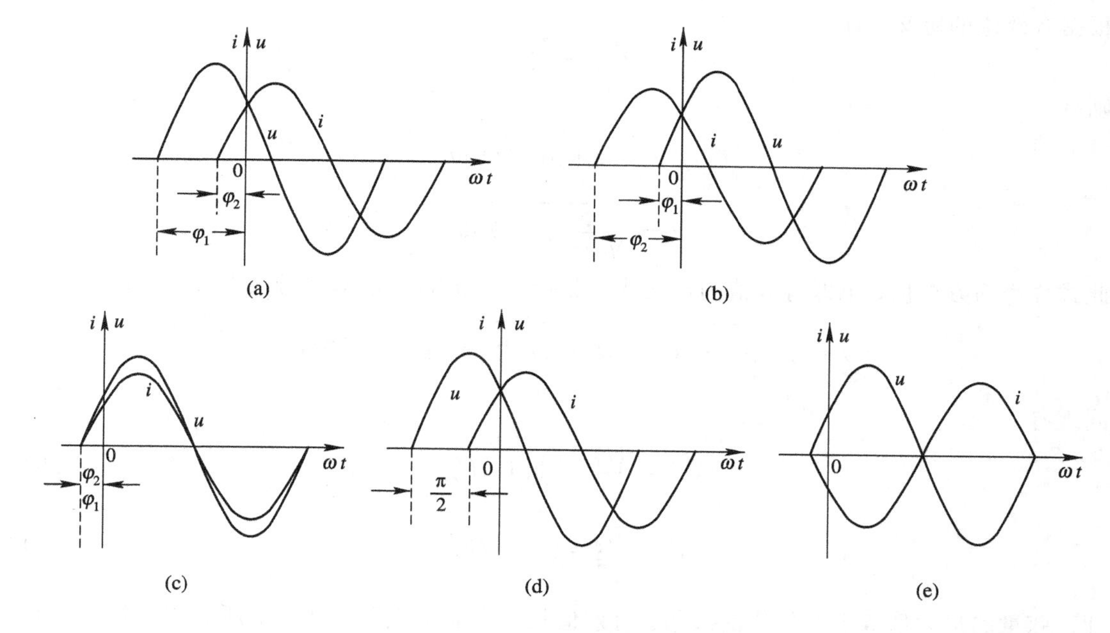

图 4.2　正弦量的相位关系

(a) u 超前；(b) u 滞后；(c) 同相；(d) 正交；(e) 反相

4.2.3　交流电的大小

交流电的大小有三种表示方式：瞬时值、最大值和有效值。

1. 瞬时值

瞬时值指任一时刻交流电量值的大小。例如 i、u 和 e，都用小写字母表示，它们都是时间的函数。

2. 最大值

最大值指交流电量在一个周期中最大的瞬时值，它是交流电波形的振幅。如 I_m、U_m 和 E_m，通常用大写字母并加注下标 m 表示。

3. 有效值

引入有效值的概念是为了研究交流电量在一个周期中的平均效果。有效值的定义是：让正弦交流电和直流电分别通过两个阻值相等的电阻，如果在相同时间 T 内(T 可取为正弦交流的周期)，两个电阻消耗的能量相等，则把该直流电称为交流电的有效值，如图 4.3 所示。

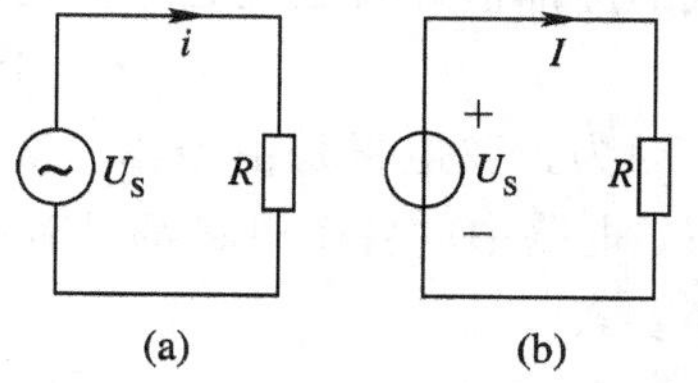

当直流电流 I 流过电阻 R 时，该电阻在时间 T 内消耗的电能为

$$W_{-}=I^2RT \tag{4.5}$$

当正弦电流 i 流过电阻 R 时，在相同时间 T 内电阻消耗的电能为

$$W_{\sim}=\int_0^T P(t)\,\mathrm{d}t=\int_0^T Ri^2(t)\,\mathrm{d}t \tag{4.6}$$

图 4.3　有效值的概念

(a) 交流；(b) 直流

根据有效值的定义，有

$$W_{-} = W_{\sim}$$

则有

$$I^2 RT = \int_0^T Ri^2(t)\,\mathrm{d}t$$

$$I = \sqrt{\frac{1}{T}\int_0^T i^2(t)\,\mathrm{d}t} \tag{4.7}$$

此式称为均方根值，也即有效值的定义式。设 $i=I_m \sin(\omega t+\varphi)$，并带入上式，得到

$$I = \sqrt{\frac{1}{T}\int_0^T I_m^2 \cos^2(\omega t+\varphi)\,\mathrm{d}t} = \frac{I_m}{\sqrt{2}} = 0.707 I_m \tag{4.8}$$

同理有

$$U = \frac{U_m}{\sqrt{2}} = 0.707 U_m \tag{4.9}$$

$$E = \frac{E_m}{\sqrt{2}} = 0.707 E_m \tag{4.10}$$

即正弦量的最大值等于有效值的$\sqrt{2}$倍。有效值是一个非常重要的概念，所有用电设备铭牌上标注的都是有效值。

4.3 正弦量的相量表示法

正弦电量不但可以用三角函数表示，也可以用波形图示法和矢量图法表示。在分析电路的正弦稳态响应时，经常需要对正弦电量进行代数运算和微分、积分运算。但如果利用上面的三种正弦电量表示法计算就显得十分复杂，因此引入表示正弦电量的最为简单有效的办法——相量法。

由于复数可用来表示矢量，因而也就可以表示正弦量。为了与一般的复数及表示空间矢量的复数相区别，把表示正弦时间函数的复数称为相量，并在大写字母上方加点表示。

设正弦电量是

$$i = I_m \sin(\omega t+\varphi)$$

现在讨论复数指数函数 $I_m e^{j(\omega t+\varphi)}$ 的展开式：

$$I_m e^{j(\omega t+\varphi)} = I_m[\cos(\omega t+\varphi) + j\sin(\omega t+\varphi)] = I_m\cos(\omega t+\varphi) + jI_m\sin(\omega t+\varphi)$$

上式的虚部恰好就是正弦电流的表达式。即

$$i = \mathrm{Im}[I_m e^{j(\omega t+\varphi)}] = I_m \sin(\omega t+\varphi) \tag{4.11}$$

因为正弦电量是由振幅、频率和相位这三要素决定的，所以在频率相同的正弦电量激励下，电路中的各个电量都具有相同的频率。这样，确定一个正弦电量就只需振幅和相位两个要素。

$$i = \mathrm{Im}[I_m e^{j(\omega t+\varphi)}] = \mathrm{Im}[I_m e^{j\varphi} e^{j\omega t}] = \mathrm{Im}[\dot{I}_m e^{j\omega t}] \tag{4.12}$$

式中

$$\dot{I}_m = I_m e^{j\varphi} \tag{4.13}$$

$\dot{I}_m$ 称为电流的最大值相量，它由振幅和初相位确定；$e^{j\omega t}$ 称为旋转因子，它是模为 1、辐角为 ωt 且随时间不断旋转的单位相量。

相量也可以画在复平面上，用有向线段表示，这种图称为相量图，如图 4.4 所示。

利用相量图，常可使相量之间的关系更加清楚，所以相量图十分有用。

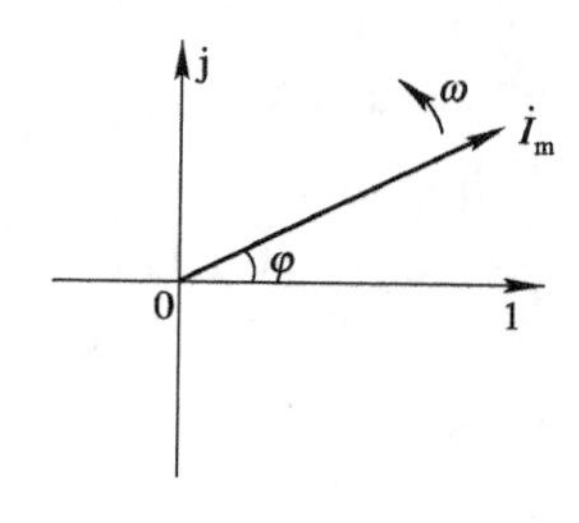

图 4.4　相量图

同理，电压相量的最大值表示为

$$\dot{U}_m = U_m e^{j\varphi} = U_m \angle \varphi \qquad (4.14)$$

电流和电压的有效值相量表示为

$$\dot{I} = \frac{\dot{I}_m}{\sqrt{2}} = \frac{I_m e^{j\varphi}}{\sqrt{2}} = I e^{j\varphi} = I \angle \varphi \qquad (4.15)$$

$$\dot{U} = \frac{\dot{U}_m}{\sqrt{2}} = \frac{U_m e^{j\varphi}}{\sqrt{2}} = U e^{j\varphi} = U \angle \varphi \qquad (4.16)$$

利用相量法计算正弦电量十分方便，三角函数的各种运算变成了相应的复数运算，而复数运算的过程相对简单(有关复数及运算的内容详见附录)。但需说明三点：一是用相量表示正弦电量，并不是说相量就等于正弦电量，两者不能直接相等；二是相量与物理学中的向量是两个不同的概念，相量是用来表示时间域的正弦电量，而向量是表示空间内具有大小和方向的物理量，如力、电场强度等；三是相量法只适用于同频率的正弦量，不同频率的正弦量以及非正弦量都不适用。

例 4.1　已知 $i_1=5\sin(\omega t+36.9°)$ A，$i_2=10\sin(\omega t-53.1°)$ A，求交流电 i_1 和 i_2 之和。

解　首先用相量表示正弦量 i_1 和 i_2：

$$\dot{I}_{m1} = 5e^{j36.9°} = 5\angle 36.9° = 4 + j3 \text{ A}$$

$$\dot{I}_{m2} = 10e^{-j53.1°} = 10\angle -53.1° = 6 - j8 \text{ A}$$

$$\dot{I}_m = \dot{I}_{m1} + \dot{I}_{m2} = (4 + j3) + (6 - j8)$$

$$= 10 - j5 = 11.18\angle -26.6° \text{ A}$$

故

$$i = i_1 + i_2 = 11.18\sin(\omega t - 26.6°) \text{ A}$$

例 4.2　已知

$$u_1 = 220\sqrt{2}\sin(314t - 150°) \text{ V}$$

$$u_2 = -220\sqrt{2}\sin(314t - 30°) \text{ V}$$

试画出它们的相量图，并求出 $u=u_1+u_2$ 及其有效值。

解　u_1 和 u_2 的有效值相量为

$$\dot{U}_1 = 220\angle -150° = 220\left(\frac{-\sqrt{3}}{2} - j\frac{1}{2}\right) \text{ V}$$

$$\dot{U}_2 = 220\angle(180° - 30°) = 220\left(-\frac{\sqrt{3}}{2} + j\frac{1}{2}\right) \text{ V}$$

$$\dot{U} = \dot{U}_1 + \dot{U}_2 = -\sqrt{3} \times 220 = 381\angle 180° \text{ V}$$

故

$$u = 381\sqrt{2}\ \sin(314t + 180°)\ \text{V}$$

$\dot{U}_1$ 和 $\dot{U}_2$ 的相量图如图 4.5 所示。

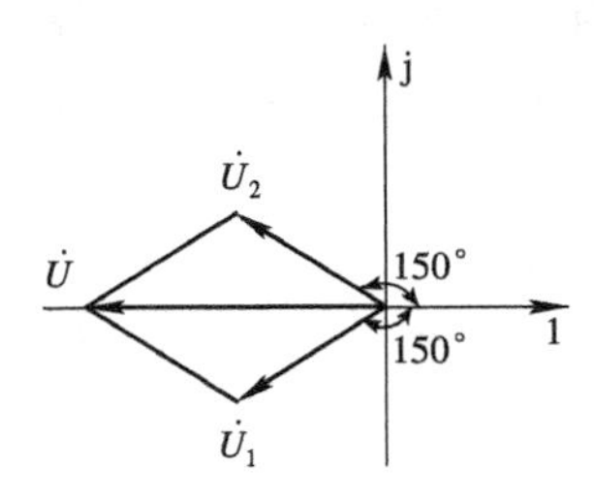

图 4.5　例 4.2 相量图

4.4　正弦交流电路中的元件

本节讨论电阻、电容和电感三种电路模型在正弦交流电激励下电压与电流的相量关系。

4.4.1　电阻元件

对线性电阻，在正弦交流电的激励下，其伏安关系在任一瞬间都服从欧姆定律，故有

$$i = \frac{u}{R} \quad 或 \quad u = iR \tag{4.17}$$

其参考正方向如图 4.6(a)所示。

设

$$i = I_m \sin(\omega t + \varphi)$$

则

$$u = Ri = RI_m \sin(\omega t + \varphi) = U_m \sin(\omega t + \varphi)$$

其中

$$U_m = I_m R \quad 或 \quad I_m = \frac{U_m}{R} \tag{4.18}$$

有效值

$$I = \frac{U}{R} \quad 或 \quad U = IR \tag{4.19}$$

上式表明电阻的电压和电流是两个同频率、同相位的正弦量，如图 4.6(b)所示。

将电流、电压分别用相量式表示：

$$\dot{I} = I\angle\varphi, \quad \dot{U} = U\angle\varphi \tag{4.20}$$

则

$$\frac{\dot{U}}{\dot{I}} = \frac{U}{I} = R \quad 或 \quad \dot{U} = \dot{I}R \tag{4.21}$$

式(4.21)即为欧姆定律的相量式。相量图和电路模型分别如图 4.6(c)和(d)所示。

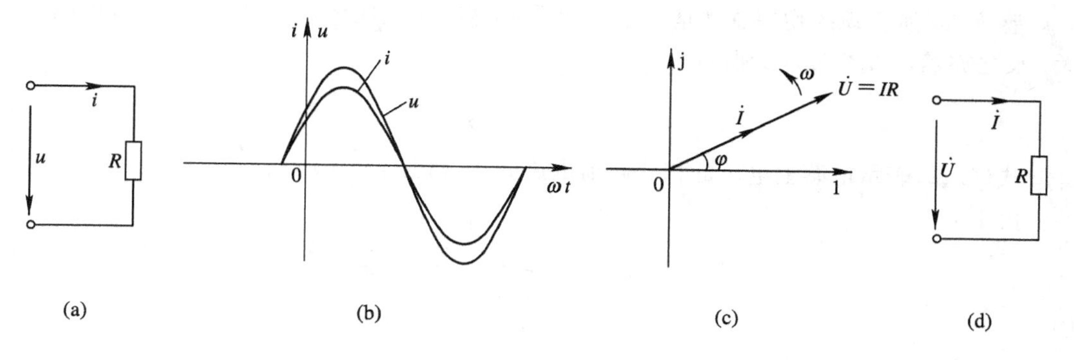

图 4.6　电阻元件

(a) 电路；(b) 波形；(c) 相量图；(d) 电路模型

4.4.2　电感元件

设有一电感元件，其电压、电流和电感电势采用关联参考方向，如图 4.7(a)所示。

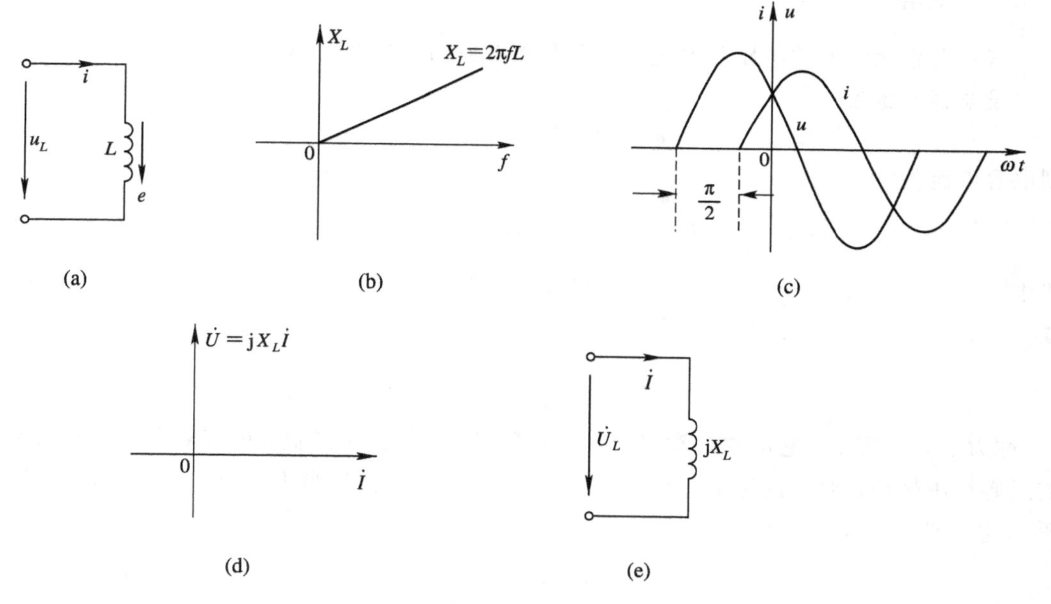

图 4.7　电感元件

(a) 电路；(b) X_L 的频率特性；(c) 相位关系；(d) 相量关系；(f) 电路模型

设通过该电感的电流为

$$i = I_{\mathrm{m}} \sin(\omega t + \varphi_i)$$

则

$$\begin{aligned} u_L &= -e = L\frac{\mathrm{d}i}{\mathrm{d}t} = \omega L I_{\mathrm{m}} \sin\left(\omega t + \varphi_i + \frac{\pi}{2}\right) \\ &= U_{L\mathrm{m}} \sin(\omega t + \varphi_u) \end{aligned} \tag{4.22}$$

式中，$U_{L\mathrm{m}}=\omega L I_{\mathrm{m}}$ 或 $U_L=\omega L I$，定义 $X_L=\omega L=2\pi f L$，称 X_L 为感抗。则

$$\frac{U_{\mathrm{m}}}{I_{\mathrm{m}}} = \frac{U}{I} = \omega L = X_L \tag{4.23}$$

感抗 X_L 所呈现的物理意义是：对于一定的电感 L，当频率增高时，其所呈现的感抗增大；反之亦然，如图 4.7(b)所示。又

$$\varphi_u = \varphi_i + \frac{\pi}{2} \tag{4.24}$$

式(4.22)表示电感上电压的相位超前电流 90°，如图 4.7(c)所示。

由于

$$\dot{I} = I\angle\varphi_i, \quad \dot{U} = U\angle\left(\varphi_i + \frac{\pi}{2}\right) \tag{4.25}$$

则

$$\frac{\dot{U}}{\dot{I}} = \frac{U\angle\left(\varphi_i + \frac{\pi}{2}\right)}{I\angle\varphi_i} = X_L\angle\frac{\pi}{2} = \mathrm{j}X_L \tag{4.26}$$

式(4.26)为欧姆定律的相量式，它不但表示了电感电压和电流的大小关系，同时也表示了两者之间的相位关系。其相量图和电路模型分别如图 4.7(d)、(e)所示。

4.4.3 电容元件

若一电容元件上的电压和电流采用关联参考方向，如图 4.8(a)所示。

设电容电压为

$$u(t) = U_{\mathrm{m}}\sin(\omega t + \varphi_u)$$

则电容电流为

$$i = C\frac{\mathrm{d}u}{\mathrm{d}t} = U_{\mathrm{m}}\omega\sin\left(\omega t + \varphi_u + \frac{\pi}{2}\right) = I_{\mathrm{m}}\sin(\omega t + \varphi_i) \tag{4.27}$$

式中

$$U_{\mathrm{m}}\omega C = I_{\mathrm{m}}$$

或

$$\frac{U_{\mathrm{m}}}{I_{\mathrm{m}}} = \frac{1}{\omega C} = \frac{1}{2\pi fC} = X_C \tag{4.28}$$

X_C 称为电容的容抗。它的物理意义是：当电容 C 一定，频率越高，电容对交流电流所呈现的阻碍作用越小，即容抗越小。当 $f=0$ 时，$X_C\rightarrow\infty$，电容相当于开路。X_C 的频率特性如图 4.8(b)所示。又

$$\varphi_i = \varphi_u + \frac{\pi}{2} \tag{4.29}$$

上式表明电容上的电压、电流同频，但电容上电流相位超前电压相位 90°，如图 4.8(c)所示。

若电容上的电压和电流用相量表示为

$$\dot{U} = U\angle\varphi_i$$

$$\dot{I} = I\angle\left(\varphi_i + \frac{\pi}{2}\right)$$

则有

$$\frac{\dot{U}}{\dot{I}} = \frac{U}{I}\angle\left(-\frac{\pi}{2}\right) = X_C\angle\left(-\frac{\pi}{2}\right) = -\mathrm{j}X_C \tag{4.30}$$

式(4.30)为欧姆定律的相量式，它同时表示了电容上电压和电流的大小及相位关系。其相量图和电路模型分别如图 4.8(d)和(e)所示。

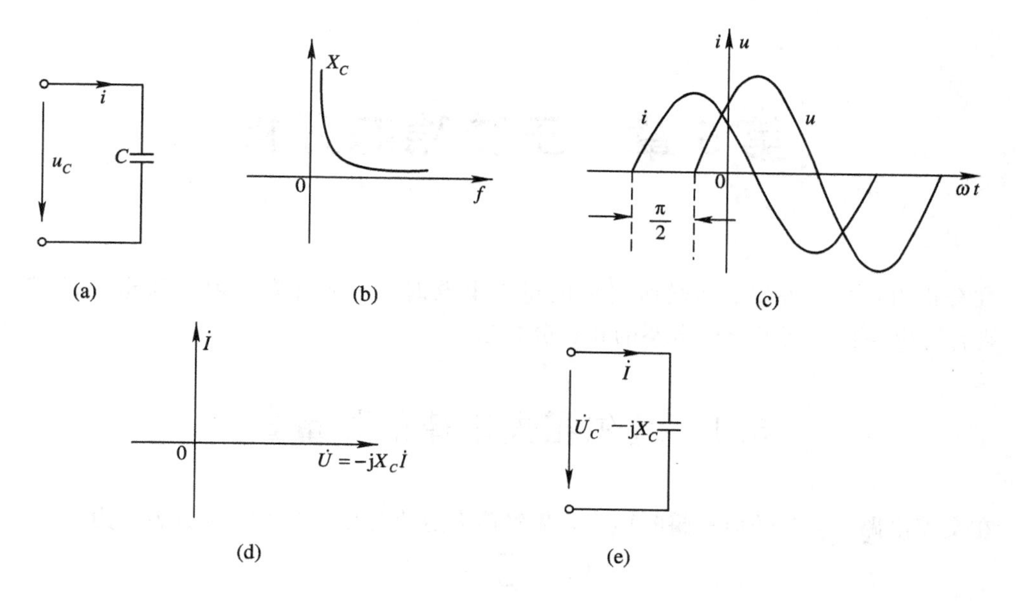

图 4.8 电容元件

(a) 电路；(b) X_C 的频率特性；(c) 相位关系；(d) 相量关系；(f) 电路模型

习 题 4

1. 电压 $U=300\ \sin(100t-\pi/4)$ V，指出其振幅、角频率和初相。计算频率 f 和周期 T，画出 u 的波形。当 $t=\pi/200$ s 时，u 的值是多大？

2. 求 $u_1=311\ \sin(314t-30°)$ V 和 $u_2=537\ \sin(314t-60°)$ V 的有效值，并说明哪个超前？超前多少？

3. 若已知两个同频正弦电压的相量分别为 $\dot U_1=50\angle 30°$ V，$\dot U_2=-100\angle -150°$ V，其频率 $f=100$ Hz。

(1) 写出 u_1、u_2 的表达式；

(2) 求 u_1 与 u_2 的相位差。

4. 已知 $u_1=20\ \sin(\omega t+20°)$ V，$i=30\ \sin(\omega t+30°)$ A，$u_2=30\ \sin(\omega t+30°)$ V。求：

(1) u_1/i；

(2) u_1+u_2 及其相量图。

5. 某一元件的电压、电流(关联方向)分别为下述 3 种情况时，它可能是什么元件？

(1) $\begin{cases} u=10\ \cos(10t+45°)\ \text{V} \\ i=2\ \sin(10t+135°)\ \text{A} \end{cases}$

(2) $\begin{cases} u=10\ \sin(10t+45°)\ \text{V} \\ i=2\ \sin(10t+135°)\ \text{A} \end{cases}$

(3) $\begin{cases} u=-10\ \cos t\ \text{V} \\ i=-\sin t\ \text{A} \end{cases}$

第 5 章　正弦稳态分析

在分析由各种元件串、并联所组成的正弦电路时，必须首先学习交流电路的基本定律，然后讨论各种连接下交流电路的相量分析法。

5.1　基尔霍夫定律的相量式

在交流电路中，对任何一瞬时而言，基尔霍夫定律都成立，用瞬时值表示为

$$\left.\begin{aligned}\text{KCL：}\sum i = 0\\ \text{KVL：}\sum u = 0\end{aligned}\right\} \tag{5.1}$$

对图 5.1 中的节点 A 而言，应有

$$i_1 - i_2 + i_3 = 0$$

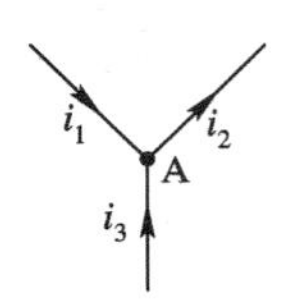

图 5.1　节点电流

由于在正弦交流电路中，所有激励和响应都是同频率的正弦时间函数，因此可以用相应的相量表示为

$$\text{Im}(\dot{I}_{1\text{m}}\text{e}^{\text{j}\omega t}) - \text{Im}(\dot{I}_{2\text{m}}\text{e}^{\text{j}\omega t}) + \text{Im}(\dot{I}_{3\text{m}}\text{e}^{\text{j}\omega t}) = 0$$

式中，$\dot{I}_{1\text{m}}$、$\dot{I}_{2\text{m}}$和 $\dot{I}_{3\text{m}}$分别是 i_1、i_2 和 i_3 的相量形式，$\text{e}^{\text{j}\omega t}$是旋转因子。

根据复数运算法则可知：各正弦电流旋转相量的虚部的代数和等于所有旋转相量的代数和的虚部，于是上式可改写成

$$\text{Im}[(\dot{I}_{1\text{m}} - \dot{I}_{2\text{m}} + \dot{I}_{3\text{m}})\text{e}^{\text{j}\omega t}] = 0$$

上式对任何一瞬时都成立的条件是

$$\dot{I}_{1\text{m}} - \dot{I}_{2\text{m}} + \dot{I}_{3\text{m}} = 0$$

显然，上式就是节点电流瞬时值的相量式。推广后的一般表示式为

$$\sum \dot{I} = 0 \tag{5.2}$$

式(5.2)即为基尔霍夫电流定律的相量式，它表明流入电路中任一节点电流相量的代数和恒等于 0。

同理可得到基尔霍夫电压定律的相量式：

$$\sum \dot{U} = 0 \tag{5.3}$$

它表明沿任意回路绕行一周，各部分电压相量的代数和恒等于0。

5.2 欧姆定律的相量式、阻抗及导纳

1. 单参数交流电路的欧姆定律及阻抗

元件 C 和 L 上的电压电流瞬时值关系式为

$$i = C\frac{\mathrm{d}u_C}{\mathrm{d}t} \quad 及 \quad u_L = L\frac{\mathrm{d}i}{\mathrm{d}t}$$

可见它们不存在类似电阻元件具有的欧姆定律的关系。R、C、L 用相量式表示的欧姆定律为

R：
$$\dot{U}_R = R\dot{I} \quad 或 \quad \dot{I} = \frac{\dot{U}_R}{R} \tag{5.4}$$

C：
$$\dot{U}_C = -\mathrm{j}X_C\dot{I} \quad 或 \quad \dot{I} = \frac{\dot{U}_C}{-\mathrm{j}X_C} \tag{5.5}$$

L：
$$\dot{U}_L = \mathrm{j}X_L\dot{I} \quad 或 \quad \dot{I} = \frac{\dot{U}_L}{\mathrm{j}X_L} \tag{5.6}$$

以上三式各分母项都具有阻碍电流通过的作用，它们的单位都是欧姆。为了统一表示上述关系，引入复数 Z，称为复数阻抗，简称复阻抗。对于不同的电路，复阻抗具有不同的意义。例如对电阻元件有 $Z=R$，对电容元件有 $Z=-\mathrm{j}X_C$，对电感元件有 $Z=\mathrm{j}X_L$，于是式(5.4)、(5.5)和(5.6)可统一表示为

$$\dot{I} = \frac{\dot{U}}{Z} \quad 或 \quad \frac{\dot{U}}{\dot{I}} = Z \tag{5.7}$$

式(5.7)就是单参数交流电路欧姆定律的相量表示式。

2. 多参数交流电路的欧姆定律及阻抗

实际电路往往由若干不同性质的元件组成。下面以图5.2所示的 RLC 串联电路为例，推导出它们的欧姆定律的相量式及阻抗表达式。

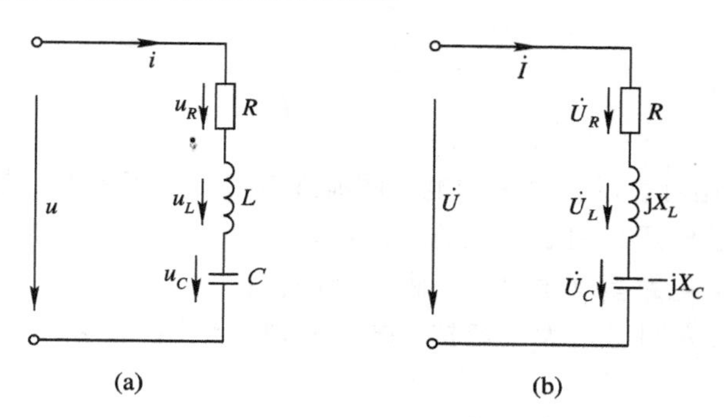

图5.2 RLC 串联电路

(a) 电路图；(b) 相量模型图

由KVL知

$$u = u_R + u_L + u_C$$

相量式为

$$\dot{U} = \dot{U}_R + \dot{U}_L + \dot{U}_C$$

把式(5.4)、(5.5)和(5.6)代入上式，得到

$$\dot{U} = \dot{I}R + \dot{I}(\mathrm{j}X_L) + \dot{I}(-\mathrm{j}X_C) = \dot{I}[R + \mathrm{j}(X_L - X_C)] = \dot{I}(R + \mathrm{j}X) = \dot{I}Z \tag{5.8}$$

式中，

$$\left.\begin{aligned} X &= X_L - X_C \\ Z &= R + \mathrm{j}X \end{aligned}\right\} \tag{5.9}$$

其中，感抗 X_L 和容抗 X_C 之差用符号 X 表示，称为电抗，它视 X_L 和 X_C 的大小可正可负、也可为 0；Z 称为复阻抗，它的实部是电阻 R，虚部是电抗 X。所以式(5.9)是电抗和复阻抗的一般表示式。

这里要注意，在随时间变化的正弦电压及电流的符号上方加“·”表示相量，而复阻抗 Z 虽然是复数量，但是它与电压、电流的相量有本质的区别，它不是随时间变化的正弦函数，不叫“相量”。为了区分这两种不同性质的量，在复阻抗 Z 之上不加圆点，画图时不加箭头，只用大写字母 Z 表示。

有时需要把复阻抗写成指数形式：

$$Z = R + \mathrm{j}X = z\mathrm{e}^{\mathrm{j}\varphi} \tag{5.10}$$

式中，

$$\left.\begin{aligned} z &= \sqrt{R^2 + X^2} \\ \varphi &= \arctan\frac{X}{R} \end{aligned}\right\} \tag{5.11}$$

由式(5.11)知，R、X 及 z 三者的关系可用直角三角形表示，如图 5.3 所示。该三角形称为阻抗三角形。这里小写字母 z 表示复阻抗的模，简称阻抗；φ 是复阻抗的辐角，或称为阻抗角。

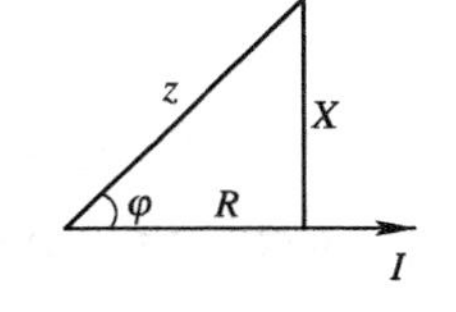

图 5.3　阻抗三角形

若电压相量是 $\dot{U}=U\mathrm{e}^{\mathrm{j}\varphi_u}$，电流相量是 $\dot{I}=I\mathrm{e}^{\mathrm{j}\varphi_i}$，则复阻抗

$$Z = \frac{\dot{U}}{\dot{I}} = \frac{U}{I}\mathrm{e}^{\mathrm{j}(\varphi_u - \varphi_i)} = z\mathrm{e}^{\mathrm{j}\varphi} \tag{5.12}$$

式中，

$$\left.\begin{aligned} z &= \frac{U}{I} \\ \varphi &= \varphi_u - \varphi_i \end{aligned}\right\} \tag{5.13}$$

可见复阻抗的辐模 z 还可表示为电压和电流的有效值之比，而辐角 φ 是电压与电流的相位差角，但它表明的是总电压超前于电流的相位角。

当电抗值不同时，电路呈现出以下三种不同的特征：

(1) 当 $X>0$ 时，表明感抗大于容抗，电路呈现电感性，$\varphi>0$，此时电压相位超前于电流。

(2) 当 $X<0$ 时，表明容抗大于感抗，电路呈现电容性，$\varphi<0$，此时电流相位超前于电压。

(3) 当 $X=0$ 时，表明感抗和容抗的作用相等，即 $X_L=X_C$，电压与电流同相，$\varphi=0$，此时电路如同纯电阻电路一样，这样的情况称为谐振。有关谐振问题将在后面讨论。

例 5.1 电路如图 5.2(b)所示，已知其中 $R=4\ \Omega$，$X_L=3\ \Omega$，$X_C=6\ \Omega$，电源电压 $\dot{U}=100\angle 0°\ \text{V}$，试求电路的电流相量及各元件上的电压，并画出相量图。

解 复阻抗为

$$Z=R+\text{j}(X_L-X_C)=4+\text{j}(3-6)=4-\text{j}3=5\angle -36.9°\ \Omega$$

电流为

$$\dot{I}=\frac{\dot{U}}{Z}=\frac{100\angle 0°}{5\angle -36.9°}=20\angle 36.9°\ \text{A}$$

各元件上的分电压为

$$\dot{U}_R=\dot{I}R=20\angle 36.9°\times 4=80\angle 36.9°\ \text{V}$$

$$\dot{U}_L=\text{j}\dot{I}X_L=20\angle 36.9°\times 3\angle 90°=60\angle 126.9°\ \text{V}$$

$$\dot{U}_C=-\text{j}\dot{I}X_C=20\angle 36.9°\times 6\angle -90°=120\angle -53.1°\ \text{V}$$

各元件上的电压相量之和为

$$\begin{aligned}\dot{U}&=\dot{U}_R+\dot{U}_L+\dot{U}_C\\&=80\angle 36.9°+60\angle 126.9°+120\angle -53.1°\\&=(64+\text{j}48)+(-36+\text{j}48)+(72-\text{j}96)\\&=100\angle 0°\ \text{V}\end{aligned}$$

以上各量可用简化相量图表示，如图 5.4 所示。在画相量图时，选初相位为 0 的相量为参考相量比较简便。

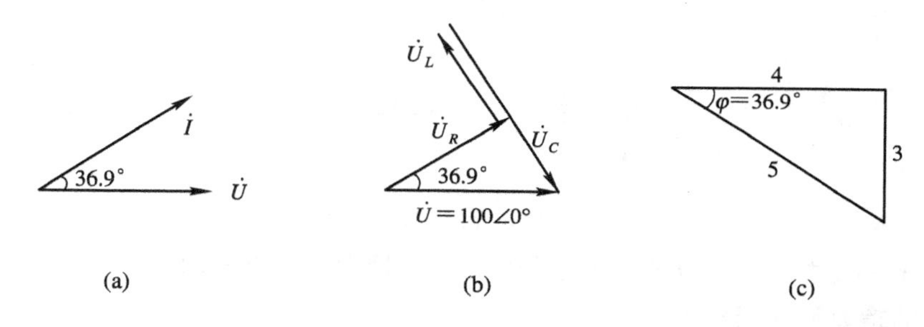

图 5.4 例 5.1 相量图

(a) 电压电流相量关系；(b) 各电压相量；(c) 阻抗三角形

3. 导纳

在交流串联电路中应用阻抗计算比较方便，而在并联电路中应用阻抗的倒数——导纳计算比较方便。下面按图 5.5 所示的 RLC 并联电路，引出导纳的概念及关系式。

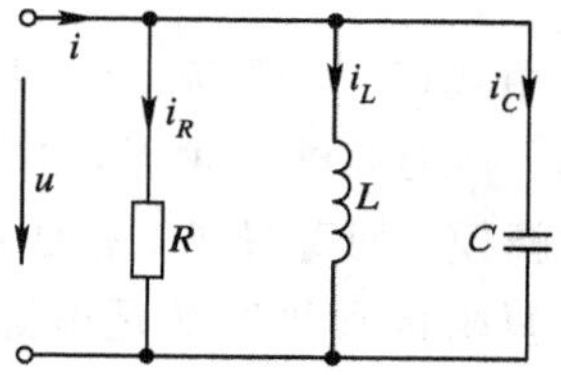

设外加正弦电压为

$$u=U_{\text{m}}\sin(\omega t+\varphi_u)$$

若各支路电流分别为 i_R、i_L 和 i_C，则总电流 i 为

$$i=i_R+i_L+i_C$$

图 5.5 RCL 并联电路

上式对应的相量式为

$$\dot{I}=\dot{I}_R+\dot{I}_L+\dot{I}_C$$

因为

$$\dot{I}_R = \frac{\dot{U}}{R},\quad \dot{I}_L = \frac{\dot{U}}{\mathrm{j}X_L},\quad \dot{I}_C = \frac{\dot{U}}{-\mathrm{j}X_C}$$

得到

$$\begin{aligned}\dot{I} &= \frac{\dot{U}}{R} - \mathrm{j}\,\frac{\dot{U}}{X_L} + \mathrm{j}\,\frac{\dot{U}}{X_C} = \left[\frac{1}{R} - \mathrm{j}\left(\frac{1}{\omega L} - \omega C\right)\right]\dot{U} \\ &= [G - \mathrm{j}(B_L - B_C)]\dot{U} = (G - \mathrm{j}B)\dot{U} = Y\dot{U}\end{aligned} \tag{5.14}$$

即

$$\frac{\dot{I}}{\dot{U}} = Y \tag{5.15}$$

式(5.15)是欧姆定律的又一种相量表示式。式(5.14)中几个符号的名称和关系如下，其单位都是西门子(S)。

电导

$$G = \frac{1}{R}$$

电感电纳

$$B_L = \frac{1}{X_L} = \frac{1}{\omega L}$$

电容电纳

$$B_C = \frac{1}{X_C} = \omega C$$

电纳

$$B = B_L - B_C = \frac{1}{\omega L} - \omega C$$

复导纳

$$Y = G - \mathrm{j}B$$

复导纳 Y 不是相量，所以符号上不加“·”，只用大写字母表示。

复导纳的指数形式表示为

$$Y = G - \mathrm{j}B = y\mathrm{e}^{\mathrm{j}\varphi'} \tag{5.16}$$

式中，

$$\left.\begin{aligned} y &= \sqrt{G^2 + B^2} \\ \varphi' &= -\arctan\frac{B}{G}\end{aligned}\right\} \tag{5.17}$$

由式(5.17)可知，G、B 和 y 三个量的关系也可用直角三角形表示，称为导纳三角形，如图 5.6 所示。图中小写字母 y 是复导纳 Y 的幅模，简称导纳。φ'是复导纳的幅角或称导纳角。

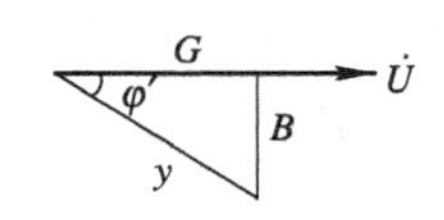

图 5.6　导纳三角形

复阻抗和复导纳是电路参数的两种不同的表达形式。就一段无源支路而言，既可以用复阻抗表示，也可以用复导纳表示。一段无源支路在同样电压下取得相同电流时，复导纳 Y 与复阻抗 Z 互为倒数，即有

$$Y = \frac{1}{Z} \tag{5.18}$$

从式(5.18)可以看出：

$$\varphi = -\varphi' \tag{5.19}$$

即阻抗角和导纳角等值异号。

还要注意，虽然 Z 与 Y 互为倒数，但是在一般情况下 R 和 G、B 和 X 并不互为倒数，只有在特殊情况下，例如 $X=0$ 或 $R=0$ 时，R 和 G、B 和 X 才互为倒数。应用阻抗与导纳的等效变换，可使串联和并联两种电路做等效变换，从而简化电路。

5.3 简单交流电路的计算

在正弦交流电路中，可以用阻抗（或导纳）代表电路的基本元件，并仍用矩形符号表示。阻抗的串联、并联以及串并联电路都属于简单电路。下面分别讨论它们的分析方法。

1. 阻抗串联电路

如图 5.7 所示，有 n 个复阻抗串联。

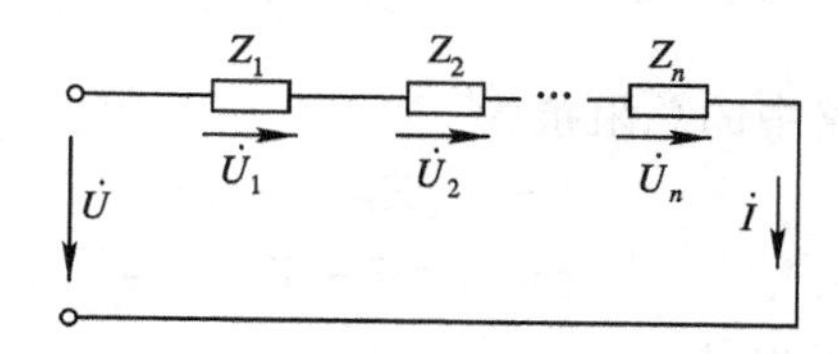

图 5.7　阻抗串联电路

若每个阻抗元件的参数是

$$Z_1 = R_1 + jX_1$$
$$Z_2 = R_2 + jX_2$$
$$\cdots$$
$$Z_n = R_n + jX_n$$

每个阻抗元件都应服从欧姆定律的相量形式，即有

$$\dot{U}_1 = \dot{I}Z_1$$
$$\dot{U}_2 = \dot{I}Z_2$$
$$\cdots$$
$$\dot{U}_n = \dot{I}Z_n$$

由 KVL 知

$$\begin{aligned}\dot{U} &= \dot{U}_1 + \dot{U}_2 + \cdots + \dot{U}_n \\ &= \dot{I}[Z_1 + Z_2 + \cdots + Z_n] \\ &= \dot{I}[(R_1 + R_2 + \cdots + R_n) + j(X_1 + X_2 + \cdots + X_n)] \\ &= \dot{I}(R + jX) = \dot{I}Z\end{aligned} \tag{5.20}$$

从式(5.20)知总电阻、总电抗和总复阻抗分别为

$$\left.\begin{aligned}R &= R_1 + R_2 + \cdots + R_n = \sum_{k=1}^{n} R_k \\ X &= X_1 + X_2 + \cdots + X_n = \sum_{k=1}^{n} X_k \\ Z &= Z_1 + Z_2 + \cdots + Z_n = \sum_{k=1}^{n} Z_k\end{aligned}\right\} \tag{5.21}$$

由此可知：n 个复阻抗串联的总复阻抗是 n 个复阻抗的代数和，它的实部 R 是各串联阻抗中的电阻之和，它的虚部 X 是各串联电抗的代数和。

串联电路中各元件上的电压分别是

$$
\left.\begin{aligned}
\dot{U}_1 &= \dot{I}Z_1 = \frac{\dot{U}}{Z_1+Z_2+\cdots+Z_n}Z_1 \\
\dot{U}_2 &= \dot{I}Z_2 = \frac{\dot{U}}{Z_1+Z_2+\cdots+Z_n}Z_2 \\
&\cdots \\
\dot{U}_n &= \dot{I}Z_n = \frac{\dot{U}}{Z_1+Z_2+\cdots+Z_n}Z_n
\end{aligned}\right\} \tag{5.22}
$$

例 5.2 电路如图 5.8 所示，已知电流相量 $\dot{I}=5\angle 0^\circ$ A，电容电压 $U_C=25$ V，阻抗 $Z_1=(7.07+\mathrm{j}12.07)$ Ω。求电路的总阻抗 Z 与端电压 $\dot{U}$。

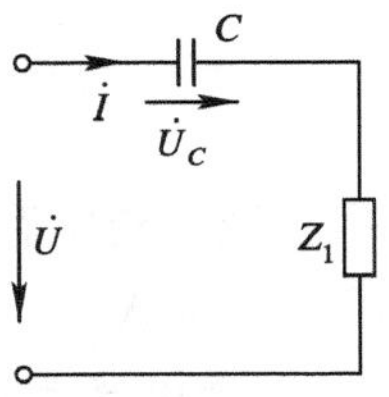

图 5.8　例 5.2 电路图

解　电路中的容抗为

$$X_C = \frac{U_C}{I} = \frac{25}{5} = 5\ \Omega$$

电路中的总阻抗为

$$
\begin{aligned}
Z &= -\mathrm{j}X_C + Z_1 = -\mathrm{j}5 + 7.07 + \mathrm{j}12.07 \\
&= 7.07 + \mathrm{j}7.07 = 10\angle 45^\circ\ \Omega
\end{aligned}
$$

电压相量为

$$\dot{U} = Z\dot{I} = 10\angle 45^\circ \times 5\angle 0^\circ = 50\angle 45^\circ\ \mathrm{V}$$

2. 阻抗并联电路

有 n 个阻抗并联，如图 5.9 所示。

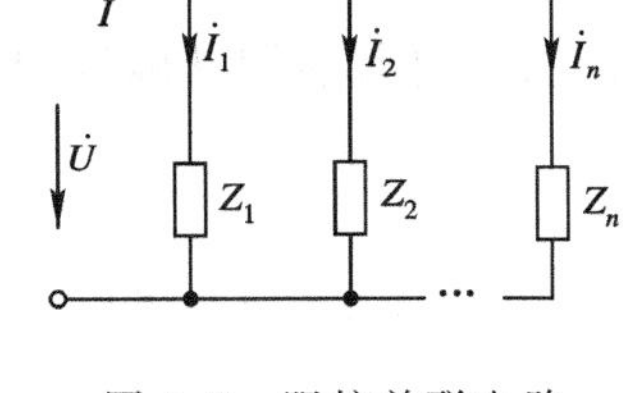

图 5.9　阻抗并联电路

每个阻抗的参数分别是：

$$
\begin{aligned}
Z_1 &= R_1 + \mathrm{j}X_1 \\
Z_2 &= R_2 + \mathrm{j}X_2 \\
&\cdots \\
Z_n &= R_n + \mathrm{j}X_n
\end{aligned}
$$

每个阻抗元件上电压电流关系都应服从欧姆定律，即

$$
\begin{aligned}
\dot{I}_1 &= \frac{\dot{U}}{Z_1} \\
\dot{I}_2 &= \frac{\dot{U}}{Z_2} \\
&\cdots \\
\dot{I}_n &= \frac{\dot{U}}{Z_n}
\end{aligned}
$$

由 KCL 知

$$
\begin{aligned}
\dot{I} &= \dot{I}_1 + \dot{I}_2 + \cdots + \dot{I}_n = \frac{\dot{U}}{Z_1} + \frac{\dot{U}}{Z_2} + \cdots + \frac{\dot{U}}{Z_n} \\
&= \left(\frac{1}{Z_1} + \frac{1}{Z_2} + \cdots + \frac{1}{Z_n}\right)\dot{U} \\
&= (Y_1 + Y_2 + \cdots + Y_n)\dot{U} = Y\dot{U}
\end{aligned} \tag{5.23}
$$

式中的 Y 为并联电路总的复导纳：

$$Y = Y_1 + Y_2 + \cdots + Y_n = \sum_{k=1}^{n} Y_k \tag{5.24}$$

当只有两个复阻抗并联时，有

$$\left.\begin{aligned} Y &= Y_1 + Y_2 = \frac{1}{Z_1} + \frac{1}{Z_2} = \frac{Z_1 + Z_2}{Z_1 Z_2} \\ Z &= \frac{Z_1 Z_2}{Z_1 + Z_2} \end{aligned}\right\} \tag{5.25}$$

在实际工作中经常遇到两个阻抗并联的情况，因为并联元件少，这时无需把参数变换成导纳形式，可直接用上述公式计算电路的总阻抗。

3. 阻抗串并联电路

对于由阻抗组成的串并联电路，计算过程往往比较复杂，先要把并联支路化为等效串联支路然后计算。这与直流电路电阻串并联的计算方法相似。有时利用复数的基本性质也可在一定程度简化求解过程。下面用例题说明。

例 5.3 如图 5.10(a)所示电路中，$L=20$ mH，$C=10\ \mu$F，$R_1=50\ \Omega$，$R_2=30\ \Omega$，$\dot{U}=150\angle 0^\circ$ V，$\omega=1000$ rad/s。求各支路电流并画出相量图。

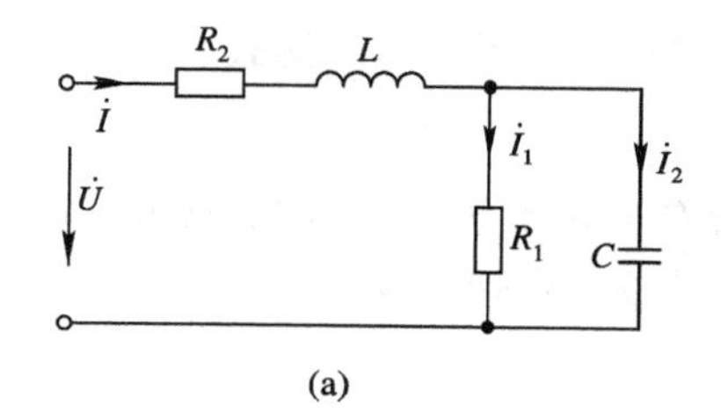

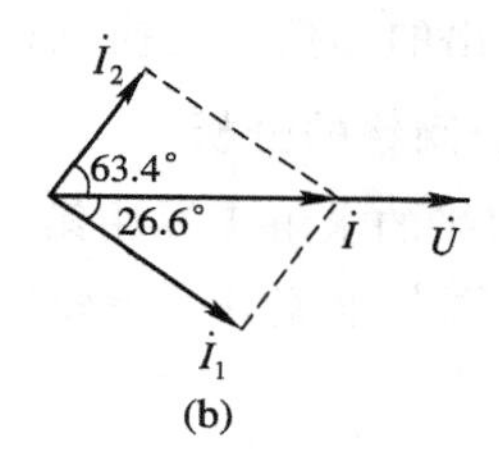

图 5.10 例 5.3 电路图

(a) 电路；(b) 相量图

解 容抗和感抗为

$$X_C = \frac{1}{\omega C} = \frac{1}{1000 \times 10 \times 10^{-6}} = 100\ \Omega$$

$$X_L = \omega L = 1000 \times 20 \times 10^{-3} = 20\ \Omega$$

并联支路阻抗

$$Z_1 = \frac{R_1(-\mathrm{j}X_C)}{R_1 - \mathrm{j}X_C} = \frac{50 \times (-\mathrm{j}100)}{50 - \mathrm{j}100} = 40 - \mathrm{j}20\ \Omega$$

串联支路阻抗

$$Z_2 = R_2 + \mathrm{j}\omega L = 30 + \mathrm{j}20\ \Omega$$

总阻抗

$$Z = Z_1 + Z_2 = (40 - \mathrm{j}20) + (30 + \mathrm{j}20) = 70\ \Omega$$

各支路电流为

$$\dot{I} = \frac{\dot{U}}{Z} = \frac{150\angle 0^\circ}{70} = 2.14\angle 0^\circ\ \mathrm{A}$$

$$\dot{I}_1 = \frac{-\mathrm{j}X_C}{R_1 - \mathrm{j}X_C}\dot{I} = \frac{-\mathrm{j}100}{50 - \mathrm{j}100} \times 2.14\angle 0^\circ = 1.92\angle -26.6^\circ\ \mathrm{A}$$

$$\dot{I}_2 = \frac{R_1}{R_1 - jX_C}\dot{I} = \frac{50}{50 - j100} \times 2.14\angle 0^\circ = 0.96\angle 63.4^\circ \text{ A}$$

相量图如图 5.10(b)所示。

4. 相量分析法的一般解题步骤

应用相量法分析正弦稳态电路的一般步骤如下：

(1) 将已知电压、电流写成相应的相量形式。

为了运算或画图方便，一般选取初相为 0 的相量为参考相量；若相量中初相均不为 0，则可根据题意任选一个相量为参考相量。

(2) 把电路参数写成相应的复阻抗或复导纳形式，并画出它们的相量模型电路图。

一般串联电路或仅含有两条支路的并联电路以复阻抗形式表示比较简便，多支路并联电路以复导纳形式表示比较简便。

(3) 根据相量模型电路图，应用基尔霍夫定律的相量式，列出相应的相量方程进行相量运算。

在运算中，若能画出它们的相量图，则可以帮助了解各相量之间的几何关系，从而简化计算过程。

(4) 将求解出的相量式变换成相应的正弦函数的瞬时值表达式。

5. 复杂交流网络的分析

交流复杂网络的求解需要用第 2 章的所有定理和方法，例如支路电流法、网孔电流法、叠加原理、电压源与电流源的等效变换以及戴维南定理等等。

5.4 交流电路的功率

5.4.1 基本元件的功率

1. 电阻元件的功率

设电阻元件 R 上的端电压 u 为

$$u = U_m \sin(\omega t + \varphi)$$

则流过 R 的电流为

$$i = I_m \sin(\omega t + \varphi)$$

那么，电阻 R 上的瞬时功率 p 为

$$\begin{aligned} p &= u \cdot i = U_m I_m \sin^2(\omega t + \varphi) \\ &= UI[1 - \cos 2(\omega t + \varphi)] \\ &= UI - UI \cos 2(\omega t + \varphi) \end{aligned}$$

由上式可以看出，瞬时功率由两部分组成，一部分为有效值 U 和 I 的乘积，它是恒定分量；另一部分为 $UI\ \cos 2(\omega t + \varphi)$，它以电压(或电流)的二倍角频率振荡，功率变化的波形如图 5.11 所示。由于 u 和 i 同相，因此瞬时功率恒为正，这表明电阻是个耗能元件。衡量电阻元件消耗功率的大小，用瞬时功率在一个周期的平均值，称为平均功率或有功功

率，单位是瓦(W)或千瓦(kW)，用大写字母 P 表示，即

$$P=\frac{1}{T}\int_{0}^{T}p\ \mathrm{d}t=\frac{1}{T}\int_{0}^{T}[UI-UI\ \cos2(\omega t+\varphi)]\ \mathrm{d}t=UI \tag{5.26}$$

或

$$P=UI=I^{2}R=\frac{U^{2}}{R} \tag{5.27}$$

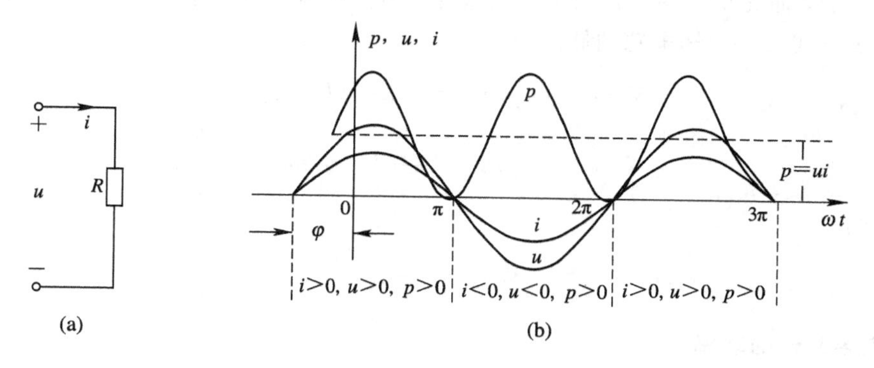

图 5.11　电阻元件的功率

(a) 电路模型；(b) 波形图

2. 电感元件的功率

设电感元件中的电流和端电压分别为 $i=I_{\mathrm{m}}\sin\omega t$ 和 $u=U_{\mathrm{m}}\sin(\omega t+\pi/2)$，则电感元件的瞬时功率为

$$\begin{aligned}p=ui&=U_{\mathrm{m}}I_{\mathrm{m}}\sin\omega t\cdot\sin\left(\omega t+\frac{\pi}{2}\right)\\&=\frac{1}{2}U_{\mathrm{m}}I_{\mathrm{m}}\sin2\omega t\\&=UI\ \sin2\omega t\end{aligned}$$

如图 5.12 所示。

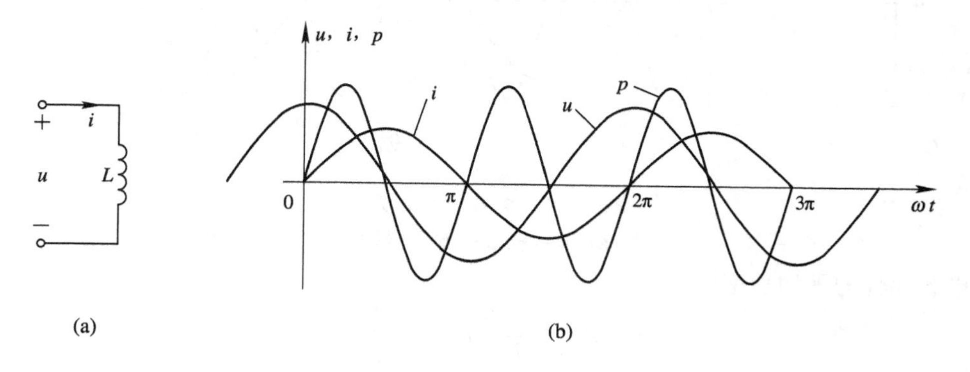

图 5.12　电感元件的功率

(a) 电路模型；(b) 波形图

电感元件的平均功率

$$P=\frac{1}{T}\int_{0}^{T}p\ \mathrm{d}t=0 \tag{5.28}$$

上式表明电感元件不是耗能元件，而是储能元件，且它和电源有能量的交换。为了衡量能量交换的规模，取其瞬时功率的最大值来表示，称为无功功率，单位是乏(Var)或千乏(kVar)，用字母 Q_L 表示，即

$$Q_L = U_L I = I X_L^2 \tag{5.29}$$

必须说明，无功功率并非无用功率，许多感性负载(如电动机)就是靠与电源的能量交换进行工作的，而无功功率正是用于说明这种能量交换规模的大小。

从第 3 章式(3.12)知电感的储能为

$$\begin{aligned} W_L(t) &= \frac{1}{2}Li^2 = \frac{1}{2}L(\sqrt{2}I\ \sin\omega t)^2 \\ &= \frac{1}{2}LI^2 - \frac{1}{2}LI^2\ \cos 2\omega t \end{aligned}$$

平均储能为

$$W_{Lav} = \frac{1}{2}LI^2 \tag{5.30}$$

3. 电容元件的功率

对电容元件的分析过程和电感元件相同。设电容元件中的电流和端电压分别为 $u_C = U_{Cm}\ \sin\omega t$ 和 $i_C = I_m\ \sin(\omega t + \pi/2)$，则电容元件的瞬时功率为

$$\begin{aligned} p = ui &= U_{Cm} I_m\ \sin\omega t \cdot \sin\left(\omega t + \frac{\pi}{2}\right) \\ &= \frac{1}{2}U_{Cm} I_m\ \sin 2\omega t = UI\ \sin 2\omega t \end{aligned}$$

如图 5.13 所示。

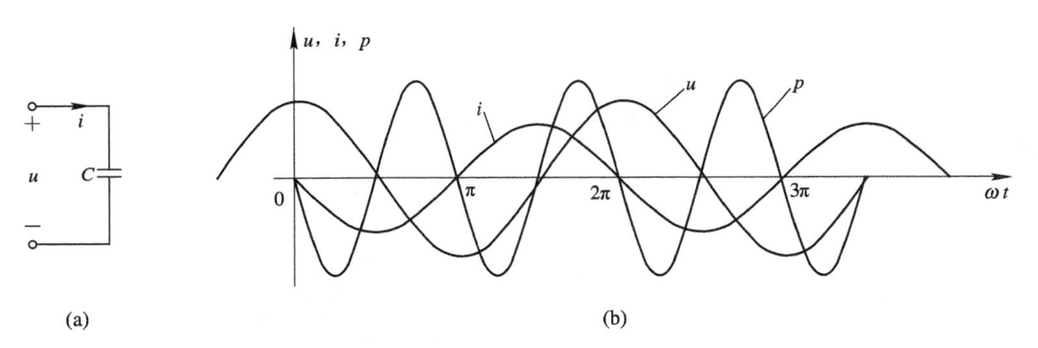

图 5.13 电容元件的功率

(a) 电路模型；(b) 波形图

电容元件的平均功率

$$P = \frac{1}{T}\int_0^T p\ \mathrm{d}t = 0 \tag{5.31}$$

上式说明电容元件不是耗能元件，而是储能元件，它和电源也有能量交换。为了衡量能量交换的规模，取其瞬时功率的最大值来表示，称为无功功率，单位也是乏(var)，用字母 Q_C 表示，即

$$Q_C = U_C I = I X_C^2 \tag{5.32}$$

由第 3 章式(3.6)知电容的储能为

$$W_C(t)=\frac{1}{2}Cu^2=\frac{1}{2}C(\sqrt{2}U\ \sin\omega t)^2$$
$$=\frac{1}{2}CU^2-\frac{1}{2}CU^2\ \cos2\omega t$$

平均储能为

$$W_{Cav}=\frac{1}{2}CU^2 \tag{5.33}$$

5.4.2 二端网络的功率和功率因数

图 5.14(a)所示为一线性无源二端网络。

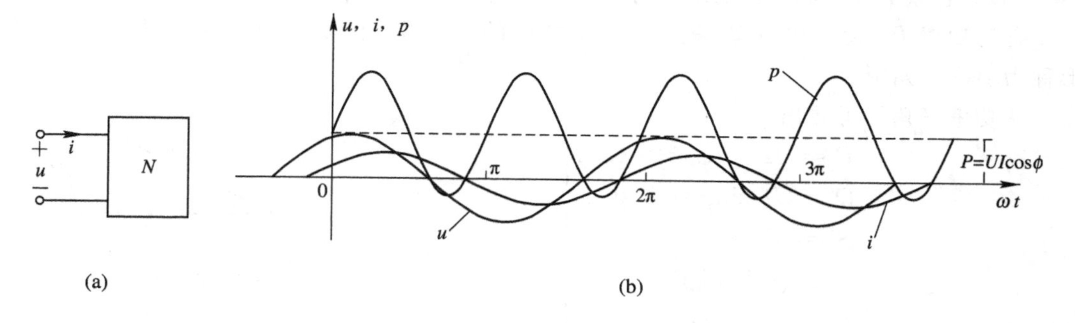

图 5.14 无源二端网络的功率

(a) 电路模型；(b) 波形图

为讨论问题简便起见，设

$$i=I_m\ \sin\omega t$$
$$u=U_m\ \sin(\omega t+\varphi)$$

则二端网络的瞬时功率为

$$\begin{aligned}p&=u\cdot i=U_mI_m\ \sin\omega t\ \sin(\omega t+\varphi)\\&=UI[\cos\varphi(1-\cos2\omega t)+\sin\varphi\ \sin2\omega t]\\&=UI\ \cos\varphi(1-\cos2\omega t)+UI\ \sin\varphi(\sin2\omega t)\end{aligned} \tag{5.34}$$

式(5.34)表明二端网络的瞬时功率为 2 个分量的叠加。第一项始终为正，它表示二端网络从电源吸取的功率(其实就是电路中所有电阻 R 上消耗的功率之和)，其平均值为

$$P=P_R=\frac{1}{T}\int_0^T UI\ \cos\varphi(1-\cos2\omega t)\ \mathrm{d}t=UI\ \cos\varphi \tag{5.35}$$

上式是计算正弦交流电路有功功率的一般公式。$\cos\varphi$ 称为功率因数；角 φ 称为功率因数角，其大小由电路的参数、频率和结构决定。对于纯电阻电路，$\varphi=0$，$\cos\varphi=1$，$P=UI$；对于纯电容或纯电感电路，$\varphi=\pm\pi/2$，$\cos\varphi=0$，$P=0$；一般情况下，$0\leqslant\varphi\leqslant1$，$\cos\varphi\leqslant1$，$P\leqslant UI$。式(5.34)的第二项表示二端网络中的电抗元件与电源之间能量交换的速率，其振幅为 $UI\ \sin\varphi$，它表示二端网络与外电路能量交换的规模，定义其为无功功率，用 Q 表示：

$$Q=UI\ \sin\varphi \tag{5.36}$$

电路中总的无功功率等于各电感元件和各电容元件的无功功率的代数和，即

$$Q=Q_L+Q_C=I^2X_L-I^2X_C=I^2(X_L-X_C)=I^2X \tag{5.37}$$

在交流电路中，把电压有效值与电流有效值的乘积 UI 称为视在功率或设备容量，用字母 S 表示，单位是伏安(V·A)或千伏安(kV·A)，即

$$S = UI \tag{5.38}$$

二端网络的有功功率 P 与视在功率 S 的关系为

$$P = UI\cos\varphi = S\cos\varphi \tag{5.39}$$

$$\cos\varphi = \frac{P}{S} \tag{5.40}$$

一般交流用电设备，如发电机、变压器等都是按照安全运行规定的额定电压 U_N 和额定电流 I_N 运行的，所以把 U_N 和 I_N 的乘积称为额定视在功率，用 S_N 表示，即

$$S_N = U_N I_N \tag{5.41}$$

S_N 表示了电源设备可能提供的最大有功功率，该功率也称为额定容量，简称容量。

有功功率 P、无功功率 Q、视在功率 S 之间的关系可用图 5.15 的三角形表示，该三角形称为功率三角形。

从功率三角形可看出

$$\left.\begin{aligned} P &= UI\cos\varphi = S\cos\varphi \\ Q &= UI\sin\varphi = S\sin\varphi \\ S^2 &= P^2 + Q^2 \\ S &= \sqrt{P^2 + Q^2} \\ \varphi &= \arctan\frac{Q}{P} \end{aligned}\right\} \tag{5.42}$$

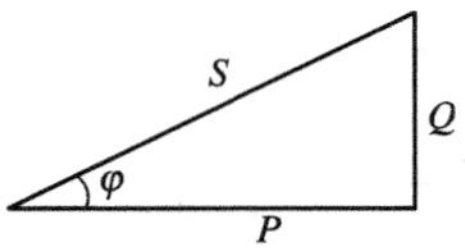

图 5.15　功率三角形

5.4.3　复功率

把功率三角形放在复平面里，用复数来表示的功率称为复功率，用 $\tilde{S}$ 表示：

$$\begin{aligned} \tilde{S} &= P + \mathrm{j}Q = UI(\cos\varphi + \mathrm{j}\sin\varphi) = UI\mathrm{e}^{\mathrm{j}\varphi} \\ &= UI\mathrm{e}^{\mathrm{j}(\varphi_u - \varphi_i)} = U\mathrm{e}^{\mathrm{j}\varphi_u}\cdot I\mathrm{e}^{\mathrm{j}(-\varphi_i)} \\ &= \dot{U}\dot{I}^* \end{aligned} \tag{5.43}$$

式中，$\dot{I}^* = I\mathrm{e}^{\mathrm{j}(-\varphi_i)}$，它是 $I\mathrm{e}^{\mathrm{j}(\varphi_i)}$ 的共轭复数。上式把视在功率、有功功率、无功功率和功率因数统一表示在一个式子里，使得功率的计算更加简便。

例 5.4　电路如图 5.16 所示，电源频率为 50 Hz，电压为 220 V，求：

(1) 电路的功率因数 $\cos\varphi$，电路消耗的有功功率 P，无功功率 Q；

(2) 在电路 a、b 端并入一个 80 μF 的电容后，电路的功率因数。

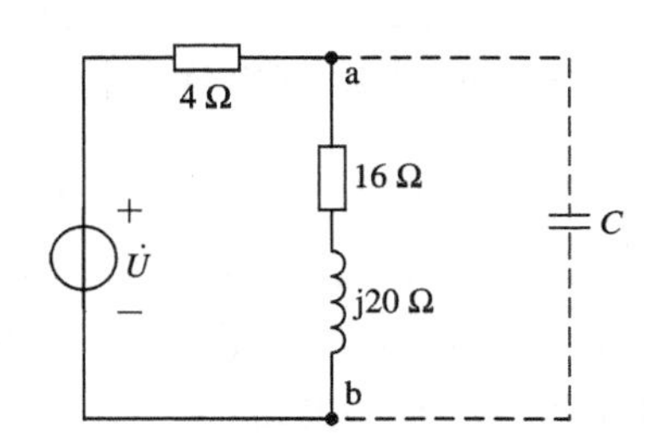

图 5.16　例 5.4 电路图

解　(1) 电路的阻抗为

$$Z = 4 + 16 + \mathrm{j}20 = 20 + \mathrm{j}20 = 20\sqrt{2}\angle 45^\circ\ \Omega$$

功率因数为

$$\cos\varphi = \cos 45^\circ = 0.707$$

设电源电压相量 $\dot{U} = 220\angle 0^\circ$ V，则电路的电流为

$$\dot{I}=\frac{\dot{U}}{Z}=\frac{220\angle 0^\circ}{20\sqrt{2}\angle 45^\circ}=7.78\angle -45^\circ\ \text{A}$$

有功功率 P 为

$$P=IU\cos\varphi=7.78\times 220\times 0.707=1210\ \text{W}$$

无功功率 Q 为

$$Q=UI\sin\varphi=7.78\times 220\times 0.707=1210\ \text{var}$$

(2) 并入一个 80 μF 的电容后，电容的阻抗为

$$Z_C=-\text{j}\frac{1}{\omega C}=-\text{j}\frac{1}{2\pi fC}=-\frac{1}{2\times 3.14\times 50\times 80\times 10^{-6}}=-\text{j}40\ \Omega$$

电路的总阻抗变为

$$Z=4+\frac{(16+\text{j}20)(-\text{j}40)}{16+\text{j}20-\text{j}40}=43+\text{j}8.8=43.89\angle 11.3^\circ\ \Omega$$

功率因数 $\cos\varphi$ 为

$$\cos\varphi=\cos 11.3^\circ=0.98$$

通过计算发现，在感性负载二端并联电容后，可以提高电路的功率因数。这是因为电容的无功功率和电感的无功功率在同一时间内总是相反的，电感的无功功率可以通过电容供给，而不再需要从电源获取。在电网的运行中，功率因数反映了电源输出的视在功率被有效利用的程度，故功率因数的大小对节约用电具有重要的经济意义。在电感负载两端并联电容来提高功率因数的方法，称为无功补偿，在供电系统中有着广泛的应用。

5.5 正弦稳态的功率传输

在交流电路中，怎样使负载获得最大限度的有功功率，对电子技术和测量线路都很重要。现讨论负载从电源获得最大功率的条件。

如图 5.17 所示电路，设负载 $Z=R+\text{j}X$，电源 $\dot{U}_0=U_0\angle 0^\circ$，电源的内阻抗 $Z_0=r_0+\text{j}X_0$。

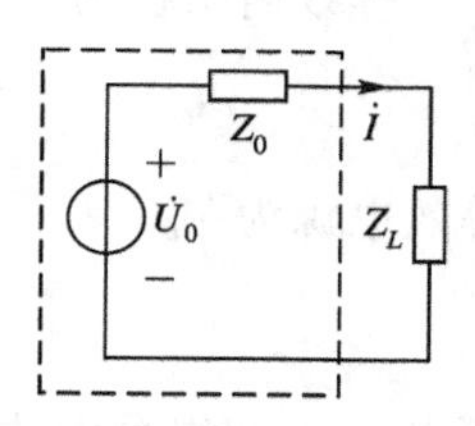

图 5.17 电路模型图

由电路图知

$$\dot{I}=\frac{\dot{U}_0}{Z_0+Z}=\frac{\dot{U}_0}{(R+r_0)+\text{j}(X+X_0)}$$

电流的有效值为

$$I=\frac{U_0}{\sqrt{(R+r_0)^2+(X+X_0)^2}}$$

负载获得的功率为

$$P=I^2R=\left[\frac{U_0^2}{(R+r_0)^2+(X+X_0)^2}\right]\cdot R$$

由上式可知，若 r 不变，仅改变 X，则为了获得最大功率，应使

$$X+X_0=0$$

即

$$X=-X_0$$

这时电路变为纯电阻电路，其功率为

$$P=\frac{U^2}{(R+r_0)^2}R$$

在 $X=-X_0$ 的条件下，改变 R 使负载获得最大传输功率的条件应该是

$$\frac{\mathrm{d}P}{\mathrm{d}R}=0$$

从而可得出 $R=r_0$。

综上所述，负载获得最大功率的条件是

$$R=r_0 \quad 及 \quad X=-X_0 \tag{5.44}$$

用复数形式可以写成

$$Z=Z_0^* \tag{5.45}$$

即负载阻抗为电源内阻抗的共轭值时(或称负载阻抗与电源或信号源相匹配，这种匹配也称为共轭匹配)，负载可获得最大传输功率，其最大功率为

$$P_{\max}=\frac{U_0^2}{4r_0} \tag{5.46}$$

例 5.5 如图 5.18(a)所示，若 Z_L 中的 R_L 和 X_L 均可改变，则 Z_L 等于多少时，负载才能获得最大功率？最大功率为多少？

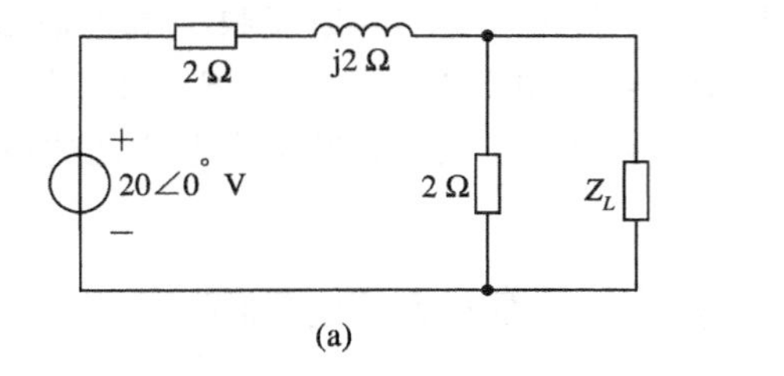

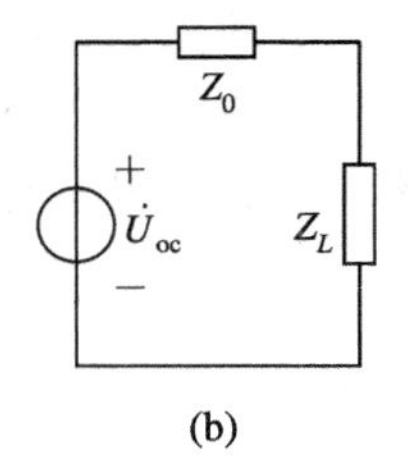

图 5.18 例 5.5 电路图

解 首先可求出 Z_L 端口的戴维南等效电路，如图 5.18(b)所示。

等效内阻抗为

$$Z_0=2\ /\!/\ (2+\mathrm{j}2)=\frac{2(2+\mathrm{j}2)}{2+2+\mathrm{j}2}=1.2+\mathrm{j}0.4\ \Omega$$

等效电源为

$$\dot{U}_{oc}=\frac{20\angle 0^\circ}{2+2+\mathrm{j}2}\times 2=8.94\angle-26.56^\circ\ \mathrm{V}$$

所以，Z_L 获得最大功率的条件是

$$Z_L=Z_0^*=1.2-\mathrm{j}0.4\ \Omega$$

Z_L 获得的最大功率为

$$P_{\max}=\frac{U_{oc}^2}{4R_0}=\frac{8.94^2}{4\times 1.2}=16.65\ \mathrm{W}$$

5.6 正弦电路中的谐振

在含有电感、电容的交流电路中，感抗和容抗都随电源的频率变化而改变。当电源的

频率为某一特定值时，电路中会出现一种称为谐振的特殊现象，这种现象在电子技术和电工技术中有着广泛的应用。研究电路产生谐振的条件及谐振时电路的特点，具有重要的实际意义。

5.6.1　串联电路的谐振

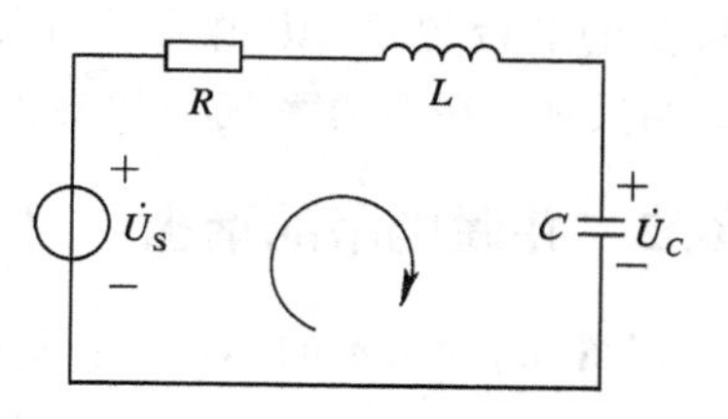

图 5.19　RLC 串联电路

在图 5.19 所示的 RLC 串联电路中，电路的总阻抗为

$$Z = R + \mathrm{j}\left(\omega L - \frac{1}{\omega C}\right)$$

若 R、L、C 为固定参数，电源频率改变，则 Z 就是 ω 的函数。

当 $\omega L - 1/(\omega C) = 0$ 时，$Z = R$，阻抗角 $\varphi = 0$，电压与电流同相。这种状态称为串联谐振，其特点如下：

（1）阻抗为纯电阻，且为最小值。设谐振时的阻抗为 Z_0，则

$$Z = Z_0 = \sqrt{R^2 + X^2} = R$$

（2）电流为最大值。设谐振时的电流为 $\dot{I}_0$，则

$$\dot{I}_0 = \frac{\dot{U}}{Z} = \frac{\dot{U}}{Z_0} = \frac{\dot{U}}{R}$$

（3）谐振频率为

$$\omega_0 = \frac{1}{\sqrt{LC}}$$

谐振时有

$$\omega_0 L = \frac{1}{\omega_0 C}$$

则

$$\omega_0 = \frac{1}{\sqrt{LC}} \quad 或 \quad f_0 = \frac{1}{2\pi\sqrt{LC}} \tag{5.47}$$

在实际工作中，可改变激励源的频率使它等于 f_0，从而使电路发生谐振。当激励源的频率一定时，也可通过改变电路参数 L 和 C 改变谐振频率，使它等于激励源的频率，使电路发生谐振。无线电技术中常利用改变电容的办法获得谐振，如收音机的调谐电路。

（4）电感和电容上的电压相等，且为激励源电压的 Q 倍。由于谐振时

$$\omega_0 L = \frac{1}{\omega_0 C}$$

因此

$$\left.\begin{aligned} \dot{U}_L &= \mathrm{j}\dot{I}_0\omega_0 L = \mathrm{j}\frac{\dot{U}}{R}\cdot\omega_0 L = \mathrm{j}\frac{\omega_0 L}{R}\cdot\dot{U} = \mathrm{j}Q\dot{U} \\ \dot{U}_C &= -\mathrm{j}\dot{I}_0\frac{1}{\omega_0 C} = -\mathrm{j}\frac{\dot{U}}{R}\frac{1}{\omega_0 C} = -\mathrm{j}Q\dot{U} \end{aligned}\right\} \tag{5.48}$$

其中，

$$Q = \frac{\omega_0 L}{R} = \frac{1}{\omega_0 CR} = \frac{\sqrt{L/C}}{R}$$

是一个由电路参数决定的常数，称为回路的品质因数。实际电路的 Q 值一般大于 10，有时可达数百或更大。

通常收音机的输入电路就是 RLC 串联谐振电路，调整电容器使回路谐振频率等于所要接受的电台频率，则由天线输入的微弱信号将在电容器两端获得比信号电压大 Q 倍的电压。相反地，在电力系统中却要防止串联谐振可能造成过电压所引起的危害。

5.6.2 并联电路的谐振

在图 5.20 所示的 RLC 并联电路中，其回路导纳 Y 为

$$Y = \mathrm{j}\omega C + \frac{1}{R + \mathrm{j}\omega L} = \frac{R}{R^2 + \omega^2 L^2} + \mathrm{j}\left(\omega C - \frac{\omega L}{R^2 + \omega^2 L^2}\right)$$

Y 是角频率 ω 的函数。当 $\omega C - \frac{\omega L}{R^2 + \omega^2 L^2} = 0$ 时，$Y = \frac{R}{R^2 + \omega^2 L^2}$，导纳角 $\varphi' = 0$，电压与电流同相。这种状态称为并联谐振，其特点如下：

(1) 回路导纳为纯电阻性，且为最小值。设谐振时的导纳为 Y_0，则

$$Y = Y_0 = G - \mathrm{j}B = \frac{R}{R^2 + \omega^2 L^2}$$

由于 Y_0 为最小值，因此 Z_0 为最大值。当电路的品质因数 $Q = \sqrt{L/C}/R$ 很大时，有

$$Z = Z_0 = \frac{L}{RC}$$

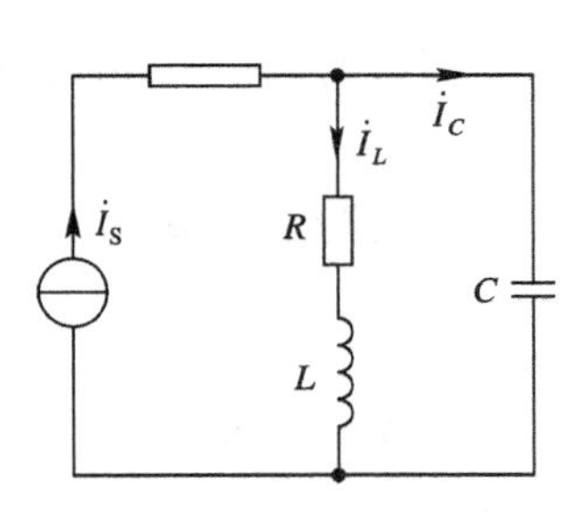

图 5.20　RLC 并联电路

(2) 电压为最大值。设谐振时的电压为 U_0，则

$$U_0 = \frac{I_S}{Y_0} = Z_0 I_S$$

由于 I_S 恒定，Z_0 为最大，因此 U_0 为最大值。

(3) 谐振频率为

$$\omega_0 = \sqrt{\frac{1}{LC} - \frac{R^2}{L^2}}$$

由于谐振时

$$\omega C - \frac{\omega L}{R^2 + \omega^2 L^2} = 0$$

因此可求出

$$\omega_0 = \sqrt{\frac{1}{LC} - \frac{R^2}{L^2}}$$

在一般情况下，电感线圈的电阻 R 很小，可以忽略不计，则上式可简化为

$$\omega_0 \approx \frac{1}{\sqrt{LC}} \quad 或 \quad f_0 \approx \frac{1}{2\pi\sqrt{LC}}$$

(4) 电感和电容上的电流大小相等、相位相反，且为激励电流的 Q 倍。由于

$$\dot{I}_C = \frac{\dot{U}_0}{-\mathrm{j}\dfrac{1}{\omega C}} = \mathrm{j}Q\dot{I}_S$$

$$\dot{I}_L = \dot{I}_S - \dot{I}_C = (1 - jQ)\dot{I}_S$$

因此当 Q 值较大时，有

$$\dot{I}_L \approx - jQ\dot{I} = - \dot{I}_C$$

习 题 5

1. 试求题图 5.1 所示各电路的输入阻抗 Z 和导纳 Y。

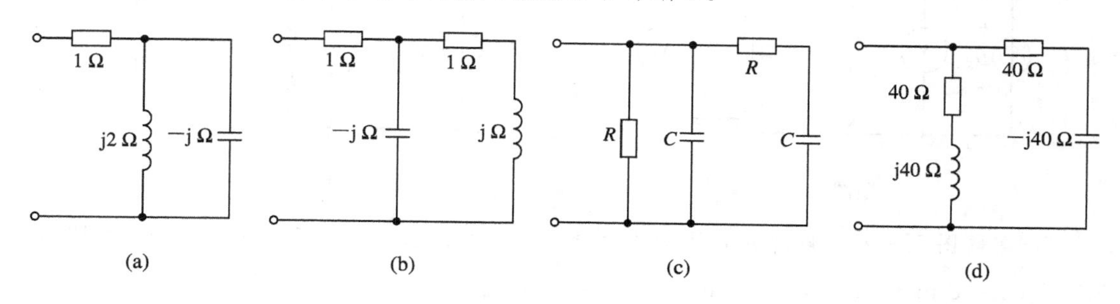

题图 5.1

2. 已知题图 5.2 所示电路中 $\dot{I}=2\angle 0°$ A，求电压 $\dot{U}_S$，并作出电路的相量图。

3. 电路如题图 5.3 所示，$\dot{U}_C=10\angle 45°$ V，试求 $\dot{I}_C$，$\dot{I}_R$，$\dot{I}$，$\dot{U}_L$ 和 $\dot{U}$，并画出表示它们关系的相量图。

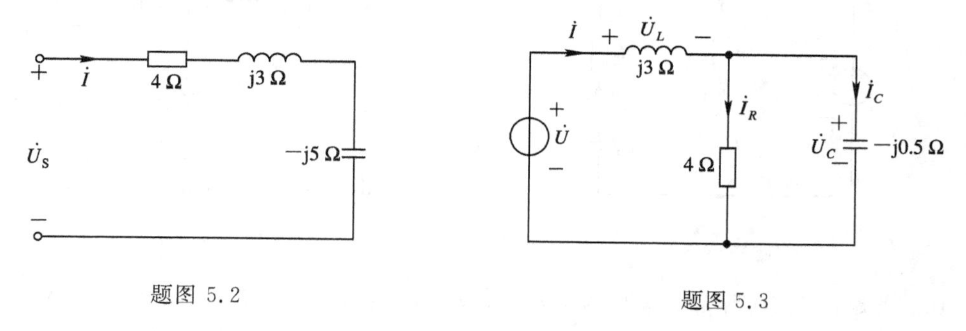

题图 5.2　　　　题图 5.3

4. 电路如题图 5.4 所示，已知 $\dot{I}=4\angle 0°$ A，$\dot{U}=80+j200$ V，$\omega=10^3$ rad/s，求电容 C。

5. 电路如题图 5.5 所示，已知 $R=50$ Ω，$L=2.5$ mH，$C=5$ μF，$\dot{U}=10\angle 0°$ V，$\omega=10^4$ rad/s，求 $\dot{I}_C$、$\dot{I}_R$、$\dot{I}_L$ 和 $\dot{I}$，并画出相量图。

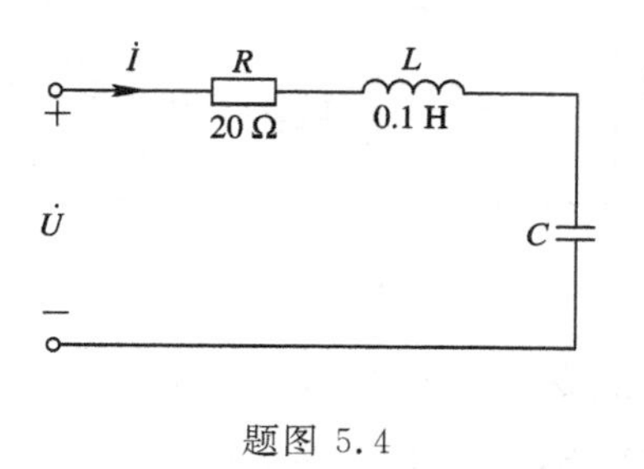

题图 5.4

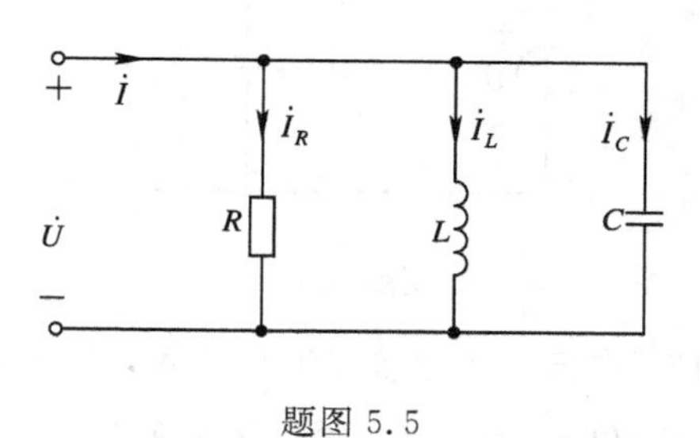

题图 5.5

6. 电路如题图 5.6 所示，$Z_2=\mathrm{j}60\ \Omega$，各交流电表 V、V_1、V_2 的读数分别为 100 V、171 V、240 V。求阻抗 Z_1，并说明其性质。

7. 电路如题图 5.7 所示，已知 $R_1=1.5\ \mathrm{k\Omega}$，$R_2=1\ \mathrm{k\Omega}$，$L=1/3\ \mathrm{H}$，$C=1/6\ \mu\mathrm{F}$，$u_S=40\sqrt{2}\sin 3000t\ \mathrm{V}$，求电流 i_C。

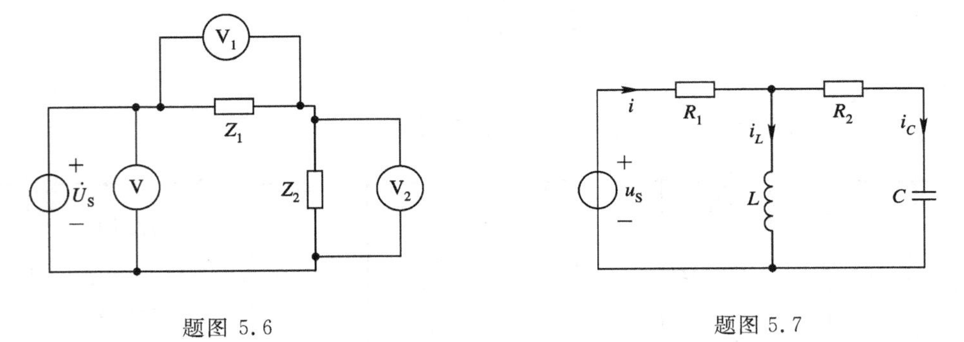

题图 5.6　　　　题图 5.7

8. 在题图 5.8 所示电路中，已知 $R_1=6\ \Omega$，$R_2=8\ \Omega$，$C_1=0.5\times10^{-3}\ \mathrm{F}$，$C_2=1/6\times10^{-3}\ \mathrm{F}$，$L=8\ \mathrm{mH}$，$u_S=100\sqrt{2}\sin 10^3 t\ \mathrm{V}$。求电压 u_{ab}。

9. 如题图 5.9 所示电路中，已知 $u=220\sqrt{2}\sin(250t+20°)\ \mathrm{V}$，$R=110\ \Omega$，$C_1=20\ \mu\mathrm{F}$，$C_2=80\ \mu\mathrm{F}$，$L=1\ \mathrm{H}$。求电路中各电流表的读数和电路的输入阻抗，并画出电路的相量图。

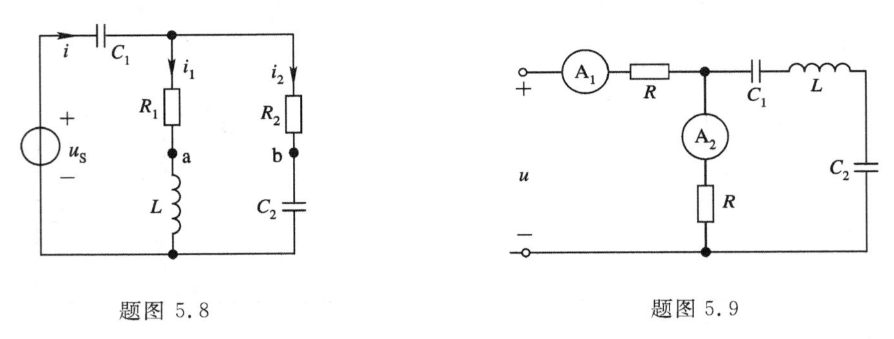

题图 5.8　　　　题图 5.9

10. 求题图 5.10 所示二端口的戴维南(或诺顿)等效电路(已知 $\dot{U}=20\angle 0°\ \mathrm{V}$)。

11. 在题图 5.11 所示电路中，已知总电压 $U=100\ \mathrm{V}$，$I_1=I_2=10\ \mathrm{A}$，且 $\dot{I}$、$\dot{U}$ 同相，求电流 $\dot{I}$ 和各元件参数 R、X_L、X_C 的值。

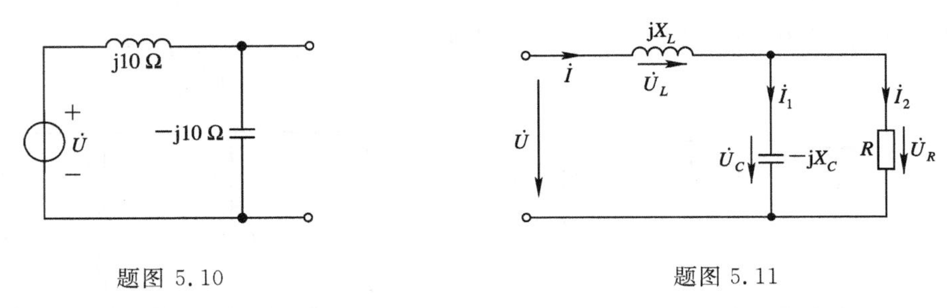

题图 5.10　　　　题图 5.11

12. 在三个复阻抗串联电路中，已知 $Z_1=2+\mathrm{j}\ \Omega$，$Z_2=5-\mathrm{j}3\ \Omega$，$Z_3=1-\mathrm{j}4\ \Omega$，作用电压 $u=20\sqrt{2}\sin 314t\ \mathrm{V}$，求电流 i 和电路的功率 P、Q、S，并说明电路的性质。

13. 在题图 5.12 所示电路中，$u=\sqrt{2}\sin\omega t$ kV，Z_1、Z_2 的功率及功率因数为 $P_1=10$ kW、$\cos\varphi_1=0.8$(容性)和 $P_2=15$ kW、$\cos\varphi_2=0.6$(感性)。

(1) 求电流 i_1、i_2、I；

(2) 说明该电路呈何性质；

(3) 画出相量图。

14. 在题图 5.13 所示电路中，已知 $i=2.82\sqrt{2}\sin 314t$ A、$R=60\ \Omega$，$L=0.255$ H。

(1) 若在 R、L 电路两端并联 $C=11.3\ \mu$F 的电容器，求此时总电流有效值 I；

(2) 求并联电容器前、后电路的功率因数。

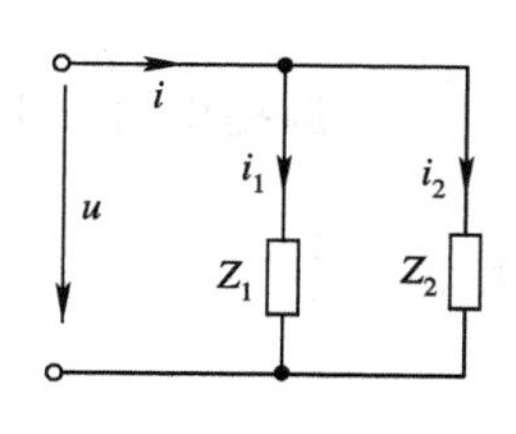

题图 5.12

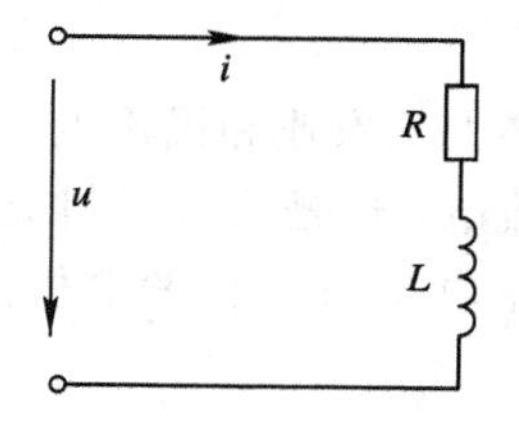

题图 5.13

15. 现有电压 $u=220\sqrt{2}\sin 314t$ V，额定视在功率 $S_N=10$ kVA 的正弦交流电源，供电给有功功率 $P=8$ kW，功率因数 $\cos\varphi=0.6$ 的感性负载。

(1) 该电源供出电流是否超过额定值？

(2) 欲使电路的功率因数提高到 0.95，应并联多大电容？

(3) 并联电容后，电源供出的电流是多少？

第 6 章　三相交流电路

6.1　三相交流电的产生

目前世界上工农业和民用电力系统的电能几乎都是由三相电源提供的，日常生活中所用的单相交流电，也是取自三相交流电的一相。

三相交流电是由三相发电机产生的。三相发电机主要由定子和转子组成。如图 6.1 所示。

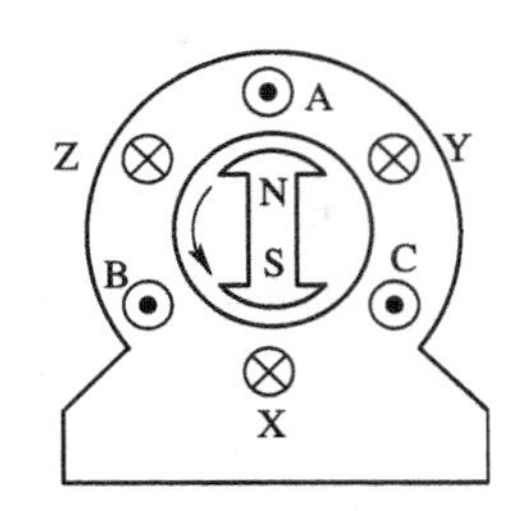

图 6.1　三相发电机示意图

H 定子是固定不动的部分，在定子的槽中嵌入三组线圈，即 AX、BY 和 CZ；首端分别为 A、B、C，末端分别为 X、Y、Z。每组称为一相，每相线圈的匝数、形状、参数都相同，在空间上彼此相差 120°；转子是一个可以旋转的磁极，由永久磁铁或电磁铁组成。在发电机工作时，转子在外部动力带动下以角速度 ω 旋转，三个定子绕组都会感应出随时间按正弦规律变化的电势，这三个电势的振幅和频率相同，且由于三组线圈在空间位置上相差 120°，故相位差互为 120°，因此称这组电源为正弦三相对称电压源，可将其表示为

$$\left.\begin{aligned} e_A &= E_m \sin\omega t \\ e_B &= E_m \sin(\omega t - 120^\circ) \\ e_C &= E_m \sin(\omega t - 240^\circ) = E_m \sin(\omega t + 120^\circ) \end{aligned}\right\} \tag{6.1}$$

式(6.1)的相量形式为

$$\left.\begin{aligned} \dot{E}_A &= E\angle 0^\circ \\ \dot{E}_B &= E\angle -120^\circ \\ \dot{E}_C &= E\angle -240^\circ = E\angle +120^\circ \end{aligned}\right\} \tag{6.2}$$

其波形图和相量图如图 6.2 所示。

相电势依次达到最大值的先后顺序称为相序，若顺序为 A→B→C 称为正相序，反之，若按 A→C→B 则称为逆相序。不难证明，不论正序或逆序，三相对称电势总有

$$\dot{E}_A + \dot{E}_B + \dot{E}_C = 0 \tag{6.3}$$

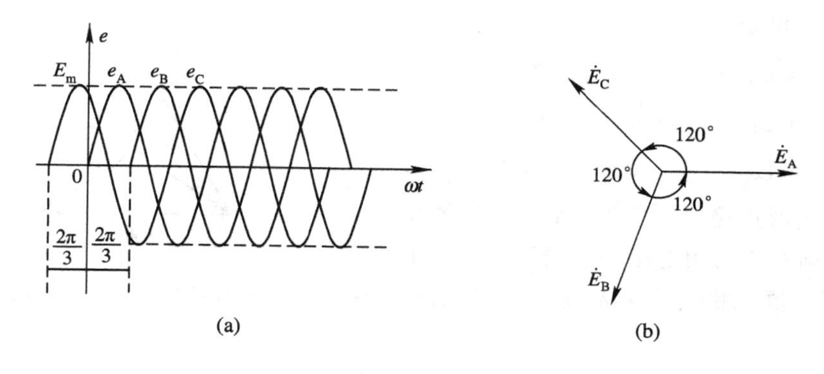

图 6.2 三相对称电势波形图和相量图

(a) 波形图；(b) 相量图

6.2 三相电源的连接

三相发电机的绕组共有 6 个端子，在实际应用中并不是分别引出和负载相连接的，而是连接成两种最基本的方式，星形(Y)连接或三角形(△)连接，从而以较少的出线为负载供电。

6.2.1 星形连接

将 A、B、C 三相电源的末端 X、Y、Z 连在一起，组成一个公共点 N，对外形成 A、B、C、N 四个端子，这种连接形式称为三相电源的星形连接或 Y 形连接，如图 6.3 所示。

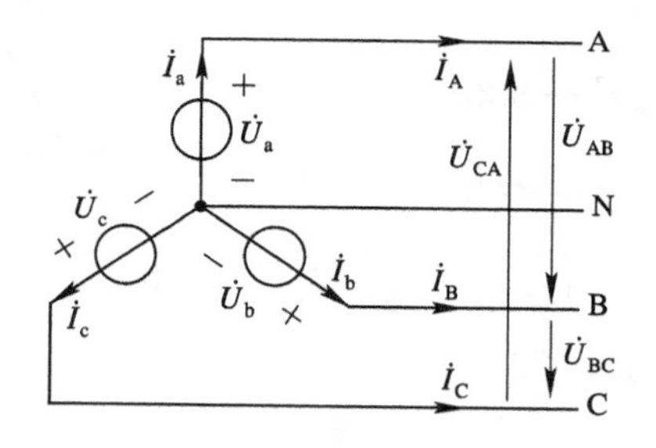

图 6.3 三相电源的星形连接

三相电源的首端 A、B、C 的引出线，称为端线或火线；N 称为中点或零点，中点的引出线称为中线或零线。流出端线的电流称为线电流，而每一相线圈中的电流称为相电流。显然，图 6.3 中 $\dot{I}_A$、$\dot{I}_B$、$\dot{I}_C$ 为线电流，而 $\dot{I}_a$、$\dot{I}_b$、$\dot{I}_c$ 为相电流。端线与端线间的电压称为线电压，依相序分别记为 $\dot{U}_{AB}$、$\dot{U}_{BC}$、$\dot{U}_{CA}$；每相绕组二端的电压称为相电压，分别记为 $\dot{U}_a$、$\dot{U}_b$、$\dot{U}_c$。

从图 6.3 可知，星形连接时，线电流与相电流的关系为

$$\dot{I}_A = \dot{I}_a, \quad \dot{I}_B = \dot{I}_b, \quad \dot{I}_C = \dot{I}_c \tag{6.4}$$

即星形连接时线电流和对应的相电流相等。

线电压与相电压的相量关系如图 6.4 所示。

从图 6.4 可知

$$\left.\begin{aligned}\dot{U}_{AB}&=\dot{U}_a-\dot{U}_b=\sqrt{3}\dot{U}_a\angle 30^\circ\\\dot{U}_{BC}&=\dot{U}_b-\dot{U}_c=\sqrt{3}\dot{U}_b\angle 30^\circ\\\dot{U}_{CA}&=\dot{U}_c-\dot{U}_a=\sqrt{3}\dot{U}_c\angle 30^\circ\end{aligned}\right\}\tag{6.5}$$

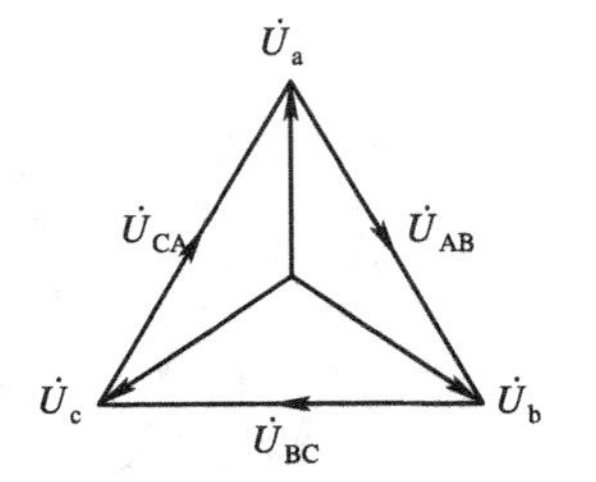

图 6.4　星形连接线电压与相电压的相量关系

由此可知，星形连接时，线电压是相电压的$\sqrt{3}$倍，相位超前对应的相电压 30°。若用 U_l 表示线电压的有效值，用 U_p 表示相电压的有效值，则有

$$U_l=\sqrt{3}U_p\tag{6.6}$$

因为三相电源的相电压对称，所以在三相四线制的低压配电系统中，可以得到两种不同数值的电压，即相电压 220 V 与线电压 380 V。一般家用电器及电子仪器用 220 V，动力及三相负载用 380 V。

6.2.2　三角形连接

将三个电源的首尾依次相接组成一个三角形，再从三个端子分别引出端线，这种接法称为三相电源的三角形连接，简记为△形连接，如 6.5 所示。图中 AZ、BX、CY 分别连在一起，引出端线 A、B、C，从而构成△连接。

三角形连接时的电压相量图如图 6.6 所示。

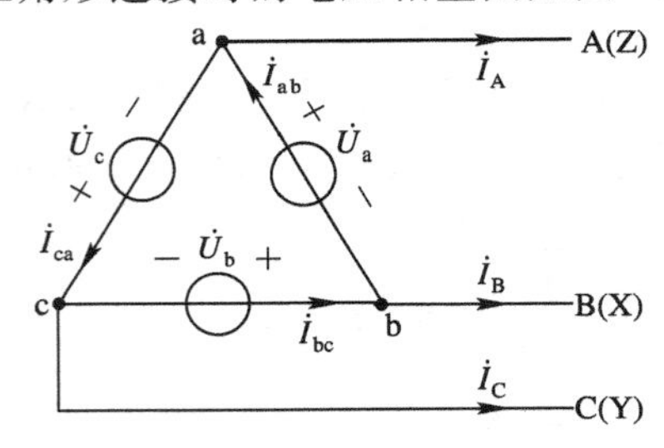

图 6.5　三相电源的三角形连接

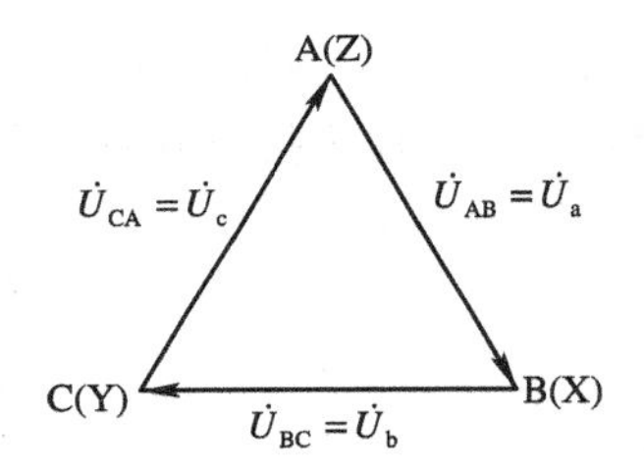

图 6.6　三角形连接电压相量图

显然，线电压和相电压相等，即

$$\left.\begin{aligned}\dot{U}_{AB}&=\dot{U}_a\\\dot{U}_{BC}&=\dot{U}_b\\\dot{U}_{CA}&=\dot{U}_c\end{aligned}\right\}\tag{6.7}$$

从图 6.5 知线电流和相电流的关系为

$$\left.\begin{aligned}\dot{I}_A&=\dot{I}_{ab}-\dot{I}_{ca}\\\dot{I}_B&=\dot{I}_{bc}-\dot{I}_{ab}\\\dot{I}_C&=\dot{I}_{ca}-\dot{I}_{bc}\end{aligned}\right\}\tag{6.8}$$

假设该电路所接负载也是对称的，那么三个相电流 $\dot{I}_{ab}$，$\dot{I}_{bc}$，$\dot{I}_{ca}$也应是大小相等、相位依次相差 120°的对称电流，如图 6.7 所示。

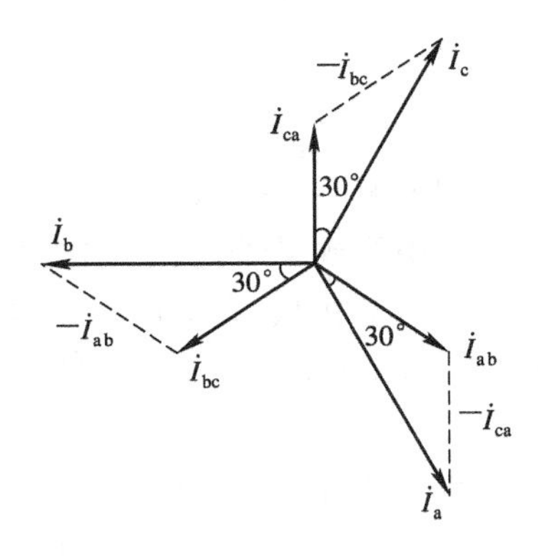

图 6.7　三角形连接线电流和相电流的相量关系

线电流和相电流的关系为

$$\left.\begin{aligned}\dot{I}_{\mathrm{A}} &= \dot{I}_{\mathrm{ab}} - \dot{I}_{\mathrm{ca}} = \sqrt{3}\dot{I}_{\mathrm{ab}}\angle -30^{\circ} \\ \dot{I}_{\mathrm{B}} &= \dot{I}_{\mathrm{bc}} - \dot{I}_{\mathrm{ab}} = \sqrt{3}\dot{I}_{\mathrm{bc}}\angle -30^{\circ} \\ \dot{I}_{\mathrm{C}} &= \dot{I}_{\mathrm{ab}} - \dot{I}_{\mathrm{ca}} = \sqrt{3}\dot{I}_{\mathrm{ca}}\angle -30^{\circ}\end{aligned}\right\} \tag{6.9}$$

即三角形连接时，线电压和相电压相等，线电流等于相电流的$\sqrt{3}$倍，相位滞后相电流 30°。若用 I_{l} 表示线电流的有效值，用 I_{p} 表示相电流的有效值，则有

$$I_{\mathrm{l}} = \sqrt{3}I_{\mathrm{p}} \tag{6.10}$$

此外，三角形连接时必须注意极性，因为只有正确连接，才有

$$\dot{U}_{\mathrm{a}} + \dot{U}_{\mathrm{b}} + \dot{U}_{\mathrm{c}} = 0$$

这时电源三角形中没有环流。如果接反，将会形成很大的环形电流，烧毁电源。

6.3 三相电源和负载的连接

目前，我国电力系统的供电方式均采用三相三线制或三相四线制。用户用电实行统一的技术规定：额定频率为 50 Hz，额定线电压为 380 V、相电压为 220 V。电力负载可分为单相负载和三相负载，三相负载又有三角形连接和星形连接等。结合电源系统，三相电路的连接主要有以下几种方式。

6.3.1 单相负载

单相负载主要包括照明负载、生活用电负载及一些单相设备。单相负载常采用三相中引出一相的供电方式。为保证各个单相负载电压稳定，各单相负载均以并联形式接入电路。在单相负荷较大时，如大型居民楼供电，可将所有单相负载平均分为三组，分别接入 A、B、C 三相电路，如图 6.8 所示，以保证三相负载尽可能平衡，提高安全供电质量及供电效率。

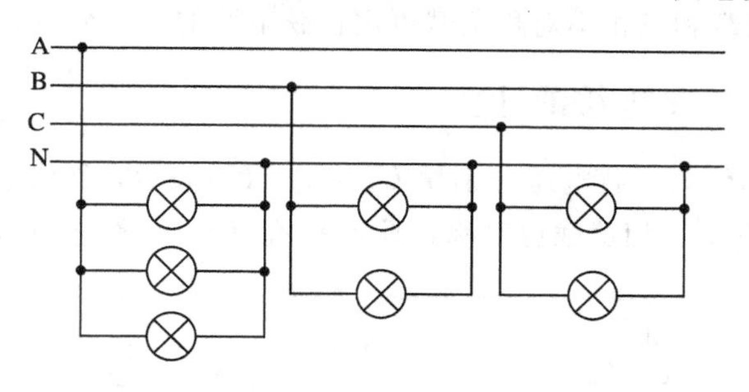

图 6.8 单相负载的连接

6.3.2 三相负载

三相负载主要是一些电力负载及工业负载。三相负载的连接方式有 Y 形连接和△连接。当三相负载中各相负载都相同（即阻抗大小相等、阻抗角相同）时，称为三相对称负载，否则，即为不对称负载。连接方式有：三相四线制 Y—Y 连接、三相三线制 Y—Y 连接、

Y—△连接、△—Y 连接、△—△连接等，如图 6.9 所示。

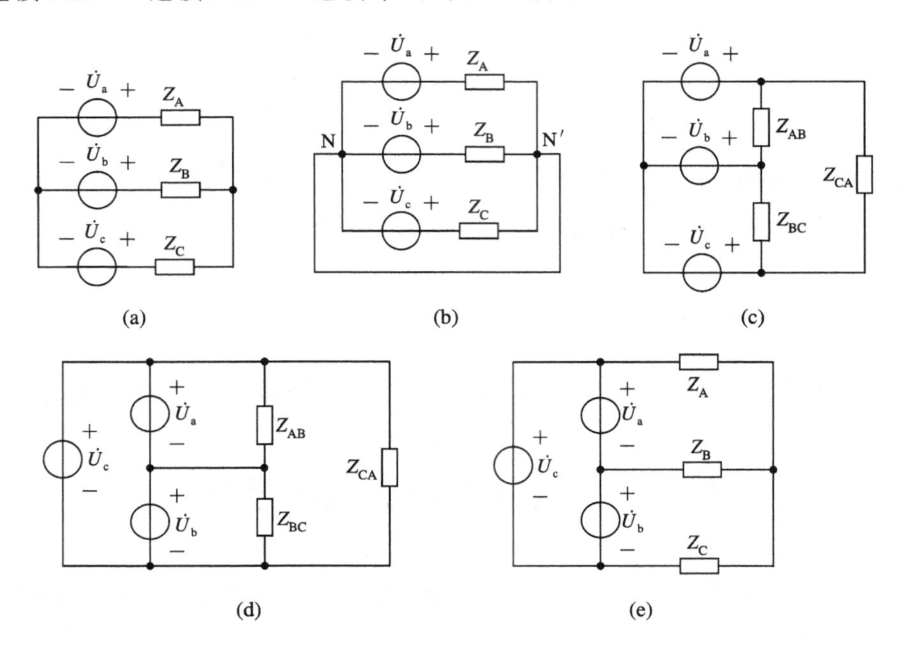

图 6.9 三相负载的连接方式

(a) Y—Y 接线；(b) 三相四线制接线；(c) Y—△接线；(d) △—△接线；(e) △—Y 接线

6.4 三相电路的计算

三相电路由于电源和负载的连接方式较多，负载又分为单相、三相对称、三相不对称等，因而计算时需考虑的问题也较多。本节仅对三相对称电路(三相电源、三相负载均对称)进行分析。单相负载和三相不对称负载可用正弦电路的一般分析法进行分析。

6.4.1 对称负载 Y—Y 连接的计算

电路如图 6.10 所示，负载电压分别用 $\dot{U}_A$、$\dot{U}_B$、$\dot{U}_C$ 表示，负载电流分别用 $\dot{I}_a$、$\dot{I}_b$、$\dot{I}_c$ 表示，若三相电源对称，三相负载也对称，即 $Z_a=Z_b=Z_c=|Z|\angle\varphi$。

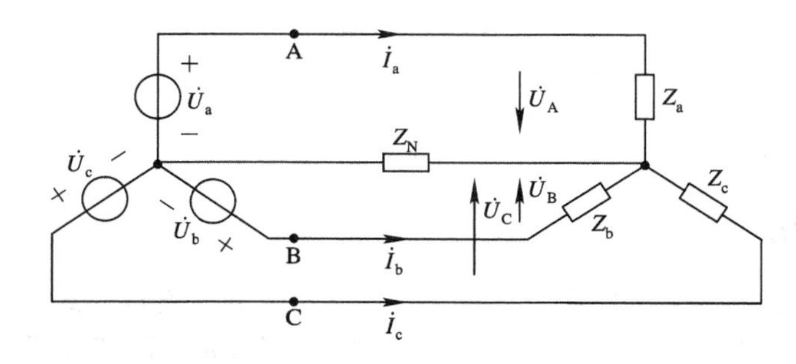

图 6.10 对称负载 Y—Y 连接

此时，负载中点与电源中点等电位，若连线阻抗可忽略，则可以看做两个中点是直接相连，所以，每相的计算均可单独进行。

负载电压分别为

$$\dot{U}_A = \dot{U}_a = \dot{U}_p \angle 0°$$
$$\dot{U}_B = \dot{U}_b = \dot{U}_p \angle -120°$$
$$\dot{U}_C = \dot{U}_c = \dot{U}_p \angle 120°$$

负载电流分别为

$$\dot{I}_a = \frac{\dot{U}_A}{Z_a} = \frac{\dot{U}_p}{|Z|} \angle -\varphi$$
$$\dot{I}_b = \frac{\dot{U}_B}{Z_b} = \frac{\dot{U}_p}{|Z|} \angle -\varphi - 120°$$
$$\dot{I}_c = \frac{\dot{U}_C}{Z_c} = \frac{\dot{U}_p}{|Z|} \angle -\varphi + 120°$$

从以上计算可以看出，负载电压和负载电流依然保持对称关系。据此，在对称三相电路的计算中，可以只计算一相的电压、电流，然后利用对称关系推算其他两相的电量，从而简化计算过程。

三相三线制系统没有中线，分析过程与三相四线制相同，得到的结论也与三相四线制相同。

6.4.2 三角形负载的计算

当负载接成三角形时，则不论电源是Y形连接还是△形连接，负载上的电压都是线电压。如图6.11所示，设电源线电压分别为 $\dot{U}_{AB} = U_l \angle 0°$，$\dot{U}_{BC} = U_l \angle -120°$，$\dot{U}_{CA} = U_l \angle 120°$，三相负载 $Z_{ab} = Z_{bc} = Z_{ca} = |Z| \angle \varphi$。

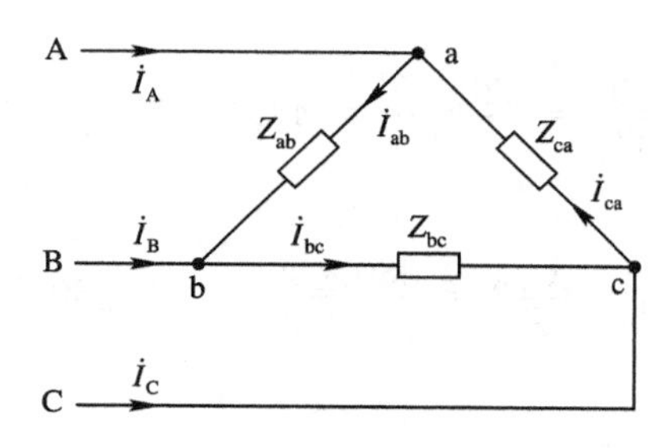

图6.11　负载的三角形连接

各相负载中的电流为

$$\dot{I}_{ab} = \frac{\dot{U}_{AB}}{Z_{ab}} = \frac{U_l}{|Z|} \angle -\varphi$$
$$\dot{I}_{bc} = \frac{\dot{U}_{BC}}{Z_{bc}} = \frac{U_l}{|Z|} \angle -\varphi - 120°$$
$$\dot{I}_{ca} = \frac{\dot{U}_{CA}}{Z_{ca}} = \frac{U_l}{|Z|} \angle -\varphi + 120°$$

显然三相负载的相电流依然是对称的。根据△形连接线电流与相电流的关系，可知负载端的线电流

$$\dot{I}_A = \sqrt{3}\dot{I}_{ab}\angle -30^\circ = \sqrt{3}\,\frac{U_l}{|Z|}\angle -\varphi -30^\circ$$

$$\dot{I}_B = \sqrt{3}\dot{I}_{bc}\angle -30^\circ = \sqrt{3}\,\frac{U_l}{|Z|}\angle -\varphi -150^\circ$$

$$\dot{I}_C = \sqrt{3}\dot{I}_{ca}\angle -30^\circ = \sqrt{3}\,\frac{U_l}{|Z|}\angle -\varphi +90^\circ$$

由上式可知，三相对称负载采用三角形连接时，也可以仅计算出其中一相的电流，然后利用对称关系求出另外两相的值。

例 6.1　已知三相电源的线电压为 380 V，今接入两组对称三相负载，分别为 $Z_Y=4+j3\ \Omega$，$Z_\triangle=10+j0\ \Omega$，如图 6.12(a)所示，求线电流 I_A。

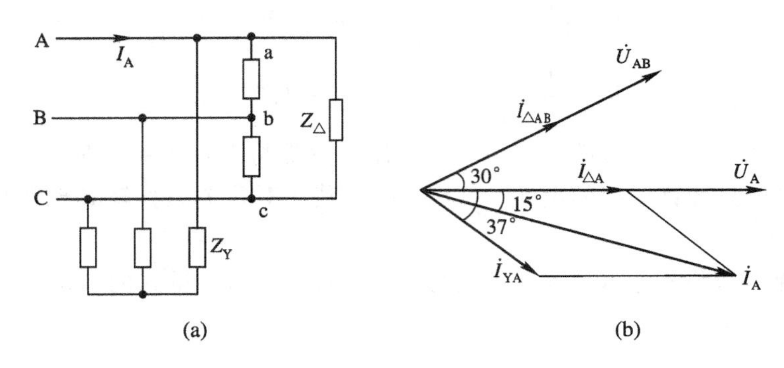

图 6.12　例 6.1 电路

(a) 线路图；(b) 相量图

解　因负载对称，故计算出一相的电流即可。

设电源相电压为 $\dot{U}_A=220\angle 0^\circ$ V，电源线电压 $\dot{U}_{AB}=\sqrt{3}U_A\angle 30^\circ$ V。则星形负载的相电流

$$\dot{I}_{YA} = \frac{\dot{U}_A}{Z_Y} = \frac{220\angle 0^\circ}{4+j3} = \frac{220\angle 0^\circ}{5\angle 37^\circ} = 44\angle -37^\circ = 44(0.8-j0.6)\ \text{A}$$

三角形负载的相电流

$$\dot{I}_{\triangle AB} = \frac{\dot{U}_{AB}}{Z_A} = \frac{380\angle 30^\circ}{10+j0} = 38\angle 30^\circ\ \text{A}$$

三角形负载的线电流

$$\dot{I}_{\triangle A} = \sqrt{3}\dot{I}_{\triangle AB}\angle -30^\circ = \sqrt{3}\times 38\angle(30^\circ-30^\circ) = 65.8\angle 0^\circ\ \text{A}$$

对节点 A，端线上总电流

$$\begin{aligned}\dot{I}_A &= \dot{I}_{YA}+\dot{I}_{\triangle A} = 44(0.8-j0.6)+65.8\\ &= 101-j26.4 = 104\angle -15^\circ\ \text{A}\end{aligned}$$

相量图如图 6.12(b)所示。

例 6.2　已知一对称三角形负载，接入线电压为 380 V 的电源中，测出线电流为 15 A，试求每相阻抗的大小是多少？

解　三角形接法时，每相的相电流为

$$I_p = \frac{1}{\sqrt{3}}I = 8.66\ \text{A}$$

因负载所加电压为线电压 380 V，故

$$I_p = \frac{U}{|Z|}$$

所以，每相负载的大小为

$$|Z| = \frac{U}{I_p} = \frac{380}{8.66} = 43.9\ \Omega$$

6.5　三相电路的功率

三相电路的总功率，等于三相负载各相的功率之和，即

$$P = P_A + P_B + P_C \tag{6.11}$$

对于三相对称负载，各相电压、电流大小相等、阻抗角相同，故各相的有功功率是相等的，即

$$\begin{aligned} P &= P_A + P_B + P_C = U_A I_A \cos\varphi_A + U_B I_B \cos\varphi_B + U_C I_C \cos\varphi_C \\ &= 3U_p I_p \cos\varphi \end{aligned}$$

其中，U_p 是相电压的有效值，I_p 是相电流的有效值，φ 为 U_p 与 I_p 的相位差，$\cos\varphi$ 是功率因数。由于设备铭牌中给出的电压、电流值均是指额定线电压 U_N 和额定线电流 I_N，故无论是 Y 形连接还是△形连接，三相有功功率的常用计算公式都可表示为

$$P_N = 3U_p I_p \cos\varphi = 3\frac{U_N I_N}{\sqrt{3}}\cos\varphi = \sqrt{3}U_N I_N \cos\varphi \tag{6.12}$$

同理，三相电路的无功功率为

$$Q = Q_A + Q_B + Q_C = 3U_p I_p \sin\varphi = \sqrt{3}U_N I_N \sin\varphi \tag{6.13}$$

三相电路的视在功率为

$$S = \sqrt{P^2 + Q^2} = \sqrt{3}U_N I_N \tag{6.14}$$

测量三相电路的功率，对于三相四线制，应对各相分别测量，通过求和得到三相电路的总功率，如图 6.13 所示；对于三相三线制电路，可用两瓦计法测量其功率，如图 6.14 所示。

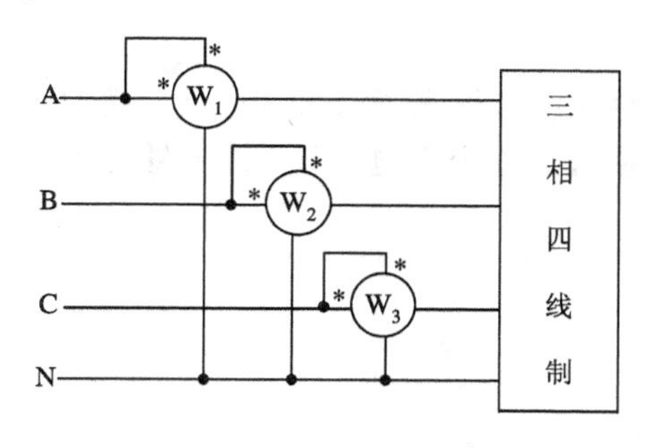

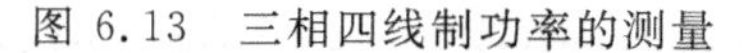
图 6.13　三相四线制功率的测量

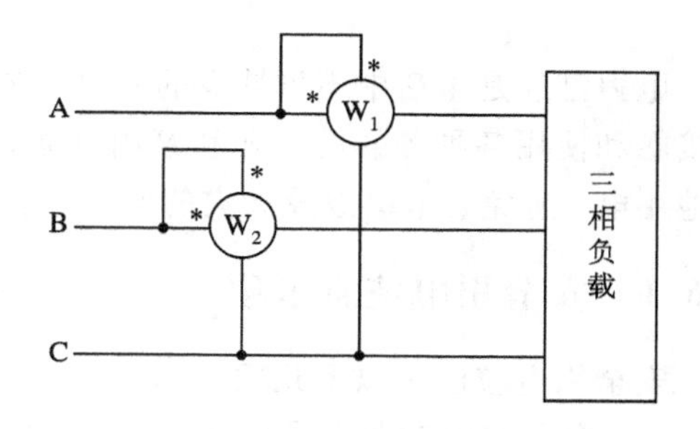

图 6.14　两瓦计法测量三相功率

两瓦计法是用两个功率表来测量三相功率。具体接线方法是：两个功率表的电流线圈分别接入任意两相，把电压线圈、电流线圈各自的同名端相连，两个电压线圈的异名端接

在空相(即第三相)上，则两个功率表读数之和即为三相功率。证明如下：

因为

$$\dot{I}_A + \dot{I}_B + \dot{I}_C = 0,\quad \dot{I}_C = -\dot{I}_A - \dot{I}_B$$

所以

$$\begin{aligned}\dot{U}_{AC}\dot{I}_A + \dot{U}_{BC}\dot{I}_B &= (\dot{U}_{AN} - \dot{U}_{CN})\dot{I}_A + (\dot{U}_{BN} - \dot{U}_{CN})\dot{I}_B \\ &= \dot{U}_{AN}\dot{I}_A - \dot{U}_{CN}\dot{I}_A + \dot{U}_{BN}\dot{I}_B - \dot{U}_{CN}\dot{I}_B \\ &= \dot{U}_{AN}\dot{I}_A + \dot{U}_{BN}\dot{I}_B + \dot{U}_{CN}(-\dot{I}_A - \dot{I}_B) \\ &= \dot{U}_{AN}\dot{I}_A + \dot{U}_{BN}\dot{I}_B + \dot{U}_{CN}\dot{I}_C\end{aligned}$$

即

$$P_1 + P_2 = P_A + P_B + P_C = P$$

例 6.3 一台三相电动机，额定功率 $P_N = 75$ kW，$U_N = 3000$ V，$\cos\varphi_N = 0.85$，效率 $\eta_N = 0.82$，试求额定状态运行时，电机的电流 I_N 为多少？电机的有功功率、无功功率及视在功率各为多少？

解 电机的额定功率 P_N 是指机轴上输出的机械功率，则电动机的电功率 P 为

$$P = \frac{P_N}{\eta_N} = \frac{75}{0.82} = 91.5\ \text{kW}$$

又

$$P_N = \sqrt{3}U_N I_N \cos\varphi_N \eta_N$$

故电机的额定电流

$$I_N = \frac{P_N}{\sqrt{3}U_N \cos\varphi_N \eta_N} = \frac{75 \times 10^3}{\sqrt{3} \times 3000 \times 0.85 \times 0.82} = 20.71\ \text{A}$$

电机的容量

$$S = \sqrt{3}U_N I_N = \sqrt{3} \times 3000 \times 20.71 = 107\ 609\ \text{V} \cdot \text{A} = 107.6\ \text{kV} \cdot \text{A}$$

电机消耗的无功功率为

$$Q = \sqrt{S^2 - P^2} = \sqrt{107.6^2 - 91.5^2} = 56.6\ \text{kVar}$$

6.6 安全用电知识

电力已经是生活中不可缺少的能源，它给人们的生活带来了极大的方便。我们每天都要接触和使用各种各样的工业和家用电器。只有掌握了安全用电常识，才能够做到安全合理地用电，避免触电事故及火灾的发生。

6.6.1 安全用电注意事项

安全用电应注意以下几项：

(1) 电路应由专业人员设计安装，严禁私拉乱接。

电路的设计安装，应由专业人员进行。根据用电负荷的大小选择合适的导线及接线方式，并进行可靠的安装。严禁私拉乱接，造成事故隐患。比如安装一个节能灯，可按图 6.15(a)接线，虽然图 6.15(b)也可以达到控制的目的，但在换节能灯时不安全，不符合安

全规范。

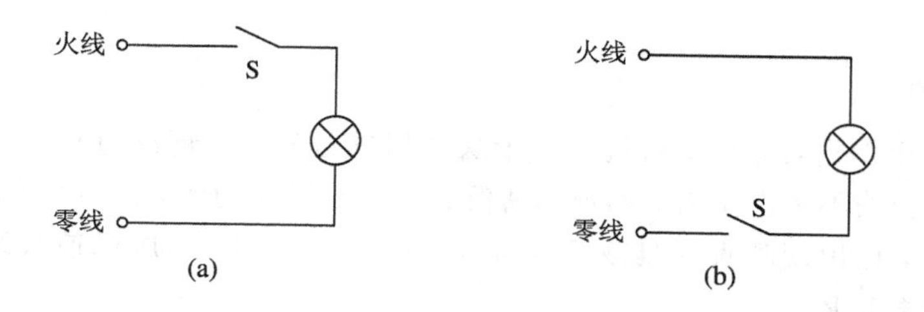

图 6.15　开关的接法

(2) 合理选用保险。

保险器是按照正常工作电流选择的。当电流发生短路或过载时，保险丝熔断，从而断开电源，起到保护作用。保险丝应严格按照规定选择，严禁以粗代细或用导线代替。

(3) 更换电器元件时应断电进行。

更换电器元件，应先切断电源开关，在无电状态下进行，防止因不小心发生触电事故。

(4) 接地线要牢固。

电器设备的外壳接地，是一种设备故障情况的可靠保护，既可以保证外壳始终处于零电位，又可以保证外壳带电情况下造成电路接地，使保护装置(如保险丝)断开，脱离电源。

(5) 及时更换老化的线路及设备。

老化线路及设备常有绝缘能力下降、漏电等现象，易造成人员触电及短路故障，应及时处理，消除隐患。

(6) 带电设备应加装防护隔离。

带电设备，特别是高压带电设备，应有防护隔离措施，按电压等级设置围栏，并设置明显标志。

(7) 远离接地点。

在线路短路接地点附近，由于电场的分布，往往电势较高，若以标准跨距 $l_{ab}=0.8\ \mathrm{m}$ 计算，则人体承受的跨步电压为

$$U_{ab} = l_{ab}E = 0.8E$$

在 E 足够大时，即使没有接触带电体，也能造成触电事故。

(8) 严格遵守《安全用电规程》，形成良好的用电习惯，做到“人走灯灭”等。

6.6.2　触电事故

一旦发生触电事故，对现场及时采取迅速有效的处理与救护手段，是挽救触电者生命的关键。触电急救首先应使触电者迅速脱离电源，然后根据触电人的情况，进行现场救护。

1. 脱离电源

电源分高压和低压两种。对于 250 V 以下的低压电源，常用的脱离方法有：

(1) 就近拉开电源开关或拔出电源插头。

(2) 采用有绝缘手柄的工具就近切断电源。如电工钳、斧头、铁锹等。切断点应选在导线有支持物处，以免导线断落触及其他设备及人员。

(3) 用干燥的木棒、竹竿等挑开导线。

（4）救护人可站在干燥的木板、木桌椅、橡胶垫等绝缘物品上，用一只手把触电者拉离电源。

2. 现场救护

触电者脱离电源后，应立即就近移至干燥通风的位置，分情况进行现场救护，同时通知医务人员。对受伤不太严重者，如神态清醒、只是心慌无力等，应静卧休息，不要走动。若触电伤害严重，已出现呼吸困难或呼吸停止、心跳消失等，则应迅速采取人工呼吸、胸外心脏挤压等急救手段。

习 题 6

1. 已知三相对称电源，每相电压 $U_p=380$ V，频率 $f=50$ Hz。若以 a 相为参考相量，求三相电压的正弦表示式和相量表示式。

2. 对称三相电路如题图 6.1 所示，已知 $Z=9+j16\ \Omega$，线电压的有效值 $U_l=380$ V。试求负载中各相的电流。

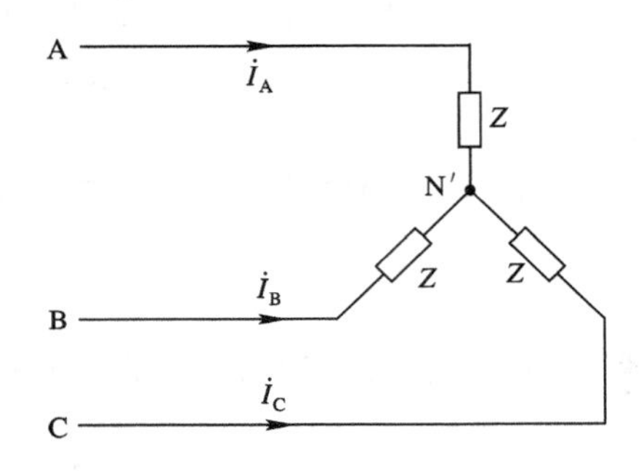

题图 6.1

3. 已知三角形连接的三相负载，每相负载均为 $Z=10+j10\ \Omega$，接入三相电源的线电压为 $u_{AB}=380\sqrt{2}\sin\omega t$ V，试计算负载的相电流及线电流。

4. 对称三相电路的线电压 $U_l=230$ V，负载阻抗 $Z=12+j16\ \Omega$。试求：

（1）星形连接负载时的线电流和吸收的总功率；

（2）三角形连接负载时的线电流、相电流和吸收的总功率；

（3）比较（1）和（2）的结果能得到什么结论？

5. 题图 6.2 所示为对称 Y—Y 三相电路，电压表读数为 1143.16 V，$Z=15+j15\sqrt{3}\ \Omega$，$Z_1=1+j2\ \Omega$。求图中电流表的读数和线电压 U_{AB}。

6. 题图 6.3 所示为对称 Y—Y 三相电路，电源相电压 220 V，负载阻抗 $Z=30+j20\ \Omega$。试求：

（1）图中电流表的读数；

（2）三相负载吸收的功率；

（3）若 A 相的负载阻抗为 0，再求（1）、（2）；

（4）若 A 相的负载开路，再求（1）、（2）。

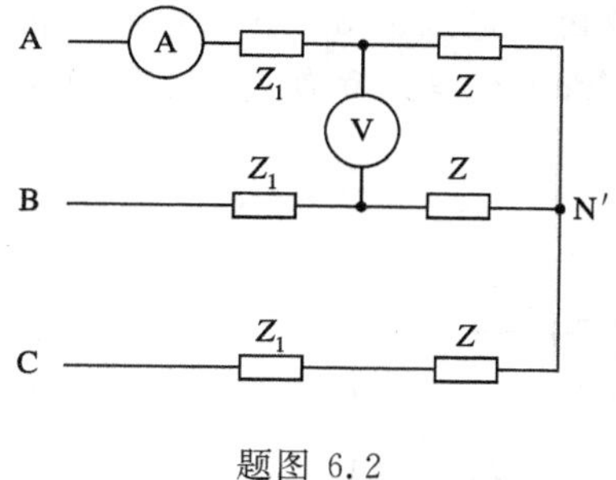

题图 6.2

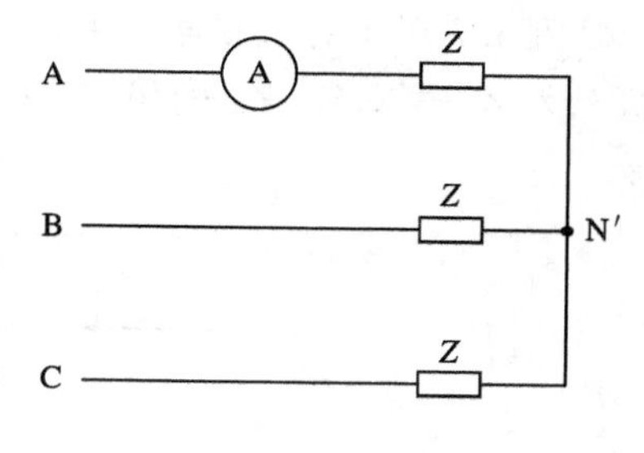

题图 6.3

7. 三相电路如题图 6.4 所示，已知 $U_l=220$ V，$R=8$ Ω，$X_L=6$ Ω。试求：

(1) 每相负载的相电流和线电流的有效值；

(2) 三相负载的平均功率、无功功率、视在功率和瞬时功率。

8. 某台电动机的功率 $P_N=2.5$ kW，$\cos\varphi=0.866$，线电压为 380 V，如题图 6.5 所示，求图中两个功率表的读数。

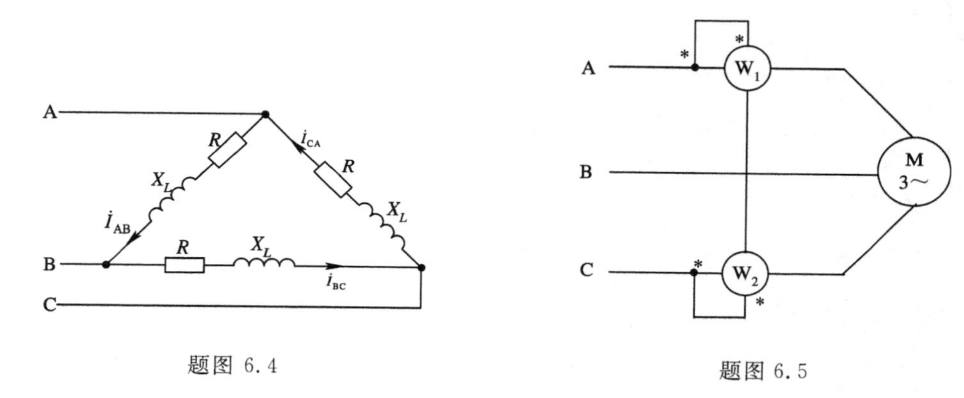

题图 6.4

题图 6.5

9. 三相电路如题图 6.6 所示，已知 $Z_A=10$ Ω，$Z_B=-j10$ Ω，$Z_C=j10$ Ω，连接在 $U_l=380$ V的工频三相四线制的电源上。求：

(1) 各相负载的相电流、中性线电流；

(2) 三相负载的平均功率；

(3) 画出电压和电流的相量图。

10. 三相对称负载 $Z=3+j4$ Ω，接成星形，与线电压 380 V 电源相连，求三相负载所吸收的平均功率。三相负载若改接成三角形，其平均功率又为何值？

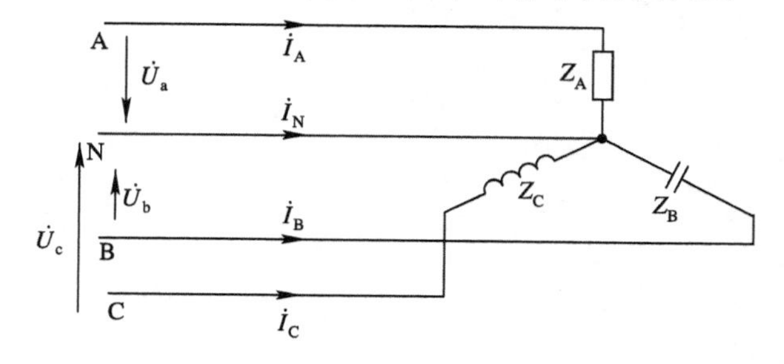

题图 6.6

11. 题图 6.7 所示的三相电路中，三相对称电源的线电压为 380 V，星形连接的不对称三相负载为 $Z_A = 76\ \Omega$、$Z_B = \mathrm{j}76\ \Omega$、$Z_C = -\mathrm{j}76\ \Omega$。求各线电流和负载电压以及两只功率表的读数。

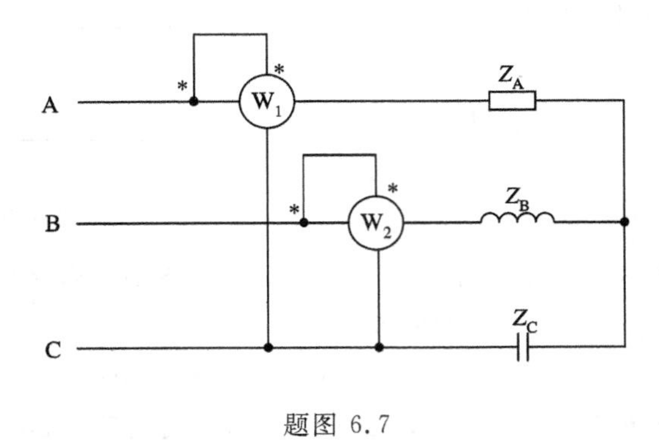

题图 6.7

电路基础实训

实训 1　直流电压、电流表的安装与实验

1. 实训目的

(1) 了解电路的基本概念；

(2) 了解电路基本变量的相互关系；

(3) 学会电路连接与测试的基本方法；

(4) 学会电压表、电流表的校准与使用。

2. 实训设备、器件与实训电路

(1) 实训设备与器件：直流稳压电源 1 台、数字万用表 2 块、0.1 mA 表头 1 只、单刀双掷开关 2 只、电阻若干。

(2) 实训电路与说明：实训电路如实训图 1.1 所示。其中图(a)为电压表电路，电路中虚框内部的作用是将 100 μA 的表头改装为量程 10 V 的电压表；图(b)为电流表电路，电路中虚框内部的作用是将 100 μA 的表头改装为量程 100 mA 的电流表。图中，E 为电压可调的直流稳压电源；B_1 为数字万用表；B_2 为 0.1 mA 表头；r 为表头内部线圈的直流电阻，称为表头内阻。

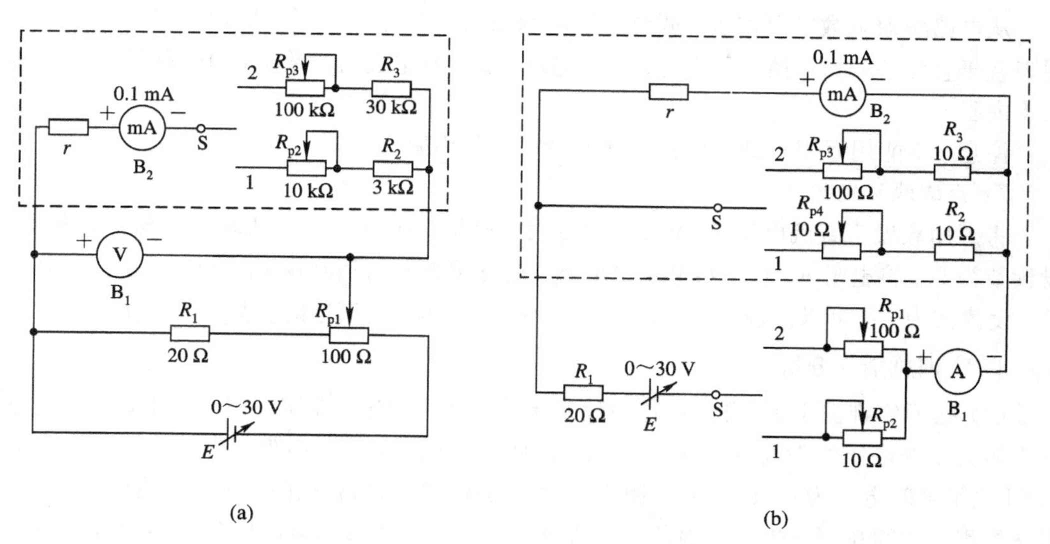

实训图 1.1　实训电路图

(a) 电压表实训电路；(b) 电流表实训电路

3. 实训步骤与要求

1）电路连接

按实训图 1.1(a)连接电路。注意电源与电表的极性不要接反。电路接好后不要打开稳压电源的电源开关。

2）通电前准备

将数字万用表置于直流电压 20 V 挡。将开关 S 的中心头指向“2”。调节可变电阻 R_{p3} 的可变触点，使其电阻为最大。调节稳压电源的输出控制旋钮，将其输出调到最小位置。本步骤的目的是防止打开稳压电源开关时，流过 B_2 的电流超过其量程。

3）标准电压产生

打开稳压电源的电源开关。缓慢调节输出旋钮，改变稳压电源的输出，使数字万用表的读数为 10 V。

至此得到了一个 10 V 的标准电压输出，其准确度由数字万用表的精度决定。

4）电压表调节

调节 R_{p3}，使电流表 B_2 的读数至满刻度。观察 R_{p3} 的变化与表头指针偏转的关系。至此，通过调节并确定串接在表头上的电阻，将 0.1 mA 的表头改装为满刻度值为 10 V 的电压表。可以看出，电压表实际上是由一个高灵敏度的电流表与电阻串接而成的。改变串接的电阻值，即改变了电压表的量程。

5）刻度校准

调节稳压电源输出，使数字万用表的读数依次为 2.5 V、5 V、7.5 V，在此过程中，电流表的读数应依次为 25 μA、50 μA、75 μA。如果读数准确，将电流表的表盘改成电压表表盘，则电压表的安装与调试成功。

6）测量表头内阻

从电路中取下数字万用表。调节稳压电源输出，使电压表读数为 10 V(100 μA)。将万用表置于直流 200 mV 挡，测量表头两端电压 U_{AB}。万用表的读数乘以 10(除以 0.1)，即为表头内阻 r。

注意，不能用万用表的欧姆挡直接测量表头的内阻。

7）验证欧姆定律

将万用表置于直流电压 20 V 挡，用万用表测量电阻 $R_{p3}+R_3$ 两端的电压，记下读数，设读数为 U。将电阻 R_3 右端从电路中取下，用万用表欧姆挡测量 $R_{p3}+R_3$ 的电阻，记下读数，设读数为 R。可以发现，U 与 R 的比值恰好等于电流表 B_2 的读数 I(100 μA)。

4. 实训总结与分析

(1) 按照实训图 1.1，可以将各种设备与器件连接起来。在实训图 1.1 中，稳压电源用一内阻为 0 的电压源来表示，表头用一内阻为 0 的电流表与一内阻 r 表示，导线的电阻为 0，开关闭合时电阻为 0，断开时电阻无穷大。其实，导线都有电阻，表头的线圈具有电感，但在给出的电路中都忽略了。因此，实训图 1.1 是一种将实际电路中各种器件或设备理想化并用相关的参数予以表征后画出的电路，称为实际电路的理想模型。给出电路的理想模型可以方便地对实际电路进行分析和数学描述。按照电路模型连接实际应用电路，将实际应用电路等效成理想电路模型，通过数学描述对理想电路模型进行分析，这三方面是本门课程的重要学习内容。

(2) 在以上实训中，我们学会了将一个读数较小的电流表改装为一个电压表或电流表。电压表是将一电阻与表头串联，与之串联的电阻越大，其测量的量程也越大。电流表是将一个较小的电阻与表头并联，并联的电阻越小，其测量的量程越大。其定量的关系，是必须掌握的。

(3) 如果将 R_1 视为电源的负载，则测量 R_1 两端的电压时，电压表与 R_1 并联；测量流过 R_1 的电流时，电流表与 R_1 串联。测电压并联、测电流串联，是电路测试必须遵守的基本原则。在今后的学习或工作中，必须严格遵守这一原则，违反这个原则将会产生严重后果。

(4) 表头内阻 r 是表头的重要参数，如果事先知道了表头内阻，那么在改装电表时，可以直接计算出与之并联或串联的电阻。实训步骤 6 中测量表头内阻 r 是通过测量其上的电压而间接得到的，测试原理依据的是中学就学过的欧姆定律。步骤 7 通过测量电阻 $R_{p3}+R_3$ 的阻值、两端的电压、流过其间的电流并找出它们之间的关系，验证了欧姆定律。

在实训步骤 6 中强调不能用万用表欧姆挡直接测量表头内阻，这是因为用万用表测量表头电阻时，将有电流流过被测量的表头，这个电流很可能超过表头的量程而使表头损坏。

通过以上操作，我们接触了一个简单的应用电路，对电路中的基本物理变量电压与电流有了初步的认识，掌握了测量电压与电流的基本方法。也可以根据前面的实训安排，将实训图 1.1(a)中的电流表改装成满刻度值为 1 V 的电压表，根据实训图 1.1(b)将电流表扩展为满刻度值为 10 mA 与 100 mA 的电流表。实训前，请事先编写好实训步骤。

5. 思考与讨论

(1) 若要利用电流表来测量电阻的阻值，则电路应如何连接？

(2) 要将电压表、电流表、欧姆表组合成一个三用表，应考虑哪些问题？

实训 2　荧光灯实验

1. 实训目的

(1) 通过荧光灯实验加深对一般正弦交流电路的认识；

(2) 学习使用功率表；

(3) 了解提高功率因数的意义和方法。

2. 实训原理

1) 荧光灯电路的构成

荧光灯电路主要由荧光灯管、镇流器和启辉器三部分构成，如实训图 2.1 所示。镇流器是一个带铁心的线圈，实际上相当于一个电感和等效电阻相串联的元件。镇流器在电路中与荧光灯串联。启辉器是一个充有氖气的小玻璃泡，内装一个固定电极触片和 U 型可动双金属电极触片。U 型电极触片受热后，其触点会与固定电极的触点闭合。启辉器与荧光灯并联。荧光灯管为一内壁涂有荧光粉的玻璃管，灯管两端各有一个灯丝，管内抽真空，充有惰性气体和水银蒸气。

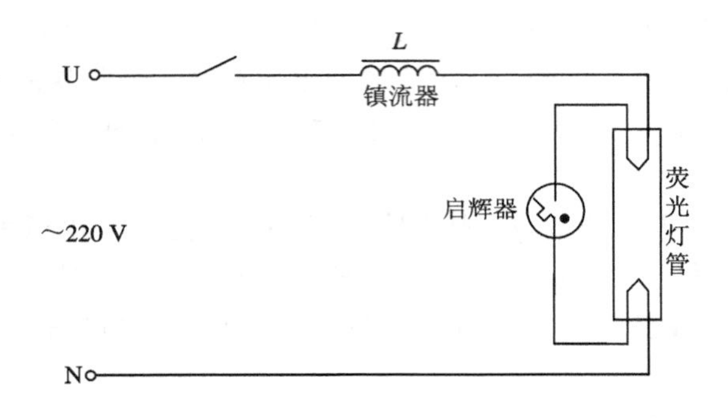

实训图 2.1　荧光灯电路示意图

2）荧光灯工作原理

电源刚接通时，灯管尚未导通，启辉器的两极因承受全部电压而产生辉光放电，启辉器的 U 型电极触片受热弯曲与固定触片接触，电流流过镇流器、灯管两端灯丝及启辉器构成回路。同时，启辉器的两极接触后，辉光放电结束，双金属片变冷，启辉器两极重新断开，使在两极断开瞬间镇流器产生的较高感应电动势与电源电压一起(共约 400 V～600 V)加在灯管两极之间，使灯管中气体电离而放电，产生紫外线，激发管壁上的荧光粉。灯管点燃后，由于镇流器的限流作用，使得灯管两端的电压较低(约为 90 V)，而启辉器与荧光灯并联，较低的电压不能使启辉器再次起动。此时，启辉器处于断开状态，即使将其拿掉也并不影响灯管正常工作。

荧光灯电路导通时，其灯管相当于一个纯电阻。镇流器是具有一定内阻 r 的电感线圈。所以整个电路为一 RL 串联交流电路。此时，若在灯管与镇流器串联后的两端，并联一适当值的电容 C，则电路为 RL 与 C 并联的交流电路，这时电路的功率因数 $\cos\varphi$ 将比未并联 C 时高。

3）功率的测量

功率表属于电动式仪表，既可测直流功率，也可测交流有功功率。使用功率表，应根据功率表上所注明的电压、电流限量，将电流线圈(固定线圈)串联在被测电路中，电压线圈(可动线圈)并联在被测电路两端。

3. 实验内容及步骤

警告：

(1) 认真检查接线，确认无误。通电前将与测量无关的导线、工具、器件从电路中全部清理干净，确保人身安全后方可通电。

(2) 实验过程中需要改线时，一定要先断开电源开关 S 后再操作。

(3) 实验过程中若要断开导线，一定要将该导线两端全部断开，并将导线从电路中移出，以确保安全。

1）用功率表测荧光灯和镇流器的总功率

(1) 按实训图 2.2 接好线路，检查无误。闭合开关 S，S_1 断开，调整调压器输出为 220 V。观察启辉器有闪烁，然后荧光灯点亮，功率表有指示。

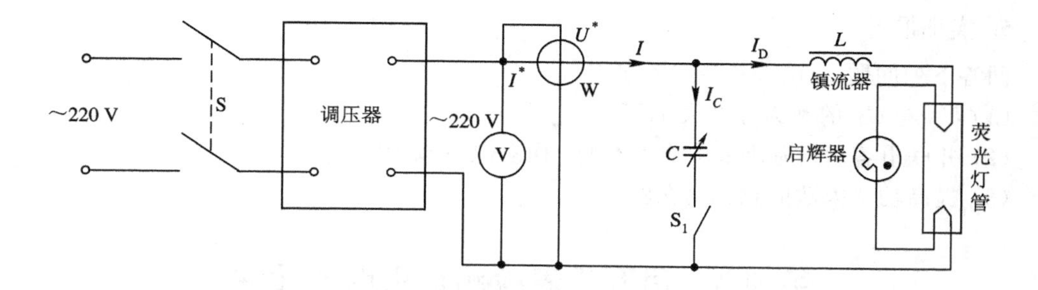

实训图 2.2　用功率表测量荧光灯和镇流器总功率

（2）闭合 S_1，将电容并联，分别调整电容值为 1 μF、2 μF、5 μF、10 μF、15 μF、20 μF，依次测量电源电压 U、电路总电流 I、并联电容支路电流 I_C、灯管电流 I_D、镇流器和荧光灯管总功率 P（用功率表测量）、镇流器端电压 U_L、灯管端电压 U_D，计算功率因数 $\cos\varphi$。

（3）断开 S_1，将电容断开，测量 I、I_C、I_D、U_L、U_D、P。

2）用功率表测量荧光灯管的功率

（1）按实训图 2.3 接好线路，检查无误。闭合开关 S，S_1 断开，调整调压器输出为 220 V。荧光灯点亮，功率表有指示。

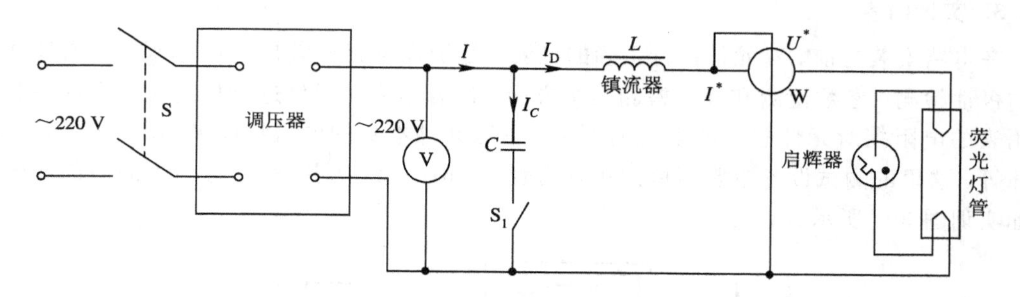

实训图 2.3　用功率表测量荧光灯管功率的电路图

（2）断开 S_1，用功率表测量荧光灯管功率 P_D，计算功率因数 $\cos\varphi$。闭合 S_1，并入5 μF 电容，重测 P_D，并计算 $\cos\varphi$。

3）注意事项

（1）测量功率时若功率表表针反偏，则表明被测负载不是消耗功率，而是发出功率，应对换电流端钮上的接线或转换极性开关，使表针正向偏转。

（2）为保护功率表的电压线圈和电流线圈，流过电流线圈的电流和加到电压线圈的电压均不可超过其额定值。

（3）为保护功率表表头的安全，使用前应先将测量挡位置放于最大挡。

4. 实训设备与器件

交流电压表 1 块，交流电流表 1 块，功率表 1 块，40 W 日光灯管、座一套，电容箱 1 只，镇流器 1 个，启辉器 1 只，导线若干。

5. 实训报告

回答下列问题：

(1) U_D 与 U_L 的和为什么大于 U?

(2) 并联电容后，为什么总功率不变，而总电流减少？

(3) 提高功率因数的意义何在？

实训3　用万用表检测常用电子元件

1. 实训目的

(1) 基本掌握用万用表检测常用电子元件的方法；

(2) 正确读识色环电阻；

(3) 掌握电阻、电容及电感的测试方法。

2. 实训设备、器件

(1)电阻、电容和电感若干。

(2) MF－47 万用表一块。

3. 实训内容

在电路安装之前，对元件进行正确的检测，是确保电路安装成功的基础。检测包括元件的极性检测、参数检测和好坏检测几个方面。用万用表对元件进行检测实际上就是利用万用表的电阻挡对元件进行电阻值的测试，参照元件本身的电阻特性来判断元件的极性、好坏等。这里的测试设备主要用指针式万用表(如 MF－47 万用表)。万用表的内部等效电路如实训图 3.1 所示。

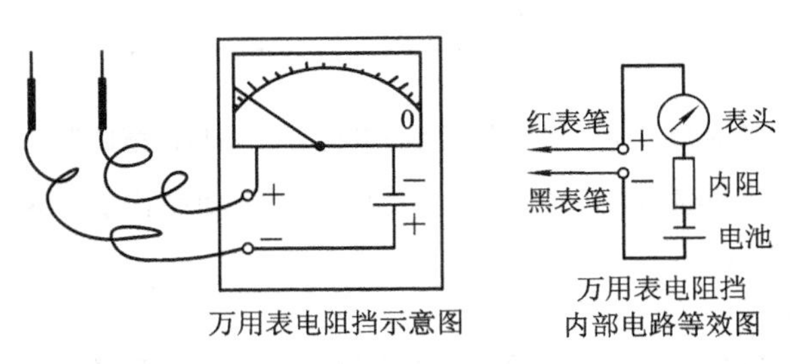

实训图 3.1　万用表电阻挡示意图和内部等效电路图

1) 电阻的测量

(1) 电阻器的色标法。电阻器的种类繁多，形状各异，功率也各有不同。按其结构形式分为固定电阻器、可变电阻器两大类。固定电阻器的电阻值是固定不变的，阻值的大小就是它的标称阻值。固定电阻器的文字符号常用字母“R”表示。可变电阻器主要是指半可调电阻器、电位器。它们的阻值可以在某一个范围内变化。电阻器标称阻值的表示方法有直标法、文字符号法、色标法 。使用最多的是色标法，即用不同颜色的色环表示电阻器的阻值及误差。色标电阻器(也称色环电阻器)可分为四环和五环两种标法，其含义分别如实训图 3.2 和实训图 3.3 所示。

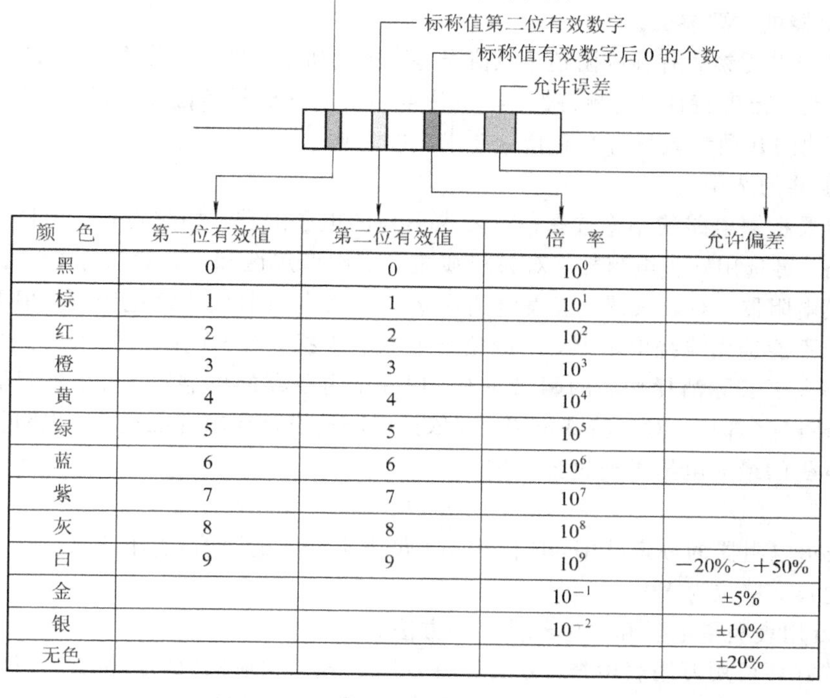

颜　色	第一位有效值	第二位有效值	倍　率	允许偏差
黑	0	0	10^0	
棕	1	1	10^1	
红	2	2	10^2	
橙	3	3	10^3	
黄	4	4	10^4	
绿	5	5	10^5	
蓝	6	6	10^6	
紫	7	7	10^7	
灰	8	8	10^8	
白	9	9	10^9	$-20\%\sim+50\%$
金			10^{-1}	±5%
银			10^{-2}	±10%
无色				±20%

实训图 3.2　两位有效数字阻值的色环表示法

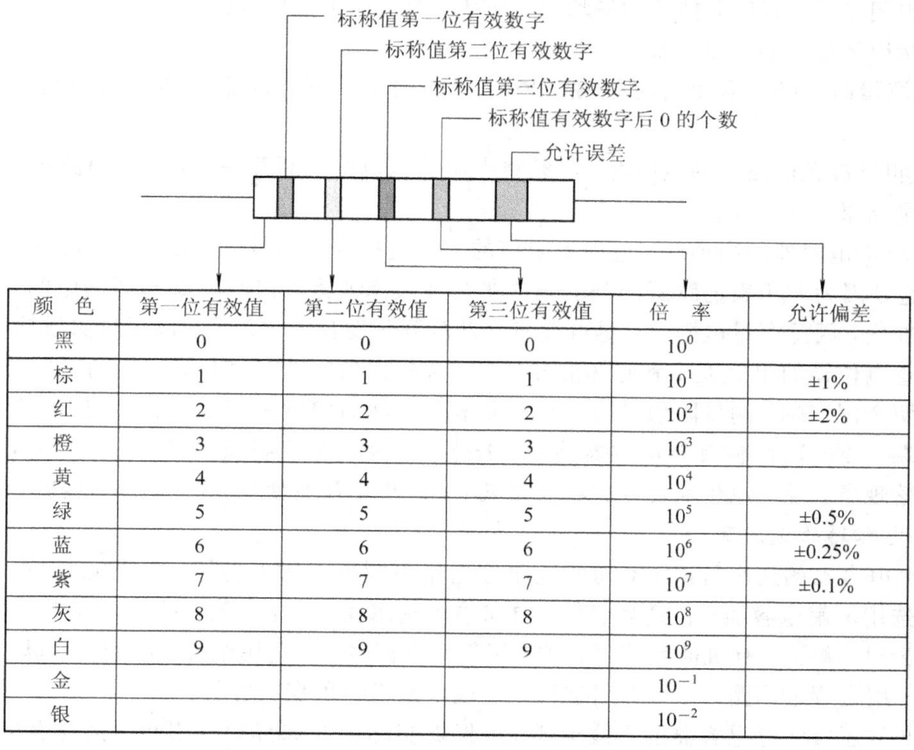

颜　色	第一位有效值	第二位有效值	第三位有效值	倍　率	允许偏差
黑	0	0	0	10^0	
棕	1	1	1	10^1	±1%
红	2	2	2	10^2	±2%
橙	3	3	3	10^3	
黄	4	4	4	10^4	
绿	5	5	5	10^5	±0.5%
蓝	6	6	6	10^6	±0.25%
紫	7	7	7	10^7	±0.1%
灰	8	8	8	10^8	
白	9	9	9	10^9	
金				10^{-1}	
银				10^{-2}	

实训图 3.3　三位有效数字阻值的色环表示法

（2）电阻器是否损坏的判别及注意事项。

① 电阻器的主要参数。

电阻器的主要参数有标称阻值、阻值误差、额定功率、最高工作温度、最高工作电压、静噪声电动势、温度特性、高频特性等。选用电阻器时一般只考虑标称阻值、额定功率、阻值误差，其他的几项参数只有在有特殊要求时才考虑。

② 电阻器的选用。

电阻器要根据电路的用途选择。对要求不高的电子线路，如收音机、中档收录机、电视机等电路，可选用碳膜电阻器。对整机质量、工作稳定性和可靠性要求较高的电路，可选用金属膜电阻器。对于仪器、仪表电路应选用精密电阻器或线绕电阻器。但要注意，在高频电路中不能选用线绕电阻器，以避免产生电磁干扰。对于电阻器的功率选择，一般应使额定功率大于实际消耗功率的两倍左右，以保证电阻器的可靠性。对于电阻器的误差选择，一般选用5%即可。对于特殊电路，要依据电路的设计要求标准选取。电阻器在电路中实际所能承受的最大电压可通过公式估算

$$U^2 = R \times P$$

式中：P 表示电阻器的额定功率，单位为W；R 为电阻器的阻值，单位为Ω；U 为电阻器的极限工作电压，单位为V。

③ 用万用表测量电阻和电位器性能的方法。

电阻的好坏可用万用表检查，方法是将万用表置于相应的“Ω”挡位置，用表笔分别接电阻两端，即可测量其阻值，再与自己根据色环所读的数值进行比较。若两者相差很大，则说明电阻变质；若任何挡位测量均为无穷大，就表明电阻已开路损坏。

测量时还应注意以下几点：

· 测量时，双手不能同时接触被测电阻的两根引线，以免人体电阻影响测量的准确性。

· 测量接在电路上的电阻时，必须将电阻器从电路中断开一端，以防电路中的其他元件对测量结果产生影响。

· 测量电阻器的阻值时，应根据阻值的大小选择合适的量程，否则将无法准确地读出数值。这是因为万用表的欧姆挡刻度线的非线性关系所致。在一般欧姆挡的中间段，分度较细而准确，因此测量电阻时，尽可能将表针落到刻度盘的中间段，以提高测量精度。

检查电位器的阻值大小和好坏的方法是：选择适当的“Ω”挡位置，将两表笔分别接电位器的两个固定端，测量阻值是否与标称值相等。然后将任一表笔接滑动端B，另一表笔接固定端A或C，缓慢旋转电位器旋钮。若这时万用表的测量值平稳上升或下降，没有跳动和跌落现象，说明电位器良好；若忽大忽小，或根本没有变化，则说明电位器已经损坏。

2）电容器的选用及检测

（1）电容器的选用常识。不同的电路应选用不同种类的电容器。在电源滤波、退耦电路中应选用电解电容器；在高频、高压电路中应选用瓷介电容、云母电容；在谐振电路中，可选用云母、陶瓷、有机薄膜等电容器；用作隔直流时，可选用纸介、涤纶、云母、电解等电容器；用在调谐回路时，可选用空气介质或小型密封可变电容器。

此外，还应注意电容器的引线形式。可根据实际需要选择焊片引出、接线引出或螺丝引出，以适应线路的插孔要求。

电容器耐压的选择应确保其额定电压高于实际工作电压10%～20%。对工作电压稳定性较差的电路，也可留有更大的余量，以确保电容器不被击穿而损坏。

至于容量误差的选择，对于振荡、延时电路，容量误差应尽可能小一些，一般选择误差值小于5%。

为了保证电容器在装入电路后能正常工作，在其装入电路前必须进行检测。

(2) 电容的检测。

① 测漏电电阻。

用万用表的欧姆挡($R\times10$k 或 $R\times1$k 挡，视电容器的容量而定)，当两表笔分别接触电容器的两根引线时，表针首先朝顺时针方向(R 为零的方向)摆动，然后又反方向退回到∞位置的附近，当表针静止时所指的阻值就是该电容器的漏电电阻。除电解电容器以外，一般情况下表针均应回到无穷大。在测量中若表针距无穷大较远，表明电容器漏电严重，不能使用。有的电容器在测量漏电电阻时，表针退回到无穷大位置时，又顺时针摆动，这表明电容器漏电更严重。测量电解电容器时，指针式万用表的红表笔要接电容器的阴极，黑表笔接电容器的阳极，否则漏电会加大。

② 测开路。

电容器的容量范围很宽，用万用表判断电容器的开路情况，首先要看电容量的大小。对于0.01 μF以下的小容量电容器，用万用表不能判断其是否开路，只能用其他仪表进行鉴别(如 Q 表等)。对于0.01 μF以上的电容器用万用表测量，但必须根据电容器容量的大小，分别选择合适的量程，才能正确地加以判断。如测300 μF以上的电容器可放在 $R\times10$ 或 $R\times1$k 挡；测10 μF～300 μF的电容器可用 $R\times100$ 挡；测0.47 μF～10 μF的电容器可用 $R\times1$ 挡；测0.01 μF～0.47 μF的电容器时用 $R\times10$k 挡。具体的测量方法是：用万用表的两表笔分别接触电容器的两根引线(测量时，手不能同时碰触两根引线)。如表针不动，将表笔对调后再测量；若表针仍不动，就说明电容器已开路。

③ 测短路。

用万用表的欧姆挡，将两支表笔分别接触电容器的两引线，如表针指示阻值很小或为零，而表针不再退回，说明电容器已击穿短路。当测量电解电容器时，要根据电容器容量的大小，选择适当的量程；电容量越大，量程越要放小，否则就会把电容器的充电误认为是击穿。

④ 电解电容器极性的判断。

用指针式万用表测量电解电容器的漏电电阻，并记下这个阻值的大小，然后将红、黑表笔对调再测电容器的漏电电阻，将两次所测得的阻值对比，漏电电阻小的一次，黑表笔所接触的就是正极。

3) 电感器的检测

用万用表的欧姆挡 $R\times1$k、$R\times10$k，可以测量电感器的阻值。若为无穷大，表明电感器开路；若电阻很小，表明电感器正常。如要测量电感器的电感量或 Q 值，就需要专用的电子测量仪器，如QBG-3型高频 Q 表或电桥。

4. 实训步骤与要求

(1) 先读识色环电阻，再用万用表测试，将结果填入实训表3.1。

实训表 3.1　测试结果

序　　号	色环排列图	读出阻值	读出精度	实测阻值

（2）用万用表分别检测、判断电容器和电感器的好坏。

（3）评分标准（见实训表 3.2）。

实训表 3.2　评分标准

项目内容	配分	评 分 标 准
实训报告	50	报告内容完整、工整、数据真实
元件检测	30	元件检测判断错误或测试操作错误每次－5 分
读识电阻	20	读错或超时每次－5 分～－10 分（10 秒读出）

中　篇

模拟电子电路

第 7 章　半导体二极管及其应用

7.1　半导体二极管

1. 半导体二极管的结构和符号

半导体二极管又称晶体二极管，简称二极管。顾名思义，半导体是导电能力介于导体和绝缘体之间的物质，如硅、锗等。纯净的半导体又称为本征半导体，其原子排列整齐有序，呈晶体结构。半导体材料有几个重要性质，如热敏特性、光敏特性和掺杂特性。

掺杂特性是指在半导体中掺入微量元素后，其导电能力大为提高，且在本征半导体中掺入不同的微量元素，会得到不同性质的半导体材料。例如：在本征半导体硅中掺入微量磷元素，就会形成电子型半导体，又称为 N 型半导体；掺入微量硼元素，就会形成空穴型半导体，又称为 P 型半导体。

把 N 型半导体和 P 型半导体结合在一起，其界面处就形成了 PN 结。PN 结是构成各种半导体器件的基础。

将 PN 结装上电极引线和管壳，就是半导体二极管，其结构和符号如图 7.1 所示。

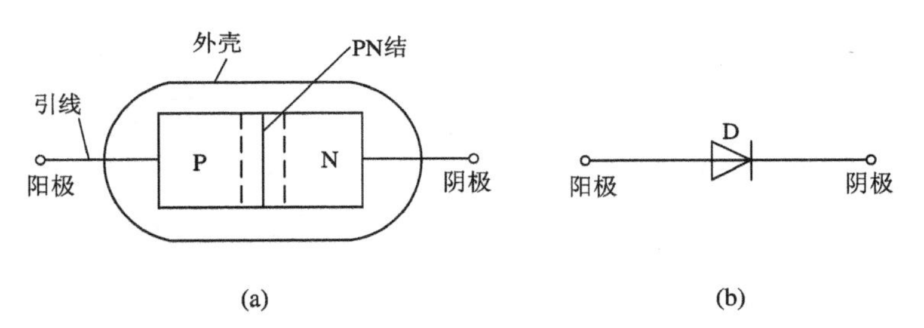

图 7.1　二极管的结构和符号

(a) 结构示意图；(b) 符号

2. 半导体二极管的单向导电性

二极管最为重要的特性是单向导电性。即加正向电压(也叫正偏电压)导通，如图 7.2(a)所示，二极管的阳极接电源正极，阴极接电源负极，此时灯亮；加反向电压(也叫反偏电压)截止，如图 7.2(b)所示，二极管的阴极接电源正极，阳极接电源负极，此时灯不亮。

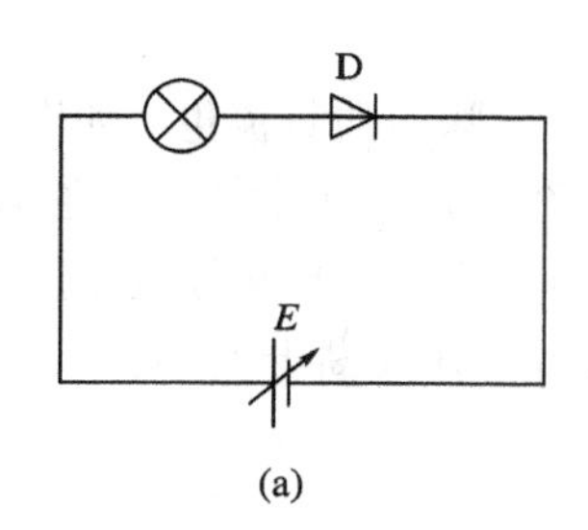

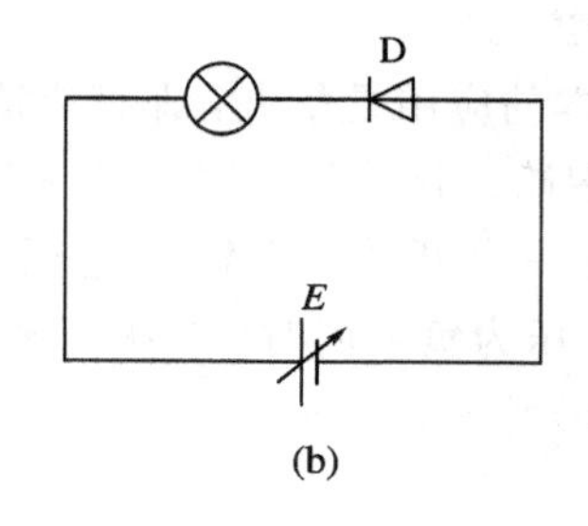

图 7.2　二极管的单向导电性

(a) 正偏导通；(b) 反偏截止

3. 半导体二极管的伏安特性

二极管的伏安特性是指二极管通过的电流与其端电压之间的关系，如图 7.3 所示。

从图 7.3 可看出：

(1) 二极管的伏安特性是一条曲线，这表明二极管是非线性元件。

(2) 当二极管两端的电压较小时，二极管中没有电流，即二极管不导通，这一段称为死区。硅管的死区电压为 0.5 V，锗管为 0.1 V。

(3) 当电压大于死区电压后，电流急剧增大，这时二极管导通。硅管的导通电压约为 0.7 V，锗管约为 0.3 V。

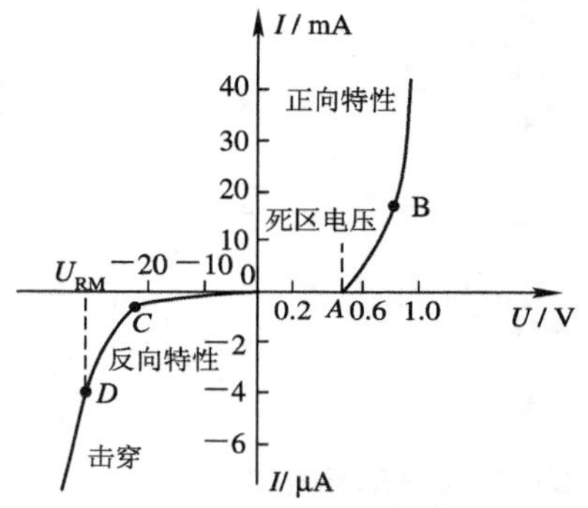

图 7.3　硅二极管的伏安特性

(4) 当二极管两端加反向电压时，管中会有很小的反向电流，且随着反向电压的增加，反向电流基本保持不变，称为反向饱和电流，硅管的反向饱和电流为几到几十微安，锗管为几十到几百微安。由于半导体的热敏特性，反向饱和电流会随着温度的升高而增大，通常温度每升高 10℃，反向饱和电流约增大一倍。

(5) 当反向电压过大时，其反向电流剧增，称为二极管反向击穿。击穿时由于二极管过热，因此可能被烧坏。

4. 半导体二极管的主要参数

(1) 最大整流电流 I_F：它是二极管允许长期通过的最大正向平均电流。有些 I_F 较大的二极管必须按规定加装散热片，否则可能因过热而烧坏。

(2) 最高反向工作电压 U_{RM}：它是二极管工作时允许承受的最大反向工作电压。实际使用时，其反向工作电压不要超过 U_{RM}，以免造成二极管反向击穿而损坏。

(3) 最高工作频率 f_M：超过 f_M，二极管将失去单向导电性。

此外，还有反向电流、正向电压等参数。

5. 二极管的应用

利用二极管的单向导电性，可实现整流、限幅等功能。

1）二极管整流电路

二极管最基本的应用是整流，即把交流电转换成脉动的直流电，如图 7.4(a)所示为半波整流电路。若忽略二极管的死区电压和反向饱和电流，则可把二极管看成理想二极管，即把二极管作为一个开关。当输入电压为正半周时，二极管导通（相当于开关闭合），$u_o=u_i$；当输入电压为负半周时，二极管截止（相当于开关断开），$u_o=0$。其输入、输出电压波形如图7.4(b)所示。

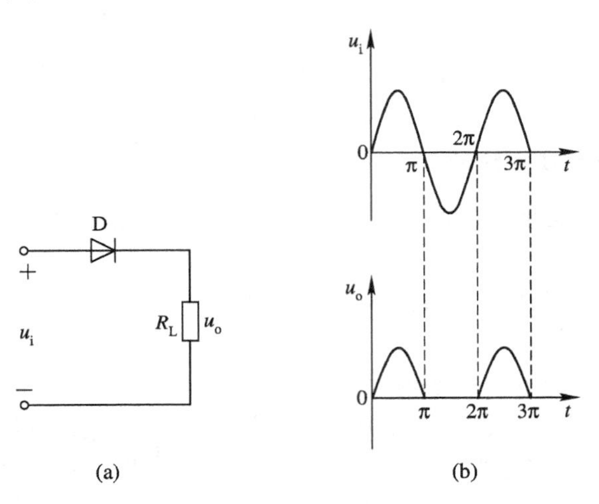

图 7.4　半波整流电路及波形

(a) 电路；(b) 输入、输出波形

2）二极管限幅电路

限幅电路也称为削波电路，它是一种能把输入电压的变化加以限制的电路，常用于波形变换和整形，如图 7.5(a)所示。设 $u_i=5\ \sin\omega t$ V，$E=2$ V，D 为理想二极管。当 $u_i>E$ 时，二极管导通，$u_o=E=2$ V；当 $u_i<E$ 时，二极管截止，电阻 R 中没有电流，$u_o=u_i$。输入、输出电压波形如图7.5(b)所示。显然该电路把输出电压的正峰值限制在 2 V。

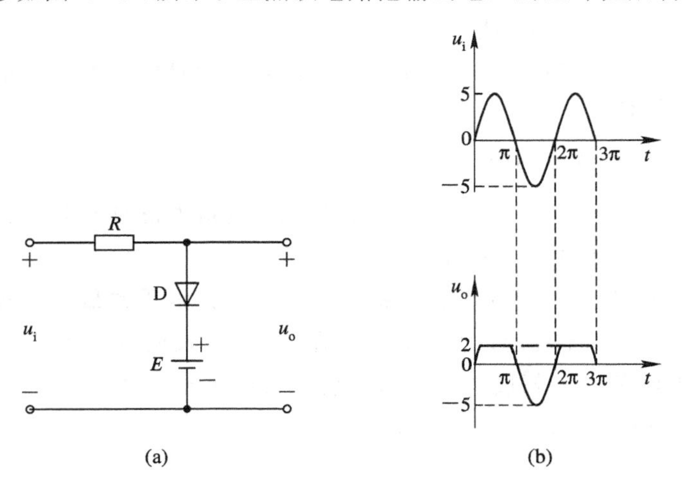

图 7.5　二极管上限幅电路及波形

(a) 电路；(b) 输入、输出波形

7.2 稳压二极管

1. 稳压二极管的伏安特性

稳压二极管实际上也是一种面接触型硅二极管，简称稳压管，其伏安特性及符号如图 7.6 所示。

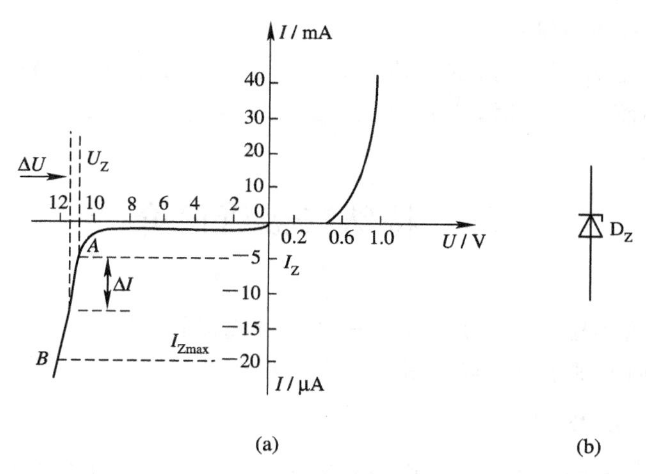

图 7.6 稳压管的伏安特性及符号

(a) 伏安特性；(b) 符号

从图中可看出，稳压管的伏安特性与普通二极管相似，但稳压管工作在反向击穿状态，对应于特性曲线的 AB 段，称为击穿区。稳压管中的 PN 结经过了特殊处理，即使长时间工作在击穿区也不会损坏，一旦除去外加反向电压，PN 结就能恢复原状。特性曲线 AB 段的特征是：当电流有较大变化时，稳压管两端的电压变化却很小，这一特性可用于稳压。

2. 稳压管的主要参数

(1) 稳定电压 U_Z：指稳压管正常工作时(反向击穿状态)管子的端电压，一般为 3 V～25 V，高的可达 200 V。

(2) 稳定电流 I_Z 和 I_{Zmax}：I_Z 指稳压管正常工作时的电流，I_{Zmax} 指稳压管允许通过的最大反向电流。

(3) 额定功耗 P_Z：指保证稳压管安全工作所允许的最大功率损耗

$$P_Z = U_Z I_{Zmax}$$

3. 稳压管的应用

稳压管主要用于构成稳压电路，如图 7.7 所示。

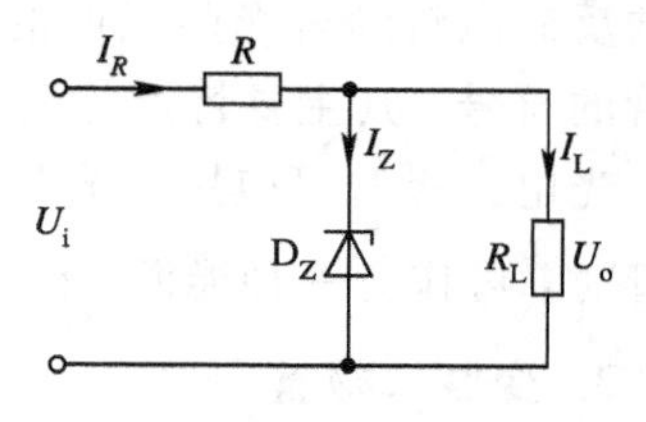

图 7.7 稳压管稳压电路

1) 工作原理

稳压电路的稳压原理：当交流电源电压升高，引起稳压电路的输入电压 U_i 增大时，输出电压(即稳压管上的电压)U_o 增加，这时稳压管的电流增加，使得电阻 R 上的电流增大，电阻 R 上的电压也增大。电阻 R 上的电压增量基本抵消了 U_i 的增量，所以输出电压 U_o 基本上可以保持不变，反之亦然。

2）电路元件的选择

稳压管的选择：稳压管的 I_Z 必须满足 $I_Z<I_{Zmax}$，稳压管的稳压值 U_Z 应等于负载所需电压 U_o（稳压管的稳定电压和稳定电流值可查晶体管手册）。多个稳压二极管也可串联使用，以获得较高的 U_o 值，但要注意稳压管不能并联使用。

限流电阻 R 的选择：若 R 的阻值太大，则会造成稳压管不能击穿而失去稳压作用；若 R 的阻值太小，则当负载较轻时（R_L 的阻值较大），可能会烧毁稳压管。

选择 R 的阻值有两个原则：

（1）当 U_i 最大而 I_L 最小时，R 应满足 $U_{imax}\leqslant U_o+R(I_{Zmax}+I_{Lmin})$；

（2）当 U_i 最小而 I_L 最大时，R 应满足 $U_{imin}\geqslant U_o+R(I_{Zmax}+I_{Lmin})$。

7.3 特殊二极管简介

除了普通二极管和稳压二极管，还有一些特殊二极管，如发光二极管、光电二极管、变容二极管等。下面分别予以简单介绍。

1. 发光二极管(LED)

发光二极管是一种能将电能转换成光能的特殊二极管，它的符号如图 7.8 所示。发光二极管的基本结构是一个 PN 结，通常是用元素周期表中Ⅲ、Ⅴ族元素的化合物如砷化镓、磷化镓等制成的。它的特性曲线和普通二极管相似，但正向导通电压一般为 1 V～2 V。当对管子施加正向电压时，会发出一定波长的可见光。其光谱范围比较窄，波长由所用材料决定。波长不同，颜色也就不同，常见的 LED 有红、绿、黄等颜色。发光二极管常用来作为显示器件，除单个使用外，也常作成七段式或矩阵式，其工作电流一般为几毫安至十几毫安。

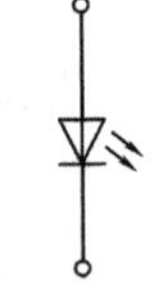

图 7.8　发光二极管的符号

2. 光电二极管

光电二极管在管壳上有一个玻璃窗口以便于接受光照，它的反向电流随着光照强度的增加而上升。图 7.9 是光电二极管的符号，其主要特点是反向电流与照度成正比。

图 7.9　光电二极管的符号

光电二极管可应用于光的测量。当制成大面积的光电二极管时，可作为一种能源，称为光电池。

3. 变容二极管

二极管存在着 PN 结电容。结电容的大小除了与二极管的结构和工艺有关外，还随反向电压的增加而减小。利用这种特性可制成变容二极管。

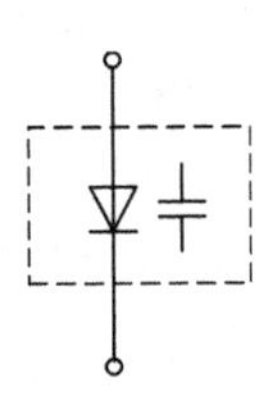

图 7.10　变容二极管的符号

图 7.10 所示为变容二极管的符号。不同型号的管子，

其电容的最大值为 5 pF～300 pF。最大电容与最小电容之比约为 5∶1。变容二极管在高频技术中应用较多。

习　题　7

1. 如题图 7.1 所示的各电路中，二极管为理想二极管。试分析二极管的工作状态，求出流过二极管的电流。

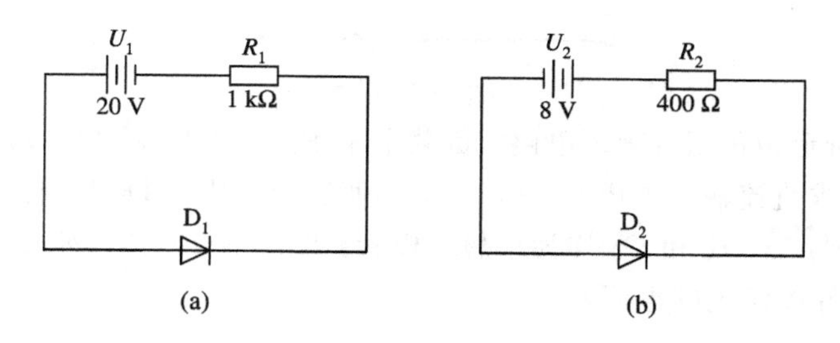

题图 7.1

2. 题图 7.2 中，D_1、D_2 都是理想二极管，求电阻 R 中的电流和电压 U。已知 $R=6\ \text{k}\Omega$，$U_1=6\ \text{V}$，$U_2=12\ \text{V}$。

3. 题图 7.3 中，D_1、D_2 均为理想二极管，直流电压 $U_1>U_2$，u_i、u_o 是交流电压信号的瞬时值。试求：

(1) 当 $u_i>U_1$ 时，u_o 的值；

(2) 当 $u_i<U_2$ 时，u_o 的值。

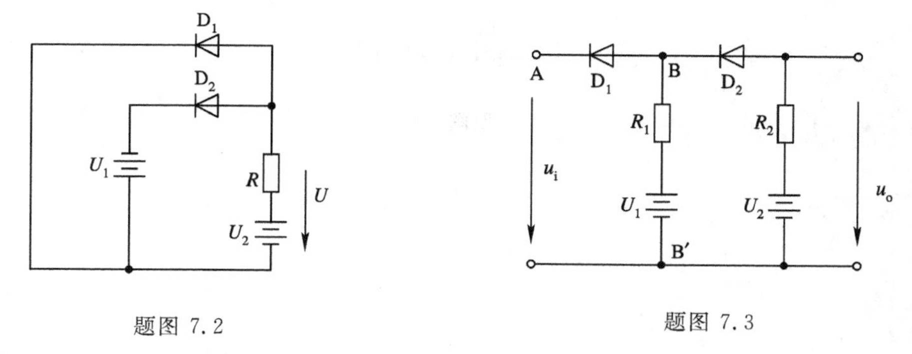

题图 7.2　　　　题图 7.3

4. 在题图 7.4 所示电路中，$U=5\ \text{V}$，$u_i=10\sin\omega t\ \text{V}$，D 为理想二极管，试画出电压 u_o 的波形。

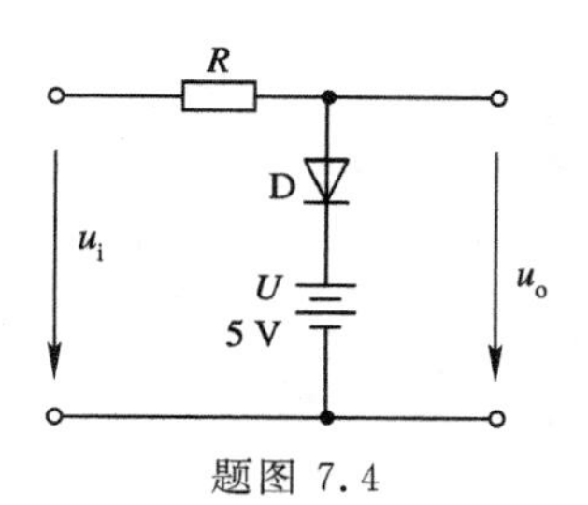

题图 7.4

5. 两个稳压管 D_{Z1} 和 D_{Z2} 的稳压值分别为 8.6 V 和 5.4 V，正向压降均为 0.6 V，设输入电压 U_i 和 R 满足稳压要求。

(1) 要得到 6 V 和 14 V 电压，试画出稳压电路；

(2) 若将两个稳压管串联连接，可有几种形式？各自的输出电压是多少？

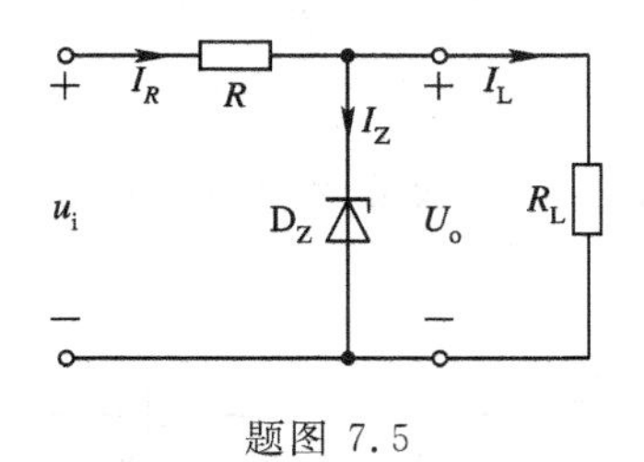

题图 7.5

6. 题图 7.5 所示为稳压管稳压电路。负载电阻 R_L 由开路变到 2 kΩ，输入电压 U_i 波动为±10%，若要求直流输出电压 U_o=12 V，如何选择稳压管 D_Z 和限流电阻 R。

7. 题图 7.6 中，若 D_A 和 D_B 均为理想二极管，R=1 kΩ，求下列几种情况下输出端 F 的电位 U_F 及各元件中流过的电流。

(1) $U_A=U_B=0$ V；

(2) $U_A=3$ V；$U_B=0$ V；

(3) $U_A=U_B=-3$ V。

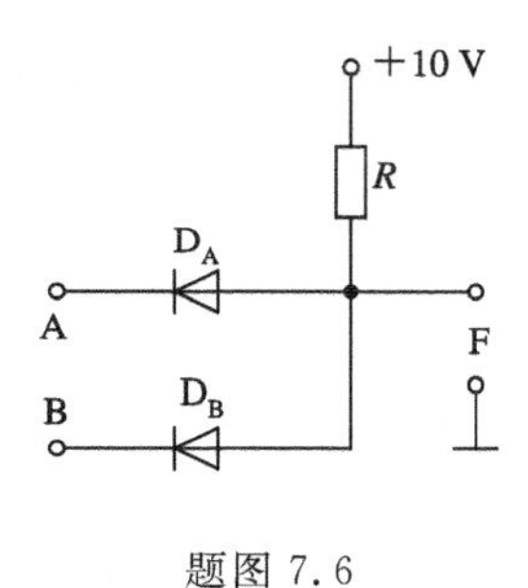

题图 7.6

第 8 章　半导体三极管及其基本放大电路

8.1　半导体三极管

8.1.1　半导体三极管的结构和符号

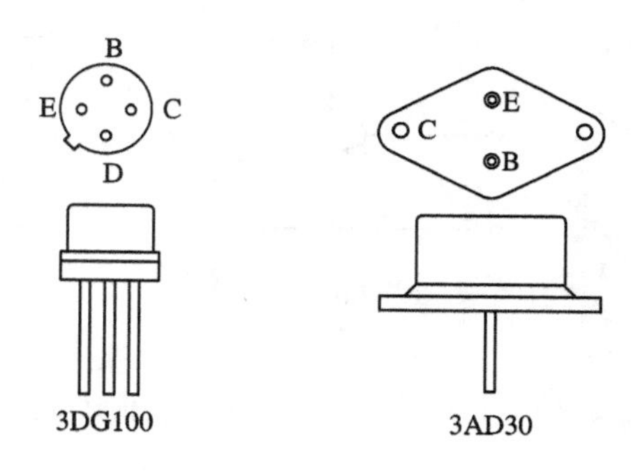

图 8.1　三极管的外型

半导体三极管又称晶体三极管，简称三极管，它是放大电路中的核心器件，其外型如图 8.1 所示，其结构和符号如图 8.2 所示。

从图 8.2(a)和(b)可看出，三极管有三个区，分别是发射区、基区和集电区；有两个 PN 结，分别是发射结、集电结；有三个电极，分别是发射极、基极和集电极。根据 PN 结的组合方式，可形成 NPN 型和 PNP 型三极管，对应的符号如图 8.2(c)和(d)所示，从发射极箭头的方向可判断出是 NPN 型或 PNP 型三极管。图中标注的电流方向，为发射结正偏、集电结反偏时电流的实际方向。需要说明的是：三个区的面积大小不一样，各有特殊作用，故发射极和集电极不能调换使用。

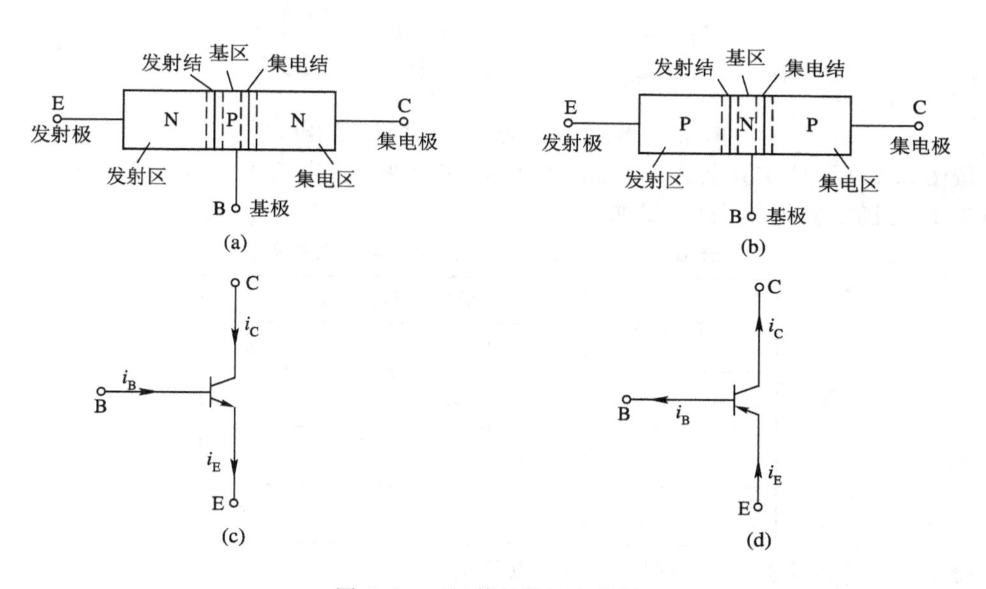

图 8.2　三极管的结构和符号

(a) NPN 型结构；(b) PNP 型结构；(c) NPN 型符号；(d) PNP 型符号

8.1.2 三极管的电流放大作用

三极管最重要的特性是具有电流放大作用。但要使三极管工作在放大状态，必须具备两个条件：一是必须以正确的连接方式将三极管接入输入/输出回路。按公共端的不同，可连接成三种基本组态：共发射极、共基极和共集电极，如图 8.3 所示。不同的连接方式，其特性存在较大差异。二是必须外加正确的直流偏置电压，即发射结正向偏置、集电结反向偏置。图 8.4 所示为共发射极电路，图中 $V_{CC}>V_{BB}$，三个电极的电位关系为 $U_C>U_B>U_E$。如果使用 PNP 型管，应将基极电源和集电极电源的极性反过来，使得 $U_C<U_B<U_E$，三个电流 I_B、I_C 和 I_E 的方向也要反过来。

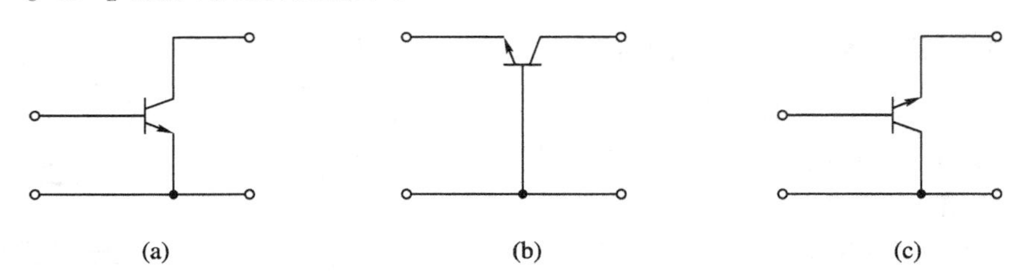

图 8.3 三极管的三种组态

(a) 共射极；(b) 共基极；(c) 共集电极

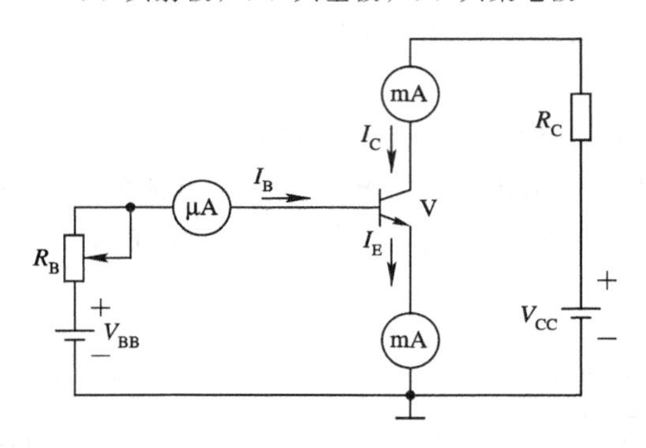

图 8.4 测试三极管电流放大作用的实验电路

按图 8.4 所示的实验电路，可通过改变 R_B 来改变基极电流 I_B，集电极电流 I_C 和发射极电流 I_E 也随之变化，测试结果如表 8.1 所示。

表 8.1 三极管电流放大实验测试数据

电流/mA	实验次数和测试数据			
	1	2	3	4
I_B	0	0.02	0.04	0.06
I_C	≈0	1.60	3.20	4.81
I_E	≈0	1.62	3.24	4.87

分析表 8.1 的实验测试数据，可得到以下结论：

(1) 三极管各电极电流的关系满足

$$I_E = I_B + I_C \tag{8.1}$$

且 I_B 很小，$I_C \approx I_E$。

(2) I_C 与 I_B 的比值基本保持不变，其大小由三极管的内部结构决定，定义该比值为共射极电路的直流电流放大倍数，用$\bar{\beta}$表示，即

$$\bar{\beta}=\frac{I_C}{I_B} \tag{8.2}$$

式(8.2)表明，当三极管工作在放大状态时，集电极电流始终是基极电流的$\bar{\beta}$倍。

(3) I_C 与 I_B 的变化量 ΔI_C 与 ΔI_B 的比值也基本保持不变，定义该比值为共射极电路的交流电流放大倍数，用 β 表示，即

$$\beta=\frac{\Delta I_C}{\Delta I_B} \tag{8.3}$$

从式(8.3)可知，当基极电流 I_B 有一微小变化 ΔI_B 时，集电极电流 I_C 将得到一个较大的变化 ΔI_C，且 β 远大于1，这表明三极管是一个电流控制元件，即基极电流 I_B 对集电极电流 I_C 的控制作用，也就是三极管的电流放大作用。

需要注意的是：当 $I_B=0$(基极开路)时，$I_C \neq 0$，而是有一微小电流值(硅管为 μA 级，锗管为 mA 级)，称为穿透电流，用 I_{CEO}表示。工程计算时，常忽略 I_{CEO}，故可认为 $\beta \approx \bar{\beta}$。

8.1.3 三极管的伏安特性曲线

通常用三极管的各极电流与电压之间的关系曲线来描述三极管的外部特性。输入回路的伏安关系用输入特性曲线来表示，输出回路的伏安关系用输出特性曲线来表示。特性曲线可通过实验测试或用晶体管图示仪获得。

1. 输入特性曲线

三极管的输入特性，是指当 U_{CE} 一定时，I_B 与 U_{BE} 之间的关系曲线，即 $I_B=f(U_{BE})|_{U_{CE}=常数}$，如图 8.5(a)所示。从图中可知，输入特性曲线和二极管正向特性曲线相似，硅管死区电压约为 0.5 V，锗管约为 0.1 V；硅管导通电压约为 0.60 V～0.7 V，锗管约为0.2 V～0.3 V；且当 U_{CE}增大时，输入特性曲线右移，但当 $U_{CE} \geqslant 2$ V 后曲线重合。

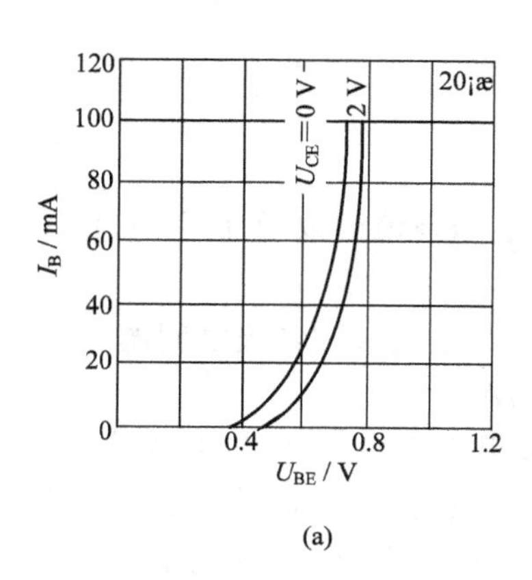

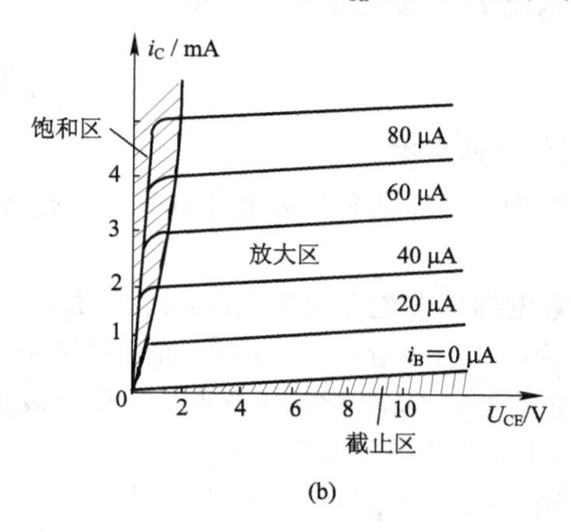

图 8.5 三极管共射极电路的特性曲线

(a) 输入特性曲线；(b) 输出特性曲线

2. 输出特性曲线

输出特性曲线，是指当 I_B 一定时，I_C 与 U_{CE}之间的关系曲线，即 $I_C=f(U_{CE})|_{I_B=常数}$。由于三极管的基极输入电流 I_B 对输出电流 I_C 的控制作用，因此不同的基极电流 I_B，将会有不同的 I_C-U_{CE}关系，由此得到图 8.5(b)所示的一簇曲线，这就是三极管的输出特性曲线。

从输出特性曲线可以看出，三极管有三个不同的工作区域，放大区、饱和区和截止区，它们分别表示三极管的三种工作状态。三极管工作在不同区域，特点也各不相同。

(1) 放大区：指曲线上 $I_B>0$ 和 $U_{CE}>1$ V 之间的部分，此时发射结正偏、集电结反偏，三极管处于放大状态。其特征是当 I_B 不变时 I_C 也基本不变，即具有恒流特性；当 I_B 变化时，I_C 也随之变化，$I_C=\beta I_B$，这就是三极管的电流放大作用。

(2) 截止区：指曲线上 $I_B\leqslant 0$ 的区域，此时发射结反偏，三极管为截止状态，I_C 很小，集电极与发射极间相当于开路，三极管相当于断开的开关。

(3) 饱和区：指曲线上 $U_{CE}\leqslant U_{BE}$的区域，此时 I_C 与 I_B 无对应关系，集电极与发射极之间的压降称为饱和电压，用 U_{CES}表示。硅管的 U_{CES}约为 0.3 V，锗管的 U_{CES}约为 0.1 V。三极管相当于闭合的开关。饱和时的集电极电流 I_C 称为临界饱和电流，用 I_{CS}表示，大小为

$$I_{CS}=\frac{V_{CC}-U_{CES}}{R_C}\approx\frac{V_{CC}}{R_C} \tag{8.4}$$

从以上分析可知，三极管交替工作在饱和区与截止区时，其 C、E 间相当于一个开关，饱和时闭合，截止时断开，该特性称为三极管的“开关特性”，在数字电路中应用广泛。

8.1.4 三极管的主要参数

三极管的参数很多，其主要参数有以下几个。

1. 电流放大倍数

共射极电流放大倍数为 β，共基极电流放大倍数为 α。α 定义为集电极电流 I_C 的变化量与发射极电流 I_E 的变化量之比，即

$$\alpha=\frac{\Delta I_C}{\Delta I_E} \tag{8.5}$$

2. 极间反向电流

极间反向电流是表征三极管工作稳定性的参数。当环境温度增加时，极间反向电流会增大。

(1) 集电结反向饱和电流 I_{CBO}：指发射极开路时，集电极和基极之间的电流。室温下，小功率硅管的 I_{CBO}一般小于 1 μA，而锗管约为 10 μA。

(2) 穿透电流 I_{CEO}：指基极开路时，集电极和发射极之间的电流。因为 $I_{CEO}=(1+\beta)\cdot I_{CBO}$，所以 I_{CEO}比 I_{CBO}大得多，因 β、I_{CBO}和 I_{CEO}会随着温度的升高而变大，故在稳定性要求较高的电路中或环境温度变化较大的时候，应该选用受温度影响小的硅管。

3. 极限参数

极限参数是表征三极管能够安全工作的临界条件，也是选择管子的依据。

(1) 集电极最大允许电流 I_{CM}：指当集电极电流 I_C 增大到一定程度，β 出现明显下降时的 I_C 值。如果三极管在使用中出现集电极电流大于 I_{CM}，这时管子不一定会损坏，但它的性能将明显下降。

(2) 集电极最大允许功耗 P_{CM}：三极管工作时，应使集电极功率损耗 $U_{CE}I_C \leqslant P_{CM}$，若集电极功耗超过 P_{CM}，集电结的结温大大升高，严重时管子将被烧坏。

(3) 反向击穿电压：$U_{(BR)CEO}$ 为基极开路时，集电结不致击穿而允许加在集—射极之间的最高电压；$U_{(BR)CBO}$ 为发射极开路时，集电结不致击穿而允许加在集—基极之间的最高电压；$U_{(BR)EBO}$ 为集电极开路时，发射结不致击穿而允许加在射—基极之间的最高电压。这些参数的大小关系为 $U_{(BR)CBO} > U_{(BR)CEO} > U_{(BR)EBO}$。

根据以上三个极限参数 I_{CM}、P_{CM} 和 $U_{(BR)CEO}$ 可以确定三极管的安全工作区，如图 8.6 所示。这是一条双曲线，曲线左侧所包围面积内三极管集电极的功耗小于 P_{CM}，故称为安全工作区；右侧集电极的功耗则大于 P_{CM}，故称为过损耗区。

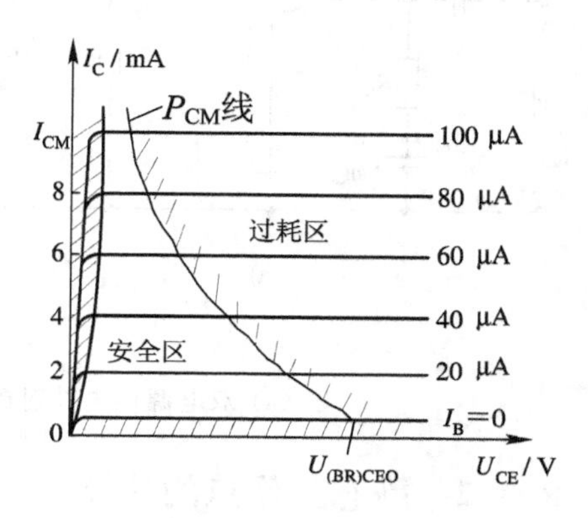

图 8.6　三极管的安全工作区

8.2　基本放大电路分析

放大电路又称放大器，是电子设备中的核心部分，其主要作用是对输入的信号进行放大，从而推动负载工作。所谓放大，实质上就是将直流电源的能量转化为具有一定大小、且随着输入信号变化而变化的输出信号。可以讲，放大器是一个能量转换器。

放大电路分为共发射极放大电路、共集电极放大电路和共基极放大电路三种基本形式。本节以应用广泛的共发射极放大电路为例，讨论放大电路的组成和静态工作点的设置。

8.2.1　基本放大电路的组成

图 8.7(a)所示为双电源供电的共射极放大电路，V 是一个 NPN 型三极管，作用是放大电流；V_{CC} 是输出回路的电源，作用是为输出信号提供能量；R_C 是集电极负载电阻，作用是把电流的变化转换成电压的变化；基极电源 V_{BB} 和基极偏置电阻 R_B 的作用是为发射结提供正向偏置电压和合适的基极电流 I_B；C_1、C_2 称为隔直电容，作用是隔直流、通交流信号。图 8.7(b)为单电源供电的共射极放大电路，只要 $R_B \gg R_C$，单电源就可代替双电源的作用。

为了使三极管工作在放大状态，首先必须保证发射结为正向偏置，集电结为反向偏置；其次为了保证放大电路能尽可能不失真地放大交流信号，必须在静态($u_i = 0$)时，三极管的各极都有一个合适的工作电压和电流，即给放大器设置一个合适的静态工作点。

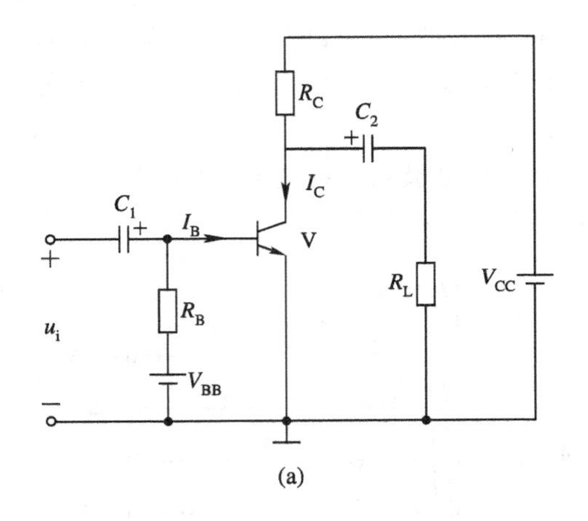

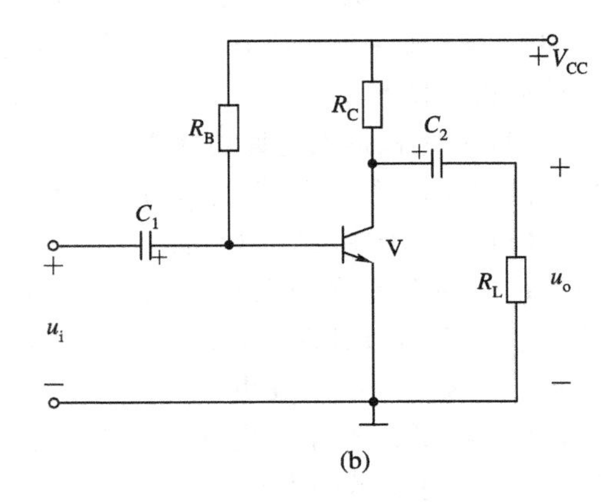

图 8.7　共射极基本放大电路

(a) 双电源供电共射极放大电路；(b) 单电源供电共射极放大电路

8.2.2　静态工作点的估算

静态工作点是指静态时，在晶体管的输出特性曲线上，由 I_B、I_C 和 U_{CE} 组成的一个点，记为 Q 点，其坐标分别记为 I_{BQ}、I_{CQ} 和 U_{CEQ}，如图 8.8 所示。

计算 Q 点坐标时可先画出放大电路的直流通路，即让 C_1、C_2 开路，如图 8.9 所示，然后列出输入和输出回路电压方程，即可估算出 I_{BQ}、I_{CQ} 和 U_{CEQ}。

由图 8.9 知，基极回路电压方程为

$$V_{CC} = R_B I_{BQ} + U_{BE}$$

考虑到管压降 U_{BE} 很小可以忽略，得到

$$I_{BQ} = \frac{V_{CC} - U_{BE}}{R_B} \approx \frac{V_{CC}}{R_B} \tag{8.6}$$

$$I_{CQ} = \beta I_{BQ} \tag{8.7}$$

集电极回路电压方程为

$$U_{CEQ} = V_{CC} - I_{CQ} R_C \tag{8.8}$$

以上是计算放大电路静态工作点的估算法，它的优点是计算简单；缺点是不直观，无法直观地判断 Q 点的位置是否合适。

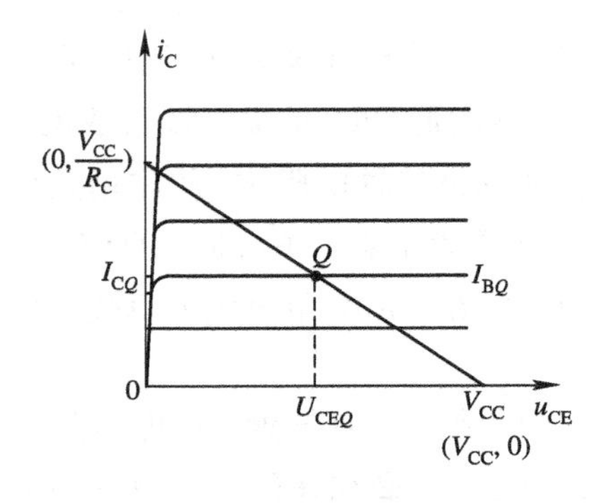

图 8.8　静态工作点

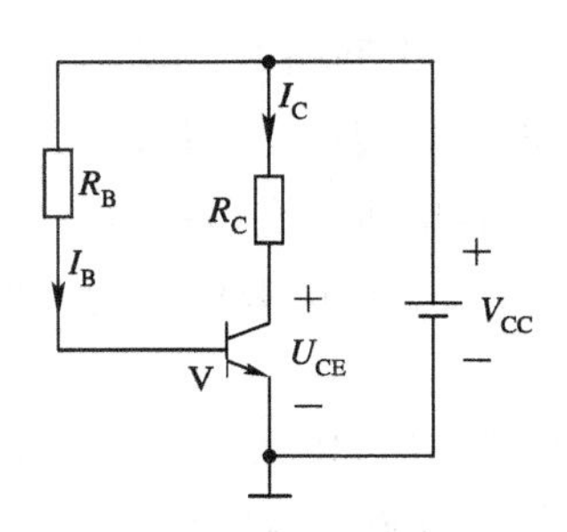

图 8.9　共射极放大电路的直流通路

8.2.3 放大电路的图解法分析

图解分析是指已知电路参数 R_B、R_C 和 V_{CC}，以及晶体管的输入、输出特性曲线，利用作图的方法分析放大电路的工作情况。

1. 静态分析

静态分析的任务是确定 Q 点的 I_{BQ}、I_{CQ}和 U_{CEQ}。方法是利用式(8.6)求出 I_{BQ}，然后在晶体管输出特性曲线上，作出与 R_C 和 V_{CC}支路的电压方程 $U_{CE}=V_{CC}-I_CR_C$所对应的直线，该电压方程称为直流负载线方程，对应的直线称为直流负载线。直流负载线与对应 I_{BQ}值的输出特性曲线的交点即为 Q 点。

具体做法是：选取两个特殊点，当 $U_{CE}=0$ 时，$I_C=V_{CC}/R_C$，它对应于纵轴上的一个点$(0, V_{CC}/R_C)$；当 $I_C=0$ 时，$U_{CE}=V_{CC}$，它对应于横轴上的一个点$(V_{CC}, 0)$。连接这两点的直线即为直流负载线，其斜率为$-1/R_C$，如图 8.8 所示。

2. 动态分析

放大器输入端加入信号时，电路的工作状态称为动态。动态分析的任务是分析放大器的动态工作情况，计算电压放大倍数。首先要画出放大电路的交流通路。交流通路的作法是将 C_1、C_2 短路，由于电源内阻较小可忽略，因而可将电源对地短路，如图 8.10 所示。

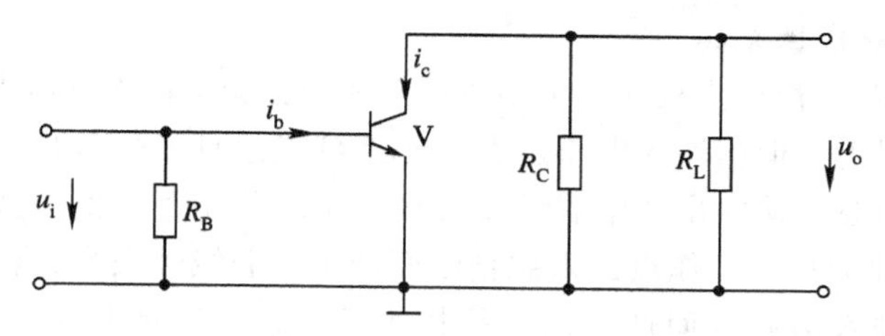

图 8.10 放大电路的交流通路

1) 动态工作情况

放大器的动态工作情况如图 8.11 所示。

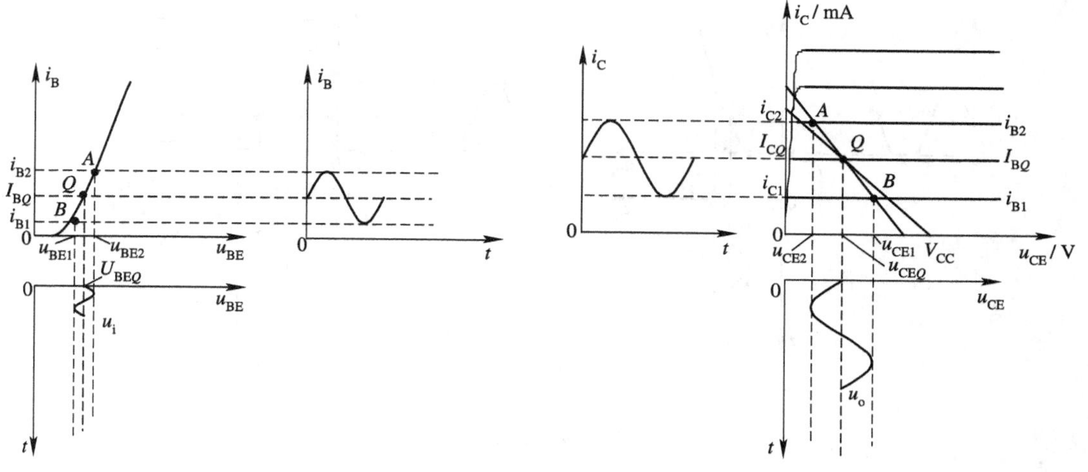

图 8.11 放大器的动态工作情况

图中文字符号的含义是：

(1) 小写的字母和小写的下角标，表示瞬时值，如 i_b、i_c、u_{be}、u_{ce}、u_o 等。

(2) 大写的字母和大写的下角标，表示直流量，如 I_B、I_C、U_{BE}、U_{CE}等。

(3) 大写的字母和小写的下角标，表示交流量的有效值，如 U_i、U_o 等。

(4) 小写的字母和大写的下角标，表示交流量和直流量的叠加总量，如 $i_B=I_B+i_b$，$i_C=I_C+i_c$，$u_{CE}=U_{CE}+u_{ce}$，$u_{BE}=U_{BE}+u_{be}$。

从图 8.11 可以看出，当 $u_i=0$(静态)时，$u_{BE}=U_{BEQ}$，$i_B=I_{BQ}$，输入回路的工作点位于 Q 点；当 u_i 以正弦变化时，u_{BE}随之变化，波形与 u_i 相同，其结果使得输入回路的工作点 Q 沿着输入特性曲线上下移动。

在输出特性曲线上，可利用直流负载线作出交流负载线。交流负载线是动态时输出回路工作点的运动轨迹，作法是过 Q 点作斜率为 $-1/(R_C /\!/ R_L)$ 的直线，该直线即为交流负载线。i_B 变化引起 i_C、u_{CE}的变化，但 i_c 和 i_b 同波形同相位，而 u_{ce}与 i_b 同波形却反相，即 u_o 与 u_i 反相，这表明共射极放大电路的输入电压和输出电压反相。

2) 电压放大倍数

利用图 8.11 中的 u_i 和 u_o 幅值，可以求出电压放大倍数 A_u：

$$A_u=\frac{u_o}{u_i}=\frac{\Delta U_o}{\Delta U_i} \tag{8.9}$$

3) 放大电路的非线性失真

从图 8.11 可看出，若 Q 点处于交流负载线的中点附近，输入电压大小合适，则放大器就能不失真地放大信号。但当输入电压过大，或者 Q 点过低、过高时，动态工作点在变化中就可能进入非线性区，使输出产生非线性失真，该失真分为截止失真和饱和失真。截止失真是由于 Q 点过低，动态工作点进入截止区而产生的非线性失真；饱和失真是由于 Q 点过高，动态工作点进入饱和区而产生的非线性失真。截止失真和饱和失真时的波形如图 8.12 和图 8.13 所示。

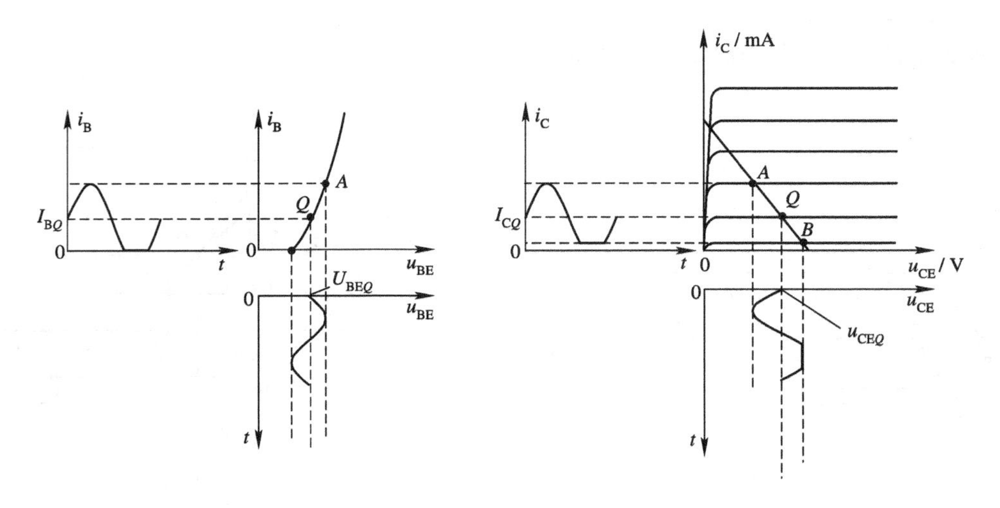

图 8.12　截止失真

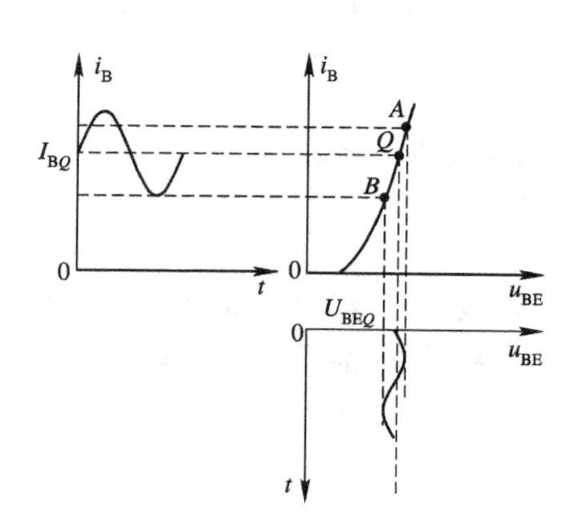

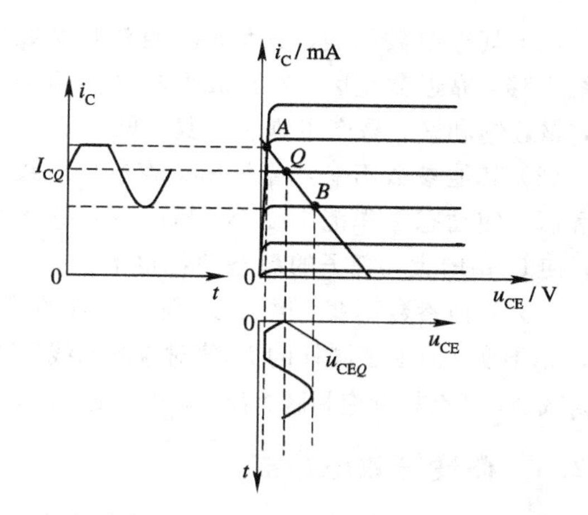

图 8.13 饱和失真

4）放大电路的参数对静态工作点的影响

在共射极基本放大电路中，当 V_{CC}、R_B、R_C 及 β 发生变化时，Q 点的位置也将随之改变。下面分别进行讨论。

（1）在其他参数保持不变时，V_{CC} 升高，则直流负载线平行右移，Q 点将移向右上方，此时交流负载线也将平行右移，放大电路的动态工作范围增大，但由于 I_{CQ}、U_{CEQ} 同时增大，使三极管的静态功耗变大，应防止工作点超出三极管安全工作区的范围。反之，若 V_{CC} 减小，则 Q 点向左下方移动，管子更加安全，但动态工作范围将缩小，见图 8.14(a)。

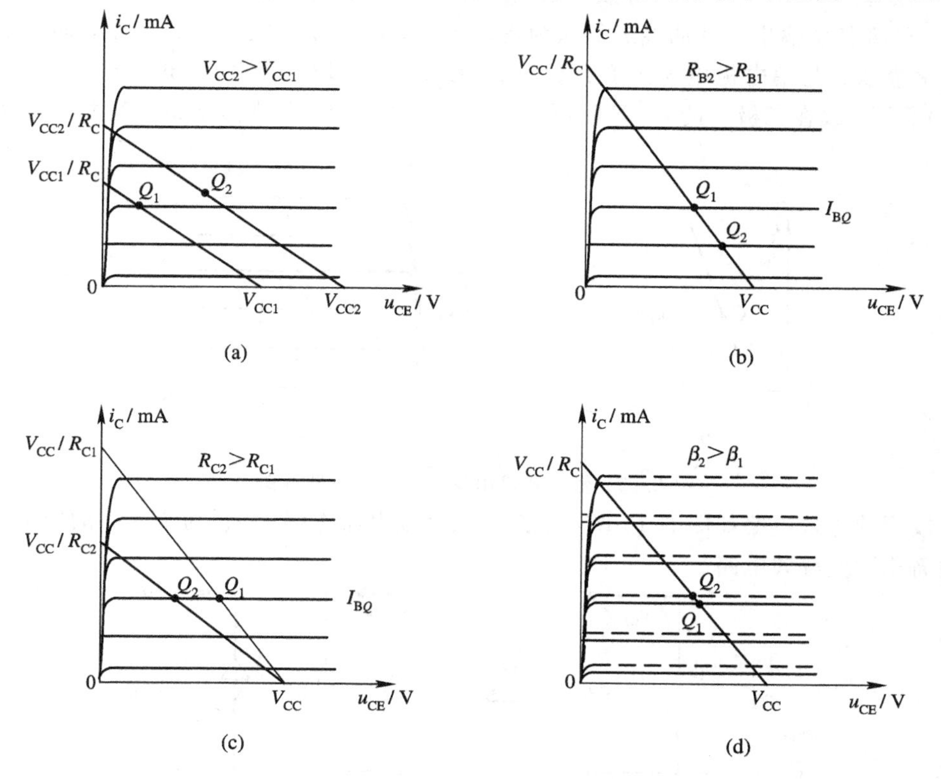

图 8.14 放大电路的参数对静态工作点的影响

（2）其他参数不变，增大 R_B，直流负载线的位置不变，但因 I_{BQ}减小，故 Q 点沿直流负载线下移，靠近截止区，输出波形易产生截止失真。若 R_B 减小，则 Q 点沿直流负载线上移，靠近饱和区，易产生饱和失真，见图 8.14(b)。

（3）其他参数不变，增大 R_C，直流负载线要比原来更平坦，因 I_{BQ}不变，故 Q 点将移近饱和区，使动态工作范围变小，易于发生饱和失真。若 R_C 减小，直流负载线变陡，Q 点右移，使 U_{CEQ}增大，管子的静态功耗也增大，见图 8.14(c)。

（4）其他参数不变，增大 β，则三极管的输出特性曲线如虚线所示，此时直流负载线不变，I_{BQ}不变，但由于同样的 I_{BQ}值对应的曲线升高，故 Q 点将沿着直流负载线上移，则 I_{CQ}增大，U_{CEQ}减小，Q 点靠近饱和区。若 β 减小，则 I_{CQ}减小，Q 点将沿直流负载线下移，见图 8.14(d)。

8.2.4 微变等效电路法

微变等效电路法是解决放大元件非线性问题的另一种常用方法，其实质是在信号变化范围很小(微变)的前提下，可认为三极管电压、电流之间的关系基本上是线性的，这样就可用一个线性等效电路来代替非线性的三极管，将放大电路转化成线性电路。

1. 简化的等效电路

所谓等效，就是替代前后电路的伏安关系不变。

由于三极管输入、输出端的伏安关系可用其输入、输出特性曲线来表示，因此在输入特性放大区 Q 点附近，其特性曲线近似为一段直线，即 Δi_B与 Δu_{BE}成正比，如图 8.15(a)所示。故三极管的 B、E 间可用一等效电阻 r_{be}来代替。从输出特性看，在 Q 点附近的一个小范围内，可将各条输出特性曲线近似认为是水平的，而且相互之间平行等距，即集电极电流的变化量 Δi_C 与集电极电压的变化量 Δu_{CE}无关，而仅取决于 Δi_B，即 $\Delta i_C = \beta\Delta i_B$，如图 8.15(b)所示。故在三极管的 C、E 间可用一个线性的受控电流源来等效，其大小为 $\beta\Delta i_B$。

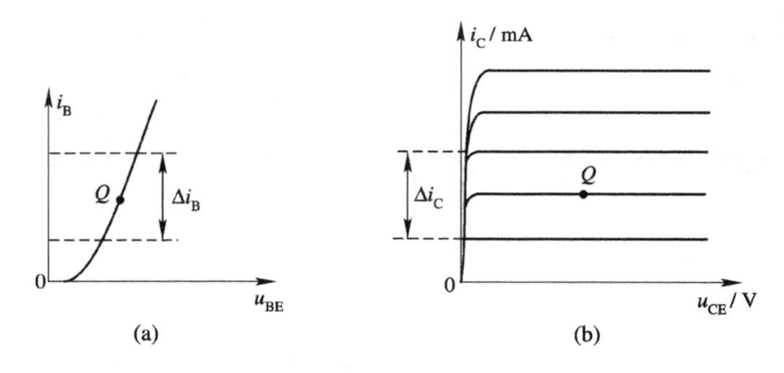

图 8.15　输入和输出特性曲线的线性近似

三极管的等效电路如图 8.16 所示。由于该等效电路忽略了 u_{CE}对 i_B、i_C 的影响，因此又称为简化微变等效电路。

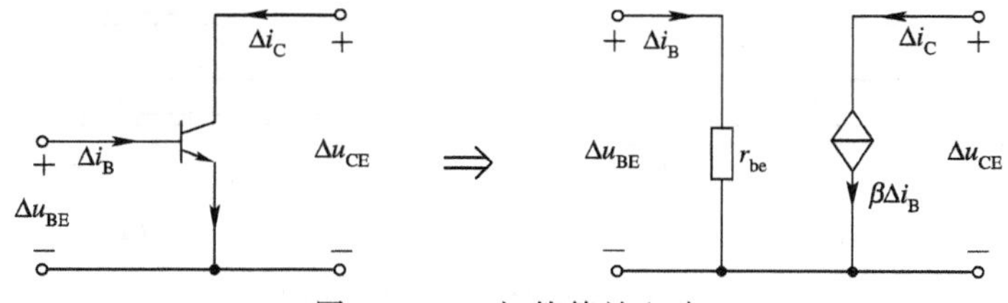

图 8.16　三极管等效电路

2. r_{be}的近似计算公式

r_{be}称为三极管的输入电阻，在中低频时，它的大小近似为

$$r_{be} = 300 + (1+\beta)\frac{26(\text{mV})}{I_{EQ}(\text{mA})} \tag{8.10}$$

3. R_i、R_o 和 $\dot{A}_u$ 的计算

动态分析的目的是为了确定放大电路的输入电阻 R_i、输出电阻 R_o 和电压放大倍数 $\dot{A}_u$。其方法是：先画出交流通路，图 8.7(b)的交流通路如图 8.10 所示；然后根据交流通路画出微变等效电路，图 8.10 所对应的微变等效电路如图 8.17 所示。

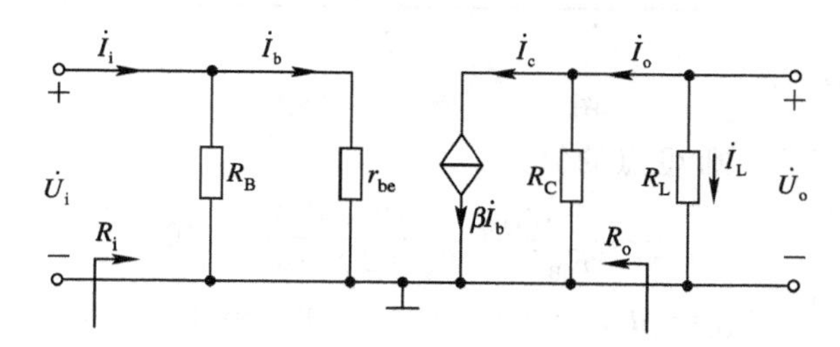

图 8.17　微变等效电路

由微变等效电路可求出 R_i、R_o 和 $\dot{A}_u$。

因为

$$\dot{U}_i = \dot{I}_b r_{be}, \quad \dot{I}_c = \beta\dot{I}_b$$

$$\dot{U}_o = -\dot{I}_c R_L' = -\beta\dot{I}_b R_L'$$

其中

$$R_L' = R_L /\!/ R_C$$

放大倍数

$$\dot{A}_u = \frac{\dot{U}_o}{\dot{U}_i} = \frac{-\beta\dot{I}_b R_L'}{\dot{I}_b r_{be}} = -\beta\frac{R_L'}{r_{be}} \tag{8.11}$$

式中的负号表示输出电压与输入电压反相。从式中可看出，提高电压放大倍数一种有效的办法是增大负载电阻 R_L'。

输入电阻

$$R_i = \frac{\dot{U}_i}{\dot{I}_i} = r_{be} /\!/ R_B \tag{8.12}$$

输入电阻 R_i 的大小是衡量放大电路性能的参数之一，R_i 越大，表示放大电路从信号源汲取信号的能力越强。

输出电阻

$$R_o = \frac{\dot{U}_o}{\dot{I}_o} = R_C \tag{8.13}$$

输出电阻 R_o 的大小是衡量放大电路性能的又一重要参数，R_o 越小，表示放大电路的输出端带负载的能力越强。

总体来讲，要使放大电路有较好的性能，放大电路应有较大的 $\dot{A}_u$ 和 R_i 以及较小的 R_o。

例 8.1 在图 8.18 所示的共射极基本放大电路中，已知 $\beta=80$，$R_B=282\ \text{k}\Omega$，$R_C=R_L=1.5\ \text{k}\Omega$，$V_{CC}=12\ \text{V}$。试求 Q 点和 $\dot{A}_u$、R_i、R_o 的值。若 $U_i=10\sqrt{2}\ \text{mV}$，$U_o$ 为多少？

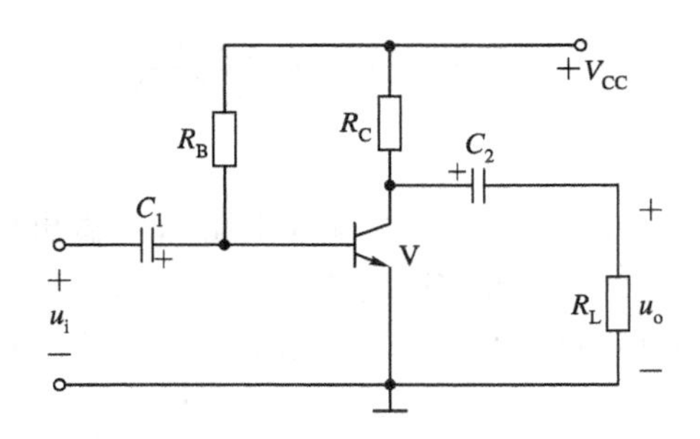

图 8.18 例 8.1 电路图

解 设 $U_{BEQ}=0.7\ \text{V}$，则 Q 点的值为

$$I_{BQ}=\frac{V_{CC}-U_{BEQ}}{R_B}=\frac{12-0.7}{282\times10^3}=40\ \mu\text{A}$$

$$I_{CQ}=\beta I_{BQ}=80\times40\times0.001=3.2\ \text{mA}$$

$$U_{CEQ}=V_{CC}-I_{CQ}R_C=12-3.2\times1.5=7.2\ \text{V}$$

由于

$$I_{EQ}=I_{CQ}+I_{BQ}=3.2+0.04=3.24\ \text{mA}$$

因此

$$r_{be}=300+(1+\beta)\frac{26}{I_{EQ}}=300+(1+80)\frac{26}{3.24}=950\ \Omega$$

$$\dot{A}_u=-\frac{\beta R_L'}{r_{be}}=-\frac{80(1.5\ /\!/\ 1.5)}{0.95}=-63$$

$$R_i=R_B\ /\!/\ r_{be}=282\ /\!/\ 0.95\approx0.95\ \text{k}\Omega$$

$$R_o=R_C=1.5\ \text{k}\Omega$$

则

$$\dot{U}_o=\dot{A}_u\dot{U}_i=-63\times10\sqrt{2}=-890\ \text{mV}=-0.89\ \text{V}$$

8.3 静态工作点的稳定与分压式偏置电路

三极管是一种对温度十分敏感的元件。温度变化主要影响管子的 U_{BE}、I_B、I_{CBO}、β 等参数。温度升高时，β、I_{CBO} 和 U_{BE} 的变化都会使 I_{CQ} 增加，从而使 Q 点向上移动。如果温度降低，则将使 I_{CQ} 减小，Q 点向下移动。当 Q 点变动太大时，有可能使输出信号出现失真。所以，在实际工作中，必须采取措施稳定静态工作点，使放大器能正常工作。图 8.19 显示了因温度变化(用 T_1，T_2 表示)导致 U_{BE} 的变化对 Q 点的

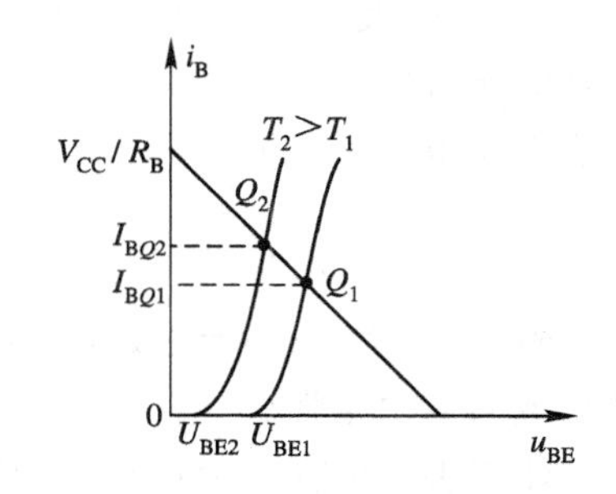

图 8.19 U_{BE} 对 Q 点的影响

影响。

1. 电路

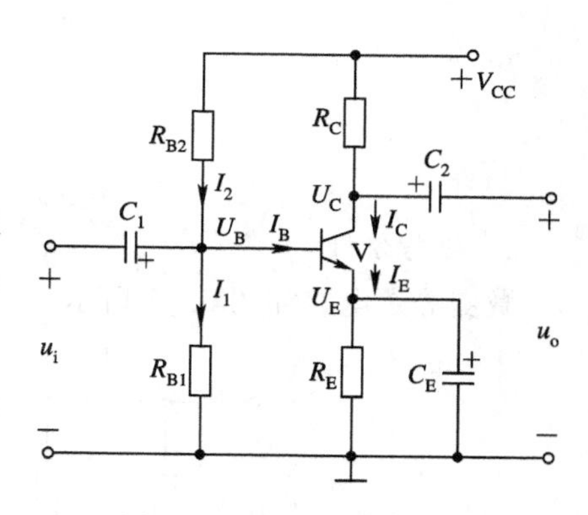

图 8.20　分压式偏置电路

分压式偏置电路如图 8.20 所示。

其工作原理如下：

(1) 利用基极电阻 R_{B1}、R_{B2} 分压来保持基极电位 U_B 基本不变，设计时要使 I_B 远小于 I_1，让 $I_1 \approx I_2$。即

$$U_B = \frac{R_{B1}}{R_{B1} + R_{B2}} V_{CC} \tag{8.14}$$

当 $U_B \gg U_{BE}$ 时，有

$$I_E = \frac{U_B - U_{BE}}{R_E} \approx \frac{U_B}{R_E} \tag{8.15}$$

显然 $I_{CQ} \approx I_E$ 是固定不变的，与晶体三极管的 I_{CBO} 和 β 无关。

(2) 利用 R_E 形成电流负反馈，控制 I_C。

当 I_C 随着温度 T 的升高而增大时，利用 R_E 形成电流负反馈，维持 I_C 基本不变，其过程如下：

$T(℃)\uparrow \rightarrow I_C \uparrow \rightarrow I_E \uparrow \rightarrow U_E \uparrow \rightarrow U_{BE} = (U_B - U_E)\downarrow$（因 U_B 固定）$\rightarrow I_B \downarrow \rightarrow I_C \downarrow$

故此电路也称为电流负反馈工作点稳定电路。

(3) 稳定条件：从稳定工作点的效果看，I_1 和 U_B 应越大越好。但在实际应用中，它们要受到其他因素的限制。I_1 大，电路从电源吸取的功率也必然大，且要减小 R_{B1} 和 R_{B2}，这将使输入电阻 R_i 减小；U_B 大，必然使 U_E 增大，U_{CE} 就要减小，即最大输出电压幅度减小。通常可采用下列经验数据：

$$I_1 = (5 \sim 10) I_B,\quad U_B = 3\ \text{V} \sim 5\ \text{V}（硅管）$$

$$I_1 = (10 \sim 20) I_B,\quad U_B = 1\ \text{V} \sim 3\ \text{V}（锗管）$$

利用这两组经验数据来选择电路参数，就可基本满足稳定静态工作点的要求。

(4) C_E 的作用：如果没有电容 C_E，则 R_E 不仅对直流有负反馈作用，而且对交流信号也有负反馈作用，这将使输出信号变小，电压放大倍数降低。为了消除 R_E 上的交流压降，可并联上一个大的电容 C_E。其作用是对交流旁路，即对交流信号，R_E 被 C_E 短路，使 R_E 不对交流信号产生反馈，故称 C_E 为射极交流旁路电容。

2. 电路的分析计算

1) 静态分析

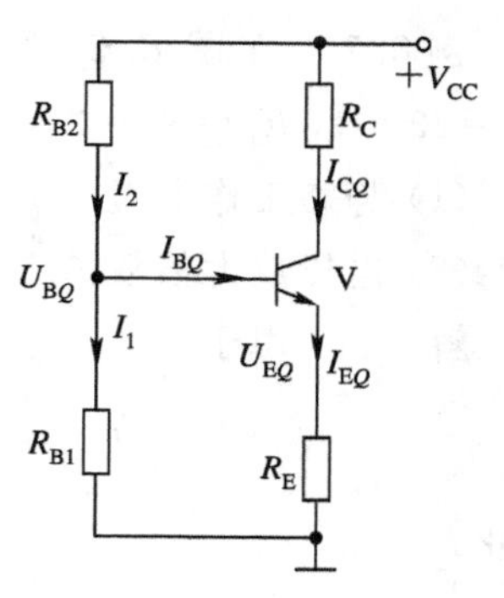

图 8.21　直流通路

先画出直流通路，如图 8.21 所示。

设 $I_1 \approx I_2$，$I_1 \gg I_{BQ}$，则

$$U_{BQ} \approx \frac{R_{B1}}{R_{B1} + R_{B2}} V_{CC}$$

$$I_{EQ} = \frac{U_{EQ}}{R_E} = \frac{U_{BQ} - U_{BEQ}}{R_E}$$

一般情况下，

$$I_{CQ} \approx I_{EQ} = \frac{U_{BQ} - U_{BEQ}}{R_E}$$

$$I_{BQ} \approx \frac{I_{CQ}}{\beta}$$

$$U_{CEQ} = V_{CC} - I_{CQ}R_C - I_{EQ}R_E$$

2）动态分析

微变等效电路如图 8.22 所示。

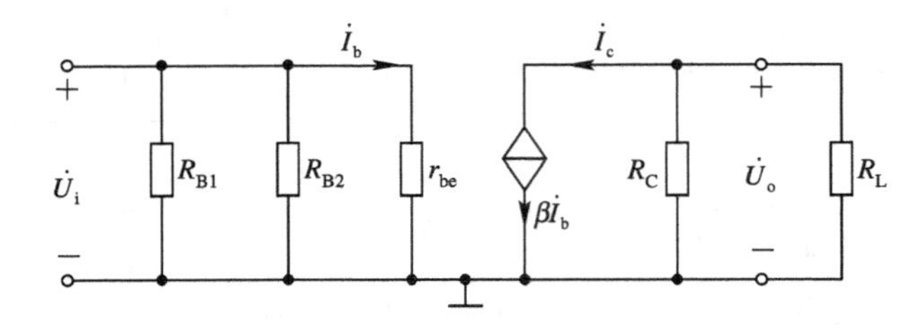

图 8.22　微变等效电路

由微变等效电路知

$$\dot{U}_i = \dot{I}_b r_{be}$$

$$\dot{U}_o = -\dot{I}_c R_L' = -\beta\dot{I}_b R_L'$$

其中

$$R_L' = R_C // R_L$$

则电压放大倍数为

$$\dot{A}_u = \frac{\dot{U}_o}{\dot{U}_i} = \frac{-\beta\dot{I}_b R_L'}{\dot{I}_b r_{be}} = -\frac{\beta R_L'}{r_{be}} \tag{8.16}$$

放大电路的输入电阻为

$$R_i = \frac{\dot{U}_i}{\dot{I}_i} = r_{be} // R_{B1} // R_{B2}$$

放大电路的输出电阻为

$$R_o = \frac{\dot{U}_o}{\dot{I}_o} = R_C$$

例 8.2　在图 8.20 所示的放大电路中，已知 $V_{CC} = 12$ V，$\beta = 50$，$R_{B1} = 10$ kΩ，$R_{B2} = 20$ kΩ，$R_E = R_C = 2$ kΩ，$R_L = 4$ kΩ。求：

（1）静态工作点 Q。

（2）电压放大倍数 $\dot{A}_u$、输出电阻 R_o、输入电阻 R_i。

解　（1）由于

$$U_{BQ} = \frac{R_{B1}}{R_{B1} + R_{B2}} \times V_{CC} = \frac{10}{10 + 20} \times 12 = 4 \text{ V}$$

因此

$$I_{CQ} = I_{EQ} = \frac{U_{BQ} - U_{BEQ}}{R_E} = \frac{4 - 0.7}{2} = 1.65 \text{ mA}$$

$$I_{BQ} = \frac{I_{CQ}}{\beta} = \frac{1.65}{50} = 0.033\ \text{mA} = 33\ \mu\text{A}$$

$$U_{CEQ} = V_{CC} - I_{CQ}(R_C + R_E) = 12 - 1.65 \times (2+2) = 5.4\ \text{V}$$

（2）由于

$$R_L' = R_C // R_L = 2 // 4 = 1.33\ \text{k}\Omega$$

$$r_{be} = 300 + (1+\beta) \times \frac{26}{I_{EQ}} = 300 + 51 \times \frac{26}{1.65} = 1.1\ \text{k}\Omega$$

因此

$$\dot{A}_u = -\frac{\beta R_L'}{r_{be}} = -\frac{50 \times 1.33}{1.1} = -60.5$$

$$R_i = R_{B1} // R_{B2} // r_{be} = 20 // 1.1 // 10 = 0.95\ \text{k}\Omega$$

$$R_o = R_C = 2\ \text{k}\Omega$$

从以上的分析和计算结果可知，共发射极电路具有较高的电压放大倍数和电流放大倍数，同时输入电阻和输出电阻大小适中。所以只要对输入电阻、输出电阻没有特殊要求，共发射极电路就可广泛地用作低频放大器的输入级、中间级和功率输出级。

8.4 共集电极放大电路

8.4.1 共集电极放大电路的组成

图 8.23 所示为共集电极放大电路，图 8.24 所示为其直流通路，图 8.25(a)所示为其交流通路。从其交流通路可明显地看出输入回路和输出回路的公共端是集电极。因负载接在射极和地之间，输出电压从发射极引出，故又称为射极输出器。

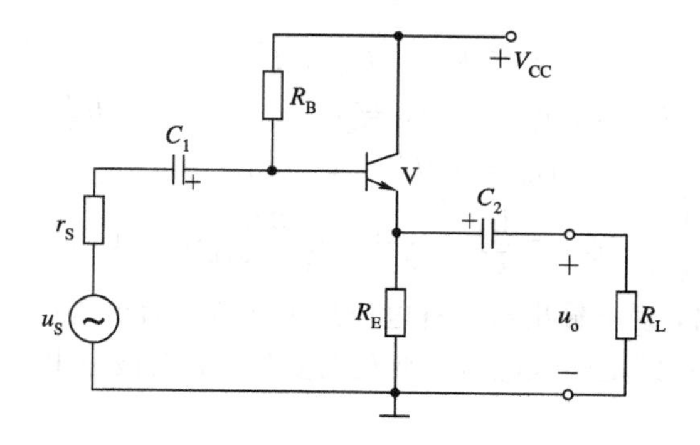

图 8.23 共集电极放大电路

8.4.2 共集电极放大电路的分析

1. 静态分析

共集电极放大电路的直流通路如图 8.24 所示。

列出基极回路电压方程：

$$I_{BQ}R_B + U_{BEQ} + I_{EQ}R_E = V_{CC}$$

$$I_{BQ} = \frac{V_{CC} - U_{BEQ}}{R_B + (1+\beta)R_E}$$

$$I_{CQ} = \beta I_{BQ}$$

$$U_{CEQ} = V_{CC} - I_{EQ}R_E \approx V_{CC} - I_{CQ}R_E$$

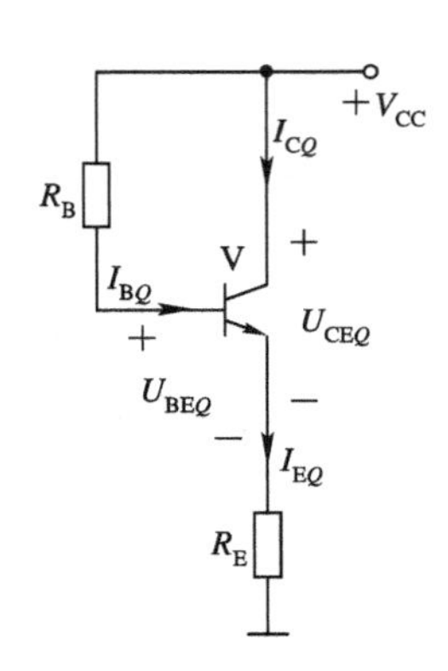

图 8.24　共集极放大电路的直流通路

2. 动态分析

共集电极放大电路的交流通路和微变等效电路如图8.25(a)、(b)所示。

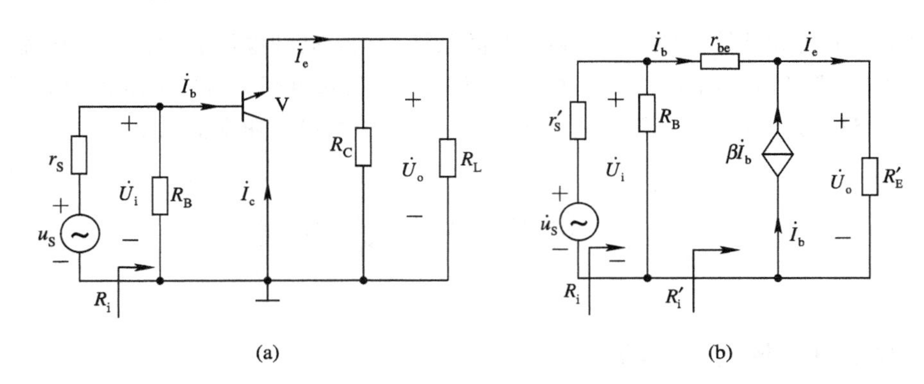

图 8.25　共集电极放大电路的交流通路和微变等效电路

(a) 交流通路；(b) 微变等效电路

1) 电压放大倍数

令

$$R'_E = R_E // R_L$$

$$\dot{U}_i = \dot{I}_b r_{be} + \dot{I}_e R'_E = \dot{I}_b[r_{be} + (1+\beta)R'_E]$$

$$\dot{U}_o = \dot{I}_e R'_E = (1+\beta)\dot{I}_b R'_E$$

$$\dot{A}_u = \frac{\dot{U}_o}{\dot{U}_i} = \frac{(1+\beta)R'_E}{r_{be} + (1+\beta)R'_E} \approx 1 \tag{8.17}$$

从式(8.17)可看出，射极输出器没有电压放大作用，输出电压与输入电压大小近似相等、相位相同，输出电压跟随输入电压的变化而变化，故射极输出器又称为射极跟随器。

2) 输入电阻

$$R_i = [r_{be} + (1+\beta)R'_E] // R_B \tag{8.18}$$

一般情况下，由于 $\beta \gg 1$，$(1+\beta)R'_E \gg r_{be}$，所以

$$R_i \approx \beta R'_E // R_B = \frac{\beta R'_E \cdot R_B}{\beta R'_E + R_B}$$

由此可见，若选用大 β 值晶体管和较大的 R_B，就可使射极输出器的输入电阻很高，一般可达几十千欧到几百千欧。

3）输出电阻

根据输出电阻的定义，通过较为复杂的分析计算(过程省略)，可得到

$$R_o = \frac{r_{be} + (r_S \,//\, R_B)}{1+\beta} \,//\, R_E \tag{8.19}$$

由上式可见，由于r_S和r_{be}都很小，而β值较大，所以输出电阻很小，一般在几十欧到几百欧之间，并且，当负载改变时，输出电压变动很小，近似于一个恒压源。

从以上的分析和计算可知，虽然共集电极放大电路没有电压放大作用，但具有很大的输入电阻和很小的输出电阻，这些特点使它适合于作为多级放大器的输入级、中间级和输出级，分别起到从微弱的信号源提取信号、变换阻抗和稳定输出电压的作用。

8.5 共基极基本放大电路

8.5.1 共基极放大电路的组成

图 8.26(a)所示为共基极基本放大电路，图 8.26(b)所示为其另一种画法。它的直流通路如图 8.27 所示，它的交流通路如图 8.28(a)所示。从其交流通路知基极是输入回路和输出回路的公共端，故称为共基极放大电路。

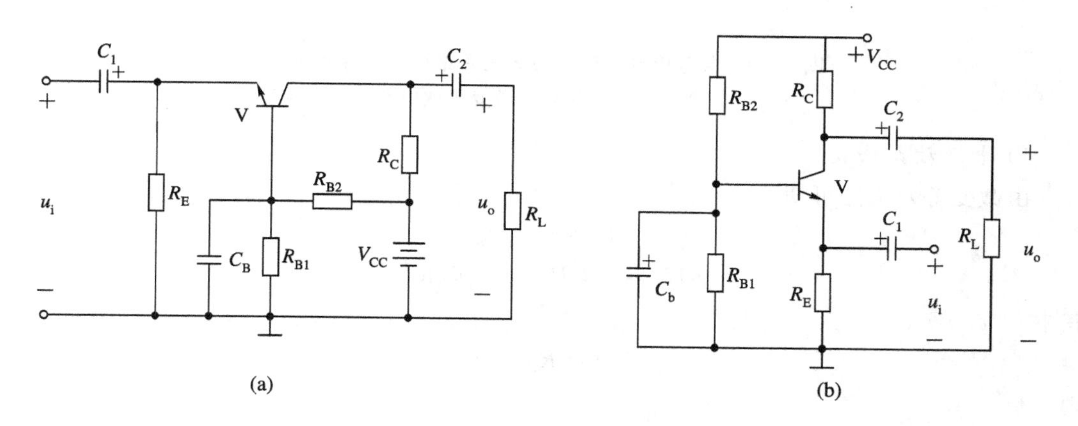

图 8.26　基本共基极放大电路

(a) 共基极放大电路；(b) 共基极放大电路的另一种画法

8.5.2 共基极放大电路的分析

1. 静态分析

共基极放大电路的直流通路如图 8.27 所示。

当I_B相对于R_{B1}和R_{B2}分压回路中的电流可以忽略不计时，可证明

$$U_B = \frac{R_{B1}}{R_{B1} + R_{B2}} \cdot V_{CC}$$

由直流通路的发射极回路，得到

$$U_{BEQ} + I_{EQ} R_E = U_B$$

则

$$I_{EQ}=\frac{U_B-U_{BEQ}}{R_E}\approx I_{CQ}$$

$$I_{BQ}=\frac{I_{EQ}}{1+\beta} \tag{8.20}$$

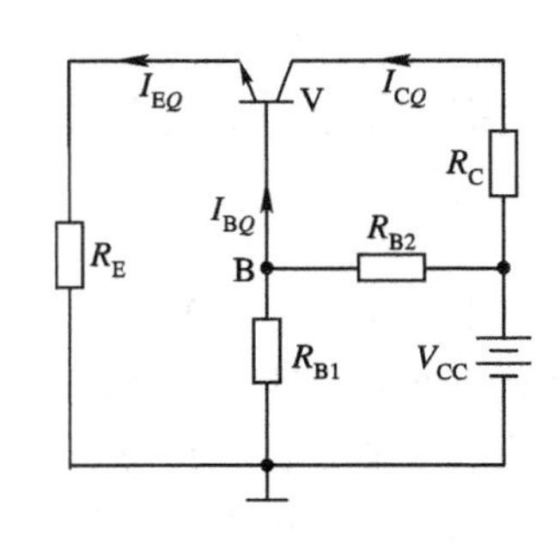

图 8.27 共基极放大电路的直流通路

由直流通路的集电极回路，得到

$$\begin{aligned}U_{CEQ}&=V_{CC}-I_{CQ}R_C-I_{EQ}R_E\\&\approx V_{CC}-I_{CQ}(R_C+R_E)\end{aligned}$$

2. 动态分析

共基极放大电路的交流通路和微变等效电路如图 8.28 所示。

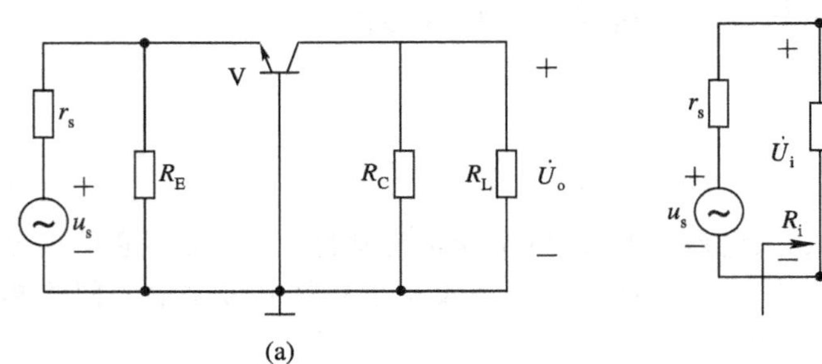

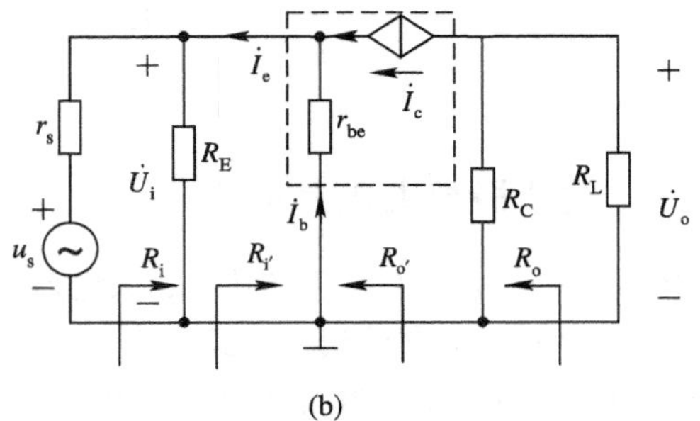

图 8.28 共基极放大电路的交流通路和微变等效电路

(a) 交流通路；(b) 微变等效电路

1) 电压放大倍数

由微变等效电路可知

$$\dot{U}_i=-\dot{I}_b r_{be}$$

$$\dot{U}_o=-\dot{I}_c R_L'=-\beta\dot{I}_b R_L'$$

其中

$$R_L'=R_C\ /\!/\ R_L$$

则

$$\dot{A}_u=\frac{\dot{U}_o}{\dot{U}_i}=\frac{\beta R_L'}{r_{be}} \tag{8.21}$$

2) 输入电阻

$$R_i=\frac{r_{be}}{1+\beta}\ /\!/\ R_E \tag{8.22}$$

3) 输出电阻

$$R_o=r_{cb}\ /\!/\ R_C\approx R_C \tag{8.23}$$

三极管的 r_{cb} 比 r_{ce} 高得多，可认为 $r_{cb}=(1+\beta)r_{ce}$，即共基极接法时输出电阻很高。

从以上分析和计算的结果可知，共基极与共射极放大电路的电压放大倍数大小相同，区别在于前者为同相放大，后者为反相放大。由于 $r_{be}/(1+\beta)$ 很小，因此共基极放大电路的输入电阻也很小。但由于 r_{cb} 很大，故输出电阻接近于 R_C。

共基极放大电路的优点是具有较好的高频特性，常作为高频放大器使用。

8.6 多级放大器

8.6.1 多级放大器的概念

前面讨论的放大器均属于由一只三极管构成的单级放大器，其放大倍数一般为几十至几百。在实际应用中通常要求有更高的放大倍数，为此就需要把若干单级放大器级联组成多级放大器。多级放大器的一般结构如图 8.29 所示。

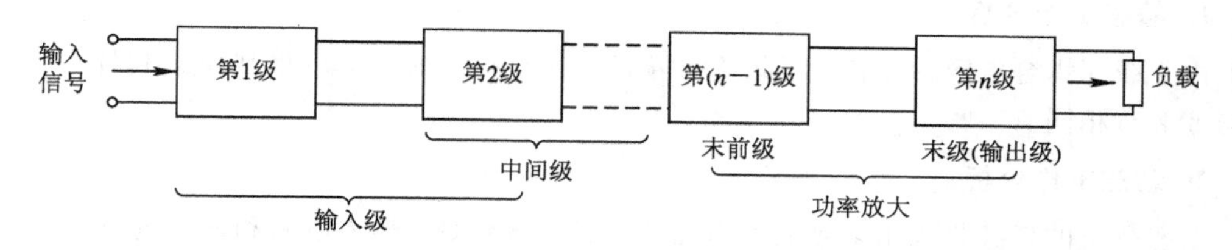

图 8.29　多级放大器的一般结构

输入级一般采用具有高输入电阻的射极输出器；中间级一般由若干级电压放大器组成，以获得较大的电压放大倍数；输出级一般采用功率放大器。

在多级放大器中，由于前级放大器的输出为后级放大器的输入，因此，为了保证每级放大器都能正常工作，把信号不失真地逐级传送和放大，级间就要以合适的方式连接。通常称连接方式为耦合。多级放大器的耦合有：阻容耦合、直接耦合和变压器耦合三种方式。

1. 阻容耦合

阻容耦合就是利用电阻和电容实现级间的连接。前面讨论过的三种基本放大电路都属于这种连接方式。其特点是各级放大器的 Q 点互不影响，彼此独立，仅能放大交流信号，不能放大变化比较缓慢的极低频信号和直流信号。

2. 直接耦合

直接耦合就是把多级放大器前级的输出端直接接入后级的输入端。其特点是：前、后级的静态工作点相互影响；这种耦合不但能放大交流信号，也能放大变化比较缓慢的极低频信号和直流信号，在集成放大电路中有着广泛的应用。

3. 变压器耦合

变压器耦合就是用变压器把多级放大器的前、后级连接起来。其特点是：各级放大器的 Q 点彼此独立，可实现级间的阻抗匹配，使之输出最大功率。这种连接方式多用于功率放大器。

8.6.2 多级放大器的分析

以图 8.30 所示的两级阻容耦合放大器为例，分析多级放大器的工作情况。

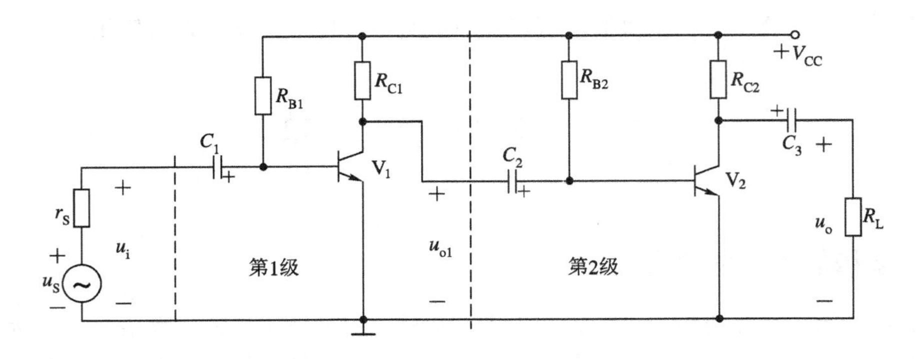

图 8.30　两级阻容耦合放大器

1. 静态工作分析

由于级间耦合电容的存在，因此各级静态工作点彼此独立，可单独设置和计算，其方法与 8.2 节相同。

2. 动态工作分析

动态分析的任务是求出多级放大电路的电压放大倍数、输入电阻和输出电阻。

1）电压放大倍数

图 8.30 所示的两级阻容耦合放大器的电压放大倍数为

$$\dot{A}_u = \frac{\dot{U}_o}{\dot{U}_i} = \frac{\dot{U}_o}{\dot{U}_{o1}}\frac{\dot{U}_{o1}}{\dot{U}_i} = \dot{A}_{u1}\dot{A}_{u2}$$

由此可知，多级放大器的电压放大倍数为各级电压放大倍数之积，即

$$\dot{A}_u = \dot{A}_{u1}\dot{A}_{u2}\cdots\dot{A}_{un} \tag{8.24}$$

2）输入电阻

图 8.30 所示电路的微变等效电路如图 8.31 所示。

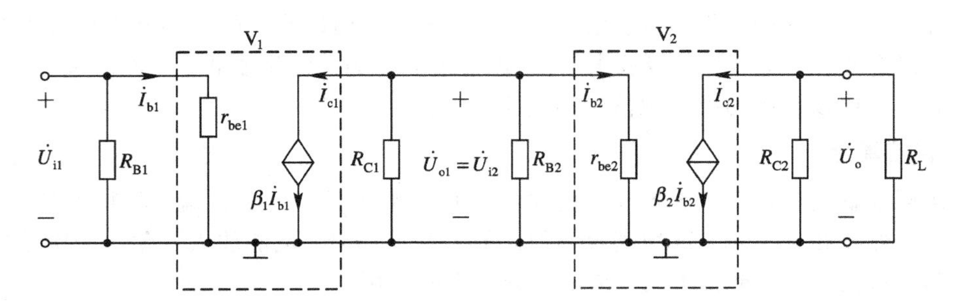

图 8.31　两级阻容耦合放大器的微变等效电路

从图 8.31 可知，多级放大器的输入电阻为第一级放大器的输入电阻 R_{i1}，即

$$R_i = R_{i1} = R_{B1} \mathbin{/\!/} r_{be1} \tag{8.25}$$

3）输出电阻

从图 8.31 可知，多级放大器的输出电阻为末级的输出电阻 R_{o2}，即

$$R_o = R_{o2} = R_{C2} \tag{8.26}$$

3. 放大倍数的分贝表示法

当放大器的级数较多时，放大倍数将非常大，甚至达几十万倍，这样一来，表示和计

算都不方便。为了简便起见，常用一种对数单位——分贝(dB)来表示放大倍数。用分贝表示的放大倍数称为“增益”。

电压增益表示为

$$A_u(\mathrm{dB}) = 20\ \lg \frac{U_o}{U_i} = 20\ \lg A_u \quad \mathrm{dB} \tag{8.27}$$

电流增益表示为

$$A_i(\mathrm{dB}) = 20\ \lg \frac{I_o}{I_i} = 20\ \lg A_i \quad \mathrm{dB} \tag{8.28}$$

功率增益表示为

$$A_p(\mathrm{dB}) = 10\ \lg \frac{P_o}{P_i} = 10\ \lg A_p \quad \mathrm{dB} \tag{8.29}$$

式中，U_i、I_i 和 P_i 分别表示放大器的输入电压、电流和功率；U_o、I_o 和 P_o 分别表示放大器的输出电压、电流和功率；lg 是以 10 为底的对数；单位是分贝(dB)。

放大倍数用分贝表示后，可使放大倍数的相乘转化为相加。例如一个三级放大器，每级的电压放大倍数都为 100，则总的电压放大倍数为

$$A_u = A_{u1} \times A_{u2} \times A_{u3} = 100 \times 100 \times 100 = 1 \times 10^6$$

用分贝表示后，其增益为

$$\begin{aligned} A_u(\mathrm{dB}) &= 20\ \lg(A_{u1} \times A_{u2} \times A_{u3}) \\ &= 20\ \lg(100 \times 100 \times 100) \\ &= 20\ \lg 100 + 20\ \lg 100 + 20\ \lg 100 \\ &= 40 + 40 + 40 = 120\ \mathrm{dB} \end{aligned}$$

8.7 场效应晶体管及其放大电路

场效应晶体管简称场效应管(FET)，是利用电场效应来控制电流的单极型半导体器件。它不仅具有一般双极型晶体管体积小、重量轻、耗电少、寿命长等优点，还具有输入阻抗高($10^7\ \Omega \sim 10^{12}\ \Omega$)，受温度、辐射等外界条件影响小，便于集成以及控制端基本不需要电流等优点，因此在电子技术领域中获得了广泛应用。

场效应晶体管分为结型场效应管(JFET)和绝缘栅场效应管(IGFET)两大类。每一类又有 N 沟道和 P 沟道之分。IGFET 又分为耗尽型和增强型两种。近年来又出现了一种大功率的 V 型 IGFET。

8.7.1 结型场效应管

1. 结构和电路符号

图 8.32 和图 8.33 分别是 N 沟道和 P 沟道 JFET 的结构示意图与符号。图 8.32(a)是在一块 N 型半导体的两侧各制作一个高掺杂浓度的 P 区(用 P^+ 表示)，从而形成两个 PN 结。用导线将两个 P^+ 区连接在一起并引出一个电极作为栅极 G。N 区的上、下两端各引出一个电极，分别称为漏极 D 和源极 S。中间的 N 区是载流子通过漏源两极的路径，称为导

电沟道。因导电沟道是 N 型的，故称为 N 沟道 JFET。若将管中的 N 区换成 P 区，P^+ 区换成 N^+ 区，则形成 P 沟道 JFET，如图 8.33(a)所示。

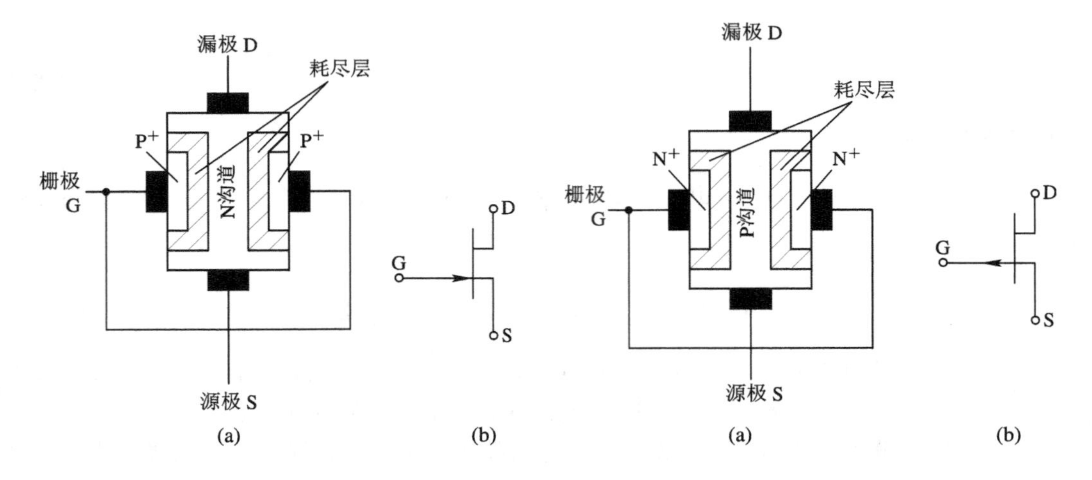

图 8.32　N 沟道结型场效应管
(a) 结构示意图；(b) 符号

图 8.33　P 沟道结型场效应管
(a) 结构示意图；(b) 符号

2. 工作特点及特性曲线

现以 N 沟道 JFET 为例简要介绍其工作情况，P 沟道 JFET 和 N 沟道的工作情况相同。场效应管正常工作时两个 PN 结应反偏。对 N 沟道 JFET 而言，栅极 G 接电源 U_{GS} 的负极，漏极 D 接电源 U_{DS} 的正极，如图 8.34 所示。

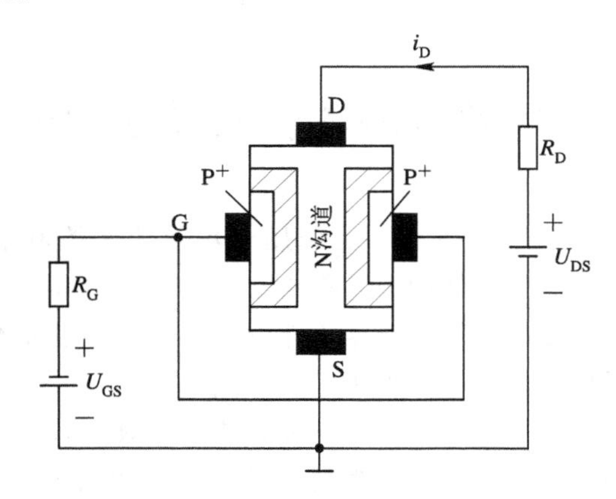

图 8.34　N 沟道场效应管的电路连接

U_{DS} 提供漏极电流 i_D，方向从 D 极流向 S 极。场效应管 G、S 极间电压 u_{GS} 控制导电沟道的大小，当 u_{GS} 增大时，导电沟道倾斜变窄(D 端最窄，S 端最宽)；当 u_{GS} 达到一定数值时，导电沟道在 D 端合拢在一起，称为预夹断，此时的 u_{GS} 称为“夹断电压”，记作 $U_{GS(off)}$。N 沟道 JFET 的 $U_{GS(off)}$ 为负值。预夹断后的 i_D 不随 U_{DS} 变化而变化，只受 u_{GS} 的控制。

JFET 正常工作时，由于两个 PN 结始终反偏，因此 G 极与 S 极之间只能通过极小的反向电流，故栅源之间的输入电阻很高，可达 10^7 Ω 以上。

综上所述，JFET 的工作特点是：为保证正常工作，两个 PN 结必须反偏。工作时，无栅极电流，是靠改变电压 u_{GS} 达到对漏极电流 i_D 的控制的，因此称 FET 是电压控制器件。

JFET 的外部特性可用特性曲线反映，特性曲线分为输出特性曲线和转移特性曲线，它们可由实验测定或用晶体管特性图示仪测出。

1）输出特性曲线（又称漏极特性曲线）

输出特性曲线是描述以 u_{GS} 为参变量，i_D 与 u_{DS}（场效应管 D、S 极间的电压）之间关系的一簇曲线，即

$$i_D = f(u_{DS})\,|_{u_{GS}=\text{常数}}$$

图 8.35(a)所示为 N 沟道 JFET 的漏极特性曲线，可分为三个工作区。

夹断区：指 $u_{GS} \leqslant U_{GS(off)}$ 的区域，此时沟道被夹断，$i_D \approx 0$。

可变电阻区：指预夹断前的区域。进入该区的条件是 $U_{GS(off)} < u_{GS} \leqslant 0$，且 u_{DS} 较小，满足 $u_{DS} < u_{GS} - U_{GS(off)}$。该区是预夹断轨迹以左的区域。预夹断轨迹是在不同的 u_{GS} 下满足 $u_{DS} = u_{GS} - U_{GS(off)}$ 点的连线。该区的特点是漏源极之间的等效电阻 r_{DS} 随 u_{GS} 而变，即 $r_{DS} = f(u_{GS})$。从图 8.35(a)可见，当 u_{GS} 一定时，i_D 随 u_{DS} 线性增加，曲线斜率的倒数 $r_D = u_{DS}/i_D$ 为一定值；当 u_{GS} 不同时，曲线的斜率不同，即 r_{DS} 不同。因此，FET 可等效为受 u_{GS} 控制的压控可变电阻。

恒流区（线性放大区）：指预夹断后的区域。进入该区的条件是：$U_{GS(off)} < u_{GS} < 0$，u_{DS} 较大，$u_{DS} > u_{GS} - U_{GS(off)}$。该区的特点是当 u_{GS} 恒定时，i_D 具有恒流特性，当 u_{DS} 一定时，i_D 受 u_{GS} 控制。FET 用作放大时就工作在该区域。

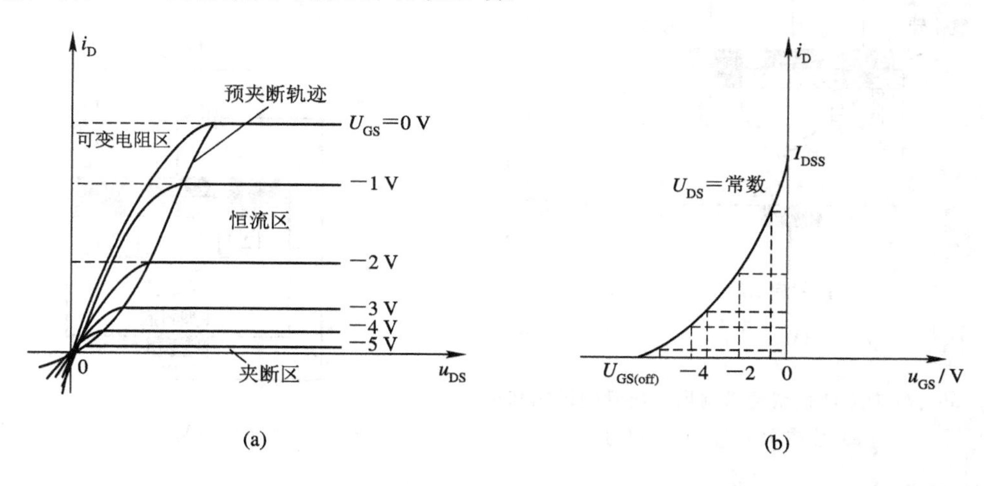

图 8.35 N 沟道结型场效应管的特性曲线

(a) 输出特性曲线；(b) 转移特性曲线

2）转移特性曲线

转移特性曲线是指以 u_{DS} 为参变量，描述恒流区内 i_D 随 u_{GS} 变化关系的曲线，即

$$i_D = f(u_{GS})\,|_{u_{DS}=\text{常数}}$$

该曲线可从输出特性曲线转化出来，故有转移之称，如图 8.35(b)所示。在恒流区内，由于 u_{DS} 对 i_D 的影响很小，因此不同的 u_{DS} 对应的转移特性曲线基本上是重合的。i_D 可近似地表示为

$$i_D = I_{DSS}\left(1-\frac{u_{GS}}{U_{GS(off)}}\right)^2 \qquad U_{GS(off)} < u_{GS} < 0 \tag{8.30}$$

8.7.2 绝缘栅场效应管

结型场效应晶体管是靠 PN 结加反向偏压，使工作时无正向电流来提高输入电阻的。但由于 PN 结存在反向电流，且会随环境温度升高而增大，因此要进一步提高输入电阻就受到限制。绝缘栅场效应管克服了这一缺点，在栅极与半导体材料之间加绝缘层使反向电流消失，可以大大提高输入电阻(可达 $10^{12}\ \Omega$～$10^{15}\ \Omega$)。

以二氧化硅作为金属栅极与半导体之间的绝缘层的场效应管简称 MOS 管，按其工作方式可分为增强型和耗尽型两种，每一种又有 N 沟道和 P 沟道两类。

1. N 沟道增强型 MOS 管

1) 结构和电路符号

图 8.36(a)是 N 沟道增强型 MOS 管的结构示意图，其符号如图 8.36(b)所示。N 沟道增强型 MOS 管是用一块低掺杂浓度的 P 型硅片作衬底(B)，在其上制作出两个高掺杂浓度的 N^+ 区并引出两个电极，分别称为源极 S 和漏极 D。在 P 型硅片表面覆盖 SiO_2 绝缘层，在漏源两极间的绝缘层上再制作一层金属铝，称为栅极 G。衬底 B 通常与源极 S 相连。

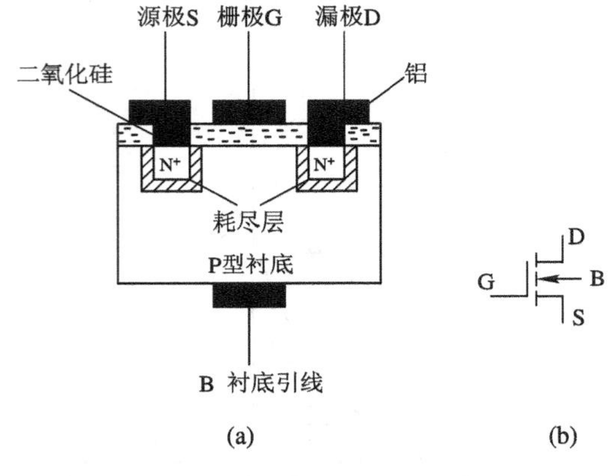

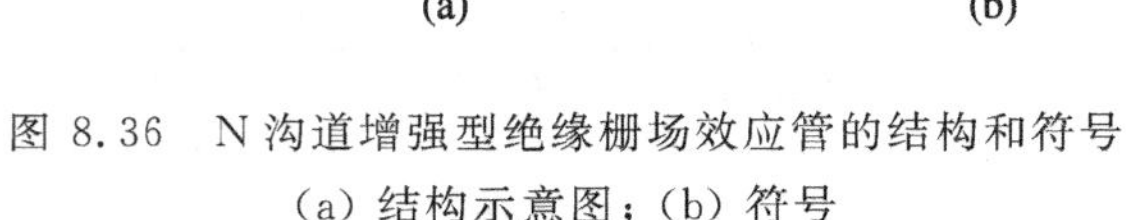

图 8.36　N 沟道增强型绝缘栅场效应管的结构和符号

(a) 结构示意图；(b) 符号

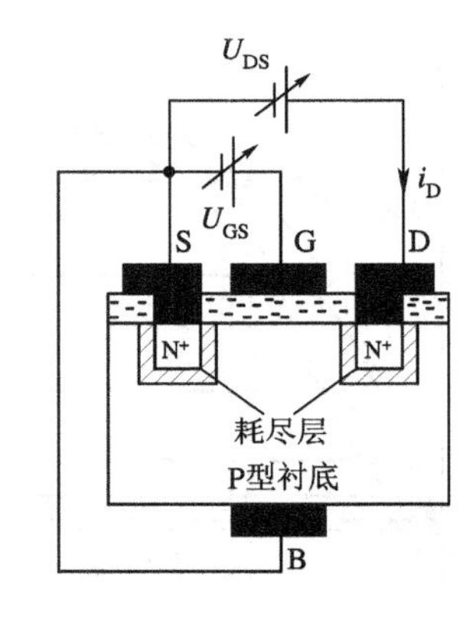

图 8.37　增强型 NMOS 管的电路连接

2) 工作特点及特性曲线

工作时电路的连接方式如图 8.37 所示，在栅源极之间加正向电压 u_{GS}，用以形成导电沟道；在漏源极间加正向电压 u_{DS}，形成了漏极电流 i_D。在漏源电压 u_{DS} 作用下，开始形成漏极电流 i_D 的栅源电压 u_{GS} 称为开启电压 $U_{GS(th)}$。u_{GS} 对 i_D 起控制作用，$u_{GS}=0$，$i_D=0$；只有在 $u_{GS}\geqslant U_{GS(th)}$ 时，才能形成导电沟道，而且随着 u_{GS} 的增大，i_D 也增大(故称为“增强型”MOS 管)。

图 8.38(a)、(b)分别是 N 沟道增强型 MOS 管的漏极特性曲线和转移特性曲线。它的漏极特性曲线和 JFET 一样分为三个工作区。转移特性曲线可由输出特性曲线绘出，反映的是管子在恒流区时，u_{GS} 对 i_D 的控制规律，其关系式是

$$i_D = I_{DO}\left(\frac{u_{GS}}{U_{GS(th)}} - 1\right)^2 \qquad u_{GS} > U_{GS(th)} \tag{8.31}$$

式中，I_{DO}是 $u_{GS}=2U_{GS(th)}$时的 i_D 值。

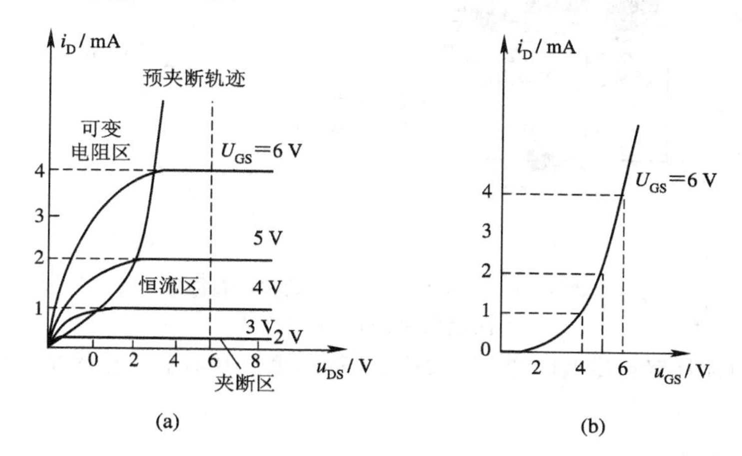

图 8.38 N 沟道增强型 MOS 管的特性曲线

(a) 漏极特性曲线；(b) 转移特性曲线

P 沟道增强型 MOS 管的基本结构是以低掺杂浓度的 N 型硅片为衬底，在其上制作两个高掺杂浓度的 P^+ 区。其工作特点和特性曲线与 N 沟道增强型 MOS 管相类似。但在使用时要注意，P 沟道增强型 MOS 管的外加电压 u_{DS}、u_{GS}的极性和漏极电流 i_D 的方向与 N 沟道增强型 MOS 管完全相反。P 沟道增强型 MOS 管的符号和特性曲线如图 8.39 所示。

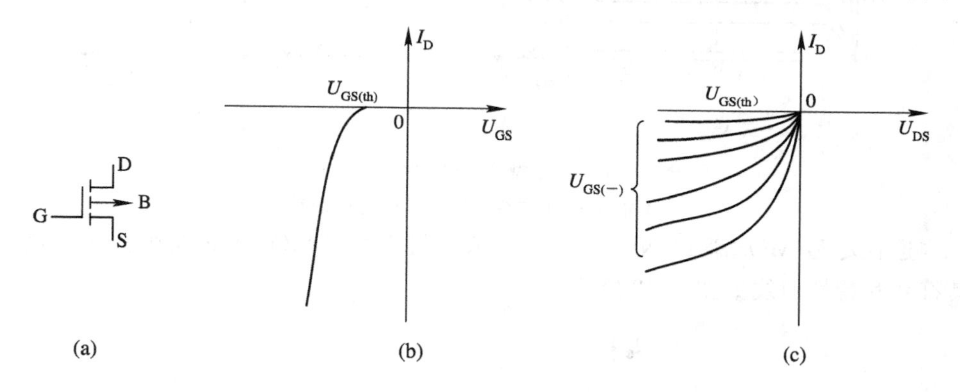

图 8.39 P 沟道增强型 MOS 管的符号和特性曲线

2. N 沟道耗尽型 MOS 管

图 8.40 所示为 N 沟道耗尽型 MOS 管的结构和符号。其结构与增强型 MOS 管基本相同，只是在制造时已在 SiO_2 绝缘层中掺入了大量的正离子，在其纵向电场作用下，即使 $u_{GS}=0$，也能建立 N 型导电沟道(即出现反型层)。

当 $u_{GS}>0$ 时，导电沟道加宽，i_D 增大；当 $u_{GS}<0$ 时，导电沟道变窄，i_D 减少。当 u_{GS}减小到一定值时，沟道消失，$i_D=0$，管子关断，此时的 u_{GS}值称为夹断电压 $U_{GS(off)}$。

此类管子的栅源电压 u_{GS}在一定范围内的正、负值均可控制漏极电流 i_D 的大小，且在 u_{GS}为正值时也不会有栅极电流出现。由于在 $u_{GS}=0$ 时已形成导电沟道，与结型场效应

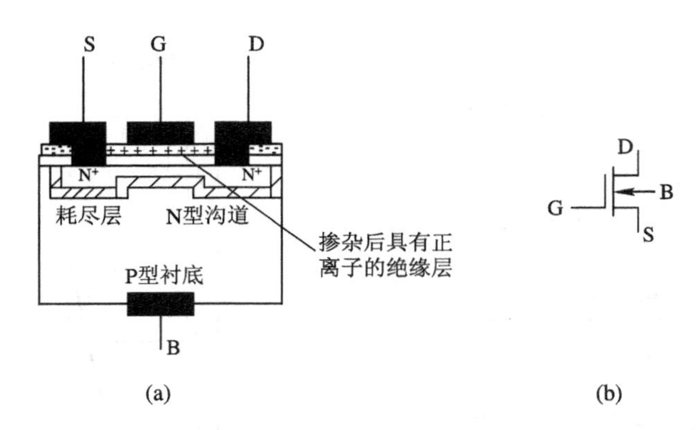

图 8.40　耗尽型 NMOS 管的结构和符号

(a) 结构图；(b) 图形符号

晶体管相比，同样具有耗尽型的特点，故称为“耗尽型”MOS 管。它的特性曲线如图 8.41 所示。

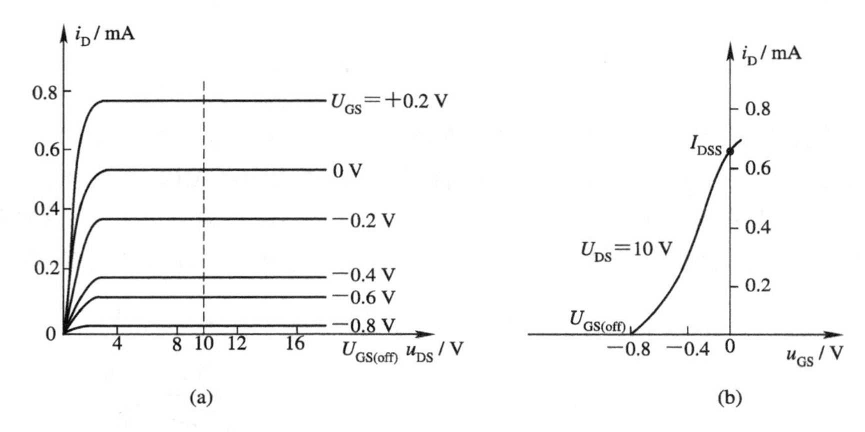

图 8.41　耗尽型 NMOS 管的特性曲线

(a) 输出特性曲线；(b) 转移特性曲线

P 沟道耗尽型 MOS 管以 N 型硅片为衬底，制造时在 SiO_2 绝缘层中掺入大量的负离子。其符号和特性曲线如图 8.42 所示。

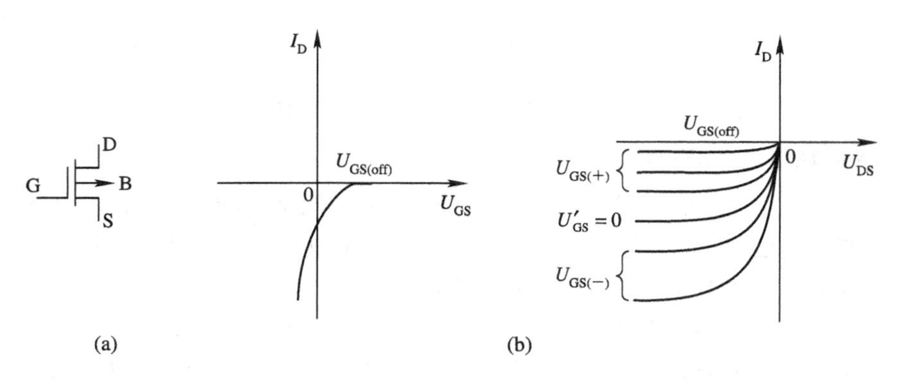

图 8.42　P 沟道耗尽型 MOS 管符号和特性曲线

(a) 符号；(b)特性曲线

8.7.3 场效应晶体管的主要参数

1. 直流参数

(1) 开启电压 $U_{GS(th)}$：u_{DS}为某一固定值时形成 i_D 所需的最小$|u_{GS}|$值。

(2) 夹断电压 $U_{GS(off)}$：u_{DS}为某一固定值时，使 i_D 为某一微小电流值时所需的 u_{GS} 值。一般$|u_{GS(off)}|=0.5\text{ V}\sim5\text{ V}$。

(3) 饱和漏电流 I_{DSS}：$u_{GS}=0$ 时，管子出现预夹断时的漏极电流。一般 $I_{DSS}=1\text{ mA}\sim50\text{ mA}$。

(4) 直流输入电阻 $R_{GS(DC)}$：栅源电压与栅极电流的比值。JFET 一般大于 $10^7\ \Omega$，MOS 管的 $R_{GS(DC)}$ 一般大于 $10^9\ \Omega$。

2. 交流参数

(1) 低频跨导 g_m：表示场效应晶体管在恒流区工作时栅源电压对漏极电流的控制能力。其定义为：在 u_{DS}为某一固定值时，i_D 变化量与 u_{GS}变化量之间的比值，即

$$g_m=\left.\frac{\mathrm{d}i_D}{\mathrm{d}u_{GS}}\right|_{u_{DS}=\text{常数}}$$

g_m的单位是西门子(S)，也可用 mS。在转移特性曲线上，g_m表示曲线上某点切线的斜率。

(2) 极间电容：指场效应管的三个电极之间存在的电容，即栅源电容 C_{GS}、栅漏电容 C_{GD}和漏源电容 C_{DS}。其值在 0.1 pF～1 pF 之间。极间电容越小，管子的工作频率越高。

(3) 输出电阻 r_{DS}：r_{DS}值反映 u_{DS}对 i_D 的影响程度，其定义为

$$r_{DS}=\left.\frac{\mathrm{d}u_{DS}}{\mathrm{d}i_D}\right|_{u_{GS}=\text{常数}}$$

r_{DS}越大，表明 u_{DS}对 i_D 的影响越小、恒流特性越好。r_{DS}通常为几十至几百千欧。

(4) 低频噪声系数 N_F：噪声是指由管子内部载流子的不规则运动而引起的，在没有输入信号时输出端出现的不规则电压或电流的变化。噪声所产生的影响用 N_F 表示，单位为分贝(dB)。场效应管的 N_F 一般为几分贝。

3. 极限参数

(1) 最大漏极电流 I_{DM}：管子在工作时所允许的最大漏极电流。

(2) 最大耗散功率 P_{DM}：决定管子温升的参数。如功率超过 P_{DM}，管子可能会因过热而损坏。

(3) 漏源击穿电压 $U_{(BR)DS}$：在 u_{DS}增大的过程中，使 i_D 急剧增加时的 u_{DS}值。使用时，u_{DS}不允许超过此值，否则会烧坏管子。

(4) 栅源击穿电压 $U_{(BR)GS}$：对 JFET 是指栅极与沟道间 PN 结的反向击穿电压；对 MOS 管是指使绝缘层击穿的电压。击穿后将造成管子永久损坏。

对于 MOS 管来说，由于它的输入电阻极大，使得栅极的感应电荷不易泄放，而且由于绝缘层很薄，栅极和衬底间的电容很小，栅极只要有少量的感应电荷即可产生高压，从而造成管子被击穿而损坏。为此，应避免栅极悬空，存放时应使管子的三个电极短路；在焊接时，电烙铁要有良好的接地，最好拔下电烙铁的电源插头；在电路中，栅源间要设直流通路；取用管子时，手腕上最好套一个接地的金属箍。

8.7.4 场效应管放大电路

由于场效应管具有高输入电阻的特点，故它特别适于作为多级放大电路的输入级，尤其对高内阻信号源。场效应管的源极、漏极、栅极相当于双极型晶体管的发射极、集电极、基极。两者的放大电路也有类似之处，场效应管有共源极放大电路和源极输出器，也必须设置合适的静态工作点等。静态工作点是由栅源电压 U_{GS}(偏压)确定的。常用的偏置电路有下面两种。

1. 自给偏压偏置电路

图 8.43 是 N 沟道耗尽型绝缘栅场效应管的自给偏压偏置电路。

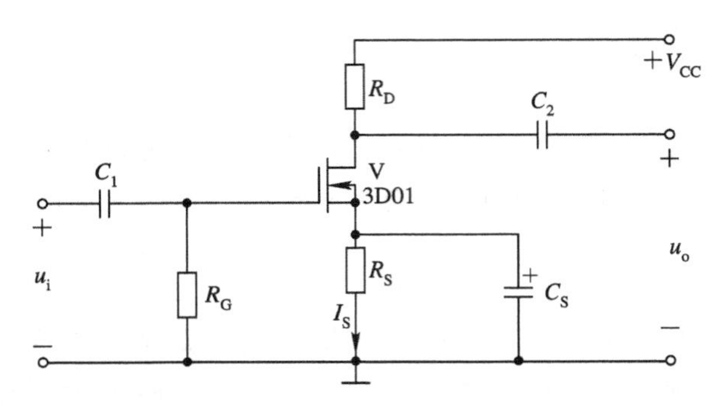

图 8.43 N 沟道耗尽型绝缘栅场效应管的自给偏压偏置电路

源极电流 I_S(等于 I_D)流经源极电阻 R_S，在 R_S 上产生电压降 R_SI_S，显然 $U_{GS}=-R_SI_S=-R_SI_D$，它是自给偏压。

电路中各元件的作用如下：

R_S 为源极电阻，作用是控制静态工作点，其阻值约为几千欧。

C_S 为源极电阻上的交流旁路电容，容量约为几十微法。

R_G 为栅极电阻，构成栅、源极间的直流通路。R_G 不能太小，否则影响放大电路的输入电阻，其阻值约为 200 kΩ～10 MΩ。

R_D 为漏极电阻，作用是让放大电路具有电压放大功能，其阻值约为几十千欧；

C_1，C_2 分别为输入电路和输出电路的耦合电容，其容量约为 0.01 pF～0.047 pF。

应当指出，由 N 沟道增强型绝缘栅场效应管组成的放大电路，工作时 U_{GS}为正，所以无法采用自给偏压偏置电路。

2. 分压式偏置电路

图 8.44 是分压式偏置电路，R_{G1}和 R_{G2}为分压电阻。栅源电压为

$$U_{GS}=\frac{R_{G2}}{R_{G1}+R_{G2}}U_{DD}-R_SI_D=V_G-R_SI_D \tag{8.32}$$

式中 V_G 为栅极电位。对 N 沟道耗尽型管，U_{GS}为负值，$R_SI_D>V_G$；对 N 沟道增强型管，U_{GS}为正值，$R_SI_D<V_G$。

对放大电路进行动态分析，主要是分析它的电压放大倍数和输入电阻与输出电阻。图 8.45 是分压式偏置放大电路的交流通路。

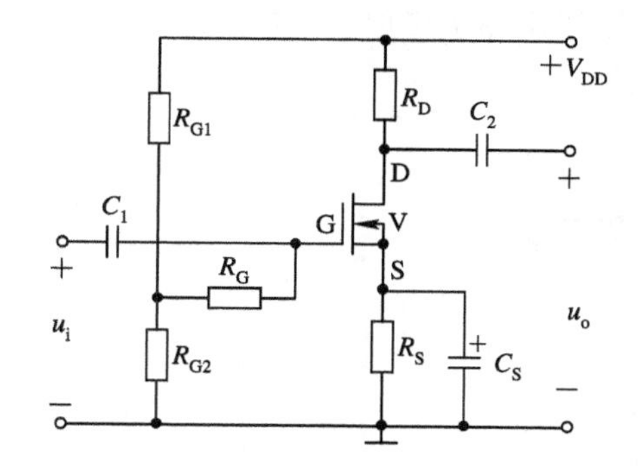

图 8.44　分压式偏置电路

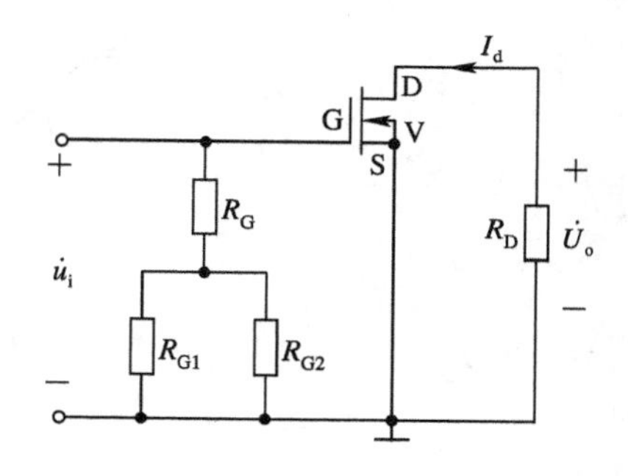

图 8.45　分压式偏置放大电路的交流通路

放大电路的输入电阻为

$$r_i = R_{G1} \ /\!/ \ R_{G2} \ /\!/ \ r_{gs} \approx R_{G1} \ /\!/ \ R_{G2}$$

因为场效应管的输入电阻 r_{gs} 比 R_{G1} 或 R_{G2} 都高得多，所以三者并联后可将 r_{gs} 略去。通常在分压点和栅极之间接入一阻值较高的电阻 R_G，其作用是减小 R_{G1} 和 R_{G2} 对交流信号的分流作用，以保持较高的输入电阻。则

$$r_i = R_G + (R_{G1} \ /\!/ \ R_{G2}) \tag{8.33}$$

R_G 的接入对电压放大倍数无影响；在静态时 R_G 中无电流通过，因此不影响电路的静态工作点。

输出电阻为

$$r_{ds} = \left.\frac{\Delta U_{DS}}{\Delta I_D}\right|_{U_{GS}}$$

在共源极放大电路中，漏极电阻 R_D 是和管子的输出电阻 r_{ds} 并联的，所以当 $r_{ds} \gg R_D$ 时，放大电路的输出电阻 $r_o \approx R_D$，这点和晶体管共发射极放大电路类似。

输出电压为

$$\dot{U}_o = -R_D \dot{I}_d = -g_m R_D \dot{U}_{gs} \tag{8.34}$$

式中，$\dot{I}_d = g_m \dot{U}_{gs}$。

电压放大倍数为

$$\dot{A}_u = \frac{\dot{U}_o}{\dot{U}_i} = \frac{\dot{U}_o}{\dot{U}_{gs}} = -g_m R_D \tag{8.35}$$

式中的负号表示输出电压和输入电压反相。

习　题　8

1. 测得某放大电路中三极管 A、B、C 的对地电位分别为 $U_A = -9$ V，$U_B = -6$ V，$U_C = -6.2$ V，试分析 A、B、C 中哪个是基极 b、发射极 e、集电极 c，并说明是 NPN 管，还是 PNP 管。

2. 如何用一台欧姆表(模拟型)判断一只三极管的三个电极 e、b、c?

3. 某放大电路中三极管三个电极 A、B、C 的电流如题图 8.1 所示。用万用表直流电流挡测得 $I_A = -2$ mA，$I_B = -0.04$ mA，$I_C = +2.04$ mA，试分析 A、B、C 中哪个是基极

b、发射极 e、集电极 c，并说明此管是 NPN 管还是 PNP 管，它的 β 是多少？

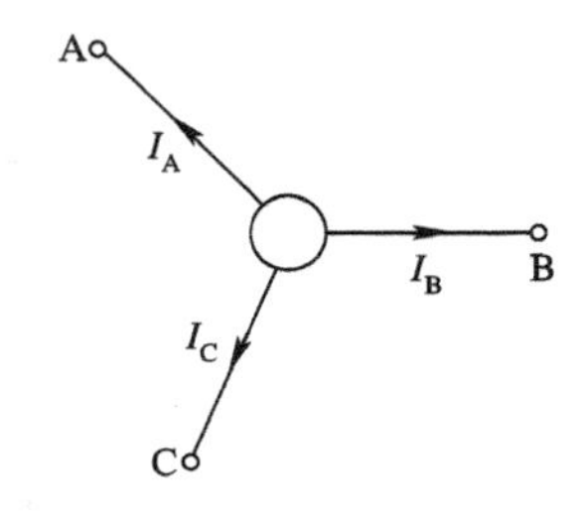

题图 8.1

4. 判别题图 8.2 所示电路对交流信号有无放大作用。若无放大作用，怎样改变才能放大交流信号？

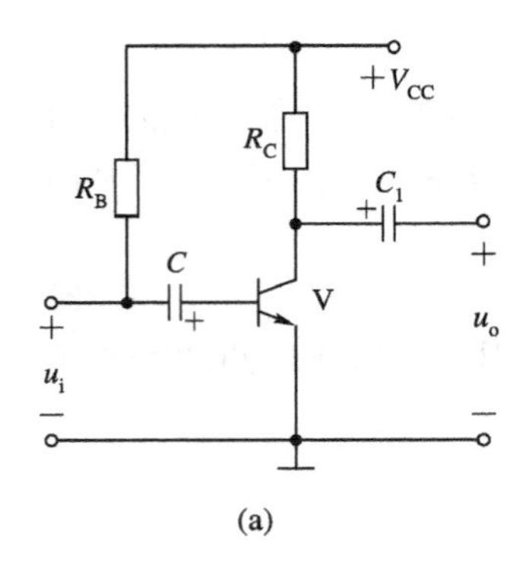

(a)

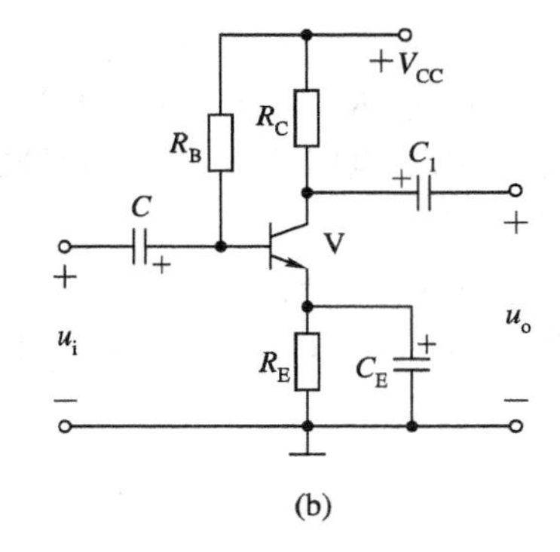

(b)

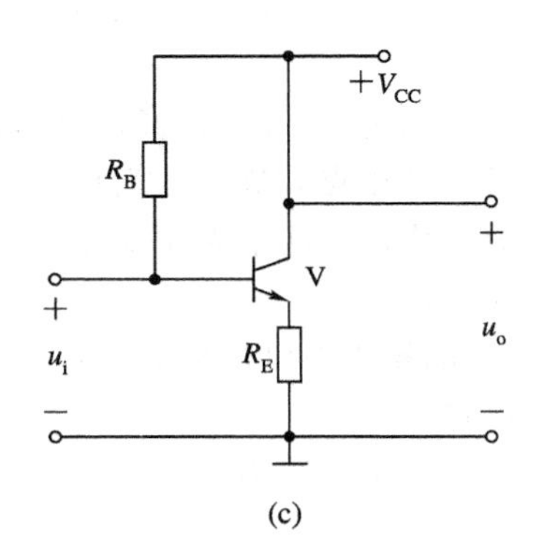

(c)

题图 8.2

5. 电路如题图 8.3 所示，设三极管的 $\beta=80$，$U_{BE}=0.6$ V，I_{CEO} 和 U_{CES} 可忽略不计。试分析当开关 S 分别接通 1、2、3 三个位置时，三极管分别工作在输出特性曲线的哪个区，并求出相应的集电极电流 I_C。

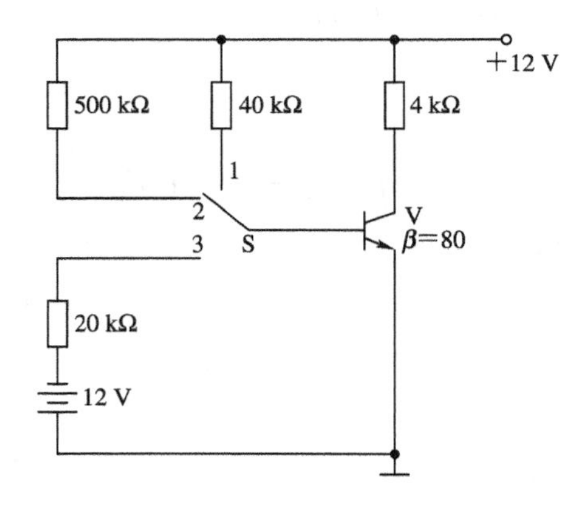

题图 8.3

6. 测量出某硅三极管各电极的对地电压如下，试判别管子工作在什么区域？

(1) $U_C=6$ V，$U_B=0.7$ V，$U_E=0$ V；

(2) $U_C=6$ V，$U_B=2$ V，$U_E=1.3$ V；

(3) $U_C=6$ V，$U_B=6$ V，$U_E=5.4$ V；

(4) $U_C=6$ V，$U_B=4$ V，$U_E=3.6$ V；

(5) $U_C=3.6$ V，$U_B=4$ V，$U_E=3.4$ V。

7. 如题图 8.4 所示电路，三级管的 $U_{BE}=0.7$ V，$\beta=50$，试估算静态工作点。

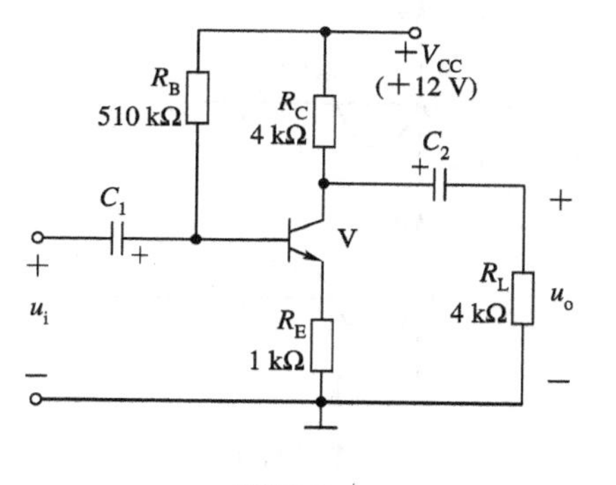

题图 8.4

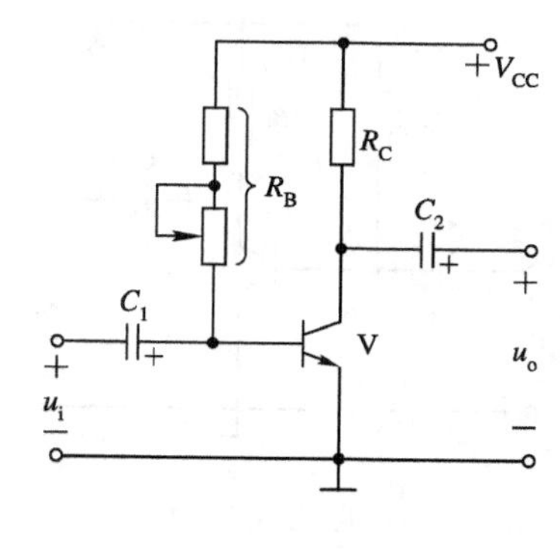

题图 8.5

8. 放大电路如题图 8.5 所示，已知 $R_B=400$ kΩ，$R_C=3$ kΩ，$V_{CC}=12$ V，$\beta=50$。

(1) 求静态工作点。

(2) 若想将 I_C 调到 2 mA，R_B 应取多大？

(3) 若想将 U_{CE} 调到 6 V，R_C 应取多大？

(4) 若 R_B 短路，将会出现什么问题？

(5) 若 R_C 开路，将会出现什么问题？

9. 放大电路如题图 8.6(a)所示，管子的特性曲线如题图 8.6(b)所示。

(1) 作出直流负载线，确定 Q 点。

(2) 作出交流负载线，确定最大不失真输出电压的幅值 U_{om}。

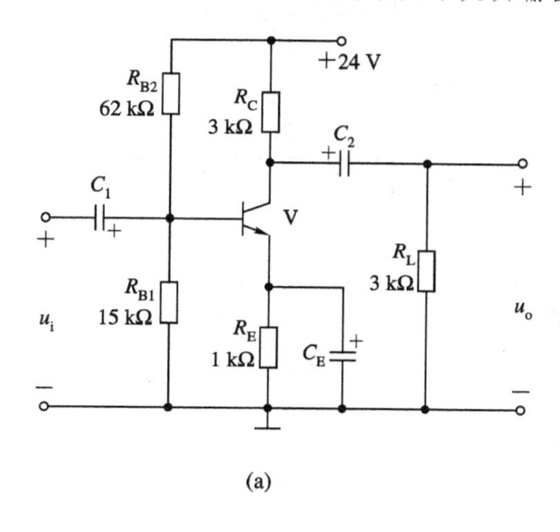

(a)

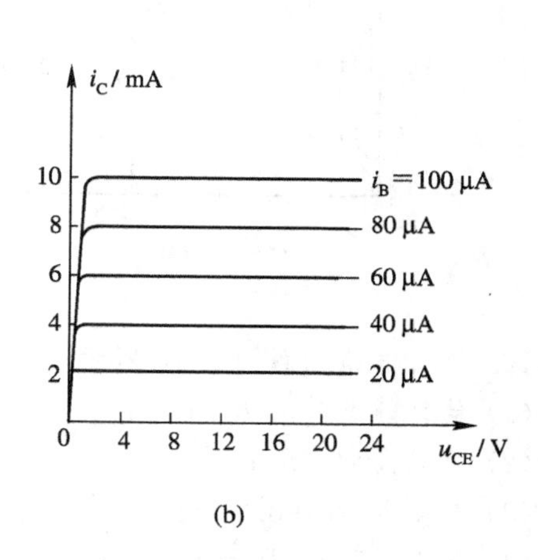

(b)

题图 8.6

10. 放大电路如题图 8.7 所示，用示波器观察其输出波形如题图 8.8 所示，试判断它们分别产生了哪种非线性失真。如何采取措施消除这些失真？

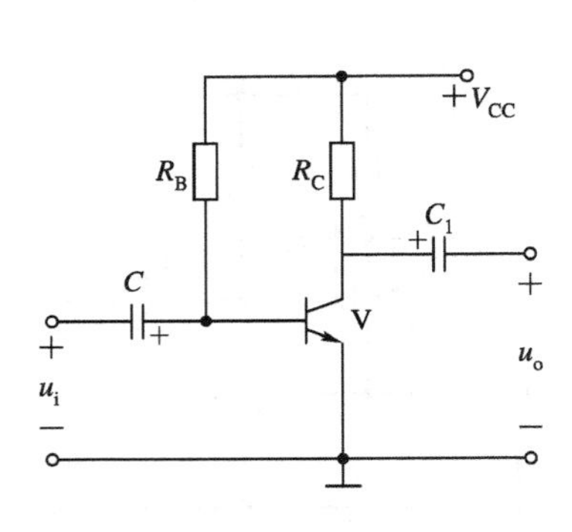

题图 8.7

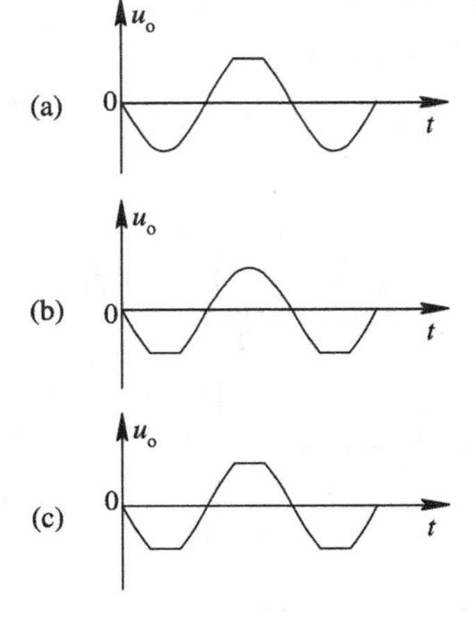

题图 8.8

11. 电路如题图 8.9(a)所示，已知三极管的 $\beta=100$，$U_{BE}=-0.7$ V。

(1) 试估算该电路的 Q 点；

(2) 画出简化微变等效电路；

(3) 求该电路的增益 $\dot{A}_u$、输入电阻 R_i、输出电阻 R_o；

(4) 若 u_o 中的交流成分出现 8.9(b)所示的失真现象，是截止失真还是饱和失真？为消除此失真，应调整电路中的哪些元件？如何调整？

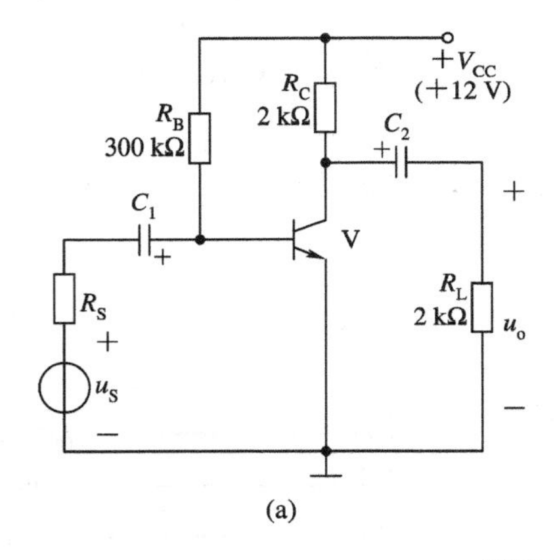

题图 8.9

12. 放大电路如题图 8.10 所示，已知 $\beta=20$，$U_{BE}=0.7$ V。

(1) 估算静态时的 I_C、U_{CE}；

(2) 求 $\dot{A}_u$、R_i、R_o；

(3) 若接入 $R_L=8.7$ kΩ，则 $\dot{A}_u=$？

(4) 若 R_L 开路，$R_S=1$ kΩ 时，$\dot{A}_{uS}=u_o/u_S=$？

(5) 当 C_E 开路(R_L 开路)时，$\dot{A}_u=$？

13. 如题图 8.11 所示的放大电路，若 $V_{CC}=12$ V，$R_B=400$ kΩ，$R_C=5.1$ kΩ，$R_{E1}=100$ Ω，$R_{E2}=2$ kΩ，$R_L=5.1$ kΩ，$\beta=50$。

(1) 求 Q；

(2) 画出微变等效电路；

(3) 求 $\dot{A}_u$、R_i 和 R_o。

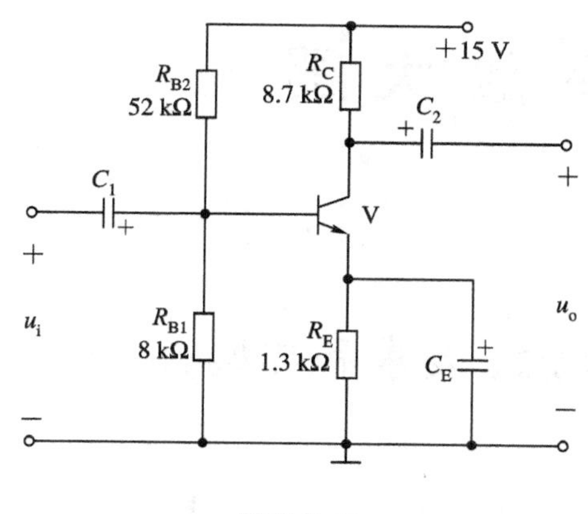

题图 8.10

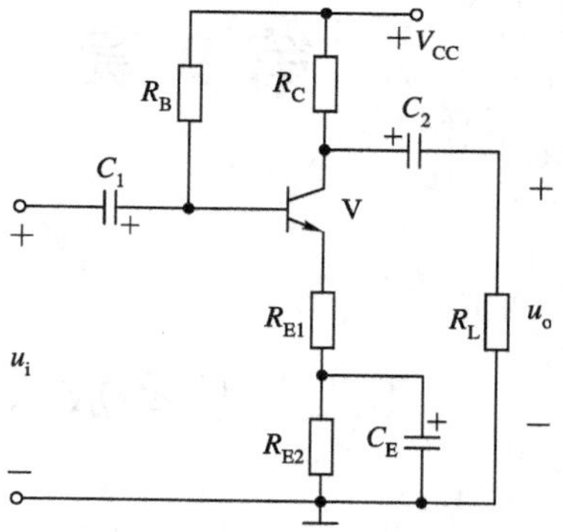

题图 8.11

14. 射极输出器如题图 8.12 所示，已知 $R_B=300\ k\Omega$，$R_E=5.1\ k\Omega$，$R_L=2\ k\Omega$，$R_S=2\ k\Omega$，$V_{CC}=12\ V$，$r_{be}=1.5\ k\Omega$，$\beta=49$，画出微变等效电路，试用等效电路法估算 $\dot{A}_u$、$\dot{A}_{uS}$、R_i 和 R_o。

15. 电路如题图 8.13 所示，$R_{B1}=R_{B2}=150\ k\Omega$，$R_S=0.3\ k\Omega$，$\beta=49$，$U_{BE}=0.7\ V$。

(1) 求 Q；

(2) 画出微变等效电路；

(3) 求 $\dot{A}_u$、R_i 和 R_o。

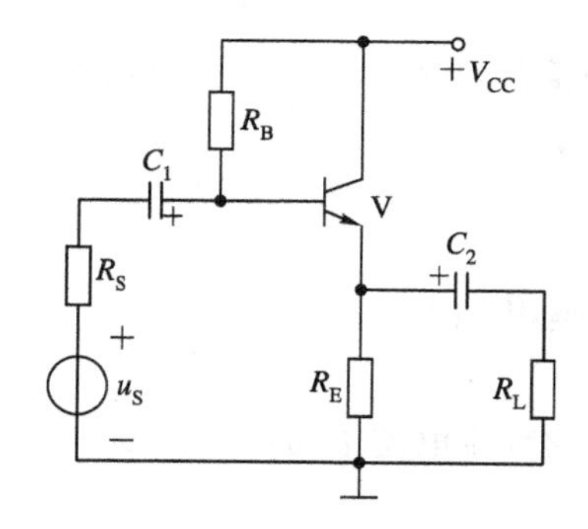

题图 8.12

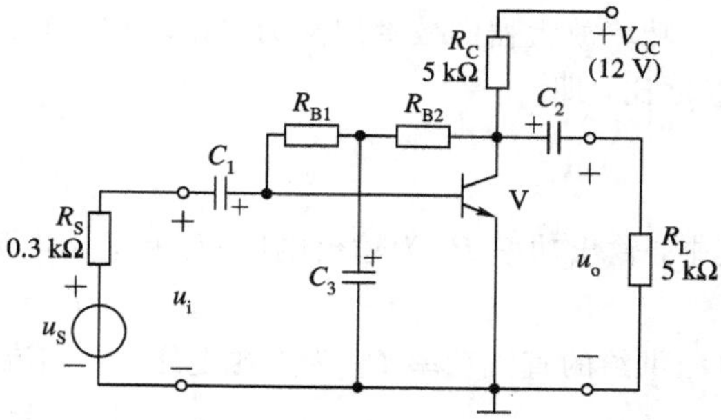

题图 8.13

16. 电路如题图 8.14 所示，求：

(1) Q 点；

(2) $\dot{A}_u$、R_i、R_o。

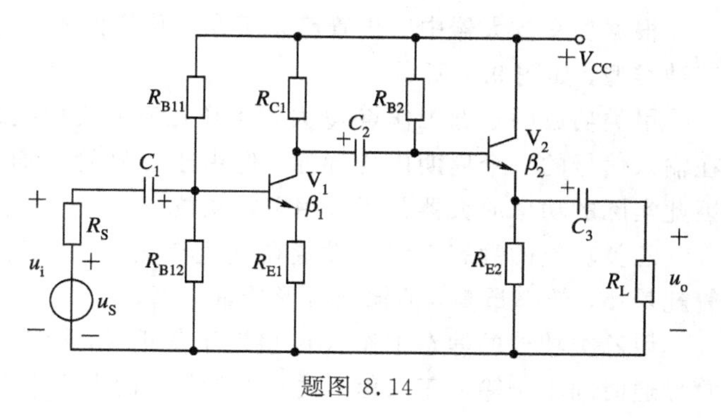

题图 8.14

第9章 功率放大器

9.1 功率放大器的概念、要求和类型

1. 功率放大器的概念

一般电子设备中的多级放大器，如图8.29所示，其输入级和中间级(前置级)大都属于电压放大器，其作用是将电压信号进行放大。而输出级(末级和末前级)一般为功率放大器(简称功放)，其作用是把电压放大器送来的低频信号进行功率放大，即不但要向负载提供足够大的电压信号，而且要向负载提供足够大的电流信号，从而推动负载工作。

2. 对功率放大器的要求

功率放大器和电压放大器在放大信号方面没有本质的区别，但对二者的要求不一样。对于电压放大器，要求其电压放大倍数大，工作稳定；而对功率放大器，则要求其输出功率大、效率高，而且非线性失真小。

功率放大器的效率定义为输出功率(负载获得的信号功率)P_o与电源供给的直流功率P_E之比，即

$$\eta = \frac{P_o}{P_E} \tag{9.1}$$

其中，输出功率P_o为输出电压U_o和输出电流I_o的乘积，即

$$P_o = U_o I_o \tag{9.2}$$

电源供给的直流功率P_E为电源电压V_{CC}和流过电源的直流电流I_C的乘积，即

$$P_E = V_{CC} I_C \tag{9.3}$$

3. 功率放大器的种类

根据功率放大器中三极管静态工作点位置的不同，可将功放分为甲类、乙类和甲乙类三种类型，如图9.1所示。

甲类功放的静态工作点Q大致工作在交流负载线的中点，无论有无输入信号，三极管在输入信号的一个周期内均导通。但由于三极管导通时间长、功耗大，使输出效率较低，因此实际的功率放大器并不采用甲类功放。

乙类功放的静态工作点设置在截止点$I_C \approx 0$，三极管在输入信号的半个周期内导通，管耗最小，效率最高，但输出波形严重失真。

甲乙类功放的静态工作点Q接近于截止区，特点是管耗和失真较小、效率较高，三极管导通时间小于输入正弦信号的一个周期，而大于半个周期。

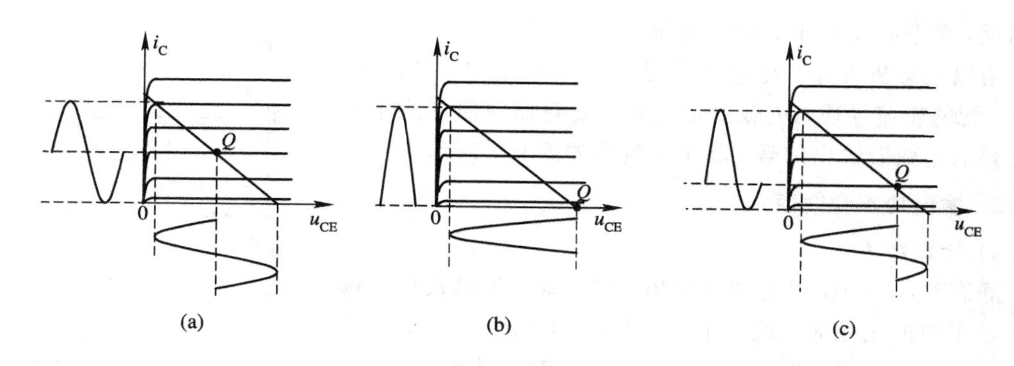

图 9.1　功率放大器的类型
(a) 甲类；(b) 乙类；(c) 甲乙类

9.2　互补对称功率放大器

乙类功放由于其静态工作点设置在截止点 $I_C \approx 0$，三极管仅在输入信号的半个周期内导通，即当输入为正弦信号时，输出端只能获得半个周期的波形，使功率放大器的输出波形严重失真。为避免输出波形失真，在实际电路中均采用两只管子轮流导通的互补对称电路。

9.2.1　OCL 乙类互补对称功率放大器

1. 工作原理

电路如图 9.2 所示。OCL 是指输出端无输出电容，输出与负载 R_L 直接耦合；互补对称是指 V_1(NPN)和 V_2(PNP)为导电类型相反、参数相同，且工作在乙类的两只功放管轮流导通，相互补足；OCL 电路要求双电源供电。

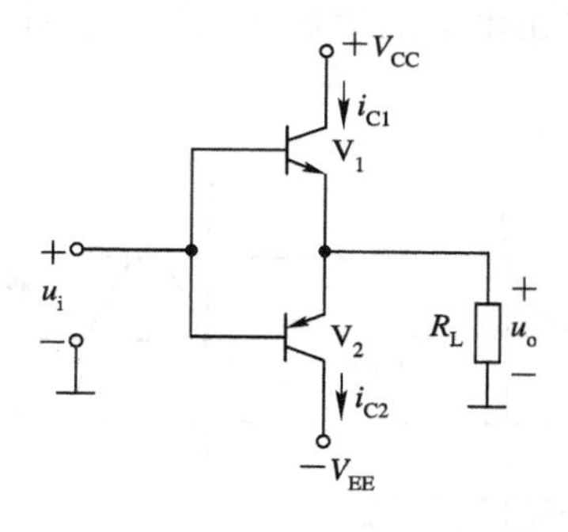

图 9.2　OCL 乙类互补对称功放原理电路

静态时($u_i=0$)，V_1、V_2 均处于零偏而截止，输出电压 $u_o=0$，此时电路不消耗功率。

当输入信号为正半周($u_i>0$)时，V_1 导通，V_2 截止，输出电流通过电源 V_{CC} 流入 V_1 的集电极，从发射极流出，经过负载 R_L 到地，负载获得正半周输出电压 $u_o>0$。

当输入信号 $u_i<0$ 时，V_1 截止而 V_2 导通，则负载 R_L 上的电流方向与信号正半周时刚

好相反，负载获得负半周输出电压 $u_o<0$。

由以上分析可知，在输入信号的一个周期内，经过 V_1 和 V_2 管的轮流导通，负载上正、负半波叠加后便形成了一个完整的正弦波输出信号，其工作波形如图 9.3 所示。

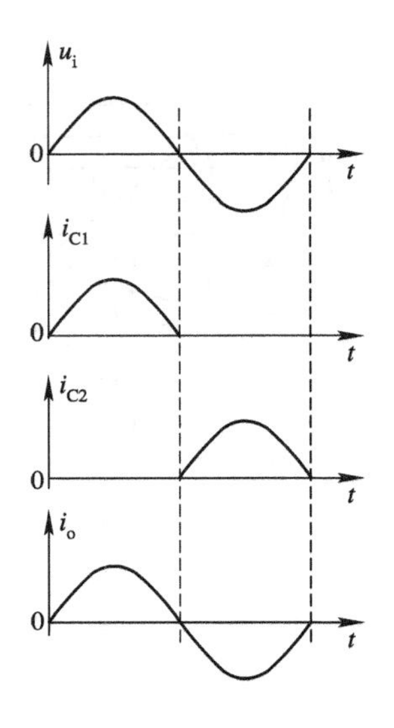

图 9.3 工作波形

2. 输出功率和效率

1）输出功率

静态时，$i_o=0$，没有功率输出。动态时，集电极电流都为半个周期的正弦波。设两个管子的饱和压降 $U_{CES}\approx 0$，则输出电压的最大幅度为 $U_{om}\approx V_{CC}$，其最大输出功率为

$$P_{om}=U_oI_o=\frac{U_{om}}{\sqrt{2}}\frac{I_{om}}{\sqrt{2}}=\frac{1}{2}\frac{U_{om}^2}{R_L}\approx\frac{V_{CC}^2}{2R_L}\tag{9.4}$$

2）效率

直流电源提供的功率只有一部分转化为信号功率，另外一部分主要被管子本身消耗掉了(大约占输出功率的 20%)。可以证明两组电源提供的总功率为

$$P_E=2\left(\frac{1}{\pi}V_{CC}I_{om}\right)=\frac{2}{\pi}\frac{V_{CC}(V_{CC}-U_{CES})}{R_L}\tag{9.5}$$

则效率为

$$\eta=\frac{P_{om}}{P_E}=\frac{\pi}{4}\frac{V_{CC}-U_{CES}}{V_{CC}}\tag{9.6}$$

在理想情况下($U_{CES}\approx 0$，$U_{om}\approx V_{CC}$)，η 达到最大值，即 $\eta=\pi/4=78.5\%$。事实上，由于饱和压降及元件损耗等因素，乙类功放的实际效率一般为 60%左右。

3）交越失真

乙类互补对称功率放大器，由于没有直流偏置，当输入信号 u_i 的幅度低于管子的死区电压时，V_1 和 V_2 截止，$i_o=0$，$u_o=0$，这就使输出电流、电压的波形发生畸变。这种由于管子的死区电压，使得输入、输出电流的波形在正、负半周过零处产生的非线性失真，称为交越失真，如图 9.4 所示。

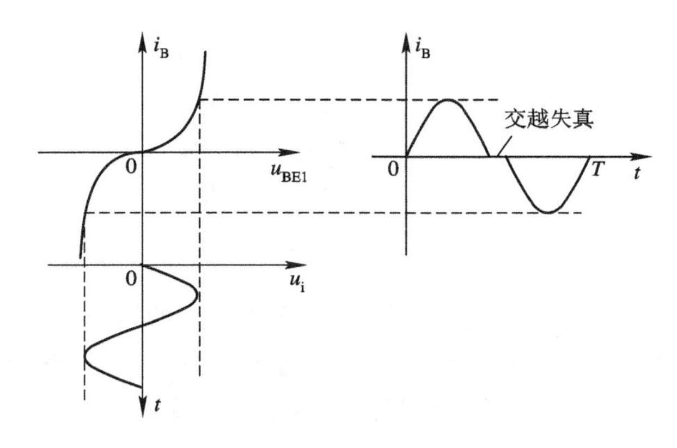

图 9.4 交越失真

例 9.1 如图 9.2 所示的乙类互补对称功率放大器，已知 $V_{CC}=24\ \text{V}$，$R_L=8\ \Omega$，试估算：

(1) 该电路最大输出功率 P_{om}；

(2) 最大管耗 P_{Tm}；

(3) 说明该功放电路对功率管的要求。

解 (1) 最大输出功率

$$P_{om}=\frac{V_{CC}^2}{2R_L}=\frac{24^2}{2\times 8}=36\ \text{W}$$

(2) 最大管耗

$$P_{Tm}\approx 0.2P_{om}=0.2\times 36=7.2\ \text{W}$$

(3) 选择功率管应满足以下的条件：

为保证管子不被烧坏，功率管的最大允许管耗 P_{Cm} 应满足

$$P_{Cm}\geqslant P_{Tm}=7.2\ \text{W}$$

当输出电压 U_o 达到最大不失真输出幅度时，截止管所承受的反向电压也为最大，且近似等于 $2V_{CC}$，故要求管子的最大反向击穿电压 $U_{(BR)CEO}$ 应为

$$U_{(BR)CEO}>2V_{CC}=2\times 24=48\ \text{V}$$

另外，功率管的最大集电极允许电流 I_{Cm} 应满足条件

$$I_{Cm}\geqslant\frac{U_{om}}{R_L}\approx\frac{V_{CC}}{R_L}=\frac{24}{8}=3\ \text{A}$$

在选择功率管时若考虑了以上三个参数，才能保证管子的正常使用。

9.2.2 OCL 甲乙类互补对称功率放大器

减小和克服乙类功放交越失真的方法是给两个功放管设置一个较小的静态偏压，从而使两个管子在静态时就处于导通状态。用这种方式设计的功放称为 OCL 甲乙类互补对称功率放大器，如图 9.5 所示。图中利用了二极管的直流压降作为功放管的基极偏压来克服交越失真。

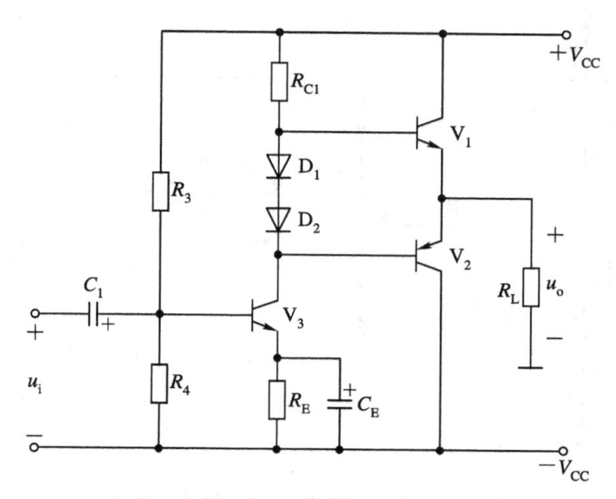

图 9.5 OCL 甲乙类互补对称功率放大器

9.2.3 OTL 甲乙类互补对称功率放大器

OCL 电路中的双电源供电方式在实际使用中有诸多不便，若在功放的发射极和负载 R_L 之间加一大的电解电容 C，且使电容 C 两端的电压稳定在 $V_{CC}/2$，则电容 C 就可以代替 OCL 电路中负电源的作用为 V_2 管供电。图 9.6 所示的电路，为单电源供电甲乙类互补对称功率放大器，简称 OTL 电路，OTL 是指输出无变压器。

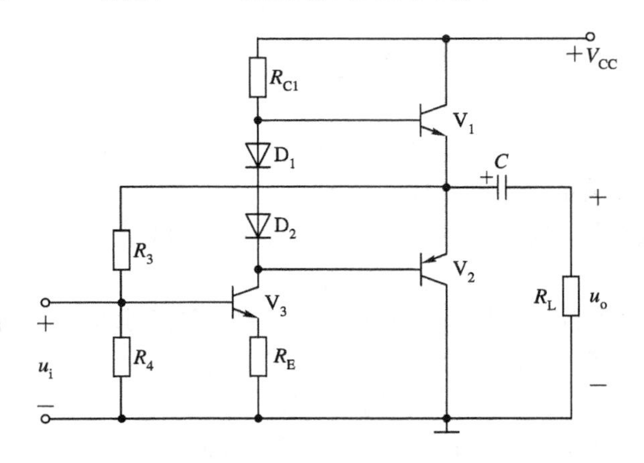

图 9.6 OTL 甲乙类互补对称功率放大器

OTL 电路中有关输出功率、管耗等指标的计算方法与 OCL 电路相同，但由于 OTL 电路中每只三极管的工作电压仅为 $V_{CC}/2$，因此在应用 OCL 电路的有关公式时，应将 V_{CC} 用 $V_{CC}/2$ 替代。

当要求功率放大器的输出功率较大时，选配符合电路对称要求的大功率 NPN 和 PNP 管就比较困难。解决这个问题的方法是：把两个型号和参数都相同的大功率管通过驱动管变成复合管，如图 9.7 所示。其中 V_1 为驱动管，V_2 为大功率管。

从图 9.7 可知：

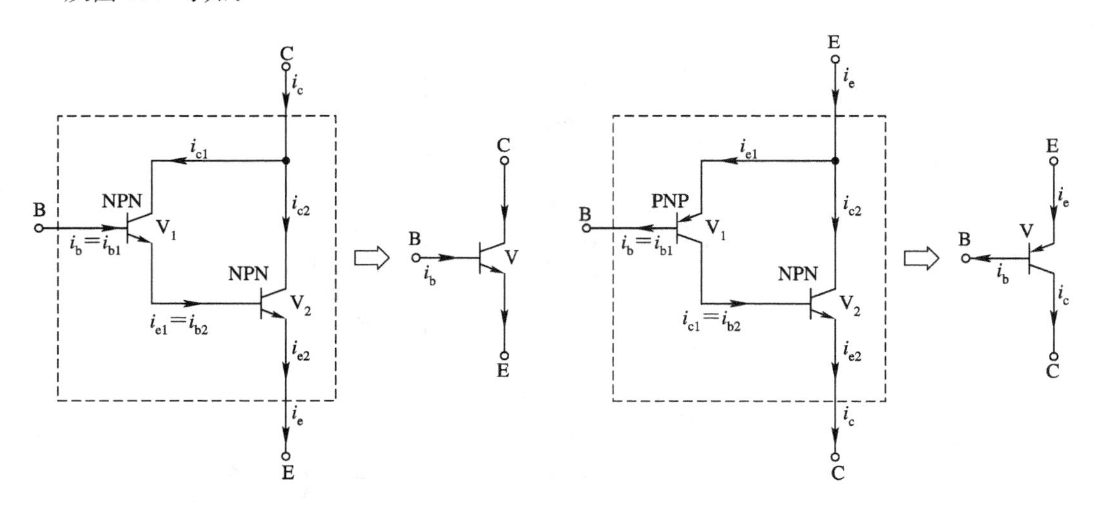

图 9.7 复合管的连接方法和等效电路

（1）无论两管的管型是否相同，连接时各极电流的方向必须相同。

（2）若 V_1、V_2 的放大倍数为 β_1 和 β_2，则复合管的总放大倍数 $\beta=\beta_1\beta_2$。

（3）复合管的等效管型与驱动管的管型相同。

9.3 集成功率放大器

集成功率放大器是一种能完成功率放大功能的集成电路，其特点是性能稳定、可靠、适应长时间工作。有些种类的集成功率放大器内还有过载保护和热切断电保护电路，在输出过载或负载短路时起到保护作用。使用这种集成电路时，只需在电路外部接入规定数值的电阻、电容、电源及负载，就可向负载提供一定的功率。

图 9.8 是型号为 SL33 的集成功率放大器作为收音机的功放输出使用时的电路接线图。SL33 外部有 14 个引脚，内部由 9 个三极管、10 个电阻构成甲乙类互补对称电路，输出功率为 130 mW。

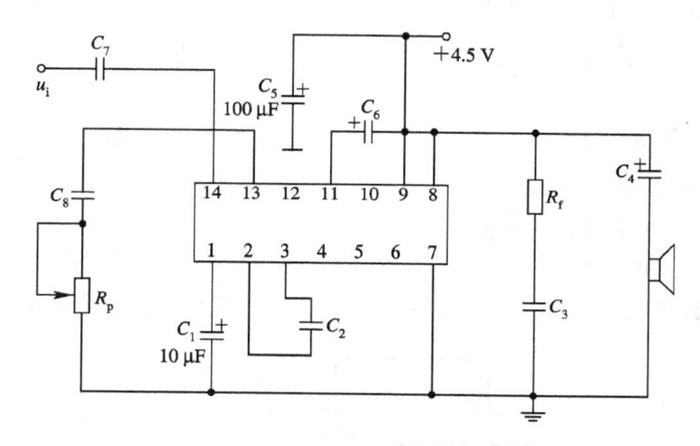

图 9.8　SL33 集成功率放大器接线图

图中各元件的作用如下。

电容 C_1：电源的滤波电容，作用是保证引脚 1 端电位稳定；

电容 C_2：消振电容，作用是防止电路可能产生的高频振荡；

电阻 R_f、电容 C_3：与负载（8 Ω 喇叭）并联构成阻尼网络，使并联电路成为纯电阻负载；

电容 C_4（输出耦合电容）：因为 SL33 功率放大器采用单电源供电，接入 C_4 大电容与负载（8 Ω 喇叭）串联，其上充电电压为 $U_C=4.5/2=2.25$ V，所以该电路为 OTL 电路；

电容 C_5：滤波电容，作用是滤除电源电压的交流成分；

电容 C_6：自举电容；

电容 C_7：耦合电容；

电容 C_8、电阻 R_p：构成交流电压串联负反馈电路。

习　题　9

1. 电路如题图 9.1 所示，功放管 V_1、V_2 参数对称，设饱和压降 $U_{CES}=2$ V，求负载电

阻 $R_L=8\ \Omega$ 上得到的最大输出功率 P_{om} 和效率 η。

2. 乙类互补对称推挽功率放大器如题图 9.2 所示。已知 $V_{CC}=26$ V，$R_L=8\ \Omega$，V_1、V_2 管的饱和压降 $|U_{CES}|=2$ V，$|U_{BE(ON)}|=0.7$ V，$U_{D(ON)}=0.7$ V。

(1) 试求静态时 U_A、U_{B1} 和 U_{B2} 的值；

(2) 若测得负载 R_L 上电压有效值为 15 V，试求输出功率 P_o，管耗 P_T，电源的输出功率 P_E 及效率 η 各为多少？

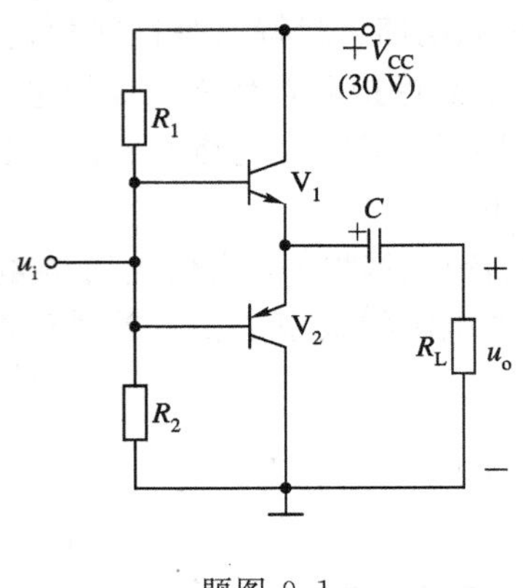

题图 9.1

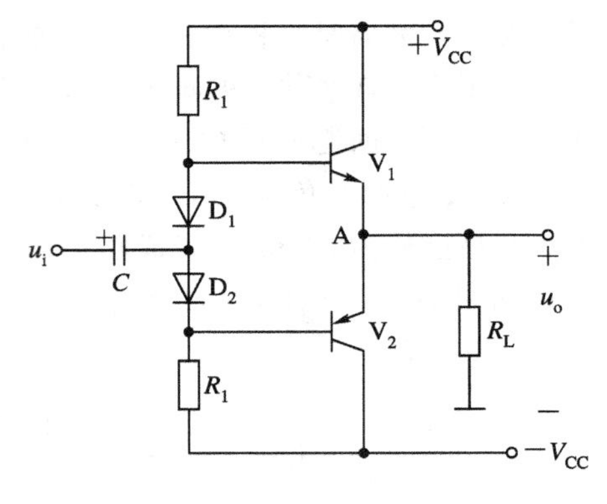

题图 9.2

3. 功率放大电路如题图 9.3 所示。

(1) $u_i=0$ 时，U_E 应调至多少伏？

(2) 电容 C 的作用如何？

(3) $R_L=8\ \Omega$，管子饱和压降，$U_{CES}=2$ V，求最大不失真输出功率 P_{om}。

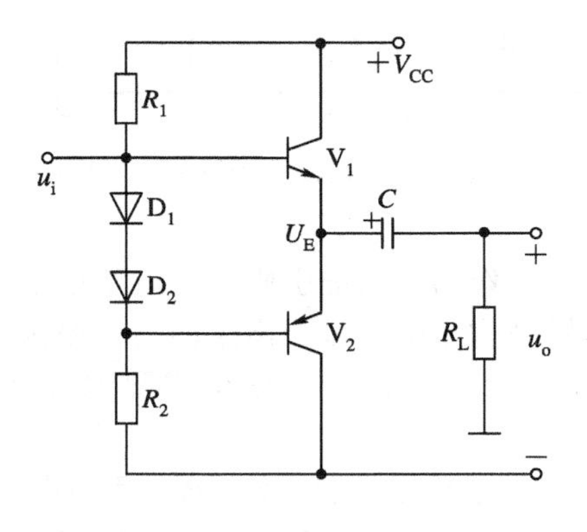

题图 9.3

第10章　直流放大器

直流放大器是一种能够放大微弱的直流信号或频率极低交流信号的放大器。它在自动控制、检测及计算机系统中有着广泛的应用。

直流放大器有两类：

(1) 直接耦合放大器。由于在多级直流放大器的级间采用直接耦合方式，因此会产生零点漂移问题。克服零点漂移的办法是在多级直流放大器的输入级采用差动放大器。

(2) 调制型直流放大器。它先将直流信号变换为一定频率的交流信号，把交流信号放大后再还原为直流信号，以这种方式抑制零点漂移。

本章重点介绍应用广泛的差动放大器。

10.1　差动放大器的基本概念

10.1.1　零点漂移

实际的直流放大器，当输入信号电压为0时，输出信号电压不为0，而是做不规则的缓慢变化，这种现象称为零点漂移，简称零漂。产生零漂的原因很多，但主要是由于温度、电源电压等变化引起各级静态工作点电压的缓慢变化，且这种变化会被逐级放大，最终使输出静态电压偏离原定值而做不规则的变动。

衡量零漂的指标有温度漂移和时间漂移两种。温度漂移是指温度变化1℃所产生的漂移电压折合到输入端的数值。时间漂移是指在一定时间(例如24小时)内，漂移的电压折合到输入端的最大漂移值。

交流放大器由于级间电容的隔直作用，几乎不存在零漂。零漂会严重影响直流放大器的正常工作，尤其是当输入的有用信号比较微弱时，零漂所造成的虚假信号会淹没掉有用信号，使放大器失去放大作用。例如，一放大器的 $A_u=1000$，输出电压漂移为200 mV，折合成输入端的漂移电压为 $\Delta V_{id}=200/1000=0.2$ mV。这时若输入信号电压小于0.2 mV，则有用信号就会被漂移电压所淹没。

10.1.2　基本差动放大器

基本差动放大器，是由两个参数完全相同的单管共射极放大器构成的，如图10.1所示。电路中每一个单管共射极放大器称为单边放大器。差动放大电路有两种信号输入方式：双端输入和单端输入。有两种信号输出方式：双端输出和单端输出。根据不同的输入和输出方式，有四种不同的组合：双端输入双端输出，如图10.1所示，双端输出指输出电压取两管集电极的电位之差；双端输入单端输出，图 10.1 中从一个管子的集电极对地取输出电压；单端输入双端输出，输入信号加在两个输入端，但一个输入端接地；单端输入单端输出。

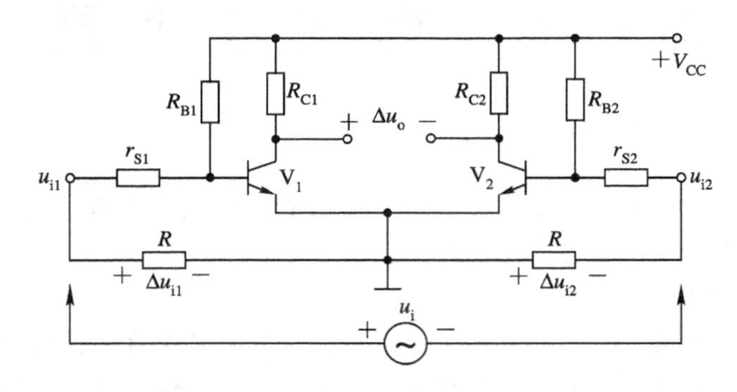

图 10.1　基本差动放大器

1. 工作原理

差动放大器采用双端输出时对零漂有很强的抑制作用。因为在某一温度时，若输入信号为 0，则因电路对称，两管的集电极对地电位相等，即 $U_{C1}=U_{C2}$，所以输出电压为 0，即

$$u_o = U_{C1} - U_{C2} = 0$$

实现了零输入时零输出。当温度升高时，三极管 V_1、V_2 的集电极电流 I_{C1} 和 I_{C2} 增大，集电极对地电位 U_{C1} 和 U_{C2} 下降，但由于电路对称，两管集电极电流的变化量也相等，即 $\Delta I_{C1}=\Delta I_{C2}$，两管的集电极对地电位的变化量也相等，即 $\Delta U_{C1}=\Delta U_{C2}$，这时的双端输出电压仍为 0。这就是说，尽管每一个单边放大器的静态工作点随着温度的变化而改变(即有零漂)，但零输入时，差动放大电路的双端输出电压始终为 0，即不存在零漂。

2. 放大作用

设差动放大器的两个输入信号分别为 u_{i1} 和 u_{i2}，两个单边放大器的放大倍数分别为 A_{V1}、A_{V2}，则两管的集电极对地之间的输出信号电压为

$$u_{o1} = A_{V1} u_{i1}$$

$$u_{o2} = A_{V2} u_{i2}$$

两个集电极之间的输出电压为

$$u_o = u_{o1} - u_{o2} = A_{V1} u_{i1} - A_{V2} u_{i2}$$

由于电路对称，$A_{V1}=A_{V2}=A_V$，因此

$$u_o = A_V(u_{i1} - u_{i2}) \tag{10.1}$$

上式表明，差动放大器的输出电压与两个输入电压之差成正比。这是差动放大器的重要特征，也是差动放大器命名的由来。

差动放大器工作时的输入信号可分为差模信号和共模信号。差模信号是指两个输入信号的大小相等、相位相反，即 $u_{i1}=-u_{i2}$，它是需要放大的有用信号。共模信号是指两个输入信号的大小相等、相位相同，即 $u_{i1}=u_{i2}$，它是需要抑制的无用干扰信号。

1) *差模放大作用*

如图 10.1 所示，输入信号 u_i 通过两个相同的电阻 R 可分成两个大小相等、极性相反

的差模信号，即

$$u_{i1}=\frac{1}{2}u_i \quad 和 \quad u_{i2}=-\frac{1}{2}u_i$$

分别加到两个单边放大器的输入端，这种输入方式称为差模输入。此时的输出电压为

$$u_o=A_V(u_{i1}-u_{i2})=A_V u_i$$

若用差模放大倍数 A_d 表示差动放大器对差模信号的放大作用，则

$$A_d=\frac{u_o}{u_i}=A_V \tag{10.2}$$

即差动放大器对差模信号的电压放大倍数与单边放大器相同。

2）共模放大作用

若差动放大器中的两个单边放大器完全对称，且输入共模信号 $u_{i1}=u_{i2}=u_{ic}$，则输出电压

$$u_o=A_V(u_{i1}-u_{i2})=0$$

用 A_c 表示差动放大器对共模信号的放大倍数，简称共模放大倍数，则

$$A_c=\frac{u_o}{u_{ic}}=0$$

即对共模信号无放大作用。由于实际的差动放大器不可能完全对称，则 $u_o\neq0$，$A_c\neq0$，但由于 $A_c\ll A_d$，因此差动放大器对共模信号仍有很强的抑制能力。为了衡量抑制零漂的效果，需要用一定量指标，称为共模抑制比。

3）共模抑制比

差动放大器的差模放大倍数与共模放大倍数的比值定义为共模抑制比，用 CMRR（Common Mode Rejection Ration）表示，即

$$\text{CMRR}=\frac{A_d}{A_c} \tag{10.3}$$

共模抑制比也可用分贝表示，即

$$\text{CMRR(dB)}=20\lg\frac{A_d}{A_c}$$

CMRR 越大则电路抑制零漂的能力越强，理想情况下这个比值是无穷大。一般差动放大器的 CMRR 约为 60 dB，较高水平的为 120 dB。

10.2 典型差动放大电路

1. 电路组成

基本差动放大电路对零漂的抑制，是靠两个管子集电极电位的漂移相互抵消，使双端输出的零漂被抑制，并没有抑制单管的零漂。电路不对称，抑制零漂的效果就要受到限制。若采用单端输出，就根本没有抑制零漂的作用。为了进一步减小单边放大器的零漂，使双端输出的零漂更好地被抑制，把基本差动放大电路改进成如图 10.2 所示的电路，称为典型差动放大器。

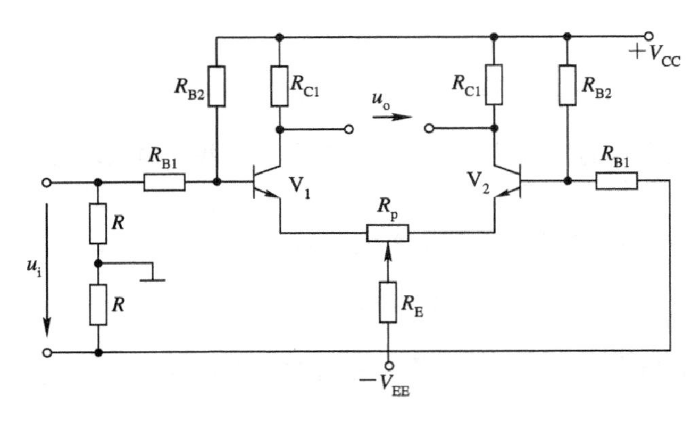

图 10.2　典型差动放大器

图 10.2 中的 R_E 上通过的电流近似为 $2I_E$，作用是通过其电流负反馈抑制共模信号，例如温度升高时负反馈的过程如下：

$$T\uparrow \rightarrow I_{C1}(I_{C2})\uparrow \rightarrow I_E\uparrow \rightarrow U_E=2I_ER_E\uparrow \rightarrow U_{BE1}(U_{BE2})\downarrow \rightarrow I_{B1}(I_{B2})\downarrow \rightarrow I_{C1}(I_{C2})\downarrow$$

可见，由于 R_E 的负反馈作用，使集电极的电流基本上保持稳定，从而使单端输出的漂移得到抑制，当然也使双端输出的漂移进一步减小。R_E 越大，负反馈越强，抑制漂移和共模干扰的能力越强，故称 R_E 为共模反馈电阻。

R_p 称为调零电位器，作用是当电路不对称时调节两管集电极的电位，使其静态双端的输出电压为 0。

负电源 V_{EE}的作用是在电路接入 R_E 时，抵消 R_E 上的直流压降，保证晶体管有一个合适的静态工作点和较大的动态范围。

2. 对差模信号的放大

差动放大电路在接入 R_E 后，对差模信号的放大没有影响。对于差模信号，由于电路对称，两管的集电极电流一个在增加，一个在减小，且增加与减小的数量相等，因此 R_E 上的电压保持不变，即 R_E 对差模信号没有反馈作用。典型差动放大器的差模等效电路如图 10.3 所示。

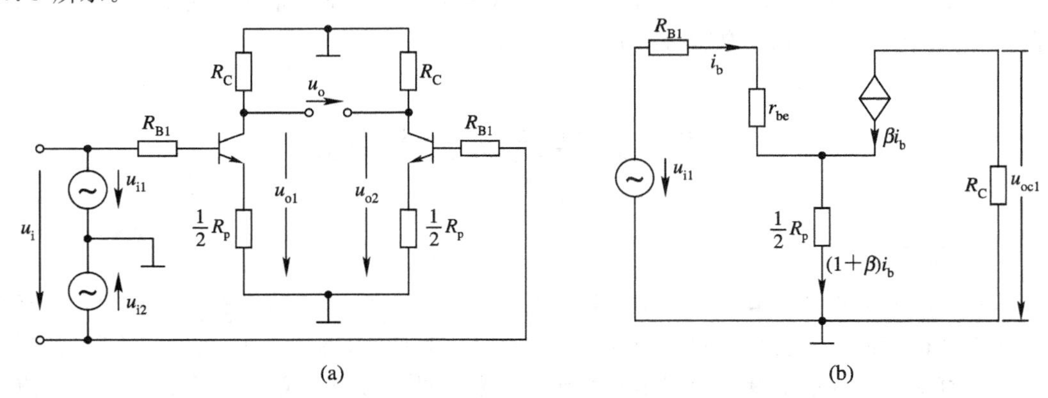

图 10.3　典型差动放大器的差模等效电路

(a) 差模信号通路；(b) 单管微变等效电路

1）差模电压放大倍数

差动放大器的电压放大倍数 A_d 与单管放大器的 A_V 相同，即

$$A_d = A_V = \frac{u_{o1}}{u_{i1}} = -\frac{\beta R_C}{R_{B1} + r_{be} + (1+\beta) \cdot \frac{1}{2} R_p} \tag{10.4}$$

由式(10.4)可知，R_C 越大，R_{B1} 越小，A_d 越大。R_p 不宜过大，一般为几十到几百欧。

采用单端输出时的差模电压放大倍数 $A_{d单}$，应为双端输出时差模电压放大倍数 A_d 的一半，即

$$A_{d单} = \frac{u_{o1}}{u_i} = \frac{u_{o1}}{2u_{i1}} = \frac{1}{2} A_d \tag{10.5}$$

2）差模输入电阻 r_{id} 和差模输出电阻 r_{od}

由图 10.3(b)知差模单管电路的输入电阻为

$$r_{id单} = R_{B1} + r_{be} + (1+\beta) \cdot \frac{1}{2} R_p \tag{10.6}$$

差动放大电路的差模输入电阻，应是两个输入端所呈现的电阻，大小应为两个差模单管电路输入电阻的串联值，即

$$r_{id} = 2r_{id单} = 2\left[R_{B1} + r_{be} + (1+\beta) \cdot \frac{1}{2} R_p\right] \tag{10.7}$$

差模单管电路的输出电阻为

$$r_{od单} \approx R_C \tag{10.8}$$

差动放大电路的差模输出电阻，应是两个输出端所呈现的电阻，大小应为两个差模单管电路输出电阻的串联值，即

$$r_{od} \approx 2R_C \tag{10.9}$$

3. 对共模信号的抑制

对共模信号而言，相当于在发射极接了 $2R_E$，故共模信号通路如图 10.4(a)所示，单管共模等效电路如图 10.4(b)所示。

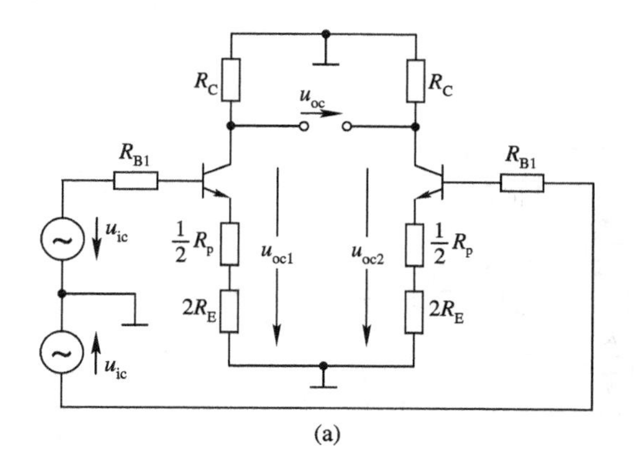

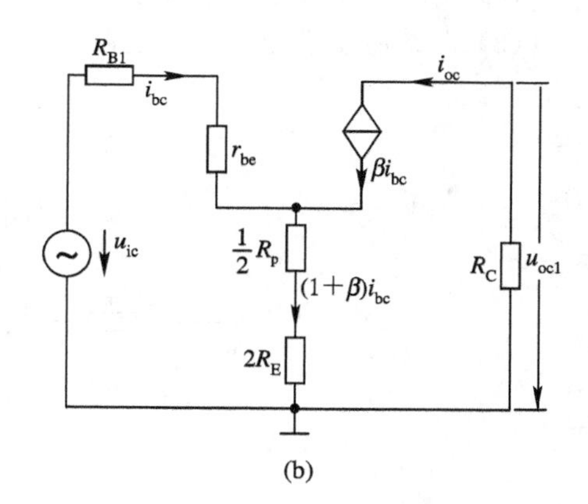

图 10.4　典型差动放大器的共模等效电路

(a) 共模信号通路；(b) 单管共模等效电路

从图 10.4(a)可得到单端输出的共模电压放大倍数为

$$A_{c单} = \frac{u_{oc1}}{u_{ic}} = \frac{-\beta R_C}{R_{B1} + r_{be} + (1+\beta)\left(\frac{1}{2}R_p + 2R_E\right)} \tag{10.10}$$

考虑到 R_E 很大，上式可化为

$$A_{c单} \approx -\frac{R_C}{2R_E} \tag{10.11}$$

式(10.11)表明，只要 R_E 选得足够大，则单端输出的共模电压放大倍数 $A_{c单}$ 也能远小于 1，即在单端输出时也能对共模信号进行有效的抑制，共模抑制比为

$$\text{CMRR}_{单} = \frac{A_{d单}}{A_{c单}} = \frac{\beta R_E}{R_{B1} + r_{be} + (1+\beta)\cdot\frac{1}{2}R_p} \tag{10.12}$$

对于双端输出，若电路理想对称，则 $A_c=0$，$\text{CMRR}=\infty$。但实际上电路不可能理想对称，因而 $A_c \neq 0$。可以证明双端输出时的共模抑制比为

$$\text{CMRR} \approx \frac{2R_E}{R_{B1}\frac{|\beta_1-\beta_2|}{\beta_1\beta_2} + \frac{|U_{BE1}-U_{BE2}|}{I_C}} \tag{10.13}$$

式中，$|\beta_1-\beta_2|$ 是两管的电流放大倍数之差，$|U_{BE1}-U_{BE2}|$ 是两管的 U_{BE} 之差，I_C 是每个管子集电极的静态电流。从式中可看出，增大 R_E、β 值，减小基极回路的电阻及两管的特性差异，均可提高共模抑制比。

习　题　10

1. 电路如题图 10.1 所示，设图中 $\beta_1=\beta_2=60$，晶体管的输入电阻 $r_{be1}=r_{be2}=1\ \text{k}\Omega$，$U_{be}=0.7\ \text{V}$，电位器 R_p 的触点在中间位置。试求：

(1) 电路的静态工作点；

(2) 电路的差模电压放大倍数；

(3) 电路的差模输入输出电阻。

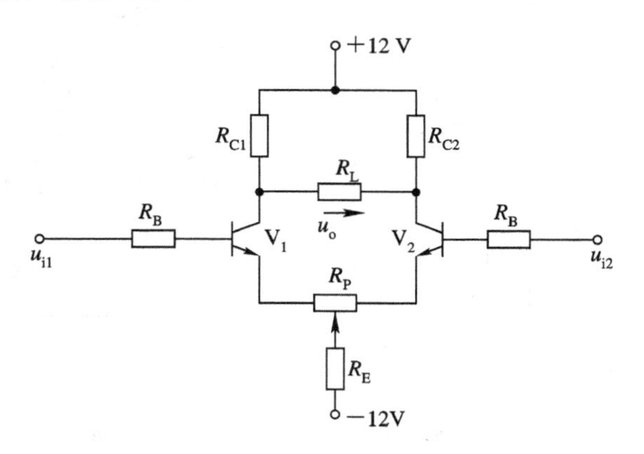

题图 10.1

2. 电路如题图 10.2 所示，已知 $\beta_1=\beta_2=60$，$r_{be1}=r_{be2}=1.5\ \text{k}\Omega$，$U_{BE1}=U_{BE2}=0.7\ \text{V}$，

$u_{i1}=7$ mV，$u_{i2}=15$ mV，试求电路的输出电压 u_o，并计算电路的共模抑制比。

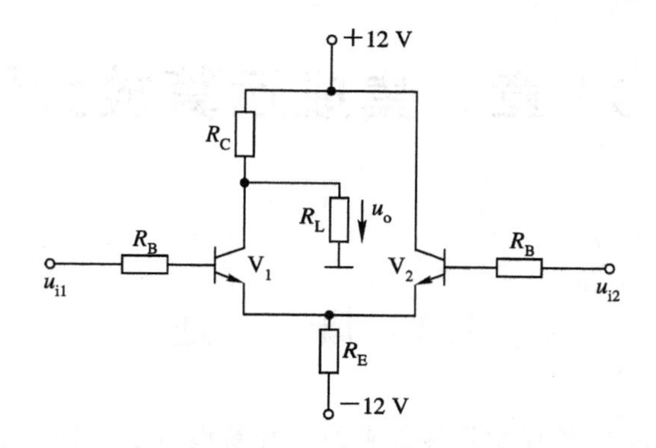

题图 10.2

3. 电路如题图 10.3 所示，已知 $\beta=100$，$U_{BE}=0.7$ V，$V_{CC}=V_{EE}=12$ V，$R_C=6$ kΩ，$R_E=5.6$ kΩ，$R_L=10$ kΩ。

(1) 估算 I_C、U_{CE}；

(2) 试求 A_{ud}、R_{id}、R_{od}；

(3) 若将 R_E 的阻值改为 11 kΩ，再求 A_{ud} 和 R_{id}。

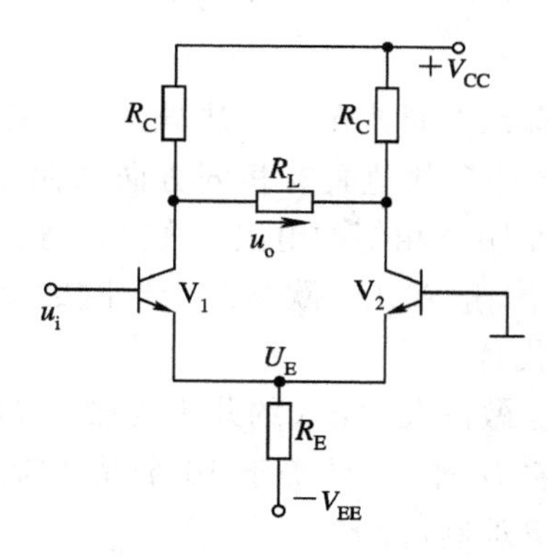

题图 10.3

第 11 章　集成运算放大器

11.1　概　　述

集成电路是 20 世纪 60 年代初发展起来的一种新型电子器件。它实现了元件、电路和系统的三结合。与分立元件电路相比，集成电路具有成本低、体积小、重量轻、耗能低及可靠性高等特点。

集成运算放大器，简称集成运放，是一种高放大倍数（10^4～10^6）的直接耦合放大器。它在不同的外接反馈网络配合下，能够实现比例、加、减、乘、除、微分、积分等数学运算。随着集成运算放大器的大量生产，它已成为一种通用性很强的功能部件，已远远超出了数学运算的范围，在自动控制系统、测量仪表及其他电子设备中得到了广泛的应用。

1. 集成运放的特点

（1）由于集成电路中的所有元件同处在一小块硅片上，相互距离非常近，制作时工艺条件相同，因而，同一片内的元件参数值具有相同方向的偏差，温度特性基本一致，容易制成两个特性相同的管子或两个阻值相等的电阻，故特别适宜制作差动放大器。

（2）在集成电路中，电阻值一般在几十欧至几十千欧的范围内。大阻值电阻往往外接或用晶体管制成有源负载电阻代替。

（3）集成电路中的电容不能做得太大，大约几十皮法，常用 PN 结电容构成。这是因为制造一个 10 pF 的电容所需的硅片面积，约等于 10 个晶体管所占的面积。所需的大电容，需采用外接方式。至于电感就更难制造。

（4）集成电路中的二极管都用三极管构成，常用形式是将基极与集电极短路和射极构成二极管。

正是由于上述这些特点，在集成运放中，级与级之间都是采用直接耦合的方式。

2. 集成运算放大器的组成简介

集成运算放大器的类型很多，其内部电路大多为直接耦合多级放大器，一般由以下四部分电路组成，如图 11.1 所示。

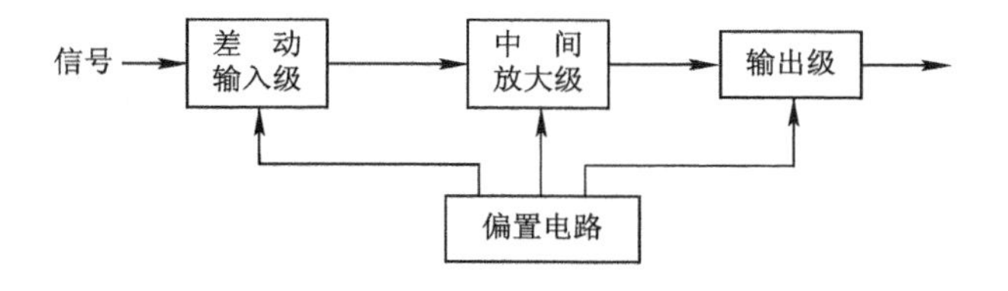

图 11.1　集成运算放大器的组成

1）输入级

输入级一般是差动放大器，利用它的对称性可以提高整个电路的共模抑制比和良好的输入特性。

2）中间级

中间级一般要有很高的电压放大倍数。此外还具有将双端输出转换为单端输出的作用，使运放实现零输入时零输出。

3）输出级

输出级直接与负载相连，要求它具有足够大的功率输出，一般由射极输出器或甲乙类互补对称功率放大器组成，以提高带负载能力。

4）偏置电路

其作用是向各级放大电路提供偏置电流，以设置合适的静态工作点和提供恒流源。

集成运放除了这四个主要部分外，通常根据实际需要还可以设置一些辅助电路，如外接调零电路、过电流、过电压、过热保护等电路。

为节省篇幅，本书不再介绍集成电路的内部电路，有兴趣的读者可参阅有关资料。

11.2 集成运算放大器的外形符号与主要参数

1. 集成运算放大器的外形与符号

集成运算放大器的外观有的是扁平双列直插式，有的是圆壳封装，引出脚有 8 只（如 F004，F007）、10 只（如 5G28）、12 只（如 BG305，8FC2）等多种，如图 11.2 所示。

运算放大器的符号如图 11.3 所示。

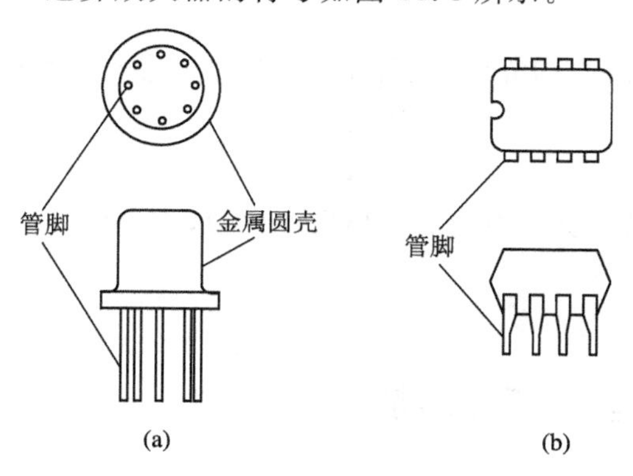

图 11.2 集成运算放大器的外形
（a）圆壳封装；（b）双列直插封装

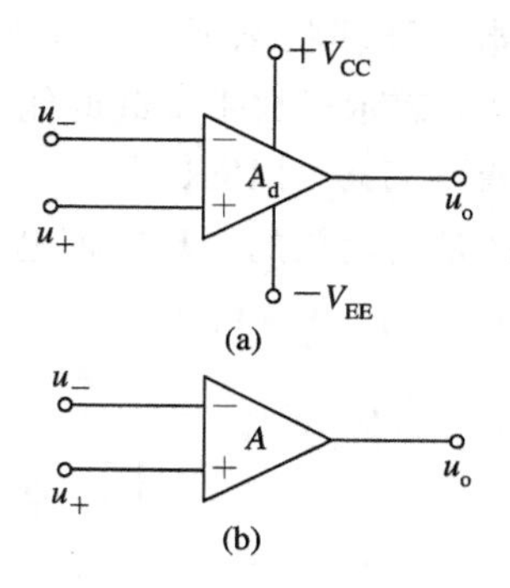

图 11.3 集成运算放大器的符号
（a）标准符号；（b）简化符号

图 11.3(a)中的▷表示放大器，A_d 表示运放的开环电压增益；右侧为输出端，u_o 是输出端对地的电压；左侧的"－"端标志为反相输入端，表示当信号由此端与地之间输入时，输出信号与输入信号反相，这种输入方式称为反相输入；图中左侧的"＋"端为同相输入端，当信号由此端与地之间输入时，输出信号与输入信号同相，这种输入方式称为同相输入；正、负电压源分别用$+V_{CC}$和$-V_{EE}$表示。图 11.3(b)为运放的简化符号。输出端对地的

电压 u_o 与两个输入端对地电压 u_- 和 u_+ 之间的关系为

$$u_o = A_d(u_+ - u_-) \tag{11.1}$$

式中的 A_d 为集成运算放大器本身的电压放大倍数，也称开环电压放大倍数。

2. 运算放大器的主要参数

1）输入失调电压 U_{os}

实际的运算放大器，即使输入电压为 0，输出电压也不一定为 0；为了使输出电压为 0，就必须在输入端加一个补偿电压，以抵消这一输出电压，这个补偿电压称为输入失调电压，用 U_{os} 表示。输入失调电压一般是毫伏数量级，约为 1 mV～10 mV。U_{os} 越小，电路输入部分的对称度越高。

2）输入偏置电流 I_{IB}

当输入信号为 0 时，两个输入端静态电流的平均值称为输入偏置电流，其值越小越好，一般为 10 nA～1 μA（$1\ nA=10^{-9}\ A$）。

3）输入失调电流 I_{os}

实际的运算放大器，由于元件的离散性，两个输入端的静态电流一般不相等。输入失调电流是指运放输出电压为 0 时两个输入端的静态电流之差，其值一般为 1 nA～0.1 μA。

4）开环差模电压增益 A_d

A_d 是指运放在开环（没接外部反馈网络）情况下，输出端不接负载，输出电压与差模输入电压的比值，即 $A_d = u_{od}/u_{id}$。通常 $A_d \geqslant 100$ dB。

5）差模输入电阻 R_{id}

R_{id} 是指在开环状态时，差模信号输入时运放的输入电阻，即 $R_{id} = u_{id}/i_{id}$。R_{id} 一般为几百千欧至几兆欧，其值愈大，表示运放的性能愈好。

6）输出电阻 R_o

R_o 是指在开环状态下，由运放输出端看进去的等效电阻。R_o 一般为几十至几百欧，R_o 的值愈小，表示运放带负载的能力愈强。

7）共模抑制比 CMRR

CMRR 是指运放的开环差模电压放大倍数与共模电压放大倍数的比值，一般在 80 dB 以上。

11.3 理想运算放大器

集成运放都具有以下共同特征：开环电压增益非常高，输入电阻很大，输出电阻很小，有很高的共模抑制比，这些参数都接近理想化的程度。因此，在分析含有集成运放的电路时，为了简化分析，可以将实际的运算放大器视为理想的运算放大器。理想运放的主要特点是：

（1）开环差模电压增益为无穷大，即 $A_d = \infty$。

（2）差模输入电阻为无穷大，即 $R_{id} = \infty$。

（3）输出电阻为 0，即 $R_o = 0$。

（4）输入失调电压 U_{os} 和输入失调电流 I_{os} 都为 0。

(5) 共模抑制比为无穷大，即 CMRR$=\infty$。

(6) 开环带宽为无穷大，即 BW$=\infty$。

根据这些特点，不难看出理想运放有两个重要特征：

第一，由于理想运放的电压增益 $A_d=\infty$，而输出电压 u_o 有限，因而有

$$u_+ - u_- = \frac{u_o}{A_d} \approx 0$$

即

$$u_+ = u_-$$

这说明理想运放两个输入端的电位相等，同相与反相输入端之间的电压为 0，相当于短路，常称为“虚短”。

第二，由于理想运放的输入电阻 $R_{id}=\infty$，因此反相端和同相端的输入电流等于 0，即

$$i_+ = i_- = 0$$

这表明运放的两个输入端相当于开路，常称为“虚断”。

“虚短”与“虚断”的概念是分析理想运放电路的基本法则，利用此法则可大大简化电路的分析过程。理想运放的符号如图 11.3(b)所示。

11.4 集成运放的保护

集成运放在使用时，如果电源极性接反、电源电压过高、输入信号电压过高等，都会造成集成运放的损坏，而集成运放一旦损坏就难以修复。所以在使用时，一般要设置以下几种保护措施。

1. 电源极性接错和瞬间过压保护

利用二极管的单向导电性即可防止由于电源极性接反而造成的损坏。方法是在电源回路中串入两只二极管，如图 11.4 所示。原理是当电源极性正确时，两只二极管 D_1、D_2 均处于导通状态，给集成运放正常供电；当电源极性接反时，两只二极管都截止，起到隔离电源的作用，有效地保护了集成运放。

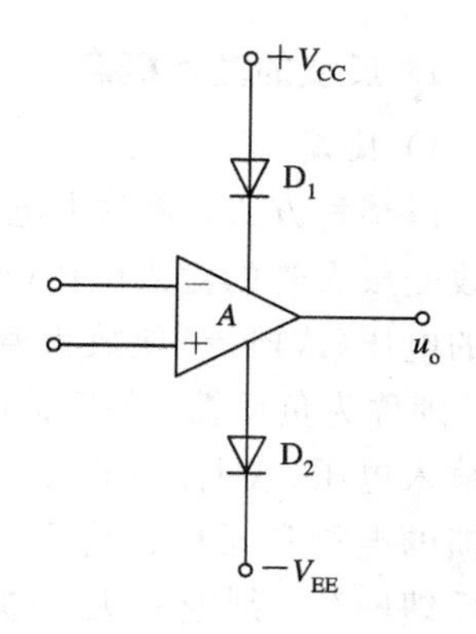

图 11.4 运放电源极性接错保护措施

2. 集成运放输入和输出的保护

当运放输入端的信号超过额定值时，可能会引起运放的损坏，即使没产生永久性的损坏，也会使运放各方面的指标下降。常用的保护方法是利用二极管的正向导通电压对输入信号进行限幅，并在运放的两个输入端与信号源之间串入限流电阻，构成运放输入保护电路，如图 11.5(a)所示。当输入信号小于二极管的导通电压 U_{ON} 时，D_1、D_2 均处于截止状态；当输入信号大于 U_{ON} 时，D_1、D_2 中有一只导通，将运放的输入信号限制在 $\pm U_{ON}$，使运放得到保护。

输出保护的常用方法如图 11.5(b)所示。电路中的三极管 V_1 与 V_2，V_3 与 V_4 分别组成镜像电流源。运放正常工作时，由于电流较小，V_1 和 V_3 工作在饱和状态，没有恒流的

作用，饱和压降很小，电源电压几乎全部加在运放上。当运放输出端过载或负载短路时，V_1 和 V_3 由饱和进入放大状态，具有恒流的作用，流过运放及负载的电流被电流源所限制，从而保护运放。

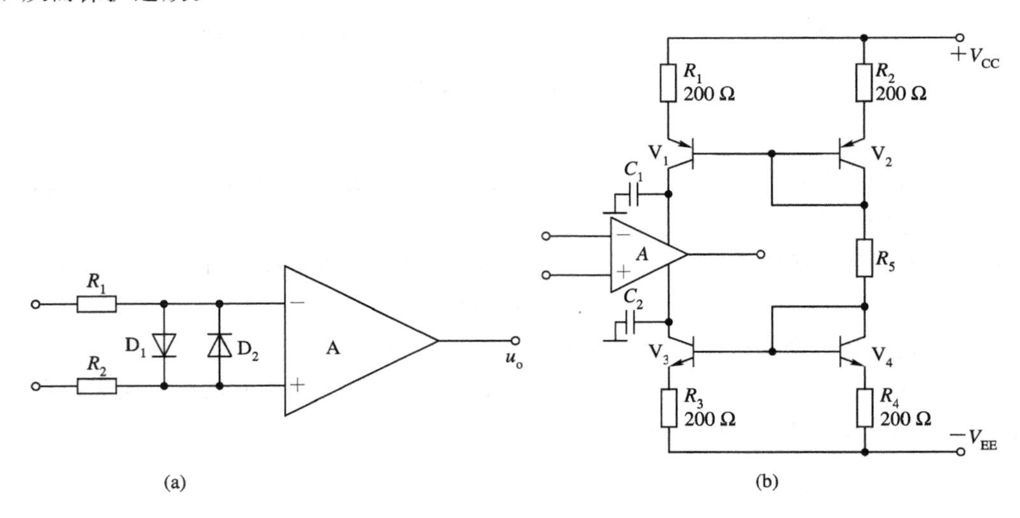

图 11.5　集成运放的输入/输出保护电路
(a) 输入保护电路；(b) 输出保护电路

11.5　负反馈的概念及对放大电路性能的影响

1. 反馈的基本概念

1）反馈

以某种方式，将放大电路输出回路的电压或电流的一部分或全部，送回输入回路中，以改变放大管的输入电压(或电流)，称为反馈。若反馈的电压(或电流)使放大管的输入电压(或电流)减小，则称为负反馈；若反馈的电压(或电流)使放大管的输入电压(或电流)增大，则称为正反馈。实现这一反馈的电路和元件称为反馈电路和反馈元件，或称为反馈网络。判断有无反馈的方法是看有无电路或元件把输出端直接或间接地和输入端相连，由此，可以很容易地找出反馈网络。例如图 11.6 所示电路中，电阻 R_1 和 R_2 组成反馈网络，即可判断该电路存在反馈。

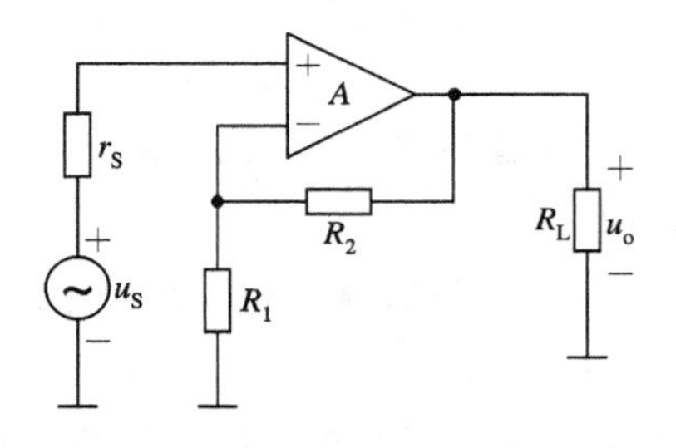

图 11.6　反馈网络示例

2）闭环系统框图

图 11.7 为带有反馈网络的闭环系统框图。该系统包括两个部分：方框 $\dot{A}$ 代表没有反馈的基本放大电路，电路的开环增益为 $\dot{A}$，方框 $\dot{F}$ 代表反馈系数

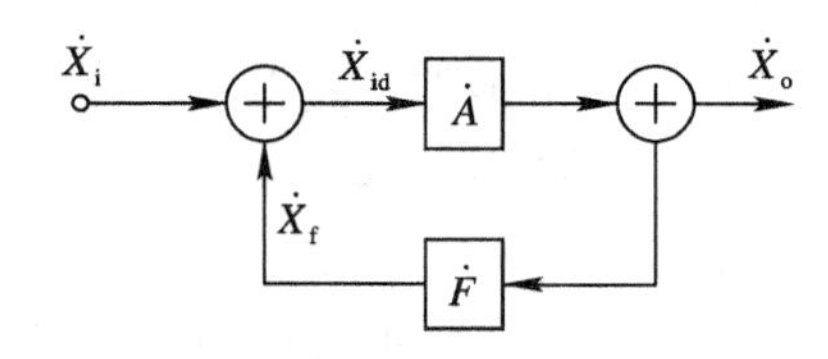

图 11.7　带有反馈网络的闭环系统框图

为 $\dot{F}$ 的反馈网络，⊕表示比较环节，$\dot{X}_i$为电路的输入信号，$\dot{X}_f$为反馈信号，$\dot{X}_{id}$为净输入信号，$\dot{X}_o$为输出信号。

2. 反馈形式的判断

1）正反馈与负反馈

为了判断反馈是正反馈还是负反馈，一般采用“瞬时极性法”。首先假设输入信号某一瞬间在电路输入端的极性(用＋或－表示)，然后根据电路的反相或同相特性，逐级推断出电路各点的瞬时极性，最后由反馈到输入端的信号瞬时极性判断是增强还是削弱了净输入信号，从而判定反馈的性质。现以图 11.8 所示电路为例进行判断。首先假设运放同相输入端输入信号的瞬时极性为正，如图中⊕号所示，则输出端的输出信号也为正，使反馈信号由输出端流向接地端，在 R_2 上产生反馈电压 u_f。显然，反馈电压 u_f 在输入回路与输入电压 u_i 的共同作用使得净输入电压 $u_{id}=u_i-u_f$比无反馈时减小了，所以是负反馈。

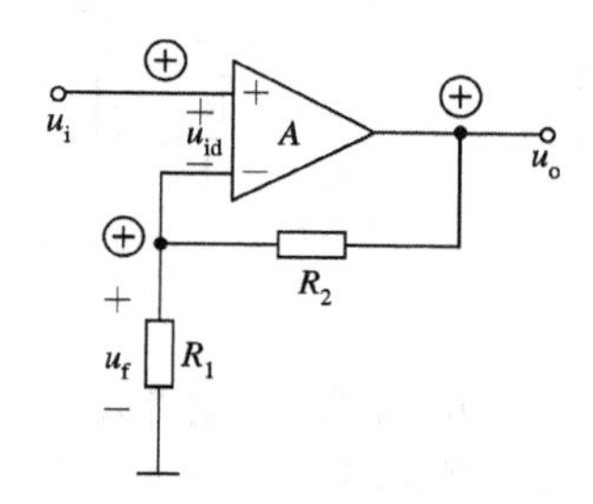

图 11.8　用瞬时极性法判断反馈的性质

2）电压反馈与电流反馈

根据反馈采样方式的不同，可以分为电压反馈和电流反馈。若反馈信号是输出电压的一部分或全部，则称为电压反馈，如图 11.9(a)所示；若反馈信号取自输出电流，则称为电流反馈，如图 11.9(b)所示。电压反馈可以稳定输出电压，电流反馈可以稳定输出电流。判断是电压反馈还是电流反馈的一般方法是：反馈元件直接与输出端相连的是电压反馈，否则是电流反馈。或用假想负载短路法判断，即令 $u_o=0$，若反馈信号仍存在则为电流反馈，否则为电压反馈。

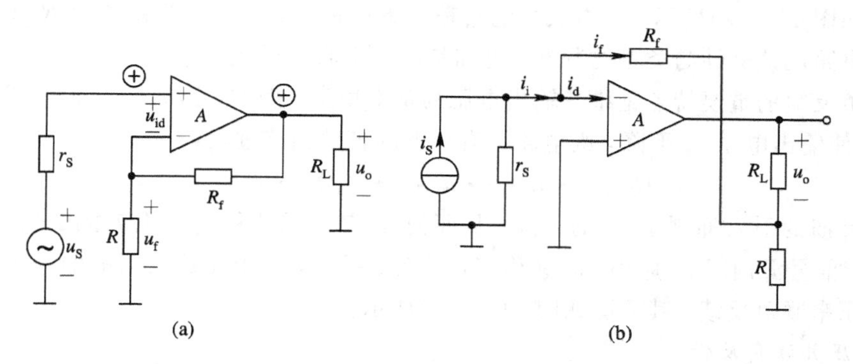

图 11.9　电压反馈与电流反馈

(a) 电压反馈；(b) 电流反馈

3）串联反馈与并联反馈

根据反馈信号与输入信号在输入端的不同叠加方式，可以分为串联反馈和并联反馈。

当反馈信号与输入信号在输入回路以电压形式叠加时为串联反馈，如图 11.10(a)所示；若反馈信号与输入信号在输入回路以电流形式叠加时为并联反馈，如图 11.10(b)所示。判断串联或并联反馈的一般方法是：若反馈网络直接与输入端相连的是并联反馈，否则是串联反馈。即输入信号和反馈信号加在放大电路的不同输入端为串联反馈，加在同一个输入端为并联反馈。

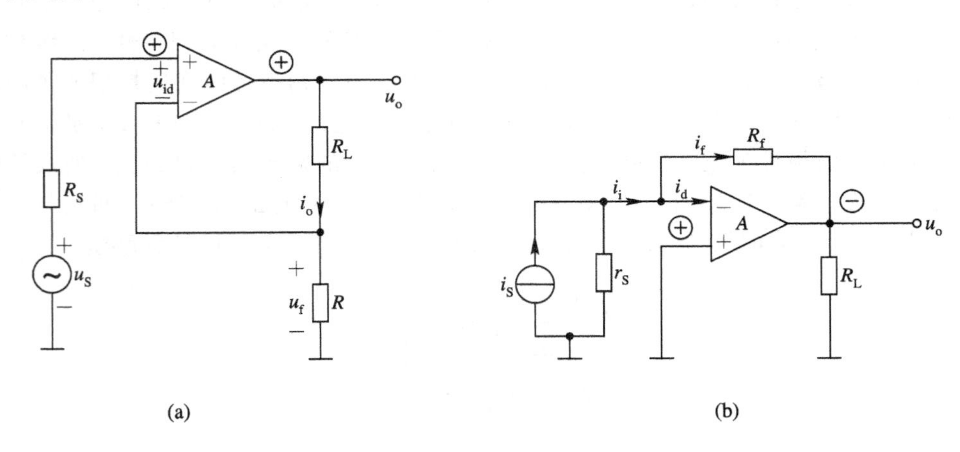

图 11.10 串联反馈与并联反馈

(a) 串联反馈；(b) 并联反馈

另外，若反馈网络对直流信号有反馈，则称为直流反馈；若反馈网络对交流信号有反馈，则称为交流反馈。

3. 负反馈放大电路的四种类型及特点

反馈网络与放大电路有四种不同的连接方式，它们代表了四种类型的反馈形式，即电压串联负反馈、电压并联负反馈、电流串联负反馈和电流并联负反馈。下面通过对具体电路的介绍，了解它们各自的特点。

1）电压串联负反馈

电路如图 11.9(a)所示，基本放大电路是一集成运放，反馈网络由电阻 R 和 R_f 组成。通过对该电路反馈极性与类型的判断，可知是电压串联负反馈。

电压负反馈的重要特点是维持输出电压的基本恒定。例如，当 u_i 一定时，若负载电阻 R_L 减小而使输出电压 u_o 下降，则电路会有如下的自动调节过程：

$$R_L\downarrow\rightarrow u_o\downarrow\rightarrow u_f\downarrow\rightarrow u_{id}\uparrow\rightarrow u_o\uparrow$$

即电压负反馈的引入抑制了 u_o 的下降，从而使 u_o 基本维持稳定。但应指出的是，对于串联负反馈，信号源内阻 r_S 愈小，u_i 愈稳定，反馈效果愈好。电压放大器的输入级或中间级常采用电压串联负反馈，其框图如图 11.11(a)所示。

2）电压并联负反馈

电路如图 11.10(b)所示，显然电阻 R_f 是反馈元件。对于并联反馈，信号源内阻愈大，i_i 愈稳定，反馈效果愈好。所以电压并联负反馈电路常用于输入为高内阻的信号电流源、输出为低内阻的信号电压源的场合，也称为电流—电压变换器，用于放大电路的中间级。电压并联负反馈的框图如图 11.11(b)所示。

3）电流串联负反馈

电路如图 11.10(a)所示，此电路与分压式偏置稳定工作点放大电路相似，只是这里用集成运放作为基本放大电路，反馈元件是电阻 R。电流负反馈的特点是使输出电流基本恒定。例如，当 u_S 一定时，若负载电阻 R_L 增大，使得 i_o 减小，则电路会有如下的自动调整过程：

$$R_L \uparrow \rightarrow i_o \downarrow \rightarrow u_f \downarrow \rightarrow u_{id} \uparrow \rightarrow i_o \uparrow$$

电流串联负反馈常用于电压一电流变换器及放大电路的输入级。

实际上分压式偏置电路就是一个电流串联负反馈，发射极电阻 R_E 是反馈元件。利用上面介绍的方法，不难判断出 R_E 引入的是电流串联负反馈。因旁路电容 C_E 的作用，R_E 仅对直流信号有反馈，目的是为了稳定静态工作点。电流串联负反馈的框图如图 11.11(c)所示。

4）电流并联负反馈

电路如图 11.9(b)所示，反馈网络由电阻 R 和 R_f 构成。电流负反馈的特点是维持输出电流基本恒定，常用在电流放大电路中。电流并联负反馈的框图如图 11.11(d)所示。

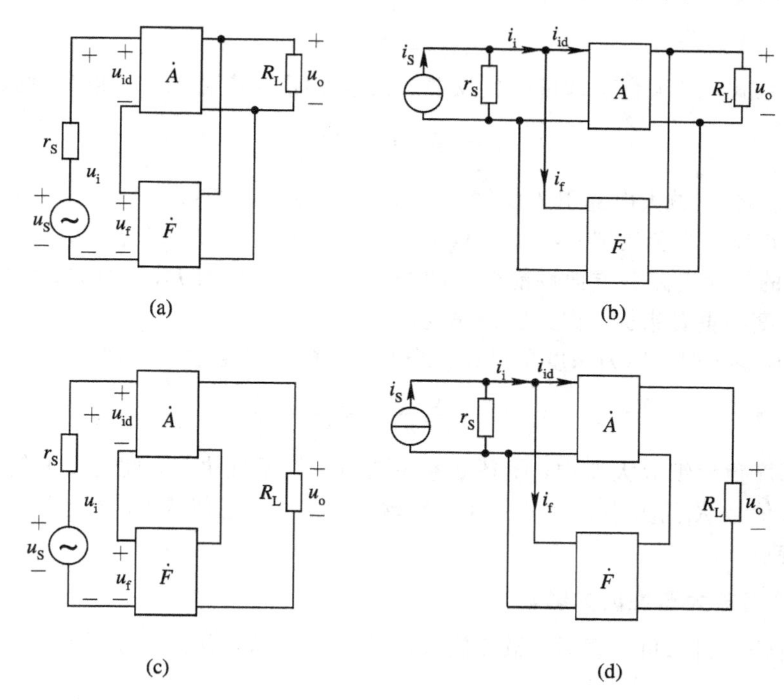

图 11.11　四种组态负反馈的框图

(a) 电压串联负反馈；(b) 电压并联负反馈；(c) 电流串联负反馈；(d) 电流并联负反馈

例 11.1　图 11.12 所示为一运算放大器，试求 R_f 形成的反馈类型。

解　首先用瞬时极性法判断反馈的性质：

$$u_i \uparrow \rightarrow u_{o1} \uparrow \rightarrow u_o \downarrow \rightarrow u_{id} = (u_i - u_f) \uparrow$$

因反馈的作用使得电路的净输入信号增加，故为正反馈；由于反馈电阻 R_f 直接与电路的输出端相连，故应为电压反馈；又由于反馈信号是以电压的形式与输入电压相叠加，因此是串联反馈；即 R_f 形成了电压串联正反馈。

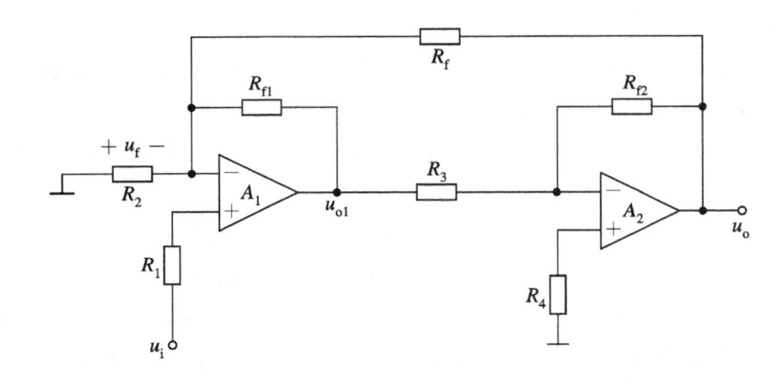

图 11.12　例 11.1 电路

4. 负反馈放大电路增益的一般表达式

由图 11.7 可知，各信号量之间有如下的关系：

$$\dot{X}_o = \dot{A}\dot{X}_{id}$$

$$\dot{X}_f = \dot{F}\dot{X}_o \tag{11.2}$$

$$\dot{X}_{id} = \dot{X}_i - \dot{X}_f \tag{11.3}$$

根据上面的关系式，经组合整理可得负反馈放大电路闭环增益 $\dot{A}_f$的一般表达式为

$$\dot{A}_f = \frac{\dot{X}_o}{\dot{X}_i} = \frac{\dot{A}}{1+\dot{A}\dot{F}} \tag{11.4}$$

由式(11.4)可以看出，放大电路引入反馈后，其增益改变了。若 $|1+\dot{A}\dot{F}|>1$，则 $|\dot{A}_f|<|\dot{A}|$，增益减小了，其反馈为负反馈；若 $|1+\dot{A}\dot{F}|<1$，则 $|\dot{A}_f|>|\dot{A}|$，增益增大了，其反馈为正反馈。有反馈的放大电路各方面性能变化的程度都与 $|1+\dot{A}\dot{F}|$ 的大小有关，因此，$|1+\dot{A}\dot{F}|$ 是衡量反馈程度的重要指标，称为反馈深度。

当 $|1+\dot{A}\dot{F}|\gg 1$ 时，称为深度负反馈，放大电路的闭环增益可近似表示为

$$\dot{A}_f = \frac{\dot{A}}{1+\dot{A}\dot{F}} \approx \frac{\dot{A}}{\dot{A}\dot{F}} = \frac{1}{\dot{F}} \tag{11.5}$$

上式表明在深度负反馈放大器中，闭环增益主要由反馈系数决定，此时反馈信号 $\dot{X}_f$的大小近似等于输入信号 $\dot{X}_i$的大小，即 $\dot{X}_i=\dot{X}_f$，净输入信号 $\dot{X}_{id}$近似为 0，这是深度负反馈放大电路的重要特点。

5. 负反馈对放大器性能的影响

在放大电路中引入负反馈后，虽然放大倍数有所下降，但从多方面改善了放大电路的性能。

1) 提高放大倍数的稳定性

当放大电路为深度负反馈时，由式(11.5)可知 $\dot{A}_f\approx 1/\dot{F}$。这就是说，放大电路的增益近似取决于反馈网络，与基本放大电路几乎无关。而反馈网络一般是由一些性能稳定的电阻、电容元件组成，反馈系数 $\dot{F}$ 很稳定，使得 $\dot{A}_f$亦稳定。

通过对式(11.4)中的 $\dot{A}$ 求导数，可得

$$\frac{d\dot{A}_f}{\dot{A}_f} = \frac{1}{1+\dot{A}\dot{F}}\frac{d\dot{A}}{\dot{A}} \tag{11.6}$$

上式表明，引入负反馈后，$\dot{A}_f$ 的相对变化量仅为 $\dot{A}$ 的相对变化量的 $1/(1+\dot{A}\dot{F})$，即放大倍

数的稳定性提高到 $1+\dot{A}\dot{F}$ 倍。

2）减小非线性失真

当输入信号的幅度过大时，使放大电路的输出信号与输入信号的波形不完全一样，称之为输出信号出现了非线性失真。如图 11.13(a)所示，正弦信号经放大后，出现正半周大、负半周小的现象。

引入负反馈后，可以使输出信号的波形失真得到一定程度的改善。如图 11.13(b)所示。由于反馈信号也是正半周较大，负半周较小，因此它与输入信号叠加后，使得净输入信号的正半周被削弱的较多，而负半周被削弱的较少，经放大后可使输出波形得到一定程度的矫正，即减小了非线性失真。

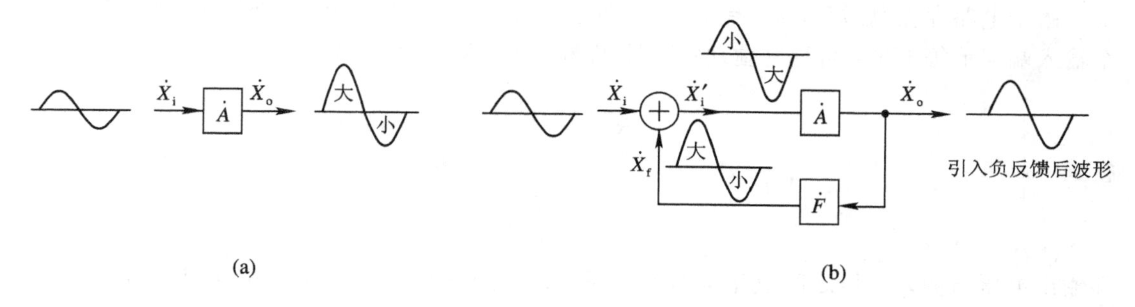

图 11.13　负反馈减小非线性失真

(a) 无负反馈时信号的波形；(b) 引入负反馈后信号的波形

3）扩展频带

放大电路都有一定的频带宽度，超过这个频率范围的信号，增益将显著下降。一般将增益下降 3 dB 时所对应的频率范围称为放大电路的通频带，也称为带宽，用 BW 表示。引入负反馈后，电路中频区的增益要减小很多，但高、低频区的增益减小较少，使得电路在高、中、低三个频段上的增益比较均匀，放大电路的通频带自然加宽。

4）改变输入电阻和输出电阻

引入负反馈后，放大器的输入、输出电阻会受到很大的影响。负反馈对输入电阻的影响决定于输入端的反馈类型，与输出端的采样方式无关。串联负反馈使输入电阻增大，并联负反馈使输入电阻减小。负反馈对输出电阻的影响取决于输出端的采样方式，与输入端的反馈类型无关。电压负反馈使输出电阻降低，输出电路近似于恒压源；而电流负反馈使输出电阻增大，输出电路近似于恒流源。

11.6　集成运算放大器的线性应用

集成运算电路加入线性负反馈，可以实现加、减、微分、积分等数学运算功能。在分析这些电路时，要注意输入方式，利用“虚短”和“虚断”的概念。

1. 比例运算电路

实现输出信号与输入信号成比例关系的电路，称为比例运算电路。根据输入方式的不同，有反相和同相比例运算两种形式。

1）反相比例运算

电路如图 11.14 所示。输入信号 u_i 通过电阻 R_i 加到集成运放的反相输入端，输出信号通过反馈电阻 R_f 反馈到运放的反相输入端，构成电压并联负反馈。运放的同相输入端经电阻 R_2 接地。因为运放的输入端为差动放大器，所以要求运放的两个输入端对地的直流等效电阻相等，即 $R_2=R_1 // R_f$，R_2 称为平衡电阻。

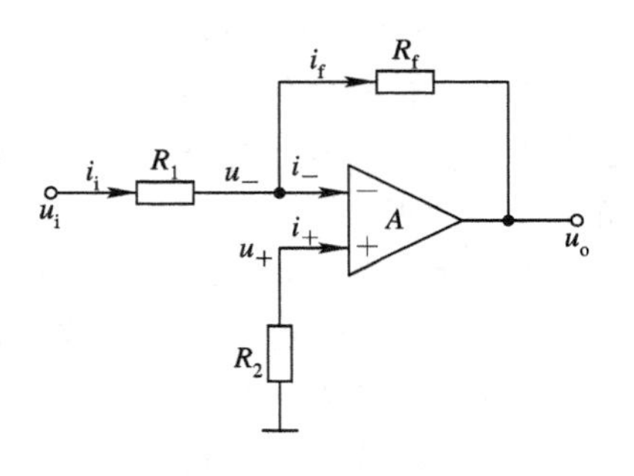

图 11.14　反相比例运算电路

由于电路存在“虚短”，$u_-=u_+=0$，即运放的两个输入端与地等电位，常称为虚地；根据“虚断”的概念，$i_1=i_f$，即

$$\frac{u_i}{R_1}=-\frac{u_o}{R_f}$$

得到

$$u_o=-\frac{R_f}{R_1}u_i \tag{11.7}$$

即输出电压与输入电压之间成比例运算关系，其比例系数为 $-R_f/R_1$，负号表示输出信号与输入信号反相。当 $R_1=R_f$时，$u_o=-u_i$，称为反相器或反号器。

2）同相比例运算

电路如图 11.15 所示，输入信号 u_i 通过 R_2 加到集成运放的同相输入端，输出信号通过 R_f 反馈到运放的反相输入端，构成电压串联负反馈；反相输入端经电阻 R_1 接地。根据“虚短”和“虚断”的概念，有

$$i_i=i_f,\quad u_-=u_+=u_i$$

即

$$\frac{u_i}{R_1}=\frac{u_o-u_i}{R_f}$$

则输出电压为

$$u_o=\left(1+\frac{R_f}{R_1}\right)u_i \tag{11.8}$$

当 $R_1=\infty$或 $R_f=0$ 时，$u_o=u_i$，称为电压跟随器，如图 11.16 所示。

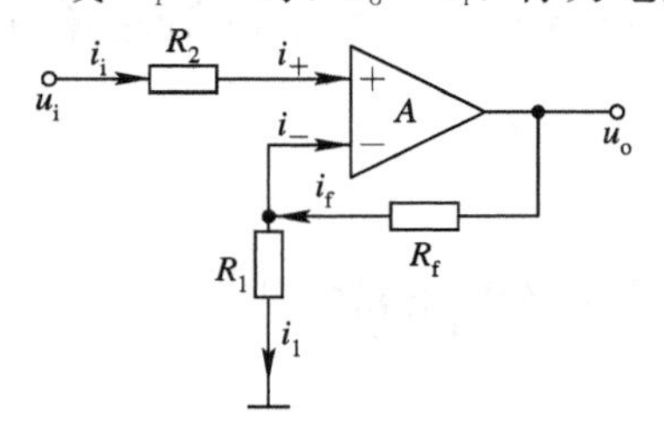

图 11.15　同相比例运算电路

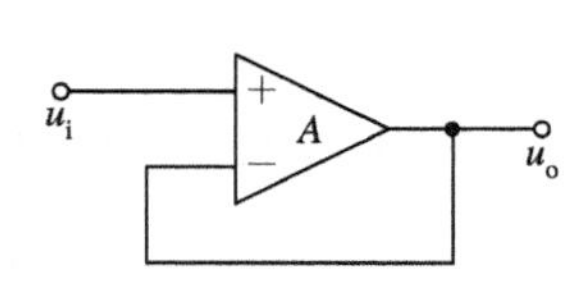

图 11.16　电压跟随器

2. 加法与减法运算

加法运算电路是对多个输入信号进行和运算的电路，减法运算电路是对输入信号进行差运算的电路。

1）加法运算

电路如图 11.17 所示，由于

$$i_1 = \frac{u_{i1}}{R_1}, \quad i_2 = \frac{u_{i2}}{R_2}, \quad i_f = \frac{-u_o}{R_f}$$

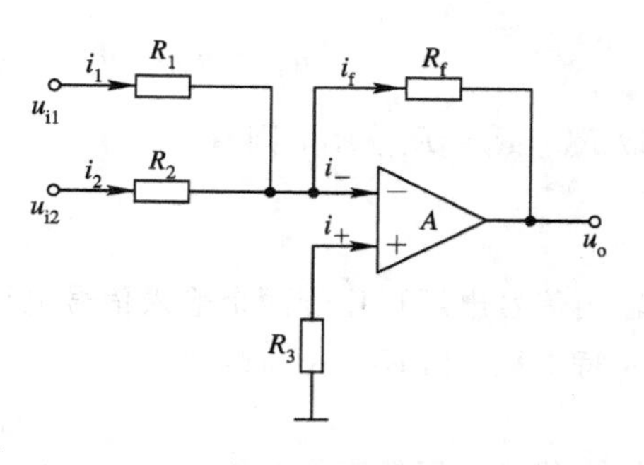

图 11.17　反相加法运算电路

利用 KCL：

$$i_1 + i_2 = i_f$$

即

$$\frac{-u_o}{R_f} = \frac{u_{i1}}{R_1} + \frac{u_{i2}}{R_2}$$

经整理后得到

$$u_o = -\left(\frac{R_f}{R_1}u_{i1} + \frac{R_f}{R_2}u_{i2}\right) \tag{11.9}$$

当 $R_1 = R_2 = R_f$ 时，则有

$$u_o = -(u_{i1} + u_{i2}) \tag{11.10}$$

即输出电压取决于各输入电压之和的负值。

若在图 11.17 的输出端再接一反号器，则可消除负号，实现加法运算，如图 11.18 所示。其中

$$u_{o1} = \frac{-R_f}{R_1}u_{i1} - \frac{R_f}{R_2}u_{i2}$$

$$u_o = \frac{-R_4}{R_4}u_{o1} = \frac{R_f}{R_1}u_{i1} + \frac{R_f}{R_2}u_{i2} \tag{11.11}$$

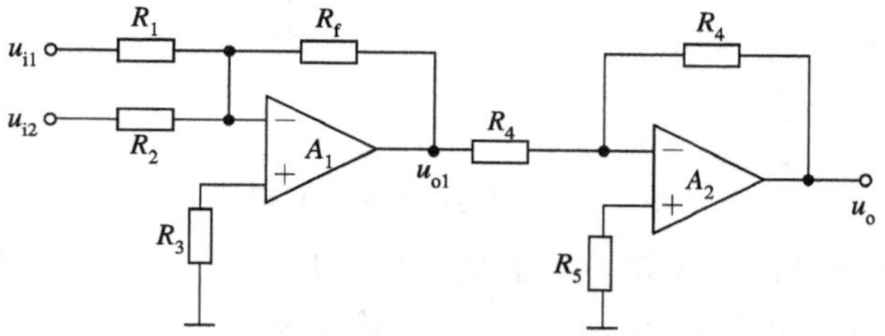

图 11.18　双运放加法运算电路

2）减法运算

减法运算又称为差动运算，其电路如图 11.19 所示。若把两个输入信号分别加在运放的同相和反相输入端。根据叠加定理，当 u_{i1} 单独作用时，电路是反相比例运算，输出信号电压为

$$u_{o1} = -\frac{R_f}{R_1}u_{i1}$$

当 u_{i2} 单独作用时，电路是同相比例运算，输出信号电压为

$$u_{o2} = \left(1 + \frac{R_f}{R_1}\right)\frac{R_3}{R_2 + R_3}u_{i2}$$

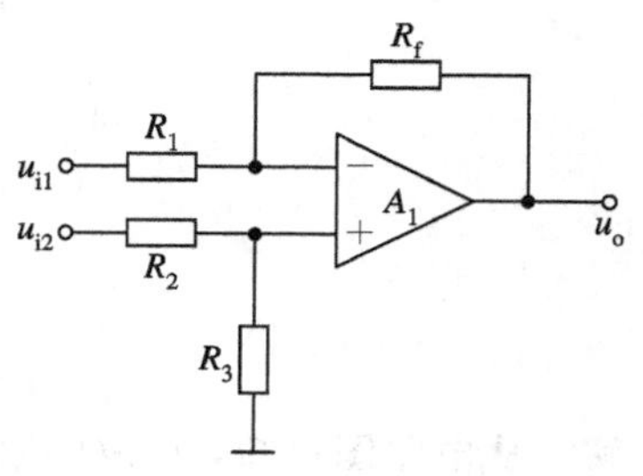

图 11.19　减法运算电路

当 u_{i1} 和 u_{i2} 共同作用时，输出信号电压为

$$u_o = u_{o1} + u_{o2} = \left(1 + \frac{R_f}{R_1}\right)\frac{R_3}{R_2 + R_3}u_{i2} - \frac{R_f}{R_1}u_{i1} \tag{11.12}$$

若取 $R_3 /\!/ R_2 = R_f /\!/ R_1$，则有

$$u_o = \frac{R_f}{R_1}(u_{i2} - u_{i1}) \tag{11.13}$$

即输出信号电压正比于两个输入信号电压之差。

特别地，当 $R_f = R_1$ 时，则

$$u_o = u_{i2} - u_{i1} \tag{11.14}$$

即输出信号电压等于两个输入电压信号之差。

减法运算也可以由双运放来实现，如图 11.20 所示。第一级为反相比例运算电路，若 $R_{f1} = R_1$，则 $u_{o1} = -u_{i1}$；第二级为反相加法运算电路，输出为

$$u_o = -\frac{R_{f2}}{R_2}(u_{o1} + u_{i2}) = \frac{R_{f2}}{R_2}(u_{i1} - u_{i2})$$

取 $R_{f2} = R_2$，电路可实现常规的减法运算，即

$$u_o = u_{i1} - u_{i2}$$

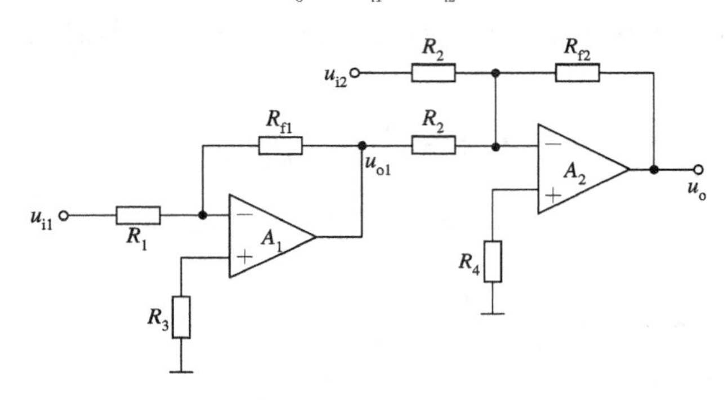

图 11.20　双运放减法运算电路

例 11.2　电路如图 11.21 所示，已知 $R_1 = R_2 = R_{f1} = 30\ \text{k}\Omega$，$R_3 = R_4 = R_5 = R_6 = R_{f2} = 10\ \text{k}\Omega$，$u_{i1} = 0.2\ \text{V}$，$u_{i2} = 0.3\ \text{V}$，$u_{i3} = 0.5\ \text{V}$，求输出电压 u_o。

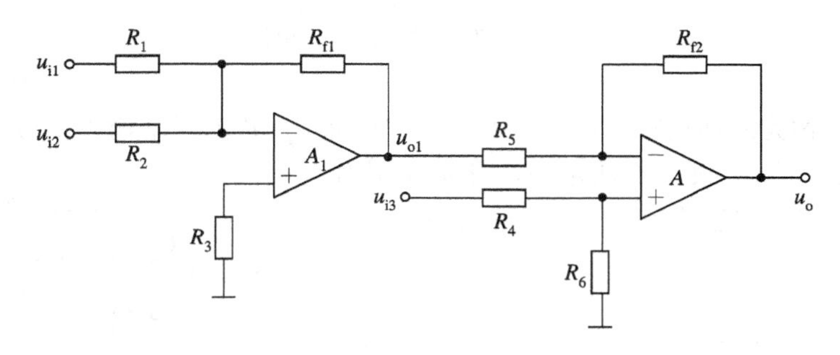

图 11.21　例 11.2 电路

解　从电路图可知，运放的第一级为加法运算电路，第二级为减法运算电路。

$$u_{o1} = \frac{-R_{f1}}{R_1}u_{i1} - \frac{R_{f1}}{R_2}u_{i2} = -u_{i1} - u_{i2}$$

$$u_o = \frac{-R_{f2}}{R_5}u_{o1} + \left(1+\frac{R_{f2}}{R_5}\right)\frac{R_6}{R_4+R_6}u_{i3}$$
$$= u_{i3} - [-(u_{i1}+u_{i2})]$$
$$= u_{i1}+u_{i2}+u_{i3} = 0.2+0.3+0.5 = 1\ \text{V}$$

3. 积分与微分运算

1）积分运算

积分电路是控制和测量系统中的重要组成部分，利用它可以实现延时、定时、产生各种波形。电路如图 11.22 所示，从图中可看出，积分电路是将反相比例运算电路中的反馈电阻 R_f 换成电容 C。利用“虚短”和“虚断”的概念，可知电容电流为

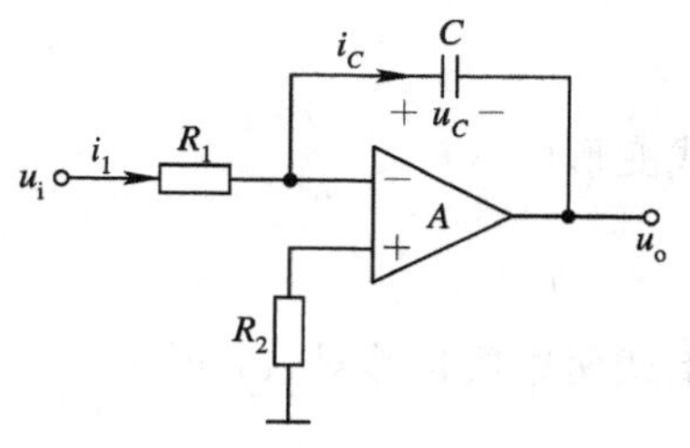

图 11.22　积分运算电路

$$i_C = i_1 = \frac{u_i}{R_1}$$

设电容 C 的初始电压为 0，则

$$u_o = -u_C = -\frac{1}{C}\int i_C\,dt$$
$$= -\frac{1}{RC}\int u_i\,dt \tag{11.15}$$

上式表明，输出电压 u_o 为输入电压 u_i 对时间的积分，故称该电路为积分运算电路。

2）微分运算

微分运算是积分运算的逆运算，将积分电路中的电阻与电容的位置互换就构成微分电路，如图 11.23 所示。微分电路常用于脉冲数字电路的波形变换。

由于

$$i_C = C\frac{du_i}{dt},\quad i_f = -\frac{u_o}{R_f}$$

及

$$i_C = i_f$$

故

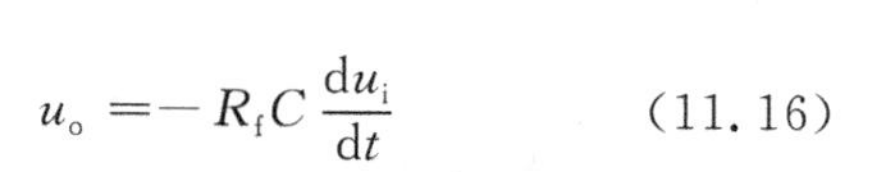

$$u_o = -R_f C\frac{du_i}{dt} \tag{11.16}$$

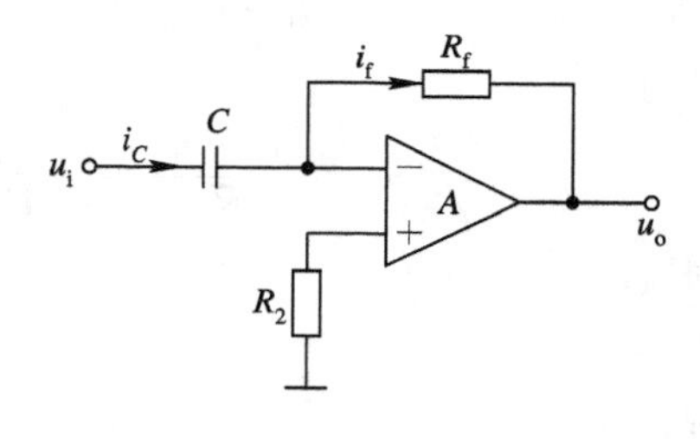

图 11.23　微分运算电路

式(11.16)表明输出电压 u_o 取决于输入电压 u_i 对时间 t 的微分，即实现了微分运算。

4. 对数与指数运算

1）对数运算

电路如图 11.24 所示，其工作原理是利用晶体管 PN 结的指数型伏安特性，使输出电压与输入电压的对数成正比，从而实现对数运算。

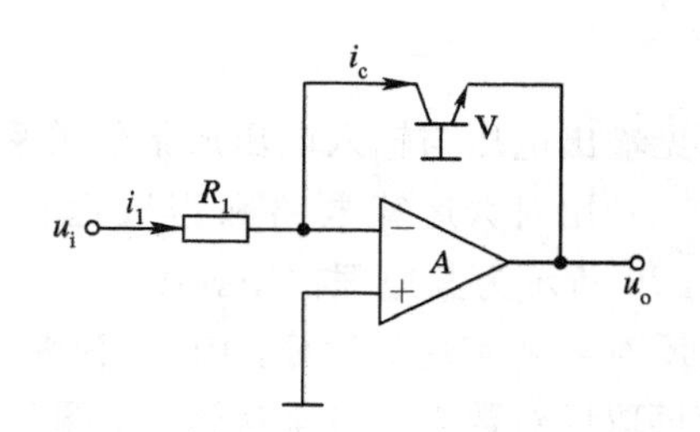

图 11.24　对数运算电路

由于

$$u_- = u_+ = 0$$
$$u_- - u_o = u_{BE}$$

因此有

$$u_o = -u_{BE}$$

晶体管发射结的伏安特性表示为

$$i = I_S(e^{\frac{qu_{BE}}{kT}} - 1) = I_S(e^{\frac{u_{BE}}{U_T}} - 1) \tag{11.17}$$

式中，$U_T = kT/q$，I_S为发射结的反向饱和电流，当温度不变时为常数；$q = 1.602\times10^{-19}$ C为电子电量；T 为绝对温度，单位为 K；$k = 1.38\times10^{-23}$ J/K 为玻尔兹曼常数；常温下 $U_T = 26$ mV，且$|u_{BE}| \gg U_T$。则有

$$i = I_S e^{\frac{u_{BE}}{U_T}} = I_S e^{-\frac{u_o}{U_T}} = \frac{u_i}{R_1}$$

上式变形可得

$$e^{-\frac{u_o}{U_T}} = \frac{u_i}{I_S R_1}$$

对上式两边取自然对数，可得

$$u_o = -U_T \ln\frac{u_i}{I_S R_1} \tag{11.18}$$

上式表明，输出电压与输入电压的对数成正比关系，因而可实现对数运算。

2）指数运算

指数运算也称为反对数运算，只要将对数运算电路中的电阻与三极管的位置互换即可，如图 11.25 所示。

由于

$$u_{BE} = u_i$$

$$i_E = I_{ES} e^{\frac{u_i}{U_T}}$$

及

$$i_f = \frac{u_- - u_o}{R_f} = -\frac{u_o}{R_f}$$

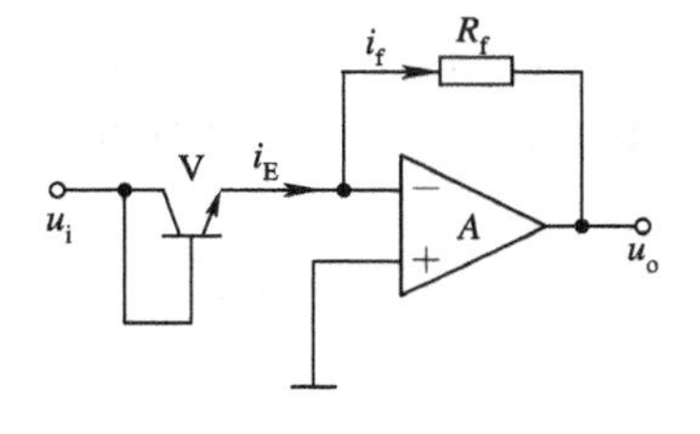

图 11.25　指数运算电路

根据

$$i_f = i_E$$

得到

$$-\frac{u_o}{R_f} = I_{ES} e^{\frac{u_i}{U_T}}$$

即

$$u_o = -I_{ES} R_f e^{\frac{u_i}{U_T}} \tag{11.19}$$

可见输出电压与输入电压成指数关系，实现了指数运算功能，但 u_i 必须为正值。

利用对数运算电路和指数运算电路可以进行模拟量的乘法、除法和幂的运算，图 11.26 所示为其原理框图。其中图(a)为幂运算，它是将输入量取对数后进行放大，然后再取反对数来实现幂运算；图(b)为乘法运算，它是将两个输入量分别取对数后进行求和，然后再取反对数来实现乘法运算；图(c)为除法运算，它是将两个输入量分别取对数后进行求差，然后再取反对数来实现除法运算。

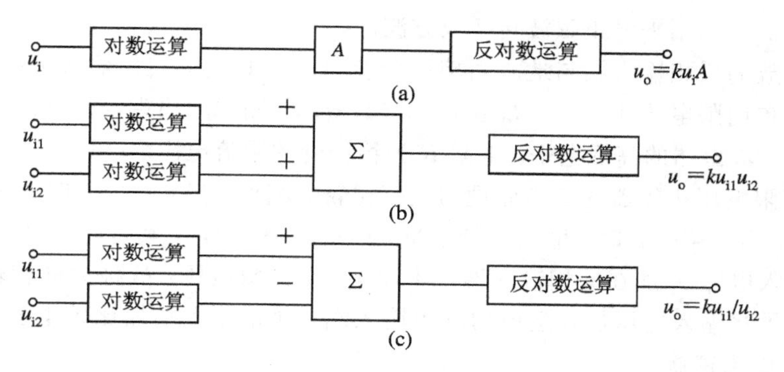

图 11.26　幂运算、乘法运算和除法运算原理框图

11.7　集成运算放大器的非线性应用

当集成运放处于开环或正反馈状态时，由于运放的开环放大倍数很高，若运放两输入端的电压略有差异，输出电压不是最高就是最低，输出电压就不随输入电压连续变化。当$u_- > u_+$时输出为最低值U_{oL}(低电平)；当$u_- < u_+$时输出为最高值U_{oH}(高电平)，此时的运放为非线性状态。运放的非线性应用最常见的就是“电压比较器”，如图 11.27 所示。

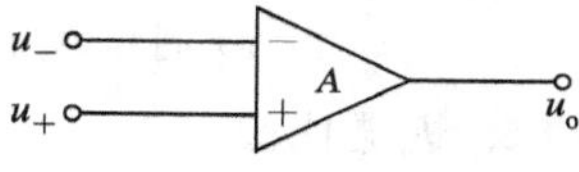

图 11.27　运放的开环状态

电压比较器是一种将输入电压u_i与参考电压U_{REF}进行比较的电路。当输入电压等于或大于参考电压时，输出电压u_o将产生翻转，输出高电平或低电平。比较器常用于越线报警、模数转换和波形变换等场合。

1. 单门限电压比较器

简单的电压比较器如图 11.28(a)所示。图中运放的同相输入端接地，即参考电压$U_{REF}=0$，反相输入端接比较输入电压u_i。由于运放工作在开环状态，具有很高的电压增益，因此当$u_i>0$时，输出为低电平U_{oL}；当$u_i<0$时，输出为高电平U_{oH}。单门限电压比较器的传输特性如图 11.28(b)所示。由于运算放大器是在$u_i=0$时输出电压发生翻转，因此，图11.28(a)所示电路又称为过零电压比较器。此时的u_i值称为阈值或门限电压，即比较器的输出电压从一个电平跳变到另一个电平时对应的输入电压称为阈值，用U_{th}表示，也就是$u_-=u_+$时的u_i值。

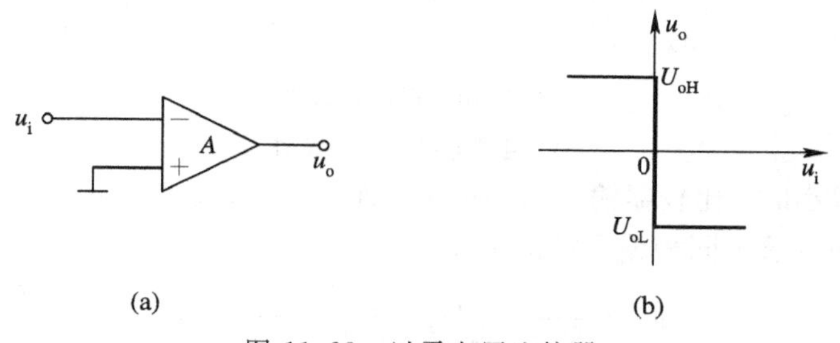

图 11.28　过零电压比较器

(a) 过零电压比较电路；(b) 过零比较器传输特性

过零比较器可以用来将正弦波转换成方波。

如果将运放的反相输入端与地之间接一个参考电压 U_{REF}，同相输入端接比较电压 u_i，就构成了同相单门限电压比较器，如图 11.29(a)所示。图中输出端与地之间接双向稳压二极管，用来限定输出端的高低电平，电阻 R 为稳压管的限流电阻。

同相单门限电压比较器的工作原理与过零比较器相似，当 $u_i > U_{REF}$ 时，输出为高电平，$u_o = U_{oH} = U_Z$；当 $u_i < U_{REF}$ 时，输出为低电平，$u_o = U_{oL} = -U_Z$，其传输特性如图 11.29(b)所示。由于输入电压 u_i 加在同相输入端，且只有一个门限电压，故称为同相输入单门限电压比较器。如果将输入电压加在运放的反相输入端，同相输入端加比较电压，则称为反相输入单门限电压比较器。

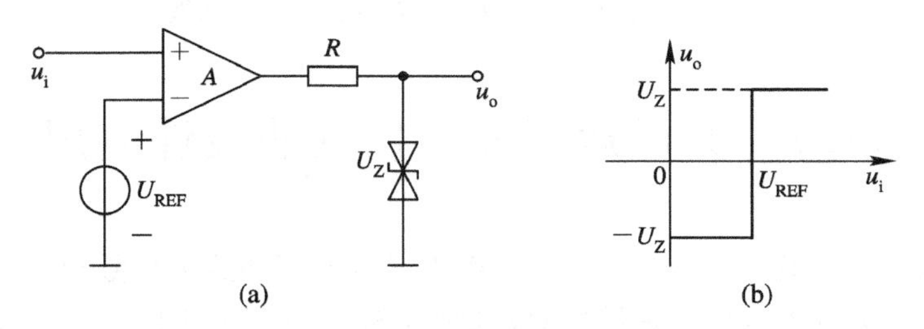

图 11.29　同相输入单门限电压比较器

(a) 同相单门限电压比较器电路；(b) 同相单门限电压比较器传输特性

2. 迟滞比较

单门限电压比较器在工作时，只有一个翻转电压，如果输入电压在门限电压附近受到干扰而有微小变化时，就会导致比较器输出状态的改变，发生错误翻转。为了克服这个缺点，可将比较器的输出端与输入端之间引入由 R_1 和 R_2 构成的电压串联正反馈，使得运放同相输入端的电压随着输出电压而改变；输入电压接在运放的反相输入端，参考电压经 R_2 接在运放的同相输入端，构成迟滞比较器，电路如图 11.30(a)所示。迟滞比较器也称施密特触发器。

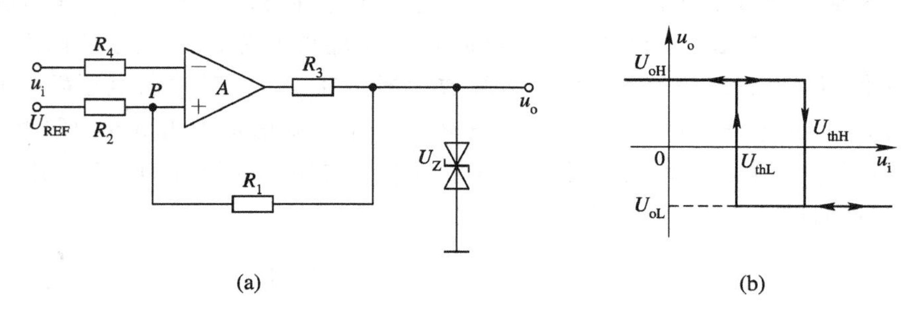

图 11.30　迟滞比较器

(a) 电路；(b) 传输特性

当输入电压很小时，比较器输出为高电平，即 $U_{oH} = U_Z$。

利用叠加定理可求出同相输入端的电压

$$u_+ = \frac{R_1}{R_1 + R_2} U_{REF} + \frac{R_2}{R_1 + R_2} U_{oH} \tag{11.20}$$

因 $u_- = u_+$ 为输出电压的跳变条件，临界条件可用虚短和虚断的概念，所以 $u_i = u_-$ 和

$u_+ = u_-$ 时的 u_i 即为阈值 U_{thH}，即

$$U_{thH} = u_i = u_- = u_+ = \frac{R_1}{R_1+R_2}U_{REF} + \frac{R_2}{R_1+R_2}U_{oH} \tag{11.21}$$

由于 u_+ 不变，当输入电压增大至 $u_i > u_+$ 时，比较器的输出端由高电平变为低电平，即 $U_{oL} = -U_Z$，此时，同相输入端的电压变为

$$U_{thL} = u_+' = \frac{R_1}{R_1+R_2}U_{REF} + \frac{R_2}{R_1+R_2}U_{oL} \tag{11.22}$$

可见 $u_+' < u_+$。当输入电压继续增大时，比较器输出将维持低电平。只有当输入电压由大变小至 $u_i < u_+'$ 时，比较器输出才由低电平翻转为高电平，其传输特性如图 11.30(b)所示。由此可见迟滞比较器有两个门限电压 u_+ 和 u_+'，分别称为上门限电压和下门限电压。两个门限电压之差称为门限宽度或回差电压。调整 R_1 和 R_2 的大小，可改变比较器的门限宽度。门限宽度越大，比较器抗干扰的能力越强，但分辨率随之下降。

例 11.3 求图 11.31 所示迟滞比较器的输出波形。已知输出高、低电平值分别为 ± 5 V，$t=0$ 时，$u_o = U_{oH}$，$u_i = 4\sin\omega t$ V。

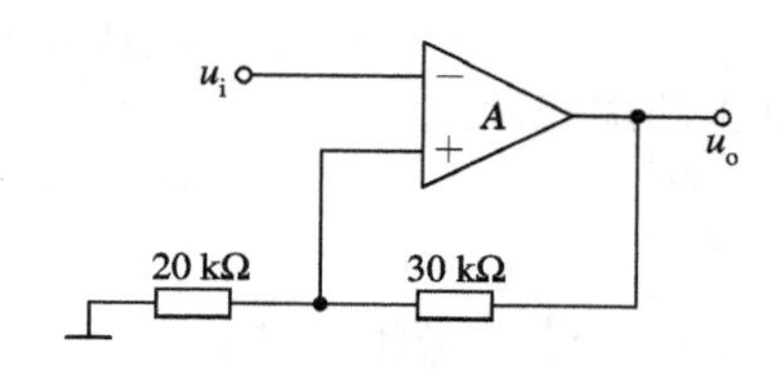

图 11.31 例 11.3 电路图

解 (1) 解题思路。

分析图 11.30(b)迟滞比较器的输入—输出特性曲线可知，两个门限电平将输入电压划分为三个区域，高于上门限电平与低于下门限电压的输入电压都有惟一的输出电平，而介于两个门限电平之间的输入电压所对应的输出电平取决于前一时刻的输出电平。因此，只要已知初始输出电平就不难得出输入电压所对应的输出电平。

解迟滞比较器这类习题，首先应求出决定输出状态翻转的两个门限电平，然后按照两个门限电平所划分的区域求出相应的输出电平。

(2) 解题步骤。

第一步：求两个门限电平。

由电路知：

$$u_i = u_- = u_+$$

而

$$u_+ = \frac{R_1}{R_1+R_2}U_{REF} + \frac{R_2}{R_1+R_2}U_{oH}$$

所以

$$\begin{aligned} U_{thH} &= \frac{R_1}{R_1+R_2}U_{REF} + \frac{R_2}{R_1+R_2}U_{oH} \\ &= 0 + \frac{20}{50} \times 5 = 2 \text{ V} \end{aligned}$$

$$U_{\text{thL}} = \frac{R_1}{R_1+R_2}U_{\text{REF}} + \frac{R_2}{R_1+R_2}U_{\text{oL}}$$

$$= 0 + \frac{20}{50} \times (-5) = -2\ \text{V}$$

第二步：在输入信号波形图上画出两条门限电平线，反映输入信号与门限电平的比较，并标出 $u_i > U_{\text{thH}}$ 与 $u_i < U_{\text{thL}}$ 的时间区域，如图 11.32(a)所示。

第三步：在输出坐标轴上画出 $u_i > U_{\text{thH}}$ 与 $u_i < U_{\text{thL}}$ 所对应的时间区域的输出电压，如图 11.32(b)所示。

第四步：对于 $U_{\text{thL}} < u_i < U_{\text{thH}}$ 相应时间区域，可参照前一时刻画出输出波形。由于 $t=0$ 时，$u_o = U_{\text{oH}}$，因此在 $0 \sim t_1$ 区域 $u_o = U_{\text{oH}}$，如图 11.32(c)所示。

将图 11.32(c)中的输出电压的虚线画成实线即成为输出波形。

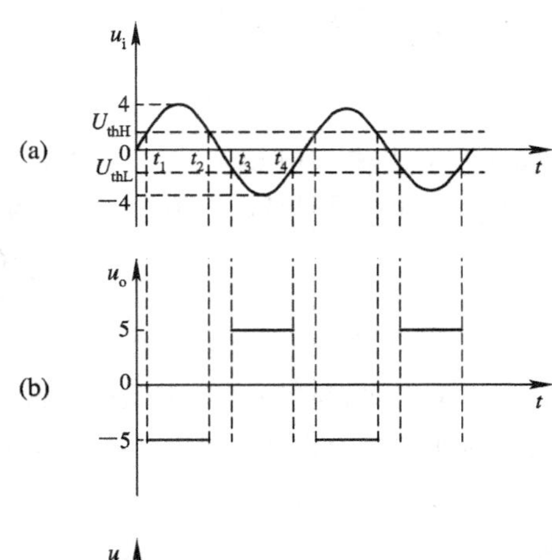

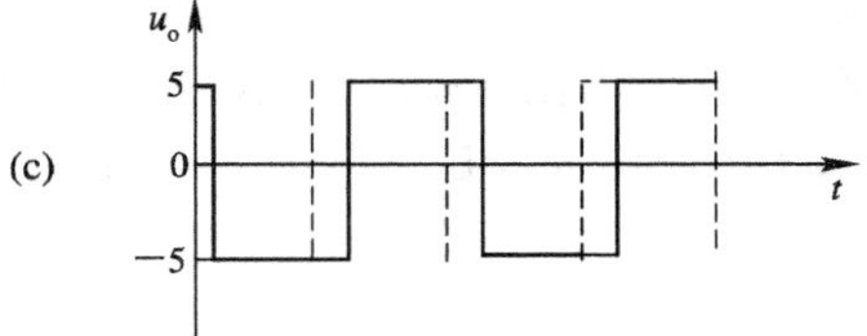

图 11.32　例 11.3 输出波形图

习　题　11

1. 判断题图 11.1 所示的电路的反馈组态，并指出电路中的反馈元件。

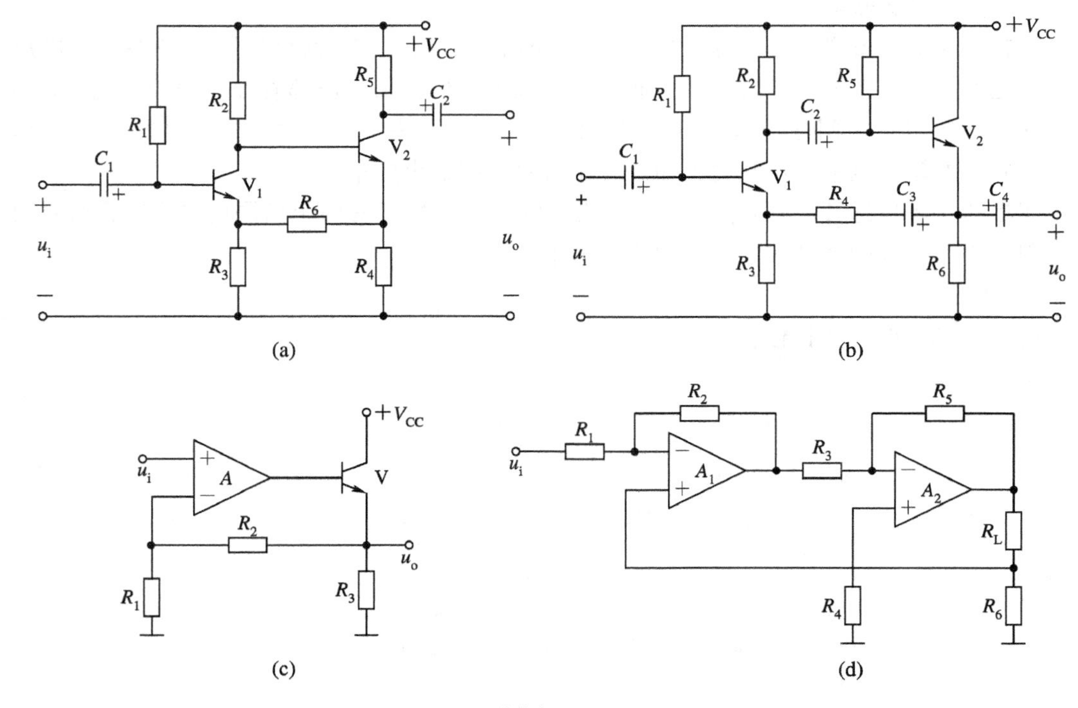

题图 11.1

2. 放大电路如题图 11.2 所示。

(1) R_4 引入了何种反馈？若为正反馈，请在不增减元件的前提下，改成负反馈。

(2) 按深度负反馈估算 A_{uf}。

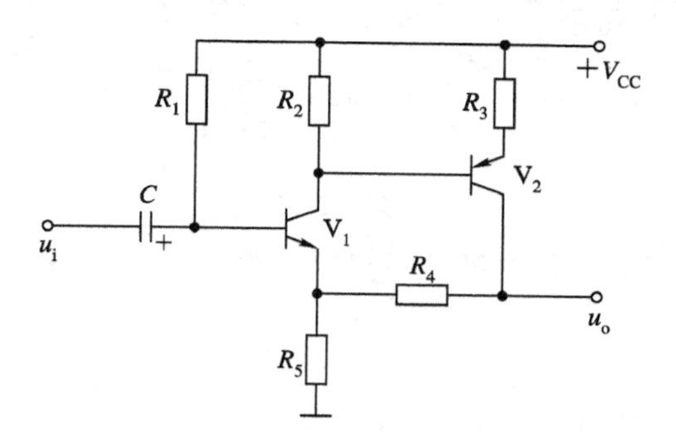

题图 11.2

3. 一个串联电压负反馈放大器，已知其开环电压增益 $A_u=2000$，电压反馈系数 $F_u=0.0459$，若要求输出电压为 $u_o=2$ V，试求输入电压、反馈电压及净输入电压的值。

4. 一反馈放大器的组成框图如题图 11.3 所示，试求总闭环增益 A_f。

5. 电路如题图 11.4 所示，图中 $R_1=10$ kΩ，$R_f=30$ kΩ，试估算其电压放大倍数和输入电阻，并估算 R' 应取多大。

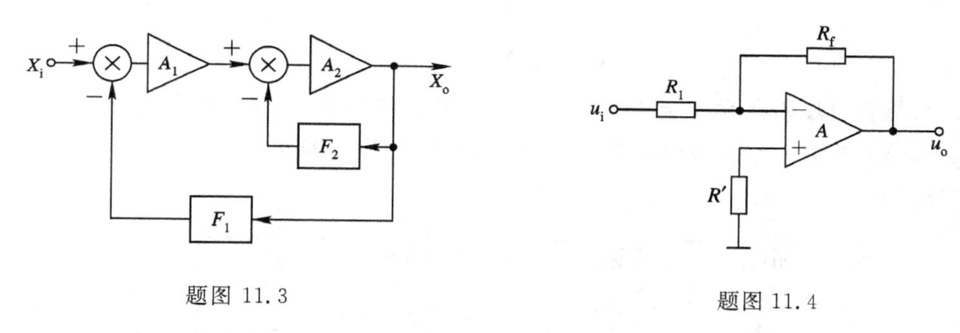

题图 11.3　　题图 11.4

6. 电路如题图 11.5 所示，图中 $R_1=3$ kΩ，若希望它的电压放大倍数等于 7，估算 R_f 和 R' 的值。

7. 同相输入加法电路如题图 11.6 所示，求输出电压 u_o，当 $R_1=R_2=R_3=R_f$ 时，u_o 等于多少？

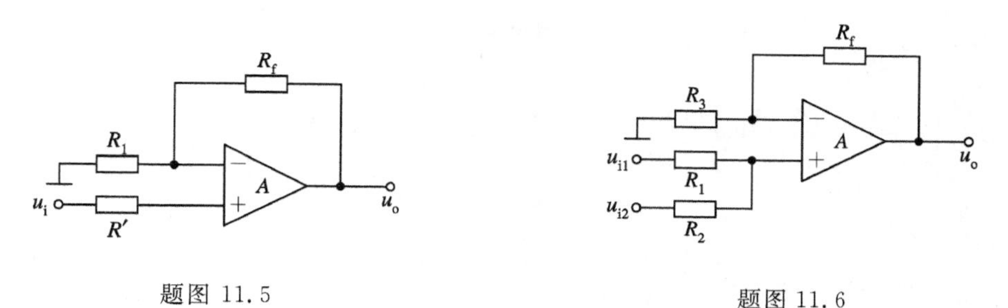

题图 11.5　　题图 11.6

8. 如题图 11.7 所示，假设运放是理想的，试写出电路输出电压 u_o 的值。

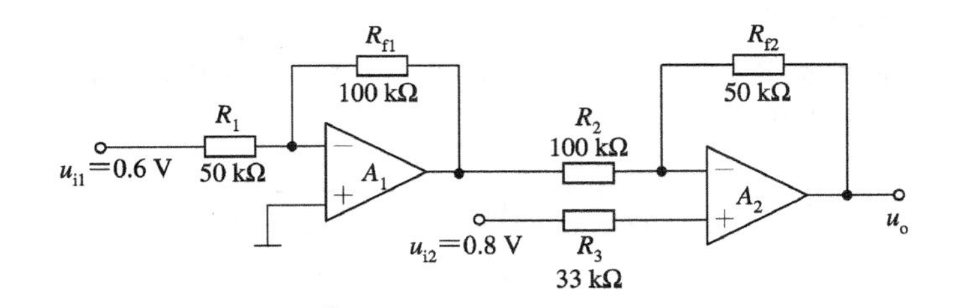

题图 11.7

9. 试用集成运放设计出能完成如下功能的电路：

(1) $u_o = 2u_{i1} - u_{i2}$；

(2) $u_o = 5u_i$。

10. 电路如题图 11.8 所示。求 u_o 的表达式。

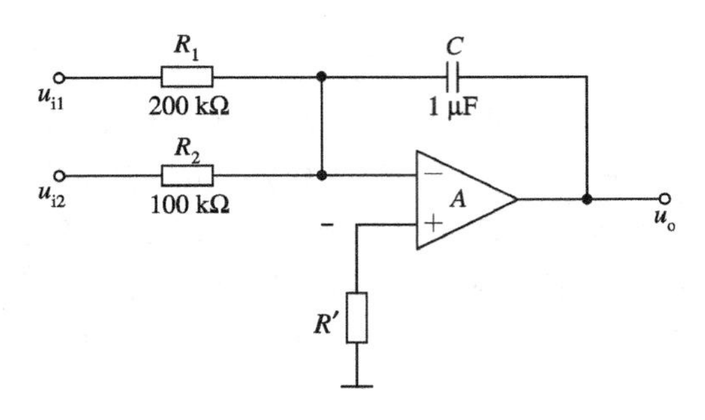

题图 11.8

11. 在题图 11.9 所示的电路中，A_1、A_2 都是理想的运放，输入电压 $u_{i1}=1$ V，$u_{i2}=u_{i3}=2$ V，均自 $t=0$ 时接入，设 $t=0$ 时，$u_C=0$，求 u_o 的表达式。

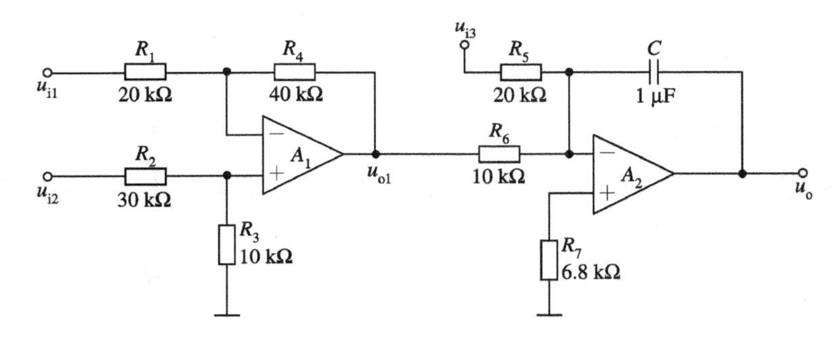

题图 11.9

第 12 章　正弦波振荡器

正弦波振荡器也称为自激正弦波振荡器，是一种不需要外加输入信号就能输出正弦信号的电路，广泛应用于广播、通信、测量仪器和自动控制系统中。

本章首先讨论正弦波振荡器电路的组成、起振条件和分析方法，然后介绍几种常见的振荡电路。

12.1　振荡器的组成及工作原理

1. 振荡器的概念

正弦波振荡器实质上就是一个没有外加输入信号的正反馈放大器，如图 12.1 所示。在放大电路的输入端输入正弦信号 $\dot{X}_i$，在它的输出端可输出正弦输出信号 $\dot{X}_o=\dot{A}\dot{X}_i$。如果通过网络引入正反馈信号 $\dot{X}_f$，使 $\dot{X}_f$的相位和幅度都和 $\dot{X}_i$相同，$\dot{X}_f=\dot{X}_i$，那么这时即使去掉输入信号，电路仍能维持输出正弦信号 $\dot{X}_o$。这种用 $\dot{X}_f$代替 $\dot{X}_i$的方法构成了振荡器的自激振荡原理。

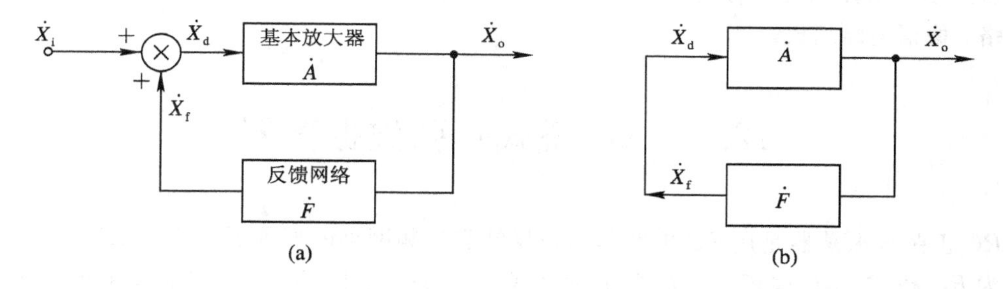

图 12.1　自激振荡原理

2. 自激振荡条件

由图 12.1 可以看出：

$$\dot{X}_o=\dot{A}\dot{X}_i$$
$$\dot{X}_f=\dot{F}\dot{X}_o$$
$$\dot{X}_f=\dot{A}\dot{F}\dot{X}_i$$

所以

$$\dot{A}\dot{F}=1 \qquad (12.1)$$

上式是产生自激振荡的平衡条件。也可把式(12.1)分解为振幅平衡条件和相位平衡条件。

1）振幅平衡条件

$$|\dot{A}\dot{F}| = AF = 1 \tag{12.2}$$

该条件表明放大器的放大倍数与正反馈网络的反馈系数的乘积应等于1，即反馈电压的大小必须和输入电压相等。

2）相位平衡条件

$$\varphi_A + \varphi_F = 2n\pi \tag{12.3}$$

式中，$n=0, 1, 2, \cdots$；φ_A为基本放大器输出信号和输入信号的相位差，φ_F为反馈网络输出信号和输入信号的相位差。式(12.3)表示基本放大器的相位移与反馈网络的相位移的和等于0或2π的整倍数，即电路必须引入正反馈。

3. 起振与稳定条件

实际上振荡器开始建立振荡时，并不需要借助于外加输入信号，它本身就能起振，但电路由自行起振到稳定需要一个建立的过程。例如当电路接通电源时，噪声和干扰信号会使电路产生初始的微弱输出信号，经正反馈和放大器的多次循环放大，输出信号的幅度便由小到大直至输出稳定的正弦波信号。

为了保证电路能自行起振，要求$X_f > X_i$，即

$$AF > 1 \tag{12.4}$$

式(12.4)即为振荡器的起振振幅条件。

总之，振荡电路建立振荡时，必须满足起振振幅条件$AF>1$和相位条件$\varphi_A+\varphi_F=2n\pi$；振幅恒定的条件是$AF=1$。

4. 振荡器的组成

通过以上对振荡器的分析和认识，可以看出正弦波振荡器必须由放大器、正反馈和选频网络、稳幅电路组成。

12.2 RC桥式正弦波振荡器

*RC*正弦波振荡器是用*RC*电路作为正反馈和选频网络的振荡器。根据*RC*电路的形式可分为*RC*桥式、*RC*移相式以及双T网络式正弦波振荡器。*RC*正弦波振荡器产生的振荡频率较低，一般在几百千赫左右。本节仅介绍应用比较多的*RC*桥式正弦波振荡器。

1. 工作原理

图12.2是*RC*桥式正弦波振荡器的原理电路，它由三部分构成：*RC*串并联正反馈选频网络、运放*A*、R_1与R_f组成的负反馈稳幅网络。运放接成同相输入方式，即$\varphi_A=0$。当信号频率为*RC*网络的固有振荡频率时，$f=f_0=1/(2\pi RC)$，反馈网络的相移为0，$\varphi_F=0$，此时满足自激振荡的相位平衡条件（$\varphi_A+\varphi_F=0$）。

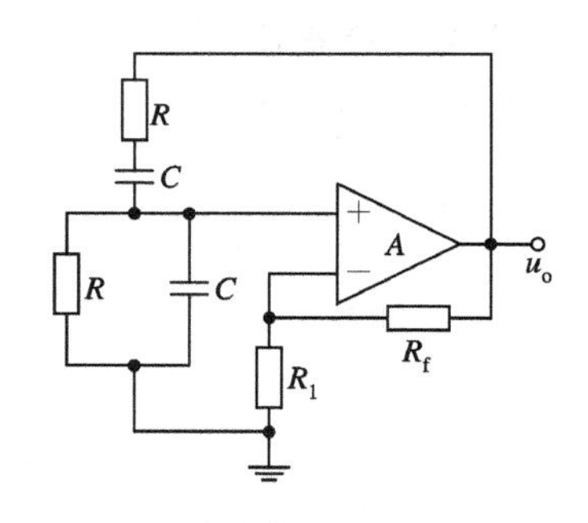

图12.2　*RC*桥式正弦波振荡器原理电路

2. RC 串并联选频电路的选频特性

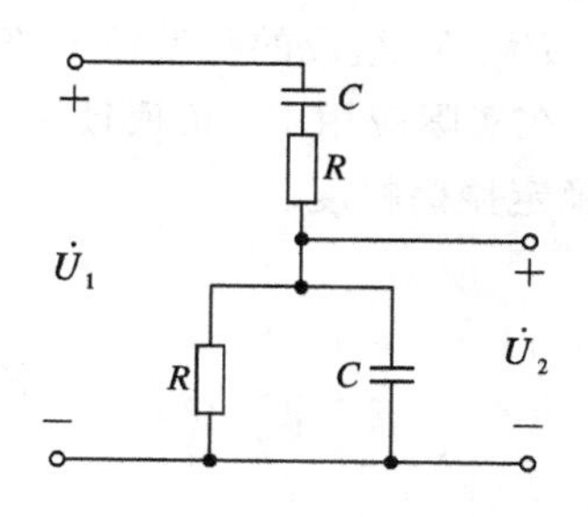

图 12.3　RC 串并联反馈与选频电路

RC 串并联电路如图 12.3 所示。其中 $\dot{U}_1$ 为反馈与选频电路的输入电压，也是放大器的输出电压；$\dot{U}_2$ 为电路的输出电压，也是放大器的反馈电压。正反馈与选频电路的反馈系数为

$$\dot{F}=\frac{\dot{U}_2}{\dot{U}_1}=\frac{\dfrac{R}{1+\mathrm{j}\omega RC}}{R+\dfrac{1}{\mathrm{j}\omega C}+\dfrac{R}{1+\mathrm{j}\omega RC}}=\frac{1}{3+\mathrm{j}\left(\omega RC-\dfrac{1}{\omega RC}\right)} \tag{12.5}$$

令 $\omega_0=1/(RC)$，则上式变为

$$\dot{F}=\frac{1}{3+\mathrm{j}\left(\dfrac{\omega}{\omega_0}-\dfrac{\omega_0}{\omega}\right)} \tag{12.6}$$

幅频特性

$$F=\frac{1}{\sqrt{3^2+\left(\dfrac{\omega}{\omega_0}-\dfrac{\omega_0}{\omega}\right)^2}} \tag{12.7}$$

相频特性

$$\varphi_{\mathrm{f}}=-\arctan\frac{\left(\dfrac{\omega}{\omega_0}-\dfrac{\omega_0}{\omega}\right)}{3} \tag{12.8}$$

由式(12.7)和式(12.8)可以画出 RC 串并联电路的频率特性曲线，如图 12.4 所示。从图中可看出，当 $\omega=\omega_0$ 时，反馈系数的幅值最大，为 $F=1/3$，即输出电压 U_2 最大，并且与输入电压 U_1 同相位，$\varphi(\omega_0)=0$。而当 $\omega\neq\omega_0$ 时，输出均被大幅衰减，即 RC 串并联网络具有选频作用。ω_0 称为 RC 串并联电路的固有频率。

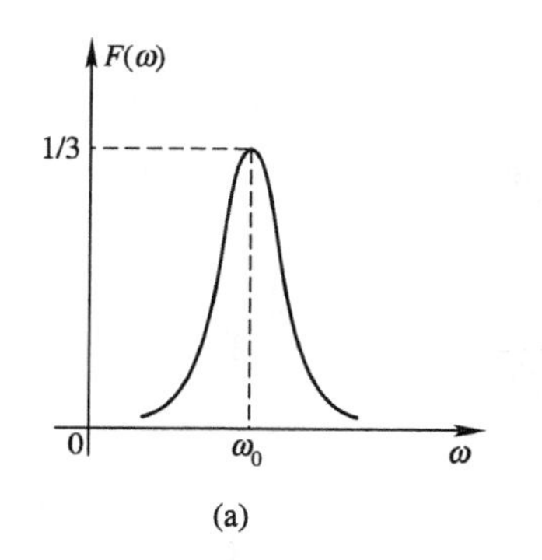

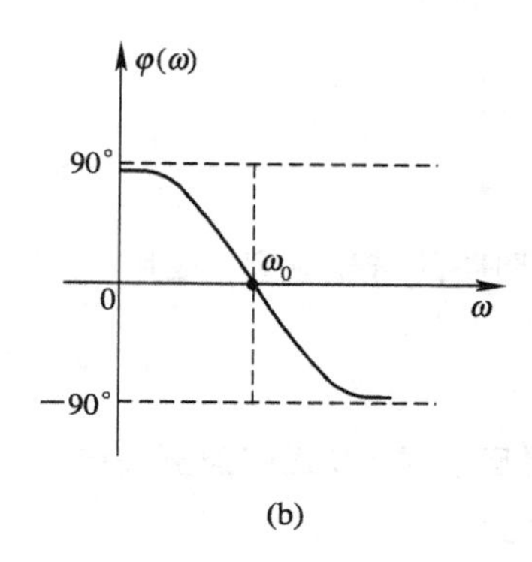

图 12.4　RC 串并联网络的频率特性

(a) 幅频特性；(b) 相频特性

当 $\omega=\omega_0$ 时，反馈系数 $F=1/3$，只要同相运算放大器的电压放大倍数满足 $A\geqslant3$，就可满足振幅平衡条件 $AF\geqslant1$。

R_1、R_f 组成的负反馈网络，其作用是稳定输出信号的幅度，改善波形，减小非线性失真。在实际应用中，负反馈网络常利用二极管、稳压管、热敏电阻等元件的非线性特性自动稳定振荡幅度。

12.3　*LC* 正弦波振荡器

LC 振荡器是利用 *LC* 并联回路作为正反馈选频电路，该电路产生的振荡频率较高，可以达到几十兆赫以上。*LC* 振荡电路按照反馈方式的不同可分为变压器反馈式、电容三点式、电感三点式等几种类型。首先分析 *LC* 并联谐振电路的选频特性。

1. *LC* 并联回路的谐振特性

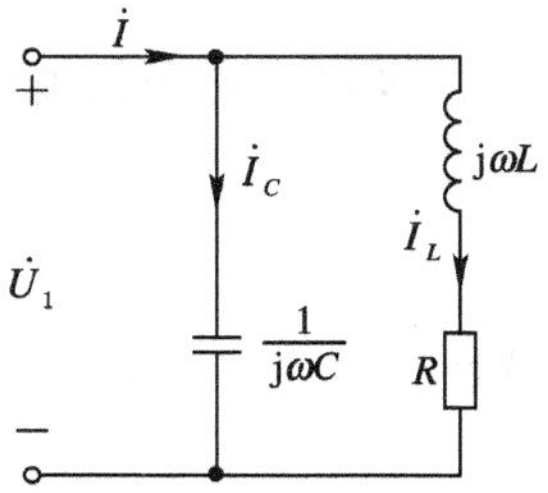

LC 并联回路如图 12.5 所示，回路中的电阻 R 为电感线圈及回路其他损耗的等效电阻。电路的等效阻抗为

$$Z=\frac{-\mathrm{j}\dfrac{1}{\omega C}(R+\mathrm{j}\omega L)}{-\mathrm{j}\dfrac{1}{\omega C}+(R+\mathrm{j}\omega L)} \tag{12.9}$$

图 12.5　*LC* 并联回路

通常 R 很小($R\ll\omega L$)，上式近似为

$$Z=\frac{L/C}{R+\mathrm{j}\left(\omega L-\dfrac{1}{\omega C}\right)} \tag{12.10}$$

幅频特性为

$$|Z|=\frac{L/C}{\sqrt{R^2+\left(\omega L-\dfrac{1}{\omega C}\right)^2}} \tag{12.11}$$

当信号频率为某一特定频率 f_0 时，*LC* 回路产生谐振，复阻抗最大，即要求

$$\omega_0 L-\frac{1}{\omega_0 C}=0$$

得到

$$\omega_0=\frac{1}{\sqrt{LC}} \tag{12.12}$$

ω_0 为 *LC* 并联回路的谐振频率，或用 f_0 表示为

$$f_0=\frac{1}{2\pi\sqrt{LC}} \tag{12.13}$$

2. 变压器反馈式 *LC* 正弦波振荡器

1）工作原理

图 12.6 所示是变压器反馈式 *LC* 振荡器，它由共射极放大器、*LC* 并联谐振电路和变压器反馈电路三部分组成。*LC* 电路由电容 C 与变压器初级线圈 L_1 组成。谐振时，*LC* 并联回路呈电阻性，在 $f=f_0$ 时，放大器的输出与输入信号反相，即 $\varphi_A=180°$。变压器次级线圈 L_3 是反馈线圈，利用变压器的耦合作用，反馈线圈产生反馈电压。因为变压器同名端

的电压极性相同，所以反馈电压与输出电压反相，$\varphi_F=180°$，即谐振时满足相位平衡条件。调节变压器的变比系数，可改变反馈量的大小，一般都能满足振荡器的起振条件$|\dot{A}\dot{F}|>1$。

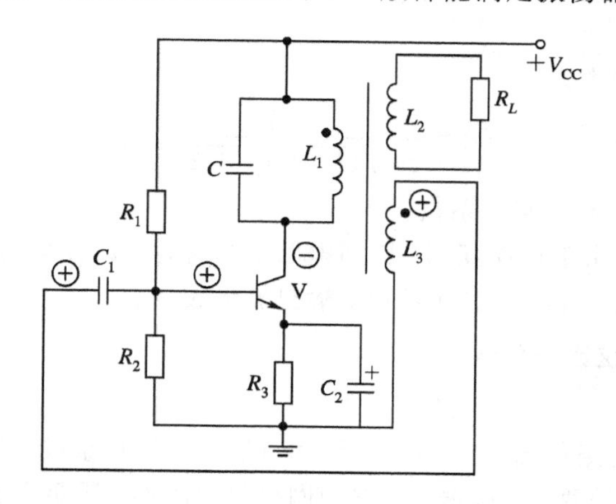

图 12.6　变压器反馈式 LC 振荡器

2）谐振频率

该电路的振荡频率近似等于 LC 并联回路的谐振频率，即

$$f_0\approx\frac{1}{2\pi\sqrt{LC}} \tag{12.14}$$

式中，L 是谐振回路的等效电感。

3）振幅的稳定

振幅的稳定是利用三极管的非线性特性来实现的。在振荡的初期，输出信号和反馈信号都很小，基本放大器工作在线性放大区，使输出电压的幅度不断增大。当幅度达到某一数值后，基本放大器的工作状态进入饱和区，使得 i_C 失真，其基波分量减小，再经过 LC 并联回路选频，输出稳定的正弦波信号。

变压器反馈式 LC 振荡电路的特点是电路容易起振，改变电容可调整谐振频率，但输出波形不好，常用于对波形要求不高的设备中。

3. 电感三点式正弦波振荡器

三点式振荡电路是由 LC 并联回路的三个端点与三极管的三个电极连接，构成反馈式振荡电路。这种振荡电路可分为电感三点式（也称哈特莱电路）和电容三点式（也称考毕兹电路）。

1）工作原理

电感三点式振荡电路如图 12.7 所示。电路由一个带抽头的电感线圈和电容器组成 LC 并联回路，该回路作为选频与反馈网络，它的三个端点分别与三极管的三个极相连。其中 L_2 为反馈线圈，作用是实现正反馈（可用瞬时极性法判断）。

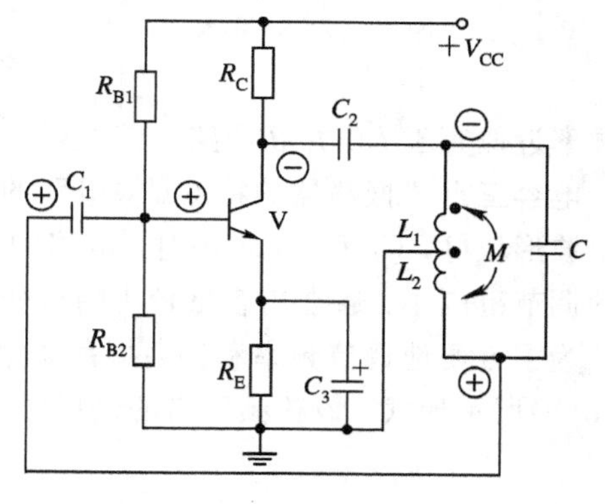

图 12.7　电感三点式振荡电路

反馈量的大小可以通过改变线圈抽头的位置来调整。为了有利于起振，通常反馈线圈 L_2 的匝数占总匝数的 1/8～1/4。

2）振荡频率

电感三点式振荡频率为

$$f_0 = \frac{1}{2\pi\sqrt{(L_1 + L_2 + 2M)C}} \tag{12.15}$$

式中，M 是线圈 L_1 和 L_2 的互感系数。

该电路的特点是：由于存在互感，因而电路更易起振；改变电容 C 可在较大范围内调节振荡频率，一般从几百千赫到几十兆赫；输出波形较差。

4. 电容三点式正弦波振荡器

1）工作原理

电容三点式振荡电路如图 12.8(a)所示。由 C_1、C_2 和 L 组成并联选频与反馈网络。正反馈电压取自电容 C_2 的两端。谐振时，选频网络呈电阻性，满足自激振荡的相位条件。由于三极管的 β 值足够大，通过调节 C_1、C_2 的比值可得到合适的反馈电压，因而使电路满足振幅平衡条件。一般电容的比值取为 C_1/C_2＝0.01～0.5。

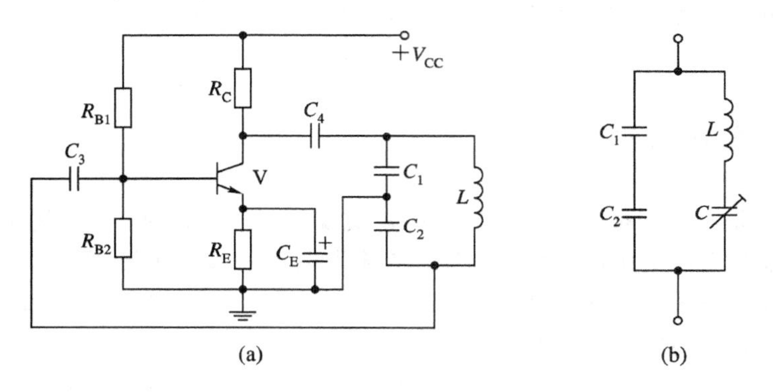

图 12.8 电容三点式振荡器

2）振荡频率

电容三点式的振荡频率为

$$f_0 = \frac{1}{2\pi\sqrt{L\left(\dfrac{C_1 C_2}{C_1 + C_2}\right)}} \tag{12.16}$$

该频率近似等于 LC 并联回路的谐振频率。

电容三点式振荡器的特点是：电路的反馈电压取自 C_2 的两端，高次谐波分量小，振荡输出波形较好；C_1 和 C_2 较小时，电路的振荡频率较高，一般可达 100 MHz 以上；振荡频率的调节范围小，通常用容量较小的可变电容与电感线圈串联，来实现频率的连续可调。

为了方便地调节频率和提高振荡频率的稳定性，可把图 12.8(a)中的选频网络变成图 12.8(b)所示形式，该选频网络的谐振频率为

$$f' \approx \frac{1}{2\pi\sqrt{LC'}} \tag{12.17}$$

式(12.17)中，$\frac{1}{C'}=\frac{1}{C_1}+\frac{1}{C_2}+\frac{1}{C}$。由于 $C_1 \gg C$，$C_2 \gg C$，因此 f_0 主要由 LC 决定。通过调节 C 可以方便地调节振荡频率。

12.4 石英晶体正弦波振荡器

在实际应用中，一般对振荡频率的稳定度要求较高。例如在无线电通信中，为了减小各电台之间的相互干扰，频率的稳定度必须达到一定的标准。频率的稳定度通常以频率的相对变化量来表示，即 $\Delta f_0/f_0$，其中 f_0 为频率的标称值；Δf_0 为频率的绝对变化量。

在 LC 振荡电路中，频率的稳定度相对较差。利用石英晶体代替 LC 谐振回路就构成了晶体振荡器，它可使振荡频率的稳定度提高几个数量级。石英晶体振荡器是一种高稳定性的振荡器，目前已广泛应用于各种通信系统、雷达、导航等电子设备中。

常用的石英晶体振荡电路分为两类：一类是石英谐振器在电路中以并联谐振形式出现，称为并联型晶体振荡电路；另一类是石英谐振器在电路中以串联谐振形式出现，称为串联型晶体振荡电路。

1. 并联型晶体振荡器

并联型石英晶体振荡电路如图 12.9 所示。石英谐振器呈感性，可把它等效为一个电感。选频网络由晶体与外接电容 C_1、C_2 组成，振荡器实质上可看做是电容三点式振荡电路。

由运算放大器、晶体谐振器和外接电容组成的三点式振荡电路如图 12.10 所示，其中 C_s 为可调电容，调节 C_s 可微调振荡频率。

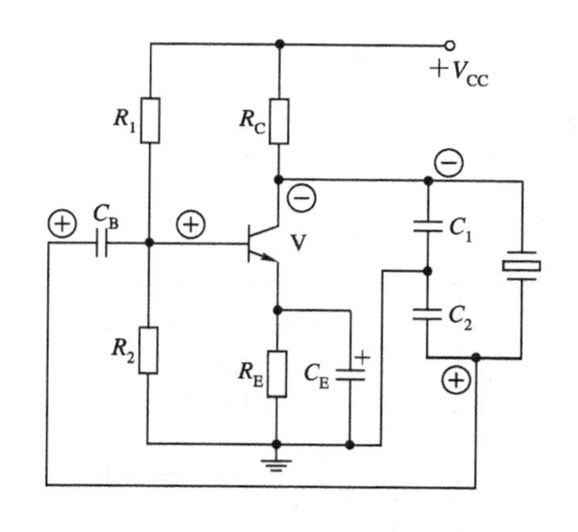

图 12.9 并联型石英晶体振荡器

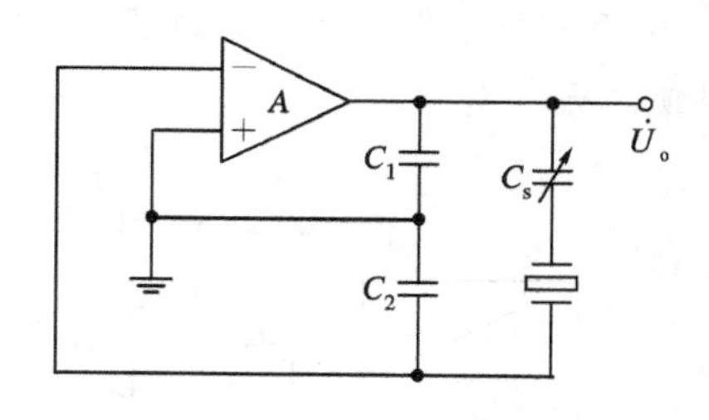

图 12.10 运算放大器构成的并联型石英晶体振荡器

2. 串联型晶体振荡电路

图 12.11 所示为一种串联型晶体振荡电路。图中 V_1 和 V_2 组成两级放大器，放大器的输出与输入电压反相，经石英谐振器和 R_E 及可变电阻 R_p 形成正反馈。可变电阻 R_p 的作用是用来调节反馈量的大小，使电路既能起振，又能输出良好的正弦波信号。

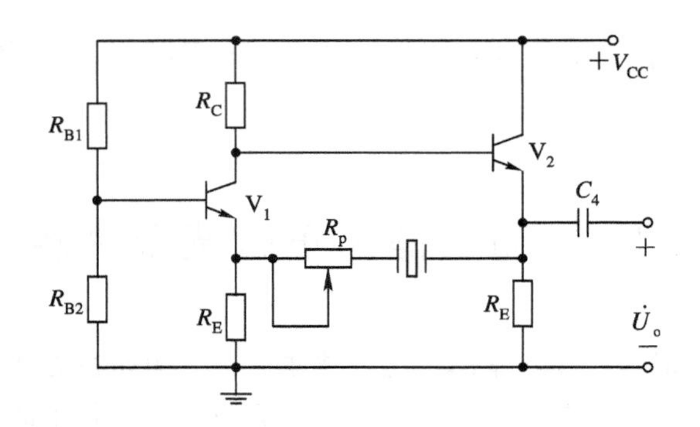

图 12.11　串联型晶体振荡电路

习　题　12

1. 电路如题图 12.1 所示，试用相位平衡条件判断哪个电路可能振荡，哪个不能，并简述理由。

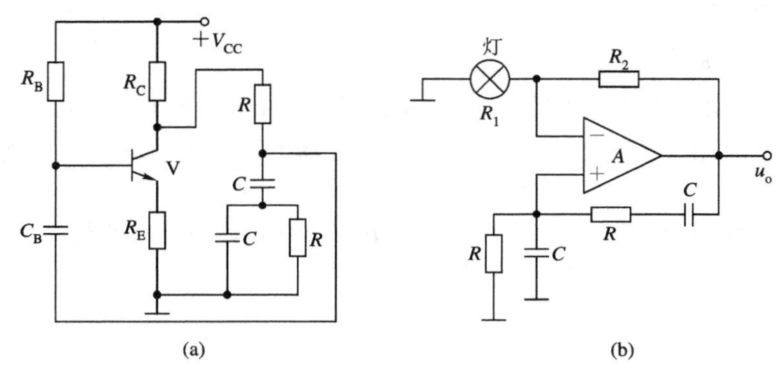

题图 12.1

2. 试用相位平衡条件判断题图 12.2 所示电路能否产生自激正弦振荡。若不能，请修改电路使之振荡起来。

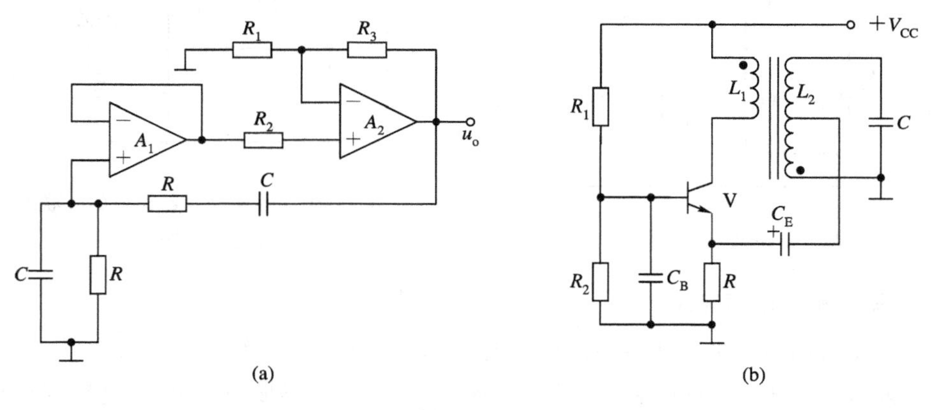

题图 12.2

3. RC 桥式正弦波振荡电路如题图 12.3 所示，已知 $R=R_1=10\ \text{k}\Omega$，$R_p=50\ \text{k}\Omega$，$C=0.01\ \mu\text{F}$。

(1) 标出运放 A 的输入端符号；

(2) 估算振荡频率 f_0；

(3) 分析半导体二极管 D_1 和 D_2 的作用。

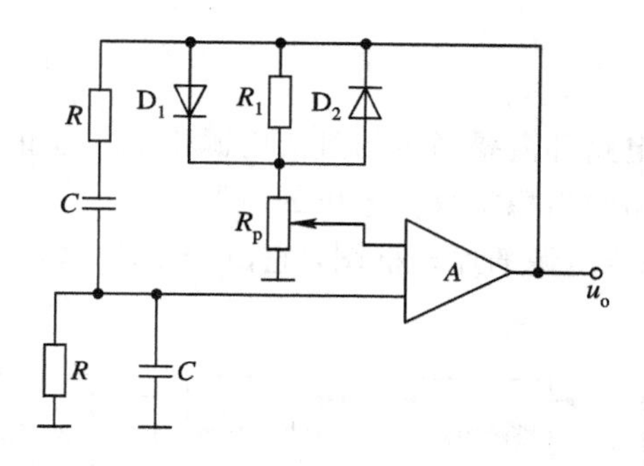

题图 12.3

4. 试用相位平衡条件判断题图 12.4 所示电路能否振荡，若不能，如何改接使其产生正弦波振荡？

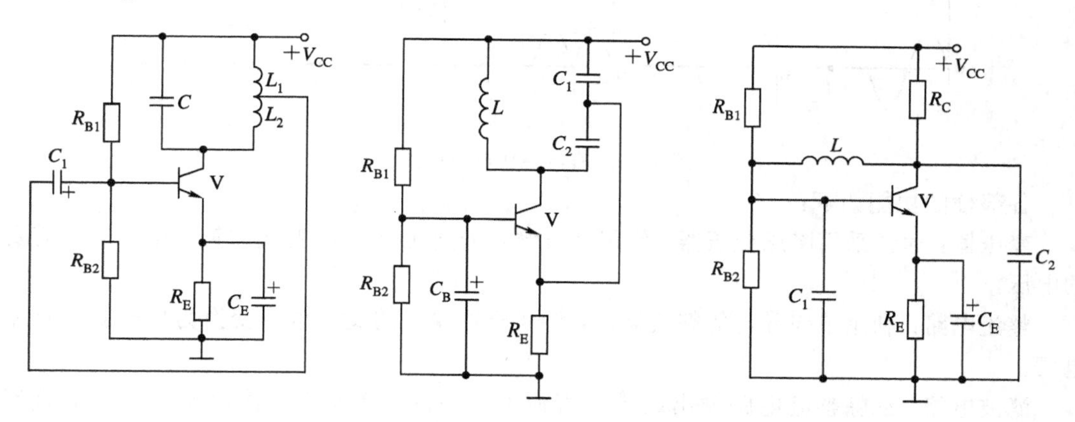

题图 12.4

5. 试说明题图 12.5 所示电路的工作原理，并指出晶体产生什么样的谐振，电路的输出端及同相输出端的电压是什么波形。

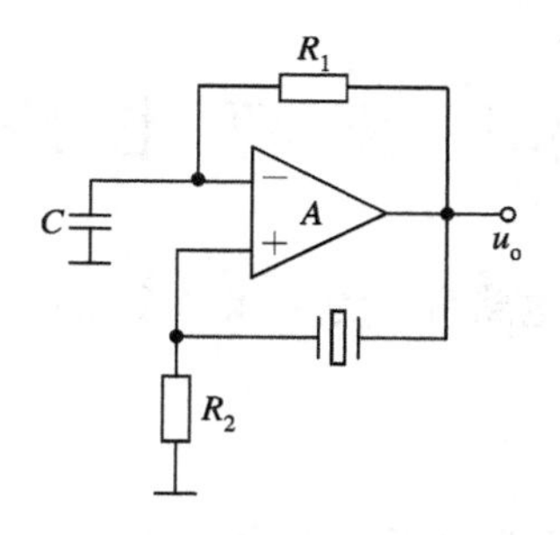

题图 12.5

第 13 章　直流稳压电源

电子设备和自动控制电路都需要稳定的直流电源供电才能正常工作。直流稳压电源是一种能把交流输入电压变为输出稳定直流电压的电源。

图 13.1 是一般直流稳压电源的原理框图，它由变压器、整流电路、滤波电路和稳压电路四部分组成。

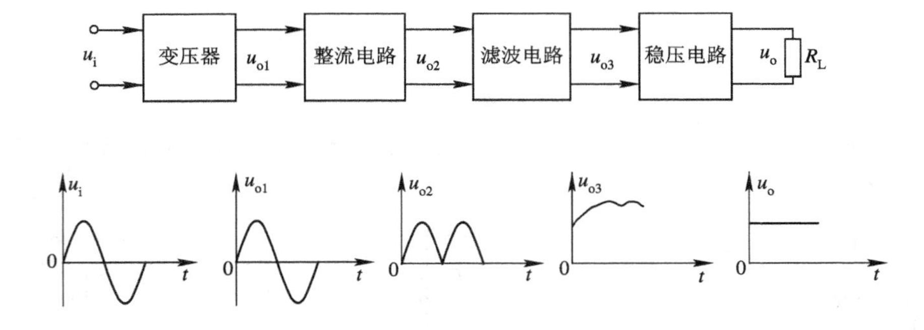

图 13.1　直流稳压电源框图

各部分的功能如下：

变压器：通常采用降压变压器，作用是将输入的交流电压 u_i 变换成符合整流电路需要的电压。

整流电路：利用单向导电的整流器件，将变压器输出的交流电压变换为单向脉动直流电压。

滤波电路：滤除整流电路输出的脉动直流电压中的交流成分，输出比较平滑的直流电压。

稳压电路：当交流电源电压或负载波动时，利用该电路的自我调节功能，使输出的直流电压保持稳定。

13.1　整 流 电 路

根据所用电源的相数，整流电路可分为单相和多相；根据负载上输出的电量波形，可分为半波和全波整流电路。

1. 单相半波整流电路

电路如图 13.2 所示，其中 D 为整流二极管，u_1 为电源变压器的原边电压，u_2 为电源变压器的副边电压，i_L、u_L 分别为负载 R_L 的电流和电压，u_D 为二极管上的电压。

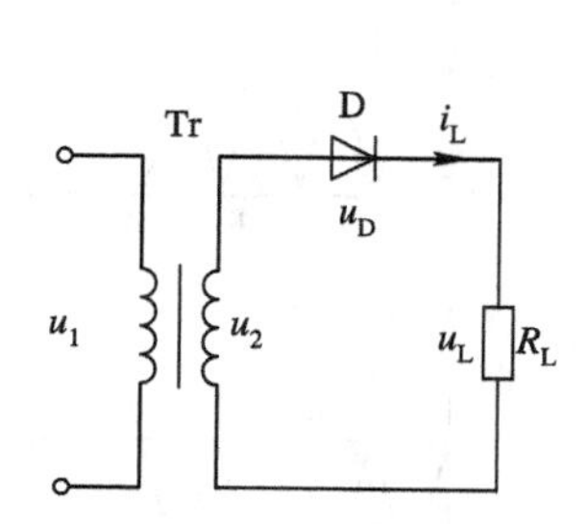

图 13.2　单相半波整流电路

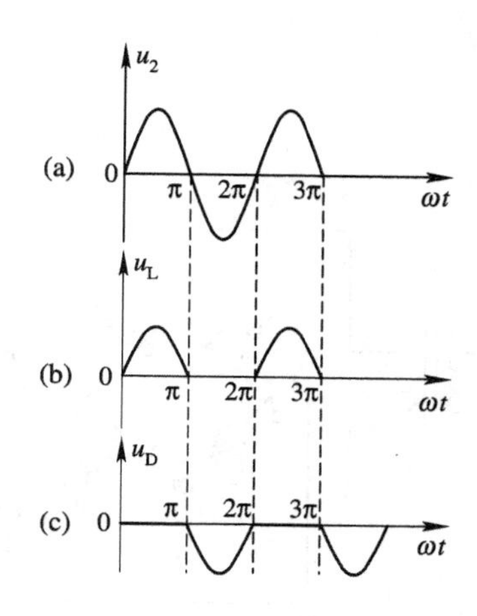

图 13.3　半波整流波形图

设 $u_2=\sqrt{2}U_2\sin\omega t$，其波形如图 13.3(a)所示。

当 u_2 为正半周时，二极管 D 导通；当 u_2 为负半周时，二极管 D 截止。若忽略变压器绕组电阻和二极管 D 的正向电阻，则 u_L 和 u_D 的波形如图 13.3(b)、(c)所示，从中可看出负载 R_L 的电压是半个正弦波，其平均值为

$$U_{L(AV)}=\frac{1}{2\pi}\int_0^{\pi}\sqrt{2}U_2\sin\omega t\,d(\omega t)$$

$$=\frac{\sqrt{2}}{\pi}U_2=0.45U_2 \tag{13.1}$$

负载 R_L 中平均电流为

$$I_{L(AV)}=\frac{U_{L(AV)}}{R_L}=\frac{0.45U_2}{R_L} \tag{13.2}$$

二极管 D 中平均电流为

$$I_{D(AV)}=I_{L(AV)}=\frac{0.45U_2}{R_L} \tag{13.3}$$

二极管 D 所承受的最大反向电压为

$$U_{DRM}=\sqrt{2}U_2 \tag{13.4}$$

半波整流电路的优点是电路简单，缺点是输出电压脉动大。现在基本上都使用桥式全波整流电路。

2. 单相桥式全波整流电路

图 13.4 为单相桥式全波整流电路。

当 u_2 为正半周时，D_1、D_3 导通，当 u_2 为负半周时，D_2、D_4 导通，即在一个周期内，负载 R_L 上都有脉动直流电压 u_L，故称为全波整流电路。u_2、u_L 和 u_D 的波形分别如图 13.5(a)、(b)、(c)所示。

从图 13.5 中可知负载 R_L 上的平均电压为

$$U_{L(AV)}=(2\times0.45)U_2=0.9U_2 \tag{13.5}$$

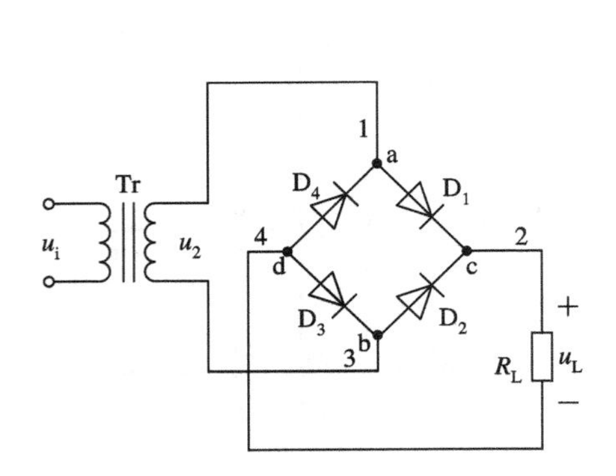

图 13.4　单相桥式全波整流电路

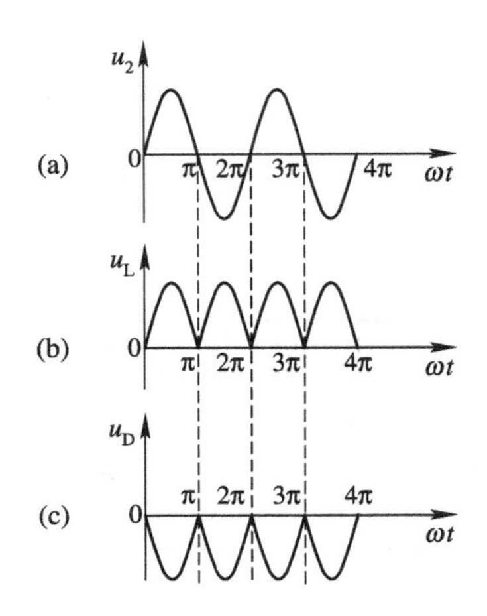

图 13.5　全波整流波形图

负载 R_L 中平均电流为

$$I_{L(AV)}=\frac{U_{L(AV)}}{R_L}=0.9\frac{U_2}{R_L} \tag{13.6}$$

每个二极管 D 中平均电流为

$$I_{D(AV)}=\frac{1}{2}I_{L(AV)}=0.45\frac{U_2}{R_L} \tag{13.7}$$

每个二极管 D 所承受的最大反向电压为

$$U_{DRM}=\sqrt{2}U_2 \tag{13.8}$$

例 13.1　如图 13.4 所示的桥式整流电路，$R_L=100\ \Omega$，$U_{L(AV)}=18\ \text{V}$，试求变压器的副边电压。应选用何种型号的二极管？

解　变压器副边电压的有效值为

$$U_2=\frac{U_{L(AV)}}{0.9}=\frac{18}{0.9}=20\ \text{V}$$

二极管中平均电流为

$$I_{D(AV)}=\frac{1}{2}I_{L(AV)}=\frac{1}{2}\times\frac{U_{L(AV)}}{R_L}=\frac{1}{2}\times\frac{18}{100}=0.09\ \text{A}$$

二极管所承受的最大反向电压为

$$U_{DRM}=\sqrt{2}U_2=1.414\times 20=28.3\ \text{V}$$

通过查手册知 2CZ52B 的最大整流电流为 0.1 A，最大反向电压为 50 V，可满足本题的要求。

3. 倍压整流电路

倍压整流电路由二极管和电容组成，利用二极管的整流和导引作用，将较低的直流电压分别存储在多个电容上，然后按电容充电的极性串联起来而得到较高的直流输出电压。该电路多用于输出高电压、小电流的情况。

图 13.6 所示为二倍压整流电路。当 u_{o1} 为正半周时，D_1 导通，u_{o1} 经 D_1 向 C_1 充电；理想情况下，C_1 充电至$\sqrt{2}U_{o1}$。当 u_{o1} 为负半周时，D_2 导通，u_{o1} 经 D_2 向 C_2 充电，亦能充电至$\sqrt{2}U_{o1}$。C_1 与 C_2 的电压之和为 $2\sqrt{2}U_{o1}$，为负载电阻 R_L 提供了二倍 u_{o1} 的峰值电压。同理，若增加二极管和电容的数目，则可组成多倍压整流电路。

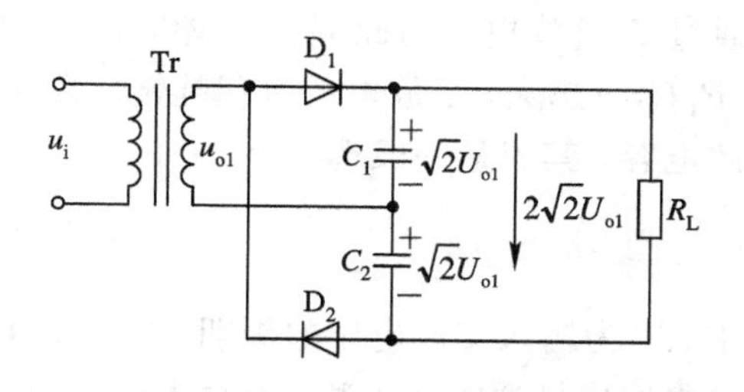

图 13.6　二倍压整流电路

实际上，由于存在着电容对 R_L 放电，倍压整流电路的电容无法充电至最大值$\sqrt{2}U_{o1}$，且电容上的电压还存在着脉动成分，因此倍压整流电路仅适用于负载电流较小的场合。

13.2　滤 波 电 路

无论采用哪种形式的整流电路，其输出电压的脉动系数 S 都比较大。因此，在整流电路的输出端通常加上一级滤波电路，其作用是尽量降低输出电压中的脉动成分，保留其中的直流成分，使输出电压尽可能接近理想的直流。滤波电路的形式很多，有电容滤波电路、电感滤波电路、π 型 RC 滤波电路、LC 滤波电路和 π 型 LC 滤波电路等。

1. 电容滤波电路

电容滤波电路如图 13.7 所示，加上电容 C 后，负载 R_L 上的电压波形就与没有滤波电容时的电压波形大不一样，如图 13.8 所示。此时的输出电压经验上可取

$$
\begin{aligned}
U_o &= U_{o1}（半波）\\
U_o &= 1.2U_{o1}（全波）
\end{aligned}
\tag{13.9}
$$

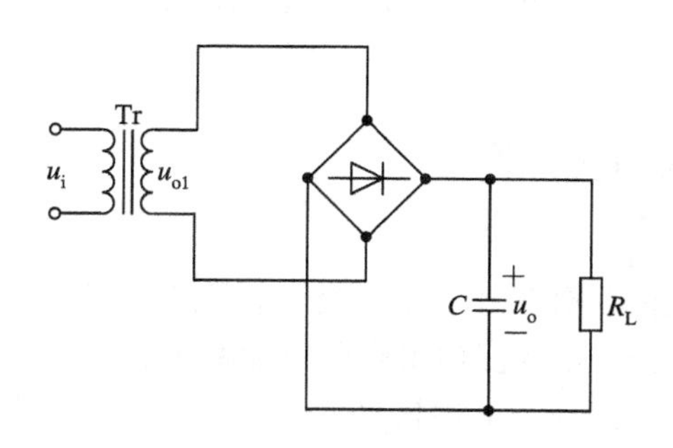

图 13.7　电容滤波电路

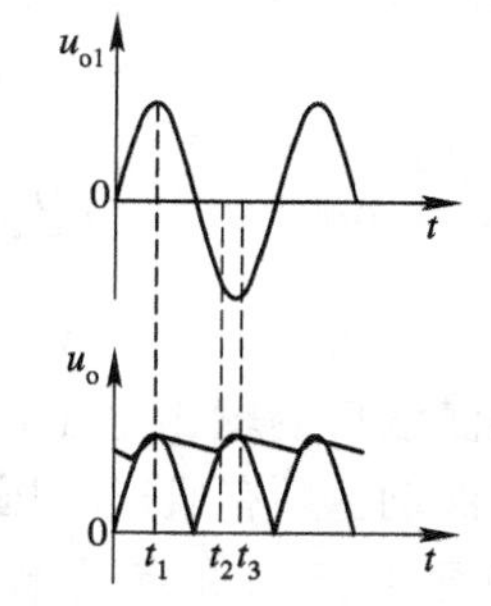

图 13.8　电容滤波波形图

电容滤波的原理就是利用电容的充放电特性。在 $0\sim t_1$ 期间，设电容 C 上的初始电荷为 0，u_{o1} 的极性假定为上正下负，此时 D_1 和 D_3 导通，D_2 和 D_4 截止。u_{o1} 通过 D_1 和 D_3 向 C 充电，在 t_1 时刻，D_1 和 D_3 的阳极电位等于阴极电位；在 t_1 以后，D_1 和 D_3 阳极电位低于阴极电位，所以 D_1 和 D_3 截止，C 通过负载 R_L 放电；到 t_2 时刻，D_2 和 D_4 的阳极电位等于阴极电位，u_{o1} 通过 D_2 和 D_4 向 C 充电；到 t_3 时刻，D_2 和 D_4 因阳极电位低于阴极电位而截止，

C通过负载放电；如此周而复始，使输出的脉动大大减小。电容 C 的充放电时间常数 $\tau=R_L C$，τ 越大，C 放电的过程越慢，滤波效果也越好。在实际电路中，通常采用大容量的电解电容，其容量一般选为

$$C \geqslant (3 \sim 5)\frac{T}{2R_L} \tag{13.10}$$

式中，T 为输入交流电压的周期。要注意电容器的耐压应大于$\sqrt{2}U_{o1}$。又由于二极管在电容滤波电路中导通时间短暂，有很大的浪涌电流流过，故选取管子时，一般要求它承受的正向电流应大于输出平均电流的 2～3 倍。

2. 电感滤波电路

由于电容器具有通高频、阻低频的特性，因此用电容滤波时电容是并联于负载上的。而电感具有通低频、阻高频的特性，因而用电感滤波时，必须将电感串联于负载电路中，利用电感阻止电流变化的特点实现滤波。电感滤波电路如图 13.9 所示。

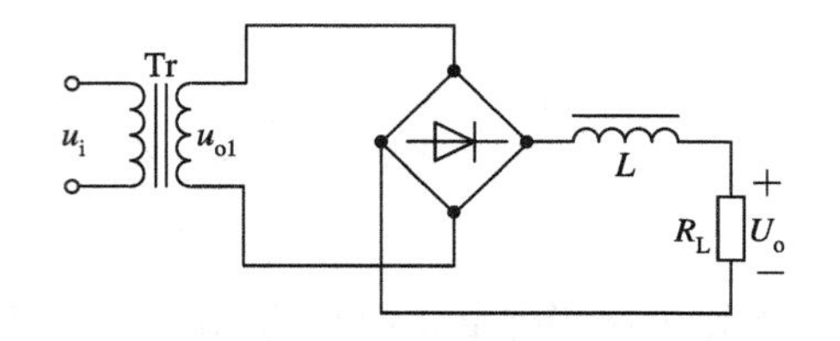

图 13.9　电感滤波电路

为了取得更好的滤波效果，可采用 LC 滤波电路和 π 型 LC 滤波电路，如图 13.10 和图 13.11 所示。

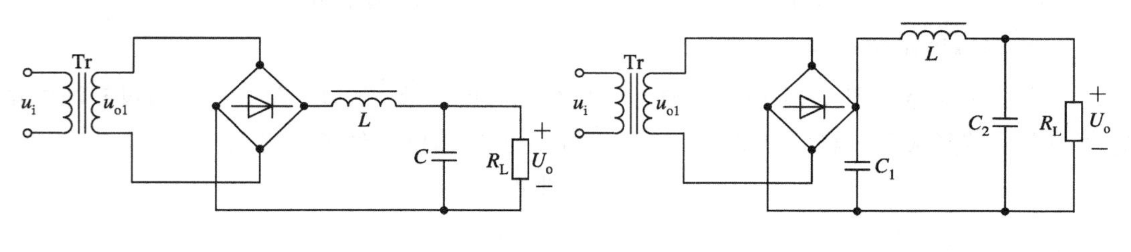

图 13.10　LC 滤波电路　　　　图 13.11　π 型 LC 滤波电路

13.3　稳 压 电 路

经整流和滤波后的输出电压，虽然脉动的交流成分很小，但在交流输入电压或负载发生变化时仍有波动。只有通过稳压环节或稳压电路，才能使输出电压更加稳定。

稳压管稳压电路的优点是电路简单，稳压性能较好，内阻较小(一般为几欧到几十欧)，适合于负载电流较小的场合。其缺点是输出电压仅取决于稳压二极管的型号，不能随意调节，只能用在负载电流变化不大的电路中。

13.3.1　串联型稳压电源

1. 电路组成

串联型稳压电源是目前较为通用的一种稳压电源。该电源的方框图和电路图如图 13.12 所示。

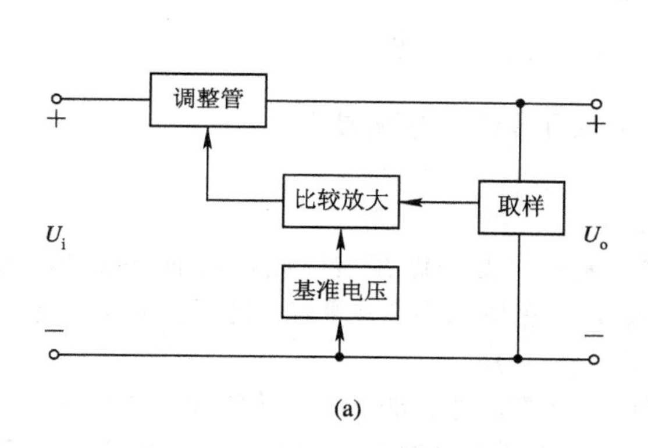

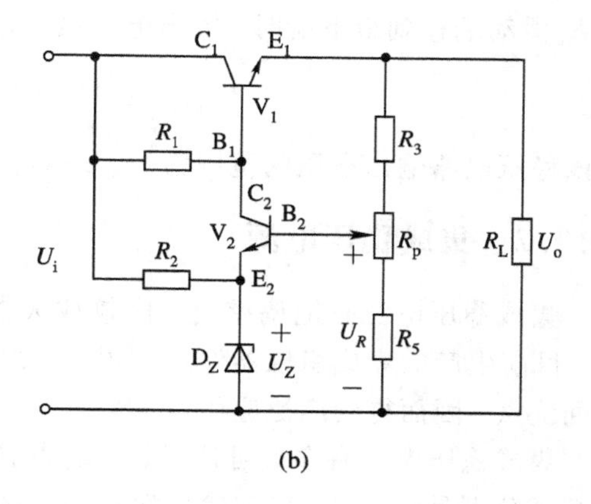

图 13.12　串联稳压电路

（a）方框图；（b）电路原理图

由图 13.12 可见该电路是由调整管、基准电压、采样电路、比较放大环节四部分组成的。调整管 V_1 是整个稳压电路的核心，其作用是利用输出电压的变化量来控制基极电流的变化，进而控制管压降 U_{CE1} 的变化，从而把输出电压拉回到接近变化前的数值，起到电压调整作用，故称为调整管。因为调整管与负载是以串联形式连接的，故称该电路为串联型稳压电路。电阻 R_2 和 D_Z 组成了硅稳压管稳压电路，其作用是让 D_Z 上的稳定电压作为基准电压，当 U_i、R_L 或者温度改变时，基准电压保持恒定。电阻 R_3、R_p 和 R_5 组成的分压器组成采样电路。由 V_2 组成比较放大电路，把输出电压的变化量 ΔU_o的一部分加到 V_2管的基极，并与基准电压 U_Z 进行比较放大后，控制调整管的基极电位。

2. 稳压原理

可从 U_i 和 R_L 两方面的变化分析稳压的过程。

（1）当 U_i 波动时，电路将引起如下的调节过程：

对基本共射放大电路，当 $U_i\uparrow\rightarrow I_{BQ}\uparrow\rightarrow Q$ 点上移$\rightarrow U_{CE}\downarrow$ 时，调整过程如下：

$$U_i\uparrow\rightarrow U_o\uparrow\rightarrow U_{B2}\uparrow\rightarrow I_{B2}\uparrow\rightarrow U_{CE2}\downarrow\rightarrow U_{C2}\downarrow\rightarrow U_{B1}\downarrow\rightarrow I_{B1}\downarrow$$
$$\rightarrow U_{CE1}\uparrow\rightarrow U_o=(U_i-U_{CE1})\downarrow$$

反之亦然，使 U_o趋于稳定。

（2）当负载 R_L 变化时，将引起如下的调节过程：

$$R_L\downarrow\rightarrow U_o\downarrow\rightarrow U_{B2}\downarrow\rightarrow I_{B2}\downarrow\rightarrow U_{CE2}\uparrow\rightarrow U_{C2}\uparrow\rightarrow U_{B1}\uparrow\rightarrow I_{B1}\uparrow$$
$$\rightarrow U_{CE1}\downarrow\rightarrow U_o=(U_i-U_{CE1})\uparrow$$

同样使 U_o 趋于稳定。

总之，串联型稳压电路是利用输出电压的变化来控制调整管 U_{CE}的变化，从而实现自动稳压的。

3. 输出电压的调节

稳压电源的输出电压可利用电位器 R_p 来调节。当 R_p的滑动端置于最上端时，输出电压最低，即

$$U_{omin}=(U_Z+U_{BE2})\cdot\frac{R_3+R_5+R_p}{R_p+R_5}\tag{13.11}$$

当 R_p 滑动端移到最下端时，输出电压最高，即

$$U_{omax}=(U_Z+U_{BE2})\cdot\frac{R_3+R_5+R_p}{R_3} \tag{13.12}$$

故该稳压电路输出电压的范围为 $U_{omin}\sim U_{omax}$，且可通过 R_p 连续调节。

13.3.2 集成稳压电源

集成稳压电源是把调整管、比较放大器、基准电源等做在一块硅片内的集成稳压器件。目前生产的集成稳压器件形式很多，由于其具有体积小、重量轻、使用方便可靠等一系列优点，因而得到广泛应用。

集成稳压电源有多端可调式、三端集成稳压器等。现主要介绍三端集成稳压电路。三个端子分别是输入端、稳定输出端和公共接地端。三端集成稳压器的通用产品有 W7800 系列(正电压输出)和 W7900 系列(负电压输出)。具体型号后面的两位数字代表输出电压值，可为 5 V，6 V，8 V，12 V，15 V，18 V，24 V 等几种。这个系列的产品，输出的最大电流可达 1.5 A。例如 W7805 表示输出电压为 5 V，输出电流为 1.5 A；W7905 表示输出电压为−5 V，输出电流为 0.5 A。

三端固定 W7800 系列稳压器属于一种串联型稳压器，其应用电路有以下几种。

1. 固定输出电压电路

图 13.13(a)所示电路是 W7800 系列作为固定输出时的典型接线图。为了保证稳压器正常工作，最小输入输出电压差至少为 2 V～3 V；输入端的电容 C_i 一般取 0.1 μF～1 μF，其作用是在输入线较长时抵消其电感效应，防止产生自激振荡；输出端的 C_o 是为了消除电路的高频噪声，改善负载瞬态的响应，一般取 0.1 μF。如果需要负电源时，可采用图 13.13(b)所示的应用电路。

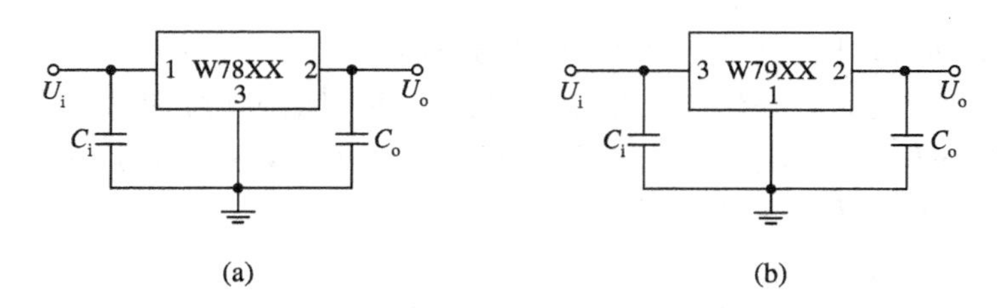

图 13.13 固定输出电压电路

(a) W7800 系列典型应用；(b) W7900 系列典型应用

2. 提高输出电压的电路

目前，三端稳压器的最高输出电压是 24 V。当需要大于 24 V 的输出电压时，可采用图 13.14 所示的电路提高输出电压。图中 V_{XX} 是三端稳压器的标称输出电压；I_Z 是组件的稳态电流，约为几毫安；外接电阻 R_1 上的电压是 V_{XX}；R_2 接在稳压器公共端 3 和电源公共端之间。按图示接法的输出电压为

$$U_o=V_{XX}\left(1+\frac{R_2}{R_1}\right)+I_Z\cdot R_2 \tag{13.13}$$

当 I_Z 较小时，有

$$U_o \approx V_{XX}\left(1+\frac{R_2}{R_1}\right) \tag{13.14}$$

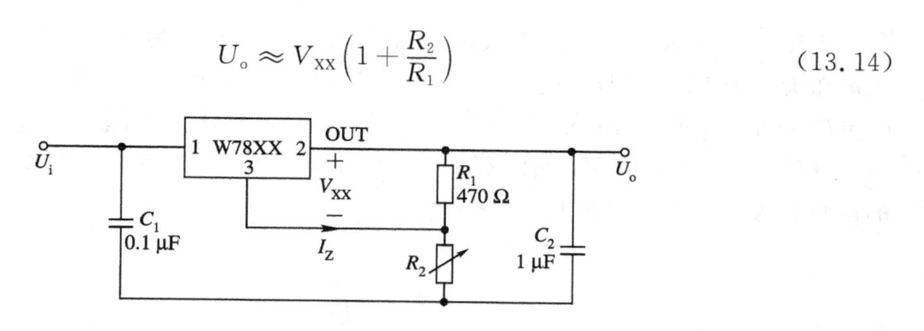

图 13.14　提高输出电压的电路

3. 具有正负电压输出的稳压电源

当需要正负电压同时输出时，可用一块 W7800 正压单片稳压器和一块 W7900 负压单片稳压器连接成图 13.15 所示的电路。这两块稳压器有一个公共接地端，并共用整流电路。

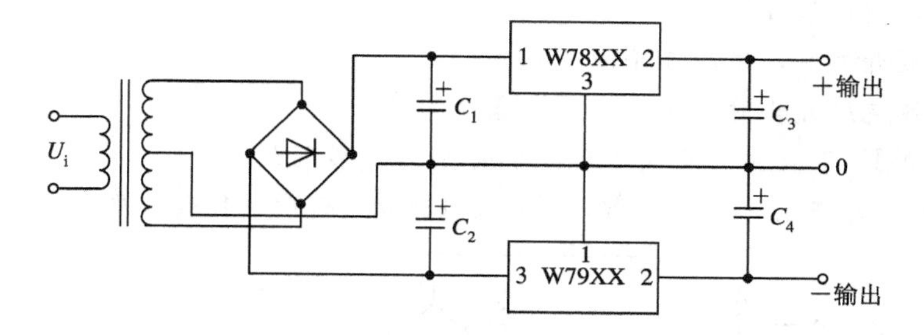

图 13.15　具有正负输出电压的稳压电源

例 13.2　试应用集成稳压器设计一个能固定输出±5 V 的直流稳压电源。

解　(1) 因所要设计的直流稳压电源是固定式输出，并且输出既有正电压也有负电压，故可选择三端固定式集成稳压器(如 W7800 系列与 W7900 系列)。通过查阅集成电路手册可知 W7805 集成稳压器可输出+5 V 直流电压、W7905 集成稳压器可输出−5 V 直流电压，可以选用。

(2) 集成稳压器 W7800 系列(正电源)与 W7900 系列(负电源)的典型应用电路如图 13.16 所示。

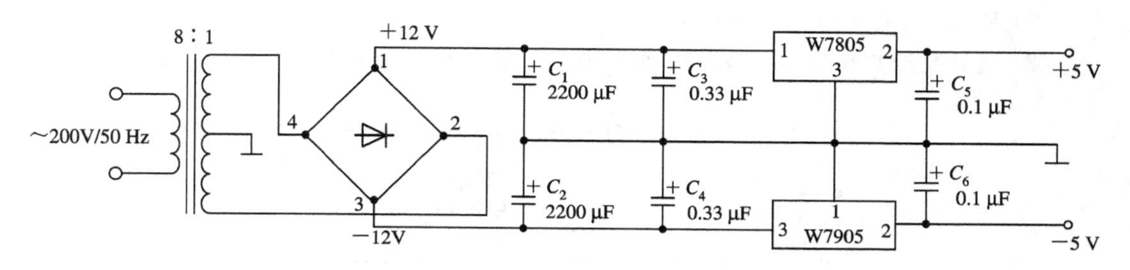

图 13.16　例 13.2 电路图

图中输入端电容 C_3、C_4 主要用来改善输入电压的波纹，一般为零点几微法，可选 0.33 μF。输出端电容 C_5、C_6 用来消除电路中可能存在的高频噪声，即改善负载的瞬态响应，可选 0.1 μF。

(3) 画出完整的直流稳压电路原理图，如图 13.16 所示。

W7805 的输入电压为 7 V～30 V，W7905 的输入电压为−7 V～−25 V，可以均按输入电压大小为 12 V 设计。交流输入电压 U_1 经降压后为 U_2，经整流和滤波后(滤波电容 $C_1=C_2=2200\ \mu F$)，分别供给 12 V 大小的电压，该电压是变压器副边总电压平均值的一半，即 $U_2/2\times0.9=12$ V，因此 $U_2=12/0.45\approx26.6$ V。由此可选择变压器原边副边绕组的匝数比为 $U_1:U_2=220:26.6\approx8:1$。

习　题　13

1. 单相桥式整流电路如题图 13.1 所示。已知变压器副边 $u_2=25\sin\omega t$ V，$f=50$ Hz，$R_LC\geqslant(3\sim5)\dfrac{1}{2f}$。

(1) 估算输出电压 u_o；

(2) 当负载开路时，对 u_o 有什么影响？

(3) 当滤波电路开路时，对 u_o 有什么影响？

(4) 二极管 D_1 若发生开路或短路，对 u_o 有什么影响？

(5) 若 $D_1\sim D_4$ 中有一个二极管的正、负极接反，将产生什么后果？

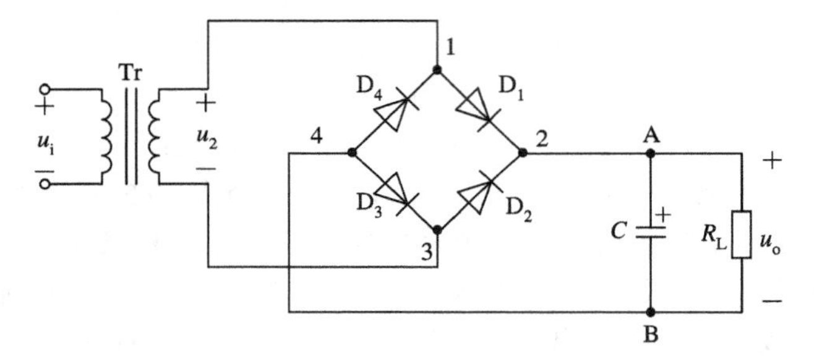

题图 13.1

2. 电路如题图 13.2 所示，图中标出了变压器副边电压的有效值和负载电阻值。若忽略二极管的正向压降和变压器内阻，试求：

(1) R_{L1}、R_{L2} 两端的电压和电流；

(2) 通过整流二极管 D_1、D_2、D_3 的平均电流和二极管承受的最大反向电压。

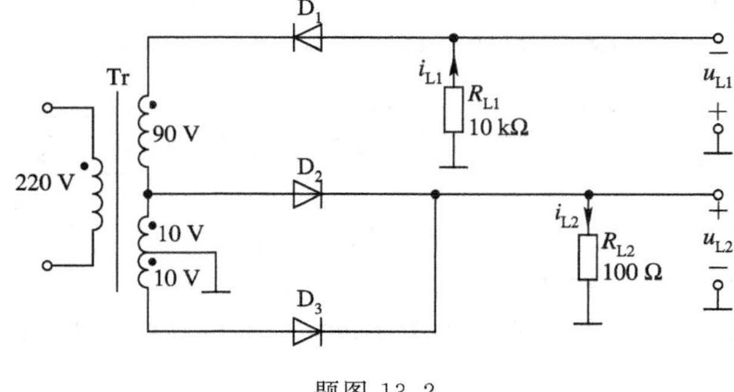

题图 13.2

3. 某直流稳压电源要求输出电压是 12 V，输出电流为 100 mA，若采用桥式整流电容滤波电路，试选择变压器的变比、整流二极管的参数及滤波电容 C 的容量和耐压。

4. 题图 13.3 所示电路是串联型稳压电路，图中有错误，改正，使之正常工作。改正后，假定 $U_{DZ2}=6$ V，$R_1=R_3=250\ \Omega$，$R_2=500\ \Omega$，那么 U_o 的取值范围是多少？

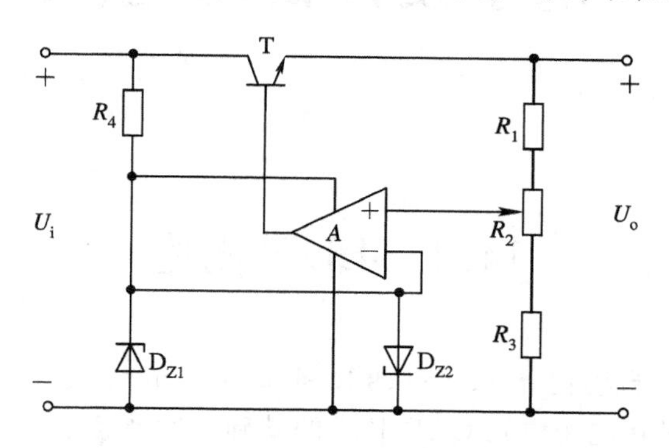

题图 13.3

5. 在桥式整流电路中，$U_2=20$ V(有效值)，$R_L=40\ \Omega$，$C=1000\ \mu F$。

(1) 正常时，直流输出电压 U_o 等于多少？

(2) 若电路中有一个二极管开路，则 U_o 是否为正常值的一半？

(3) 测得直流输出电压为下列数值时，可能是出了什么故障？

(a) $U_o=18$ V； (b) $U_o=28$ V； (c) $U_o=9$ V； (d) $U_o=0$ V。

第 14 章　电子设计自动化(EDA)简介

14.1　EDA 概述

EDA 是指电子设计自动化(Electronics Design Automatic)，是计算机在工程技术上的一项重要应用。EDA 是在电子电路 CAD 技术的基础上发展起来的计算机软件系统。

利用 EDA 工具可以在计算机中进行各个层次的电路仿真分析，使设计师可以在产品出世之前预知其特性，并可进行优化设计。目前，计算机应用于电子线路设计的许多阶段。例如在方案设计阶段，计算机可用来对各种预选的电子线路方案进行分析与比较，选取最佳方案；在方案设计成功后，计算机可进行印制电路板和集成电路板的布线设计；在试验阶段，计算机可完成对测量数据的处理和分析等。

虽然利用计算机进行电子线路设计具有以上优点，但目前还不能进行电子线路的完全自动化设计。一般说来，这种设计过程还要依赖于人的智慧和劳动，依赖于对计算机的使用。总之，在此过程中，设计者的思考和意图仍占主导地位，而计算机仅仅是作为一种高效的设计工具。

近年来 EDA 软件层出不穷，目前常用的有用于电路仿真分析的 Multisim(原 EWB 的最新版本)软件和 OrCAD PSpice 软件以及印制电路板设计软件 Protel 99se 等。下面主要对 Multisim 8 软件作一简单介绍。

14.2　Multisim 8 简介

14.2.1　概述

Multisim 软件是美国国家仪器(NI)有限公司推出的以 Windows 为基础的电路仿真工具。相对于其它 EDA 软件，它具有更加形象直观的人机交互界面，并且为用户提供了丰富的元件库和功能齐全的各类虚拟仪器，可以对各种电路进行全面的仿真分析和设计。Multisim 还提供了全面集成化的设计环境，可完成从原理图设计输入、电路仿真分析到电路功能测试等工作。尤其是当改变电路的连接方式，或者改变元件参数时，通过电路的仿真功能，可以清楚地观察到这些变化对电路性能的影响。另外，Multisim 8 还具有界面友好、元器件丰富、虚拟电子设备种类齐全、分析工具广泛，能对电路进行全面的仿真分析和设计，可直接打印输出实验数据、曲线、原理图和元件清单等特点。这些都对学习电子技术的学生有很好的启发作用，可以帮助学生掌握电路设计的要点，加深对重要设计思想和方法的理解。对有些不具备良好实验条件的学校，通过使用这一软件，也能弥补实验教学的不足。而这正是在本门课程中引入 EDA 的初衷。

14.2.2 Multisim 8 的基本操作

如果在计算机中安装了 Multisim 8，启动计算机后，就会在其桌面上产生一个 Multisim 8 图标，如图 14.1 所示。双击该图标，可启动 Multisim 8。

图 14.1 Multisim 8 图标

1. 基本操作界面

Multisim 8 启动后，会出现如图 14.2 所示基本操作界面。该界面由菜单栏、工具栏、元器件栏、仪器仪表栏、状态栏、仿真电源开关和电路工作区等部分组成。

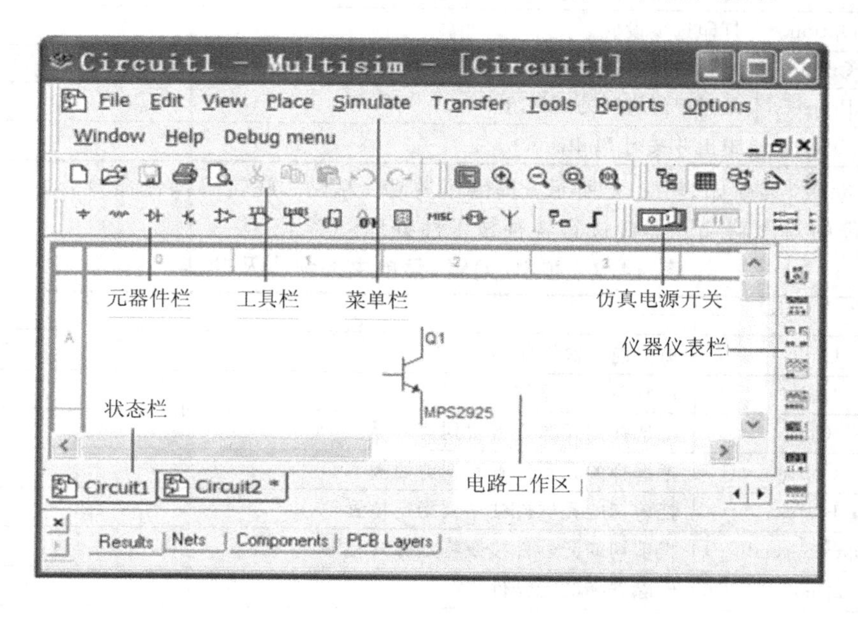

图 14.2 Multisim 8 的基本操作界面

2. 操作命令

Multisim 的界面和 Windows 应用程序基本一样，包含了 13 个主菜单，如图 14.2 所示。从左至右分别是 File(文件菜单)、Edit(编辑菜单)、View(窗口显示菜单)、Place(放置菜单)、Simulate(仿真菜单)、Transfer(文件输出菜单)、Tools(工具菜单)等项。在每个主菜单下都有一个下拉菜单，在菜单中可以找到所有功能和命令。其中 File 菜单中的命令及其功能如表 14.1 所示。

表 14.1 File(文件)菜单中的命令及功能

命　令	功　能
New	提供一个空白窗口以建立一个新文件
Open	打开一个已存在的 *.Ms8 等格式文件
Open Samples	打开一个样本文件
Close	关闭当前工作区内的文件
Close All	关闭所有打开的文件
Save	保存当前电路工作区的文件，缺省文件格式为 *.Ms8
Save As...	换个文件名或路径保存文件，格式仍为 *.Ms8
Save all	保存所有文件
New Project	创建一个新的项目组
Open Project	打开已有的项目组
Save Project	保存当前的项目组
Close Project	关闭当前的项目组
Print	打印当前工作区中的电路原理图
Print Preview	打印预览
Print Option	打印选项设置
Recent Circuits	最近曾经打开的电路
Recent Projects	最近曾经打开的项目组
Exit	退出并关闭 Multisim 8

Edit(编辑)菜单如表 14.2 所示，提供了剪切、粘贴、旋转等操作命令，主要用于在电路绘制过程中对电路和元器件进行各种技术性处理。

表 14.2 Edit(编辑)菜单中的命令及功能

命　令	功　能
Undo	取消前一次操作
Redo	恢复前一次操作
Cut	把选择的元器件剪切到剪切板
Copy	把选择的元器件复制到剪切板
Paste	把剪切的元器件粘贴到指定位置
Paste Special	把剪切的元器件按照特定方式粘贴
Delete	删除选择的元器件
Delete Multi-Page	删除电路图中的其他页
Select All	选择电路中的所有元器件、导线和仪器仪表
Find	查找电路原理图中的元器件
Flip Horizontal	将选择的元器件水平翻转
Flip Vertical	将选择的元器件垂直翻转
90 Clockwise	将选择的元器件顺时针旋转 90°
90 ClockwiseCW	将选择的元器件逆时针旋转 90°
Properties	打开元器件对话框，编辑所选元器件的参数

View 菜单如表 14.3 所示，提供了用于确定显示内容以及电路原理图的缩放和元件查

找的操作命令。

表 14.3　View(窗口)菜单中的命令及功能

命　　令	功　　能
Toolbars	显示或关闭工具栏
Show Gird	显示或关闭栅格
Show Page Bounds	显示或关闭纸张边界
Show Tide Block	显示或关闭标题栏
Show Border	显示或关闭边界
Show Ruler Bars	显示或关闭标尺栏
Zoom In	放大电路原理图
Zoom Out	缩小电路原理图
Zoom Area	显示或关闭标尺栏
Zoom Full	显示全部电路图
Grapher	显示或关闭图标窗口
Hierarchy	显示或关闭层次结构
Circuit Description Box	显示或关闭描述窗口

Place 菜单如表 14.4 所示，提供了在电路窗口内放置元器件、连接点、总线和文字等操作命令。

表 14.4　Place 菜单中的命令及功能

命　　令	功　　能
Component	放置元器件
Junction	放置连接点
BUS	放置总线
BUS Vector Connect	放置总线矢量连接
HB/SB Connecter	放置输入/输出连接
Hierarchical Block	放置层次框
Create New Hierarchical Block Subcircuit	产生新层次框，放置新电路
Replace by Subcircuit	重新替换子电路
Off-Page Connecter	放置离开本页的连接点
Multi-Page	放置主电路图中的其他页
Text	放置文字
Graphics	放置图形框
Title Block	放置标题框

Simulate 菜单如表 14.5 所示，提供了常用的仿真设置与操作命令。

表 14.5　Simulate 菜单中的命令及功能

命　令	功　能
Run	开始仿真
Pause	暂停仿真
Default Instruments Settings	默认仪器仪表设置
Digital Simulate Setting	数字仿真设置
Analyses	选择仿真分析法
Postprocess	启动处理器
Simulate Error Log/Audit Trail	电路仿真错误记录/检查数据跟踪
Xspice Command Line Interface	Xspice 命令窗口
VHDL Simulation	VHDL 仿真
Verilog HDL Simulation	Verilog HDL 仿真
Auto Fault Option	自动默认选择
Global Component Tolerance	全部元器件容错设置

Transfer 菜单如表 14.6 所示，提供将仿真结果传递给其他软件处理的常用传输命令。

表 14.6　Transfer 菜单中的命令及功能

命　令	功　能
Transfer to Ultiboard V7	将电路图传给 Ultiboard V7
Transfer to Ultiboard 2001	将电路图传给 Ultiboard 2001
Transfer to other PCB Layout	将电路图传给其他 PCB 制图软件
Forward Annotate to Ultiboard	将 Multisim 的电路变更数据传给 Ultiboard 文件
Backannotate from Ultiboard V7	从 Ultiboard V7 变更数据返回给 Multisim 文件
Highlight Selection in Ultiboard V7	Multisim 下的元器件在 Ultiboard V7 中以高亮度显示
Export Simulation Results to MathCAD	仿真结果输出到 MathCAD
Export Simulation Results to Excel	仿真结果输出到 Excel
Export Netlist	输出网表文件

Tools 菜单如表 14.7 所示，提供了常用电路的向导和管理命令，主要用于编辑或管理元器件和元件库。

表 14.7　Tools 菜单中的命令及功能

命　令	功　能
Database Management	元器件数据库管理
Symbol Editor	符号编辑器
Component Wizard	元器件导航
555 Timer Wizard	555 定时器导航
Fliter Wizard	滤波器导航
Electrical rules check	产生电路连接错误报告
Renumber Components	元器件重新编号

续表

命　令	功　能
Replace Components	更换元器件
Update HB/SB Symbols	更新 HB/SB 符号
Modify Titile Block Data	修改标题栏数据
Titile Block Editor	标题栏编辑器
Internet Design Sharing	网络设计资源共享
Goto Education Web Page	连接到 Multisim 教育网站
EDAparts. com	连接到 EDAparts. com 网站

3. 元器件工具栏

元器件工具栏如图 14.3 所示，它提供了 13 个元器件库，用鼠标单击元器件工具栏下的图标即可打开该元器件库。各图标名称及其功能如表 14.8 所示。

图 14.3　元器件工具栏

表 14.8　元器件工具栏图标名称及其功能

图 标	名　称	功　能
	Source	信号源(直流信号源、交流信号源、受控源等 6 类)
	Basic	基本元器件库(电阻、电容、电感、变压器等 18 类)
	Diode	二极管(普通二极管、发光二极管等 9 类)
	Transistor	晶体管(双极型管、场效应管、功率管等 16 类)
	Analog	模拟元器件库(虚拟、线性、特殊运放等 6 类)
	TTL	TTL 集成电路库(74×× 和 74LS×× 系列)
	CMOS	CMOS 数字集成电路库(74HC×× 和 CMOS 器件的 6 个系列)
	Miscellaneous Digital	数字器件库(虚拟 TTL、VHDL等 3 个系列)
	Mixed	混合器件库(ADC/DAC、555 定时器等 4 类)
	Indicator	指示器件库(电压表、电流表、指示灯、数码管等 8 类)
MISC	Miscellaneous	其他器件库(晶振、集成稳压器、保险丝等 14 类)
	RF	射频元器件库(射频 NPN、射频 PNP、射频 FET 等 7 类)
	Electro-Mechanical	机电器件库(电机、继电器、开关等 8 类)

4. 仪器仪表工具栏

仪器仪表工具栏提供了用于仿真的各种测量仪器和仪表，包括数字万用表、函数发生器、瓦特表、双通道示波器、四通道示波器、波特图仪、频率计、数字信号发生器、逻辑分析仪、逻辑转换器、IV 分析仪、失真度仪和频谱分析仪等。仪器仪表工具栏中的各种图标所对应的仪器如图 14.4 所示。

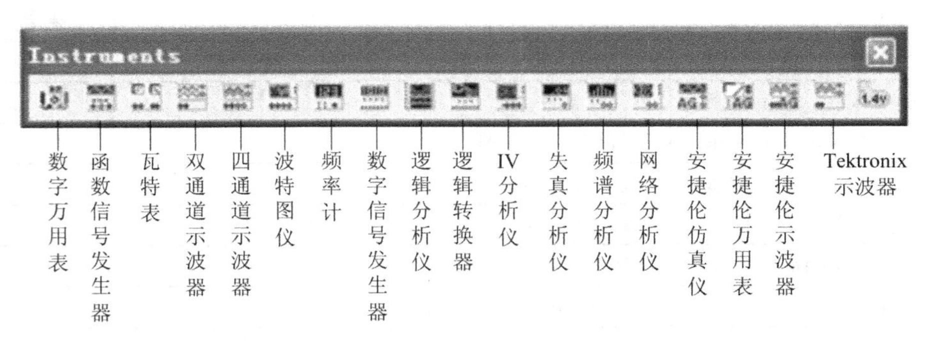

图 14.4　仪器仪表工具栏

14.2.3　常用虚拟仪器的使用说明

仪器库(Instruments)中一共有 18 种虚拟仪器，这些仪器可用于各种模拟和数字电路的测量。使用时只需单击仪表工具栏中该仪器的图标，拖动放置在相应的位置即可。这里仅介绍几种常用虚拟仪器的使用方法。

1. 数字万用表(Multimeter)

数字万用表是电路实验中使用最频繁、最重要的仪表，Multism 提供的万用表与实际的万用表相似，可以测直流或交流信号，也可以测电流、电压、电阻和分贝值。图 14.5 所示电路中的 XMM1、XMM2 即为数字万用表。XMM1 串联在电路中测电流，XMM2 并联在电容上测电容 C_2 两端的电压。用鼠标左键双击图标可打开面板进行读数，面板如图 14.6 所示。切换不同的测量功能可以在面板上单击相应的按钮完成，比如用鼠标左键将面板上的“A”按钮按下，则万用表工作在电流表状态，此时若用鼠标左键将面板上的按钮 ～ 按下，可让万用表工作在交流状态，测量交流电流的有效值；若将面板上的按钮 — 按下，可让万用表工作在直流状态，测量直流电流。用鼠标左键将面板上的“V”按钮按下，则万用表工作在电压表状态。单击万用表控制面板上的“Set”按钮，可以打开万用表的参数设置对话框，如图 14.7 所示。在参数设置对话框中可以设置内阻和电流的大小及测量范围等重要参数。

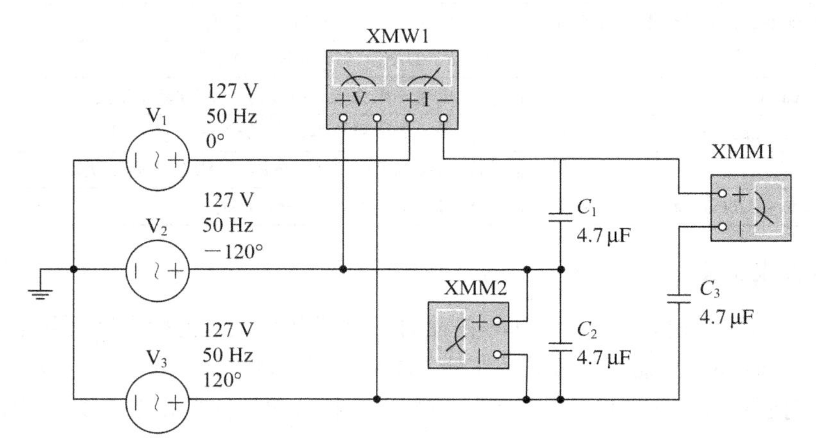

图 14.5　数字万用表图标及接线示意图

图 14.6　数字万用表面板示意图

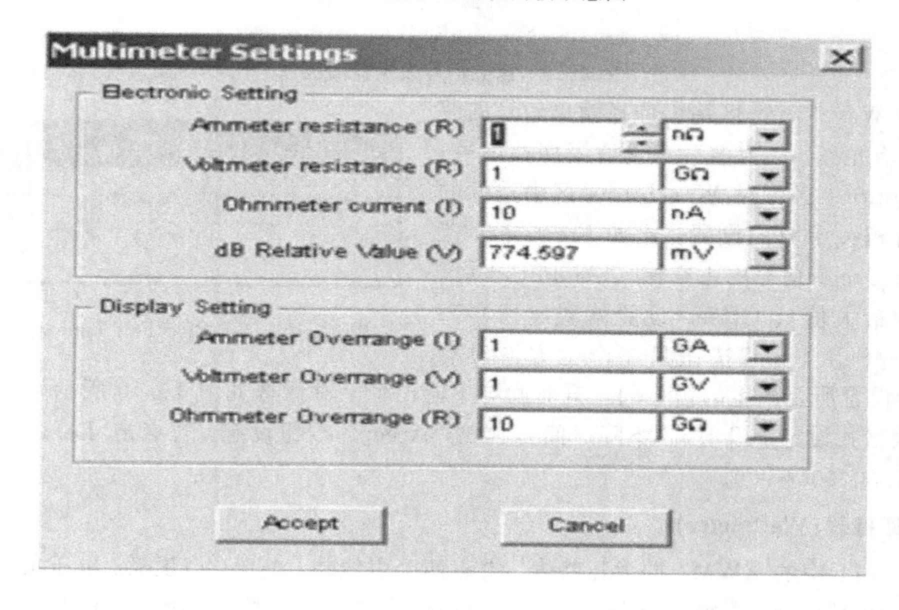

图 14.7　数字万用表参数设置对话框

2. 函数信号发生器(Function Generator)

函数信号发生器是用来产生正弦波、矩形波和三角波信号的仪器，信号频率可以在 1 Hz～999 MHz 范围内连续调节。图 14.8 中的 XFG1 即为函数信号发生器的图标及接线示意图。

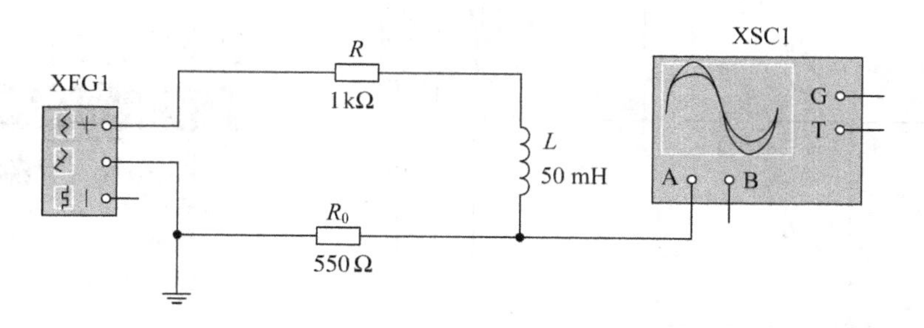

图 14.8　函数信号发生器图标及接线示意图

用鼠标左键双击图标可以打开，如图 14.9 所示对话框。对各区域的不同设置，可改变输出电压信号的波形、大小、占空比或偏置电压等。

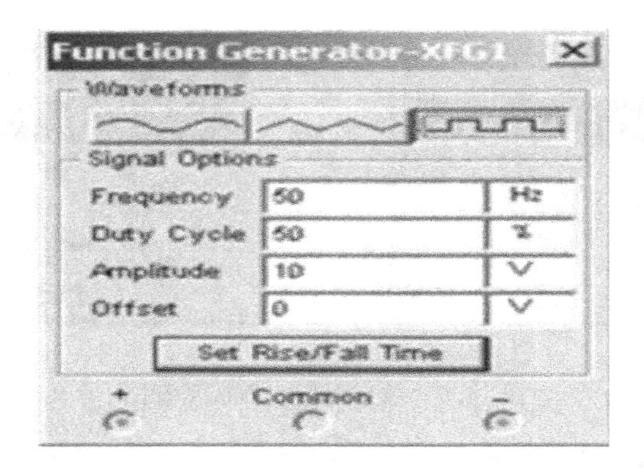

图 14.9　函数信号发生器面板

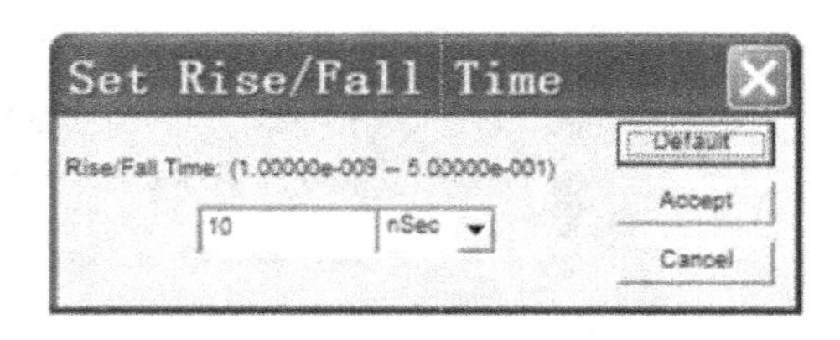

图 14.10　Set Rise/Fall Time 对话框

其中 Waveforms 区用于选择输出信号的波形类型，有正弦波、方波和三角波周期性信号；Signal Options 区可对 Waveforms 区中选取的信号进行相关参数的设置，比如 Frequency 范围、Duty Cycle(信号的占空比)、Amplitude(信号电压的最大值)、Offset(设置偏置电压)等；"Set Rise/Fall Time"按钮只在产生方波时有效，用于设置所要产生的信号的上升时间与下降时间，对话框如图 14.10 所示。在对话框中以指数格式设定上升时间(下降时间)，点击"Accept"按钮设定。若点击"Default"，则为默认值 1.000000e-009。

3. 瓦特表(Wattmeter)

图 14.11 中的 XWM1 即为瓦特表。它有四个引线端：电压(V)正极、电压负极、电流(I)正极和电流负极。接线时要注意电压端应和被测的电路并联，电流端应和被测的电路串联。双击瓦特表就可以显示其面板。工作时面板上会同时显示被测的功率读数和功率因数(Power Factor)，所测得的功率显示在上面一栏内，该功率是平均功率，单位会自动调整。Power Factor 栏内显示出功率因数，数值在 0～1 之间。

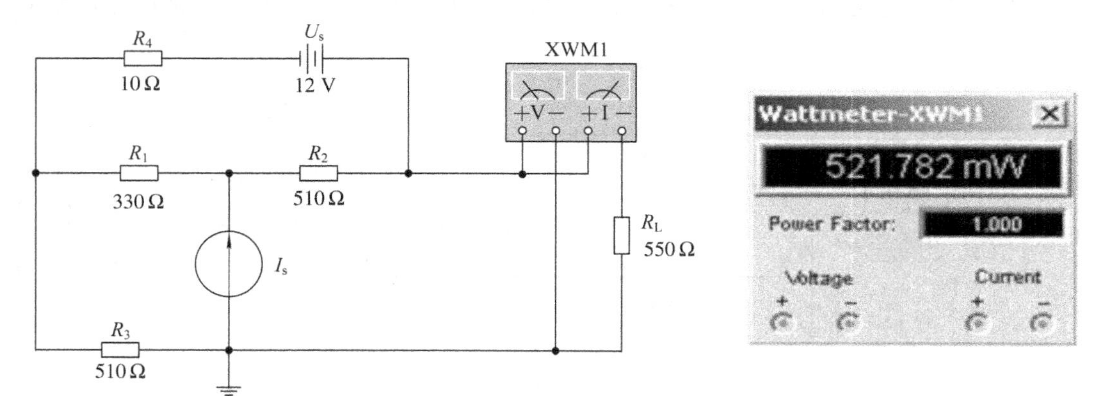

图 14.11　瓦特表的图标、接线和面板示意图

4. 示波器(Oscilloscope)

示波器是电子实验中使用最频繁的仪器之一，可用来观察信号波形，并可用来测量信号幅度、频率和周期等参数。图 14.12 中的 XSC1 是双踪(双通道)示波器的图标，仿真开始后双击图标后显示的控制面板如图 14.13 所示。

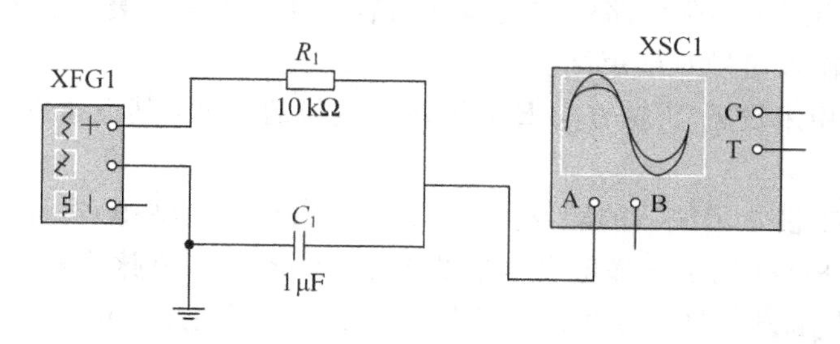

图 14.12 示波器图标及接线示意图

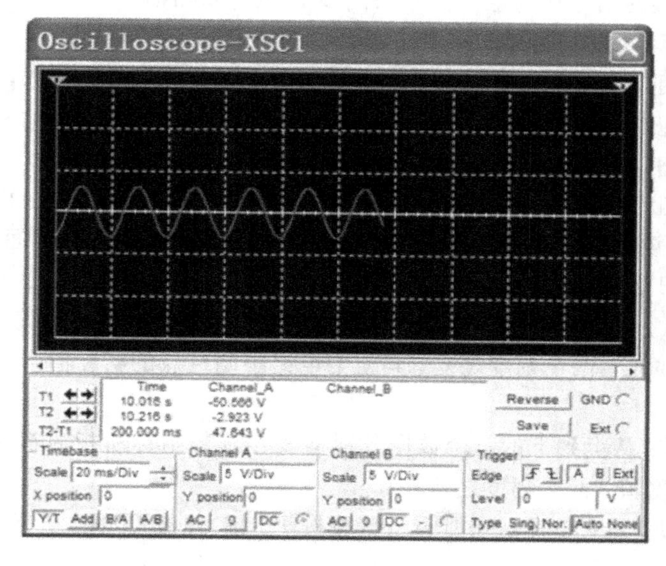

图 14.13 示波器的面板

双踪示波器有 A、B 两个通道，G 是接地端，T 是外触发端。该虚拟示波器与实际示波器的连接方式稍有不同：一是 A、B 两通道分别只需一根线与被测点相连，测量的是该点与"地"之间的波形；二是接地端 G 一般要接地，但当电路中已有接地符号时，也可以不接。

(1) 双踪示波器的面板操作方式简介。

Timebase 用来设置 X 轴方向时间基线的扫描时间，其中，Scale 选择 X 轴方向每一个刻度代表的时间。点击该栏后将出现刻度翻转列表，根据所测信号频率的高低，上下翻转可选择适当的值。Position 表示 X 轴方向时间基线的起始位置，修改其设置可使时间基线左右移动。Y/T 表示 Y 轴方向显示 A、B 两通道的输入信号，X 轴方向显示时间基线，并按设置时间进行扫描。当显示随时间变化的信号波形(例如三角波、方波及正弦波等)时，常采用此种方式。B/A 表示将 A 通道信号作为 X 轴扫描信号，将 B 通道信号施加在 Y 轴上。A/B 与 B/A 相反。ADD 表示 X 轴按设置时间进行扫描，而 Y 轴方向显示 A、B 通道输入信号的和(叠加信号)。

Channel A 区用来设置 Y 轴方向 A 通道输入信号的标度，其中，Scale 表示 Y 轴方向对 A 通道输入信号而言每格所表示的电压数值。点击该栏后将出现刻度翻转列表，根据所测信号电压的大小，上下翻转选择适当的值。Y position 表示时间基线在显示屏幕中的上下位置。当其值大于零时，时间基线在屏幕上侧，反之在下侧。AC 表示屏幕仅显示输入信号中的交变分量(相当于实际电路中加入隔直电容)。DC 表示屏幕将信号的交直流分量全部显示。0 表示将输入信号对地短接。

Channel B 区用来设置 Y 轴方向 B 通道输入信号的标度，其设置方式与 Channel A 区相同。

Trigger 区用来设置示波器的触发方式，其中，Edge 表示将输入信号的上升沿或下降沿作为触发信号。Level 用于选择触发电平的大小。Sing 选择单脉冲触发。Nor 选择一般脉冲触发。Auto 表示触发信号不依赖外部信号。一般情况都使用 Auto 方式。A 或 B 表示用 A 通道或 B 通道的输入信号作为同步 X 轴时基扫描的触发信号。Ext 表示把示波器图标上的触发端子 T 连接的信号作为触发信号来同步 X 轴时基扫描。

(2) 测量波形参数。

在屏幕上有两条左右可以移动的读数指针，指针上方有三角形标志，如图 14.13 所示。通过鼠标左键可拖动读数指针左右移动。在显示屏幕下方的测量数据的显示区中显示了两个波形的测量数据。

Time 区：从上到下的三个数据分别是 1 号读数指针离开屏幕最左端(时基线零点)所对应的时间、2 号读数指针离开屏幕最左端(时基线零点)所对应的时间、两个时间之差，时间单位取决于 Timebase 所设置的时间单位。

Channel A 区：从上到下的三个数据分别是 1 号读数指针所指通道 A 的信号幅度值、通道 B 的信号幅度值、两个幅度之差，其值为电路中测量点的实际值，与 X、Y 轴的 Scale 设置值无关。

Channel B 区：从上到下的三个数据分别是 2 号读数指针所指通道 A 的信号幅度值、通道 B 的信号幅度值、两个幅度之差。

为了测量方便、准确，可点击“Pause”(或按 F6 键)使波形“冻结”(静止不动)，然后再测量，效果更好。

(3) 设置信号波形显示颜色。

只要在电路中设置 A、B 通道连接导线的颜色，波形的显示颜色便与导线的颜色相同。方法是双击连接导线，在弹出的对话框中设置导线颜色即可。

(4) 改变屏幕背景颜色。

点击可展开面板右下方的“Reverse”按钮，此时可改变屏幕背景的颜色。要将屏幕背景恢复为原色，再次点击“Reverse”按钮即可。

(5) 存储数据。

对于读数指针测量的数据，点击可展开面板右下方的“Save”按钮即可将其存储，数据存储格式为 ASCII 码格式。

(6) 移动波形。

在动态显示时，点击“暂停”按钮或按 F6 键，通过改变 X position 设置，可实现左右移动波形。

除了以上的通用双通道、四通道示波器外，在 Multisim 8 的仪器仪表栏中还有更专业的安捷伦和 Tektronix 虚拟示波器，如图 14.14 所示。这两款虚拟仪器的面板设置和使用方法都和真实的示波器一样，使用起来十分直观和方便。

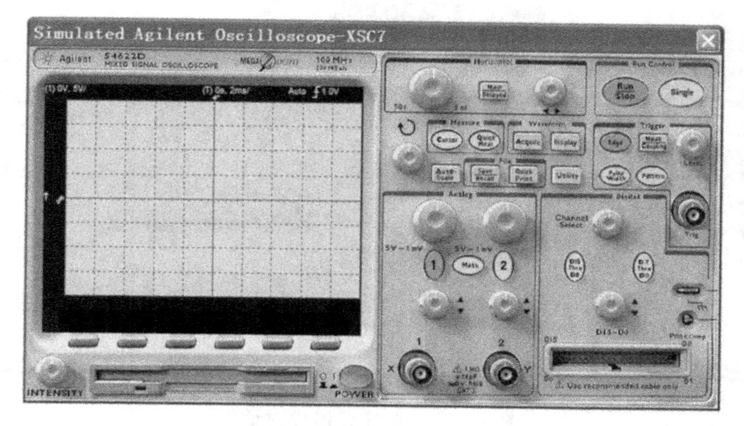

(a) 安捷伦虚拟示波器

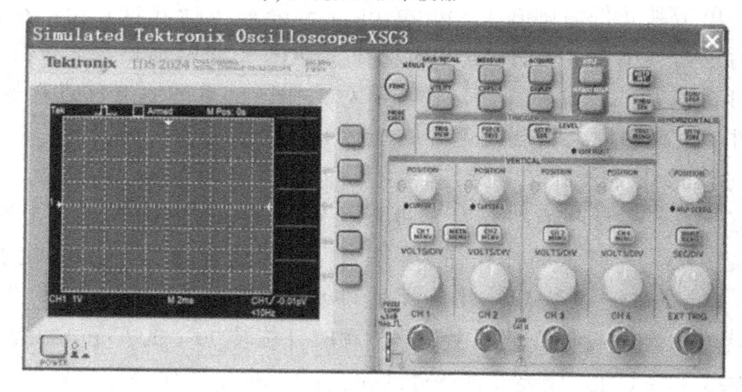

(b) Tektronix 虚拟示波器

图 14.14　两款虚拟示波器面板外观

14.2.4　Multisim 8 仿真电路的创建

Multisim 8 仿真电路的创建包括文件操作、元器件操作、电路图选项设置、仪器仪表的使用和文件格式的变换等。

1. 文件操作

文件操作有新建文件(File/New)、打开文件(File/Open)、保存文件(File/Save)和另存文件(File/Save As)等项。

2. 元器件操作

首先要选择元器件。元器件工具栏的图标如图 14.3 所示，图标所对应的名称及功能可参见表 14.8。用鼠标左键单击元器件库栏目中的图标即可打开该元器件库，在屏幕上出现的元器件库对话框中选择需要的元器件，如图 14.15 所示。

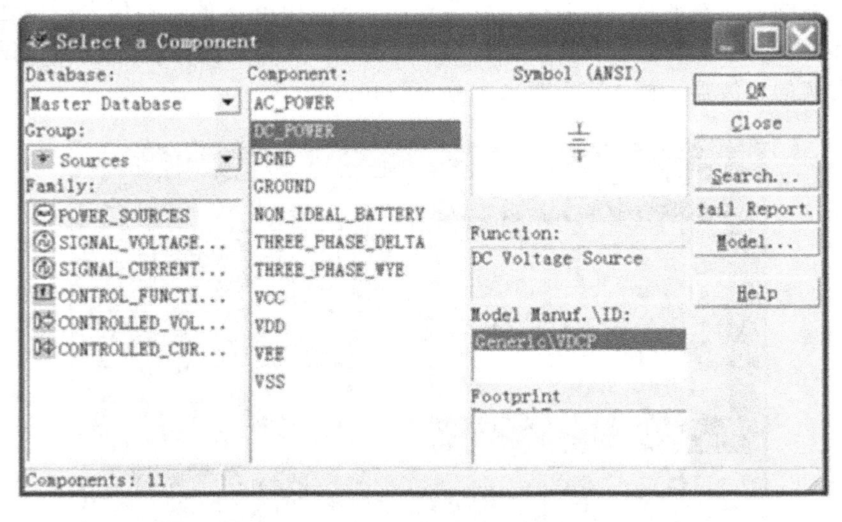

图 14.15 选择元器件对话框

用鼠标左键单击某元件后则在 Component 中高亮显示该元件，并显示该元件的图标(Symbol)，然后单击“OK”，该元件即可出现在工作区并随鼠标移动。在合适的位置再次单击鼠标左键可将该元件放置在工作区。若需对工作区已有的原器件进行操作，先用鼠标左键单击元器件，在其四周会出现蓝色虚线矩形，表示该元器件被选中，然后可以进行位置移动、删除、剪切、复制、旋转等操作。

元器件选好后，可按自己的需要对其进行操作。只需用鼠标右键单击选中的元器件，在菜单中会出现图 14.16 所示的操作命令，其中：Cut 代表剪切；Copy 代表复制；Delete 代表删除；Flip Horizontal 代表让选中的元器件水平翻转；Flip Vertical 代表让选中的元器件垂直翻转；90 Clockwise 代表让选中元器件顺时针旋转 90°；90 CounterCW 代表让选中的元器件逆时针旋转 90°；Color 代表设置器件的颜色；Properties 代表设置器件的特性参数。

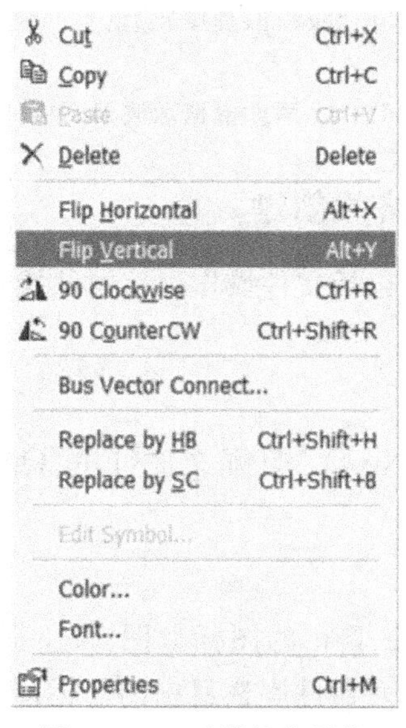

图 14.16 元器件的操作

元器件特性参数的设置方法是：元器件被选中后，双击该元器件或选择 Edit 菜单下的 Properties(特性)命令，即可打开该元器件的特性参数设置对话框，在该对话框中就可设置或编辑该元器件的各种特性参数。图 14.17 所示为一个交流电压源的特性参数设置对话框，其选项卡分别为 Label(标识)、Display(显示)、Value(数值)、Fault(故障)、Pin Info(概要信息)、Variant(变量)等，每个选项卡下都有不同的参数可供选择。

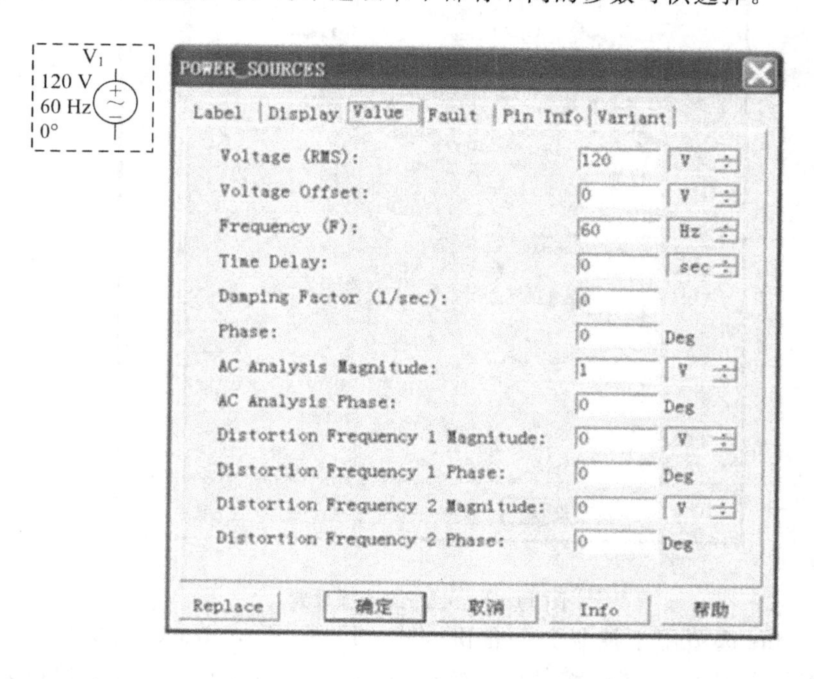

图 14.17　元器件的特性参数设置对话框

3. 电路图的选项设置

选择菜单 Options 栏下的 Sheet Properties 命令，出现如图 14.18 所示的对话框，每个选项下又有各自不同的对话内容，可用于设置与电路显示方式相关的选项。

Show 栏目的显示控制如下：

Labels：是否显示元器件的标识文字。

RefDes：是否显示元器件的序号。

Values：是否显示元器件数值。

Attribut：是否显示元器件属性。

Workspace 选项有三个栏目：Show 栏目实现电路工作区显示方式的控制，Sheet size 栏目实现图纸大小和方向的设置，Zoom level 栏目实现电路工作区显示比例的控制。

Wiring 选项有两个栏目：Wire width 栏目设置连接线的线宽，Autowire 栏目控制自动连线的方式。

Component Bin 选项有两个栏目：Symbol standard 栏目用来选择元器件符号标准(ANSL 美国标准元件符号和 DIN 欧洲标准元件符号)，Place component mode 栏目选择元器件的操作模式。

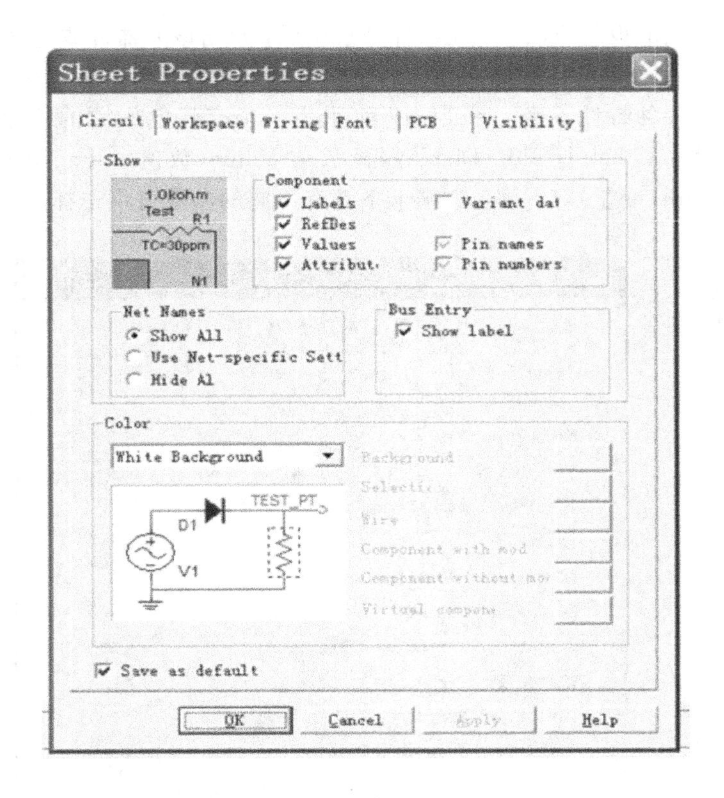

图 14.18　电路图选项设置

Miscellaneous 选项用于控制文件备份方式，其中，Auto-backup 选择自动备份的时间；Circuit Default Path 选择电路存盘的路径；Digital Simulation Setting 选择数字仿真的两种状态(Idea 理想仿真和 Real 真实状态仿真，前者可以获得较高的仿真速度，后者获得更为精确的仿真结果)。

另外还有 PCB 选项用于选择与制作电路板相关的命令，Color 栏目用来改变电路显示的颜色，Font 选项可以选择字体等。

"Default"对话框按钮可将当前设置保存为用户默认设置，"Restore Default"按钮可将当前设置恢复为用户的默认设置。

4. 导线设置

导线设置主要涉及导线的形成、删除、颜色、连接点及在导线中间插入元器件等操作。

5. 输入/输出设置

单击"Place"按钮，鼠标指向 Connecter。单击"HB/ScConnecter"按钮，屏幕上会出现输入/输出符号：IO1 ，该符号要与电路的输入/输出信号端子连接。子电路的输入/输出端必须要有输入/输出符号，否则就无法与外电路进行连接。

14.2.5　Multisim 8 的基本分析方法

Multisim 8 提供了十几种分析工具，常用的有直流工作点分析、交流分析、瞬态分析、傅立叶分析、失真分析、噪声分析和直流扫描分析等。利用这些工具，可以了解电路的基本状况，测量和分析电路的各种响应，其分析精度和测量范围比用实际仪器测量的精度高、范围宽。

1. 电路仿真分析方法的步骤

（1）构建电路：构建用于分析的电路，设置好元器件的数据。

（2）选择分析方法：选择进行何种仿真分析，并设置参数。

（3）运行电路仿真：运行电路仿真后，可以从测试仪器或仪表（如示波器等）上获得仿真运行的结果，也可以从分析显示图中看到测试、分析的数据或波形图。

下面以直流工作点分析为例进行简单介绍。

2. 基本放大电路直流工作点的分析

直流工作点分析也称静态工作点分析，条件是让放大电路中的电容开路、电感短路，求解恒定激励源作用下电路的稳态值。其作用是给半导体器件以合适的偏置，使其工作在所需的区域，这就是直流分析要解决的主要问题。

1）构建电路

首先在 Multisim 8 工作区构造一个单管放大电路，电路的构建包括新建文档、元件的选取与放置、线路连接、设置元件值和信号源参数等。

（1）新建文档。

进入 Multisim 8 工作界面，会自动弹出以 Circuit1 命名的新文档，根据电路需要将所需的元器件和仪表拖入工作平台。编辑完毕后可更换名称在一定的路径下存盘。当然还可以在菜单栏的 File 中再点击 New 建立新文档；通过 File 点击 Open 调用已建立的文档。

（2）选取元件。

点击元件库相应的图标，打开 Select a Component 界面，选取需要的元件并放置在合适的位置。元件的摆放要有整体电路的设计思想，以便于连线及查错。本例中需要选取的元器件有：直流电源、信号源、2 个电容、3 个电阻、晶体管、接地图标等，如图 14.19 所示。

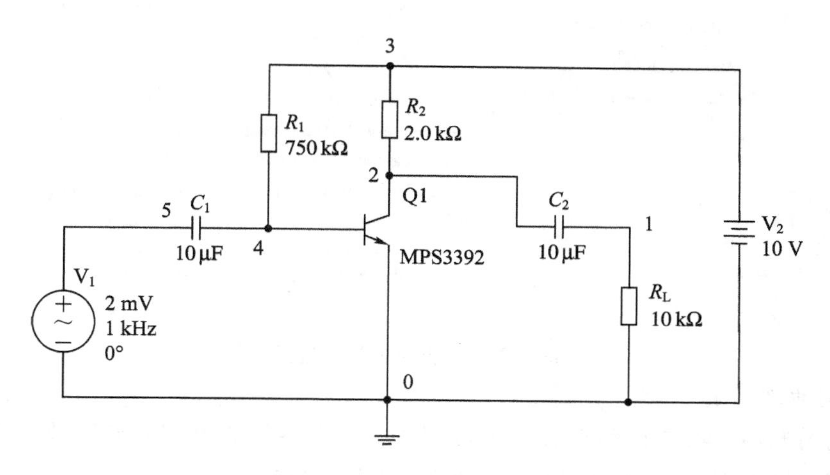

图 14.19　直流工作点分析

（3）连接线路。

将鼠标指向元件管脚并点击，拖拽到另一元件管脚处再点击，则将两点连接。依次将电路连好。电路连接完后，利用 Place Input/Output 工具设置电路分析点。电路中的电源电压、各电阻和电容的取值如图 14.19 所示。

（4）元件编辑。

若要改变元件参数、标注，可双击该元器件进行编辑。若替换元件，需点击 Replace，再次出现 Select a Component 界面，选取需要的元件。

（5）电路运行。

电路连接完后，选择 Simulate/Run，电路开始运行(被激活)，此时电路的编辑功能不能进行。

2）选择分析方法

选择 Simulate/Analyses，出现如图 14.20 所示的对话框，可根据需要选择分析方法。

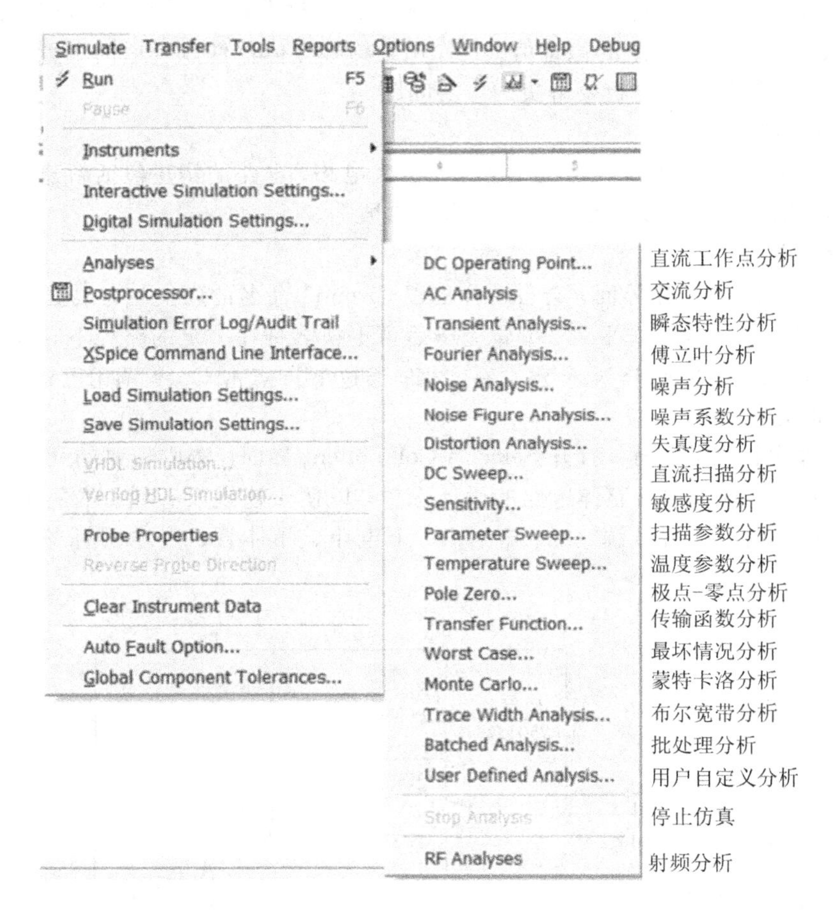

图 14.20 分析方法的选择

3）运行电路仿真

在进行分析时，软件自动将交流电源视为零，电容视为开路，电感视为短路。选择 Simulate/Analyses/DC operating point，如图 14.21 所示。

图中的 Output 项用于选定需要分析的节点，如“1”、“2”和“3”号节点和支路。左边的 Variables in circuit 栏内列出了电路中各节点电压变量和流过电源的电流变量。右边的

Selected variables for 栏用于存放需要分析的节点。具体做法是：先在左边 Variables in circuit 栏内选中需要分析的变量(可以通过鼠标拖拉进行全选)，再点击“Add”按钮，则相应变量会出现在 Selected variables for 栏中。如果 Selected variables for 栏中的某个变量不需要分析，则先选中它，然后点击“Remove”按钮，该变量将会回到左边 Variables in circuit 栏中。

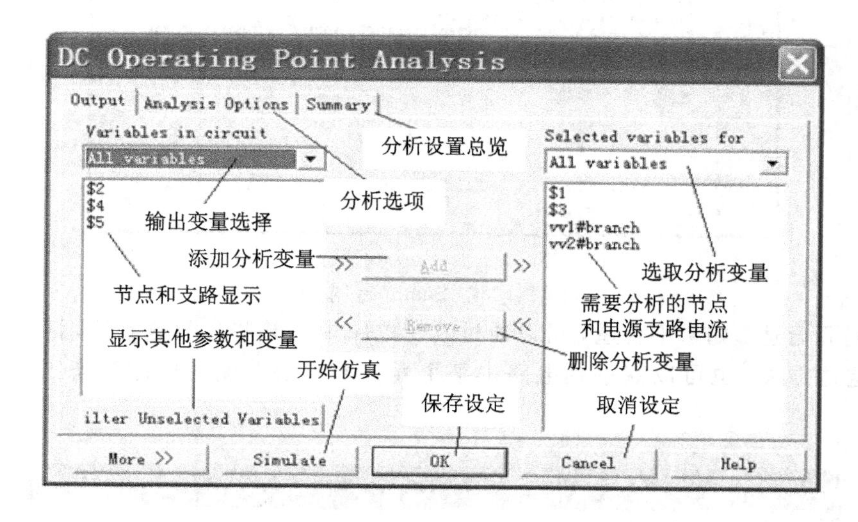

图 14.21　直流工作点分析对话框

Analysis Options 项用于一些杂项的设置，单击图标可进入 Analysis Options 选项，如图 14.22 所示。其中排列了与该分析有关的其他分析选项的设置，通常都采用默认设置。

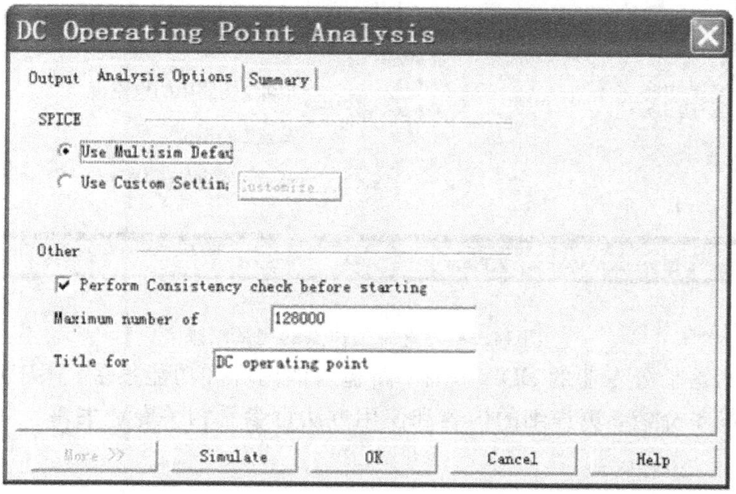

图 14.22　Analysis Options

点击“Summary”按钮进入 Summary 选项，如图 14.23 所示。

Summary 项中排列了该分析所设置的所有参数和选项。用户通过检查无误后可以确认这些参数的设置，然后单击“Simulate”按钮可进行仿真，得到测试结果，如图 14.24 所示。测试结果给出了电路各个节点的电压值。根据这些电压的大小，可以确定该电路的静

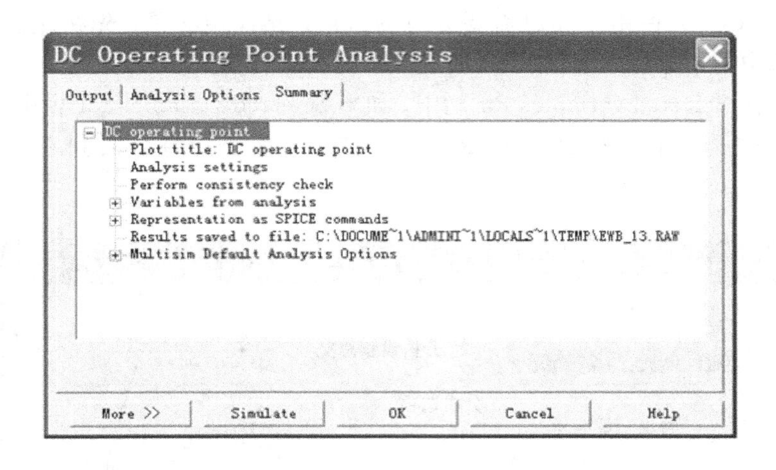

图 14.23　Summary 选项

态工作点是否合适。如果不合适，可以通过改变电路中的某些参数达到所期望的结果。另外，利用这种方法，也可以观察到电路中某个元件参数的改变对电路静态工作点的直接影响。

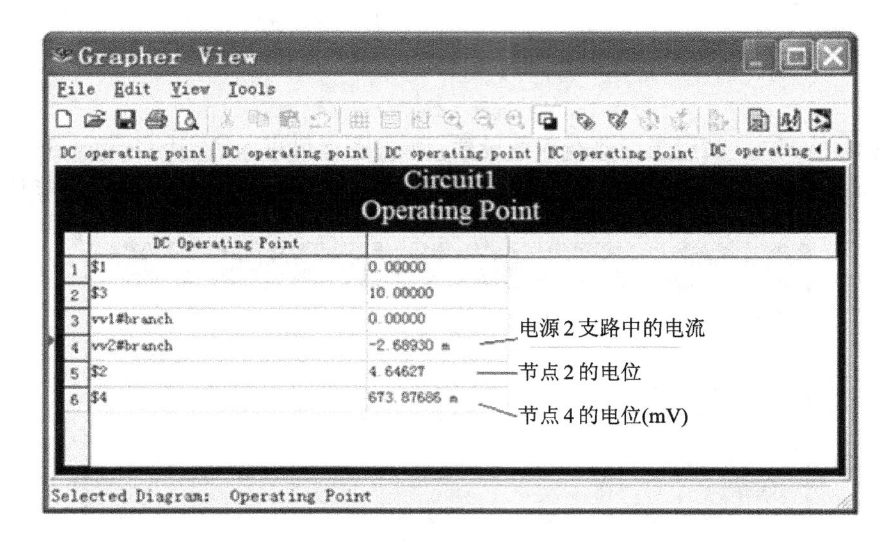

图 14.24　直流工作点的测试结果

Multisim 8 是十分专业的 EDA 软件，所包含的内容和功能很多。限于篇幅，本章仅对它的使用做了简单介绍，更详细的内容和使用方法可参看相关专业书籍。

模拟电子电路实训

实训4　二极管、三极管的命名方法和性能检测

1. 二极管和三极管的命名方法

我国国家标准规定半导体器件的型号由五个部分组成，型号组成部分的符号及其意义如实训表4.1所示。

实训表4.1　半导体器件型号命名方法（根据国家标准GB/T 249—1989）

第一部分		第二部分		第三部分				第四部分	第五部分
用阿拉伯数字表示器件的电极数目		用汉语拼音字母表示器件的材料和极性		用汉语拼音字母表示器件的类别				用阿拉伯数字表示序号	用汉语拼音表示规格
符号	意义	符号	意义	符号	意义	符号	意义		
2	二极管	A	N型，锗材料	P	小信号管	D	低频大功率管（$f_a<3$ MHz，$P_c\geq1$ W）		
		B	P型，锗材料	V	混频检波管				
		C	N型，硅材料	W	稳压管				
		D	P型，硅材料	C	参量管	A	高频大功率管（$f_a\geq3$ MHz，$P_c\geq1$ W）		
				Z	整流管				
3	三极管	A	PNP型，锗材料	L	整流堆				
		B	NPN型，锗材料	S	隧道管	T	闸流管（可控整流器）		
		C	PNP型，硅材料	K	开关管				
		D	NPN型，硅材料	X	低频小功率管（$f_a<3$ MHz，$P_c<1$ W）	Y	体效应器件		
		E	化合物材料			B	雪崩管		
						J	阶跃恢复管		
				G	高频小功率管（$f_a\geq3$ MHz，$P_c<1$ W）	CS	场效应器件		
						BT	半导体特殊器件		
						FH	复合管		
						PIN	PIN管		
						JG	激光二极管		

2. 二极管性能的检测

1）普通二极管性能的检测

晶体二极管具有单向导电特性。用万用表的欧姆挡测量二极管的正、反向电阻，就可以判断出二极管管脚的极性，还可以粗略地判断二极管的好坏。

用万用表的欧姆挡测量二极管的正、反向电阻的原理如实训图4.1所示。图中虚线框内是万用表欧姆挡的等效电路。黑表笔接内部电池的正极，红表笔接内部电池的负极。因

此在测量未知极性的二极管时，若万用表欧姆挡测试指示为低电阻，则黑表笔所接的电极为被测管的正极，红表笔所接的电极为被测管的负极，所测得的电阻为二极管的正向电阻。将黑表笔接被测二极管的负极，红表笔接被测二极管的正极，则测得的电阻值为二极管的反向电阻。如果两次测量的电阻值均很小，则表明二极管内部击穿；如果两次测量的电阻值均接近无穷大，则表明二极管内部断路。

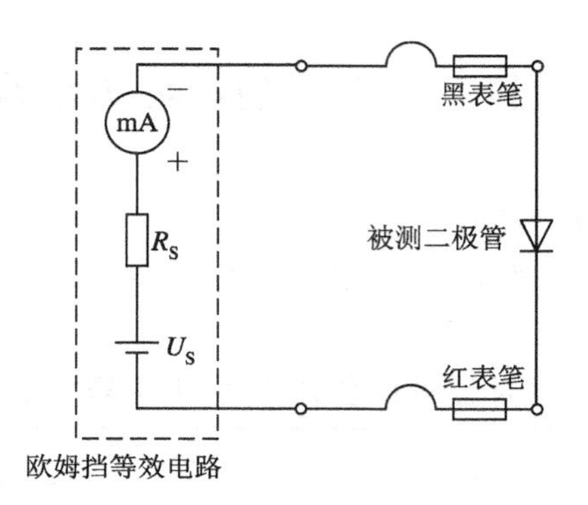

实训图 4.1　用万用表欧姆挡测二极管

测量正反向电阻时应当注意，由于二极管是非线性元件，其直流电阻值与通过管子的电流有关，因此用不同型号的万用表或不同倍率的电阻挡所测得的直流电阻值是不同的。

通常锗材料二极管的正、反向电阻较硅管小些，小功率锗二极管正向电阻约为300 Ω～500 Ω，硅管约为1 kΩ或更大些。锗管的反向电阻一般为几十千欧，硅管的反向电阻在500 kΩ 以上。

用万用表低阻挡测量稳压二极管时，由于表内电池电压一般为 1.5 V，这个电压不足以使稳压二极管反向击穿，因而用低阻挡测量稳压二极管正、反向电阻，其阻值应和普通二极管一样。

对于稳定电压U_Z小于万用表欧姆挡高阻挡表内电池电压U_o的稳压二极管，可通过测量稳压二极管的反向电阻，用下式估算出U_Z（U_Z越接近U_o，估算出的U_Z误差越大）：

$$U_Z = \frac{U_o R_X}{R_X + nR_o}$$

式中，U_o为万用表高阻挡内部电池电压，R_X为用高阻挡实测的反向电阻值，n为所用挡次的倍率数，R_o为欧姆表中心阻值。

例如：用某万用表$R\times 10$ kΩ 挡测一只 2CW55 二极管，实测反向电阻为 70 kΩ，已知$U_o=15$ V，$R_o=10$ Ω，则

$$U_Z = \frac{U_o R_X}{R_X + nR_o} = \frac{15\times 70\times 10^3}{70\times 10^3 + 10^4\times 10} \approx 6.2 \text{ V}$$

2）发光二极管性能的检测

发光二极管的正向电阻比普通二极管的正向电阻大得多。用$R\times 10$ kΩ 挡测量发光二极管的正向电阻一般为几十千欧，反向电阻应大于 200 kΩ。在测量正、反向电阻的同时，可判断发光二极管的极性。判别方法与普通二极管一样。

发光二极管除测量正、反向电阻外，还应进一步检查其是否发光。发光二极管的工作电压一般在1.6 V左右，工作电流在 1 mA 以上时才发光。用$R\times 10$ kΩ挡测量正向电阻时，

有些发光二极管能发光即可说明其正常。对于工作电流较大的发光二极管亦可用实训图4.2所示电路进行检测。

检测方法：4.5 V直流电源可用三节干电池串联构成；万用表置于直流电流10 mA或50 mA挡；4.7 kΩ电位器开始时调在最大阻值位置，然后将其阻值逐渐调小。如果发光二极管发光，说明其正常。

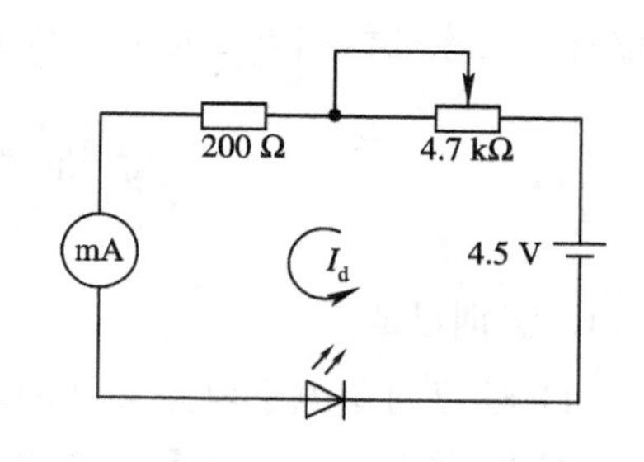

实训图4.2　发光二极管测试电路

3）光电二极管性能的检测

光电二极管的反向电阻随着从窗口射入光线的强弱而发生显著变化。在没有光照时，光电二极管的正、反向电阻测量以及极性判别与普通二极管一样。

光电二极管光电特性的测量方法：用万用表$R\times100$ kΩ挡或$R\times1$ kΩ挡测它的反向电阻时，用手电筒照射光电二极管顶端的窗口，万用表指示的电阻值应明显减小。光线越强，光电二极管的反向电阻越小，甚至只有几百欧姆。关掉手电筒，电阻读数应立即恢复到原来的阻值。这表明被测光电二极管是良好的。

3. 三极管的管脚和类型的判别

三极管内部由两个PN结构成，因此其管脚、类型都可通过万用表的欧姆挡进行检测。

1）基极和三极管类型的判别

首先将万用表置于$R\times1$ kΩ挡。对于普通指针式万用表，黑表笔（为万用表内部直流电源的正极）接到某一假设的三极管“基极”管脚上，红表笔（为万用表内部直流电源的负极）先后接到另外两个管脚，如果两次测得电阻值都很大（或都很小），而且对换表笔后两个电阻值又都很小（或很大），则可确定假设的“基极”是正确的。若以上步骤在另两个管脚上所测得电阻值一大一小，则假设的“基极”是错误的，此时，要重新假设一个管脚为“基极”，重复上述过程。基极（B）确定后，用黑表笔接基极，红表笔接另外两极，如果测得电阻值都很小，则三极管为NPN型，反之为PNP型。

对于数字式万用表，红、黑表笔的极性正好与上述指针式万用表相反。下文中的红黑表笔均针对指针式万用表而言，应用数字式万用表进行检测的方法读者可根据本书自行推导。

2）集电极（C）和发射极（E）的判别

以NPN型三极管为例，在基极以外的两个电极中任意假设一个为“集电极”，并在已确定的基极和假设的“集电极”中接入一个大电阻R，如实训图4.3所示（实测中也可用大拇指和食指接触两极，用人体电阻替代电阻R）。

将万用表的黑表笔搭接在假设的“集电极”上，红表笔搭接在假设的“发射极”上，如果万用表指针有较大偏转，则以上假设正确；如果指针偏转较小，则假设不正确。为准确起见，一般将基极以外的两个电极先后假设为“集电极”进行两次测量，万用表指针偏转角度较大的那次测量，与黑表笔相连的才是三极管的集电极（C）。如果是PNP型三极管，则在测量时只要将红、黑表笔对调一

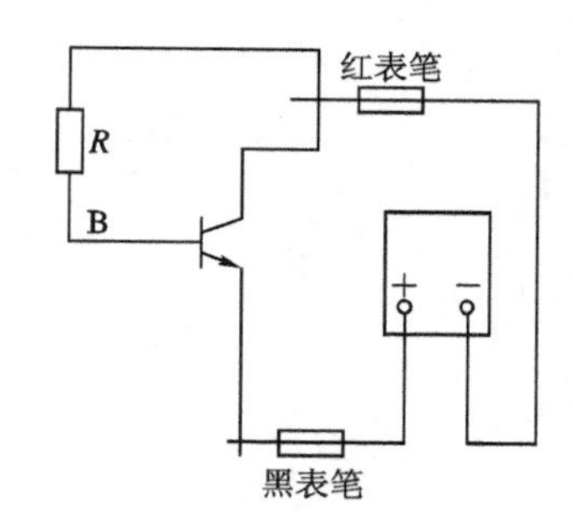

实训图4.3　三极管电极和发射极的判别方法

下位置，上述过程和方法也同样成立。

实训 5　无触点自动充电器

1. 实训目的

(1) 学习简单电子电路设计的思路和方法；

(2) 掌握无触点自动充电器的设计原理。

2. 设计任务

设计一个电瓶(电压为 12 V)自动充电电路，基本要求是：当电瓶电量不足时，电路以大电流对电瓶充电，当电充足后(电瓶电压达到 12 V)，光电电路仍以几十毫安的小电流对电瓶充电，以消除电瓶的自放电影响。

3. 设计思路

(1) 分析设计任务，提出初步解决方案。题目要求设计一个自动充电电路，当电瓶电量不足时，电路以大电流对电瓶充电，当电充足后仍以几十毫安的小电流对电瓶充电。可以有两种方案：一种是设计两个充电电路，一个是大电流充电电路，另一个是小电流充电电路。当电瓶电量不足时，用大电流电路对电瓶充电，充足后用小电流电路对电瓶充电。另一种是用 I_{CEO} 较大的锗管 3AD30 作为充电三极管，当 3AD30 截止时，I_{CEO} 可达 40 mA，3AD30 处于放大状态时，I_C 可达几安，这样可利用 3AD30 的放大与截止，实现用大电流及小电流给电瓶充电。但无论采用哪一种方案，都必须对电瓶的充电量进行检测。由于电瓶电量充足时，其两端电压较高，不足时两端电压较低，因此可用 LM339 将电瓶两端电压与某一阈值(+12 V)相比较，超过此值即可认为电量充足，否则认为电量不足。

(2) 比较各种基本解决方案的优劣，确定最优解决方案。对于第一种方案，需有两套充电电路，而且还要考虑两套充电电路的并联问题，因而电路较复杂，故通过分析比较，应采用方案二。

(3) 分析已确定方案的工作状况，逐步加以完善。如果用 LM339 的输出直接控制 3AD30 的放大与截止的状态，如实训图 5.1 所示。

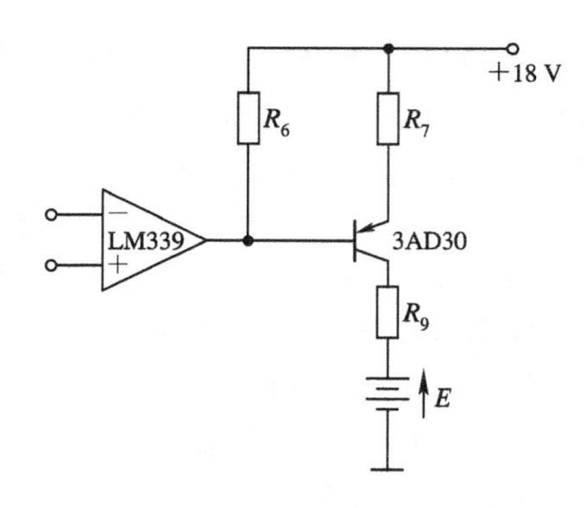

实训图 5.1　用 LM339 直接控制 3AD30 的电路

当 LM339 输出高电平时，合理选择 R_6、R_7 的值，可以使 3AD30 处于放大状态，但当 LM339 输出低电平时，3AD30 的基极电位被拉得很低(0.3 V 左右)，此时 3AD30 的集电极与基极之间为正向偏置，会流过一定的电流，电瓶将处于放电状态。同时发射极与基极之间也为正向偏置，也将流过电流。如果两电流的和太大将会烧毁 LM339，因此不能用 LM339 直接控制 3AD30。改进后的电路如实训图 5.2 所示。此电路的工作原理为：当电瓶电量不足，即 $E<12$ V 时，LM339 的 4 脚电位小于 6 V，而 5 脚电位被设定为 6 V，故 LM339 输出高电平，使三极管 9013 饱和导通，从而使 3AD30 处于放大状态，其集电极电流即为对电瓶的充电电流；反之，当$E\geqslant 12$ V 时，LM339 输出低电平，使 9013 截止，从而 3AD30 也截止，但此时在集电极与发射极之间仍将流过一定的电流，即集电极和发射极之间的穿透电流 I_{CEO}，继续对电瓶进行充电。

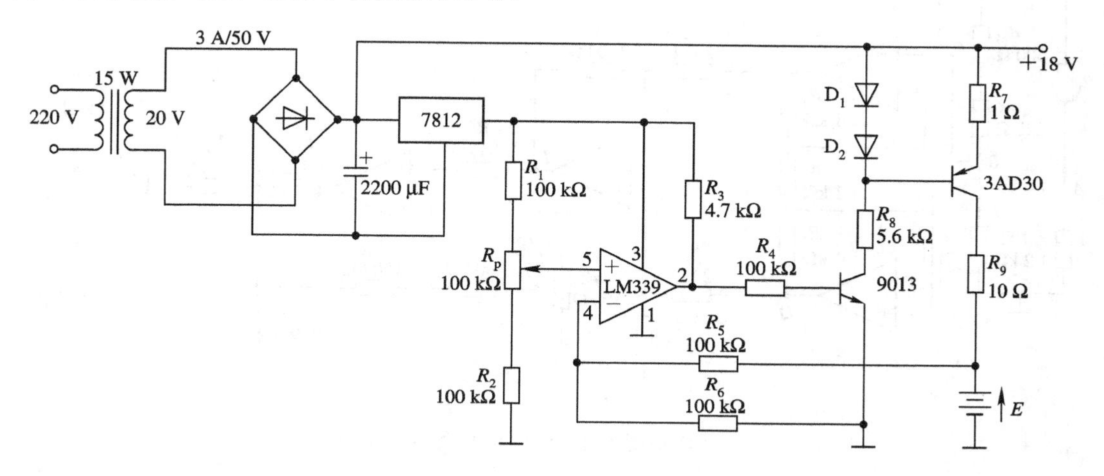

实训图 5.2　无触点自动充电器电路

（4）通过电路计算，确定元器件的参数。设 3AD30 的放大倍数为 β，则 9013 导通时，3AD30 的基极电位为 $18-2\times0.7=16.6$ V，R_8 两端的电压约为 $16.6-0.3=16.3$ V，通过 R_8 的电流$I_8=16.3/R_8$。若取 $R_8=5.6$ kΩ，则 $I_8=2.91$ mA，故 3AD30 的集电极电流 $I_9=\beta I_8$。一般 β 为 100 左右，故 $I_9\approx0.29$ A，可取 $R_7=1$ Ω，$R_9=10$ Ω，充电器的输出功率可取为 10 W。

（5）实际测试。按实训图 5.2 连接好电路，实际测试 $E<12$ V 时的充电电流和 $E\geqslant12$ V 时的充电电流大小。查看数据是否满足设计要求。

实训 6　温度控制电路

1. 实训目的

（1）学会使用测量放大器；

（2）学习利用基本电路构建实用电路的方法；

（3）学习对系统的测量与调试方法。

2. 实践设备与器材

LM324 一片，稳压管 20W7 一只，三极管 9013、8050 各 1 只，负温度系数热敏电阻 1 只，电阻、电容、电位器若干，±12 V、+1 V 直流稳压电源各 1 台，万用表 1 块，数字式温度计 1 只，双踪示波器 1 台。

3. 实训原理

温度控制电路如实训图 6.1 所示，由测量电桥、测量放大器、滞回比较器及驱动电路等组成。由于温度的不同，因而在测量电桥的 A、B 点时会产生不同的电压差，这个差值经过测量放大器放大后进入到滞回比较器的反相输入端，与比较电压 U_R 比较后，由滞回比较器输出信号进行加热或停止加热。改变滞回电压比较器的比较电压 U_R 能改变控温的范围，控温的精度由滞回比较器的滞环宽度确定。

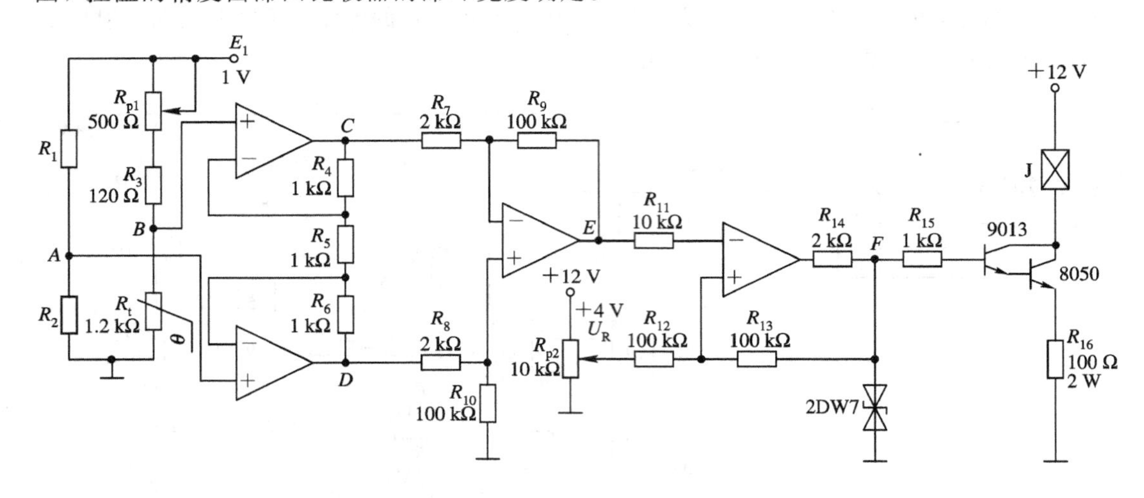

实训图 6.1　温度控制电路

4. 实训步骤

(1) 按实训图 6.1 连接线路，2 W 的电阻 R_{16} 靠近 R_t，检查无误后，接通电源。

(2) 标定温度范围，设控制温度范围为 $t_1 \sim t_2$，标定时将热敏电阻置于恒温槽中，使恒温槽温度为 t_1，过几分钟后调整 R_{p1}，使 $U_C = U_D$，标定此时 R_{p1} 的位置为 t_1。同理可标定温度为 t_2 的位置。根据控温精度要求，可在 $t_1 \sim t_2$ 之间作若干点，在 R_{p1} 上标注相应的温度刻度即可。

(3) 令 B 点接地，用电位器压得到 -30 mV 电压，接入 A 点，测量 C 点电位，计算放大器的电压放大倍数。

(4) 调节 A 点电位，使之从 -0.5 V～$+0.5$ V 范围内缓慢变化，用示波器观察 E 点的电位变化，记录使 E 点电位发生正负跳变的值，并绘制滞回特性曲线。

(5) 连接电路构成闭环控温系统，测试温度分别为 t_1'、t_2'、t_3' 时升温和降温的时间。

5. 实训报告

(1) 绘制滞回比较器的滞回特性曲线。

(2) 计算测量放大器的放大倍数，并与实测值比较，计算误差，并找出引起误差的原因。

(3) 若使 $U_D = 2$ V，则控制温度的范围是升高还是降低？阐明其原因。

下　篇

数字电子电路

第 15 章　逻辑代数及逻辑门电路

逻辑是指事物的因果关系，也即条件与结果的关系。早在 1845 年，英国数学家乔治·布尔(George Boole)就首先提出了描述客观事物逻辑关系的数学方法，称之为布尔代数。后来，由于布尔代数被广泛应用于解决开关电路和数字逻辑电路的分析与设计问题，因此又称为开关代数或逻辑代数。具有或实现逻辑功能的电路，称为逻辑门电路或逻辑电路，它是数字电路中的基本单元。

15.1　逻辑代数的基本概念

逻辑代数表示的是事物之间的逻辑关系。逻辑关系中的变量称为逻辑变量。逻辑变量的取值很简单，只有“0”和“1”。不过，“0”和“1”不再表示数量的大小，而代表两种不同的逻辑状态。如：灯亮用 1 表示，灯灭用 0 表示；高电平用 1 表示，低电平用 0 表示等。

15.1.1　基本逻辑关系

基本的逻辑关系有三种，分别称为与逻辑、或逻辑和非逻辑，其他任何复杂的逻辑关系都是由这三种基本的逻辑关系组成的。

1. 与逻辑

与逻辑的演示电路如图 15.1 所示，只有当开关 A、B 都闭合时，灯 Y 才亮，否则灯不亮。从此例中可抽象出这样的逻辑关系：当决定某事件的所有条件都具备时，该事件才发生。这种因果关系称为逻辑与关系，或称为逻辑乘。

若用 A、B 表示开关的状态，用 1 表示开关闭合，0 表示开关断开；用 Y 表示灯的状态，用 1 表示灯亮，0 表示灯灭；则可列出 A、B 和 Y 之间的与逻辑关系表 15.1。这种表称为逻辑真值表或简称为真值表。

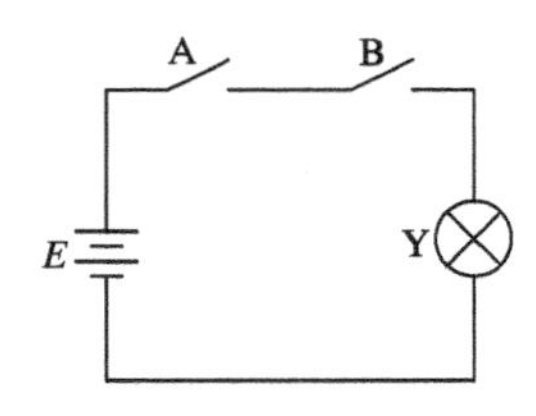

图 15.1　与逻辑演示电路

表 15.1　与逻辑真值表

A	B	Y
0	0	0
0	1	0
1	0	0
1	1	1

与逻辑关系的表达式为

$$Y = A \cdot B$$

2. 或逻辑

或逻辑的演示电路如图 15.2 所示，开关 A、B 中只要有一个闭合，灯 Y 就会亮。从此例中可抽象出这样的逻辑关系：在决定某事件的各个条件中，只要具备一个或一个以上的条件，该事件就会发生，这种因果关系称为或逻辑，或称为逻辑加。或逻辑的真值表如表 15.2 所示。

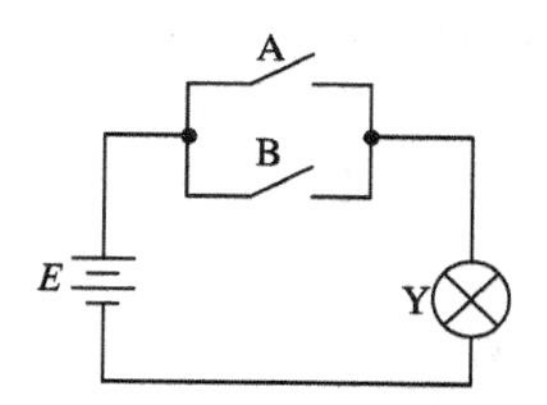

图 15.2 或逻辑演示电路

表 15.2 或逻辑真值表

A	B	Y
0	0	0
0	1	1
1	0	1
1	1	1

或逻辑关系的表达式为

$$Y = A + B$$

3. 非逻辑

非逻辑的演示电路如图 15.3 所示，开关 A 闭合，灯 Y 就不亮；开关 A 断开，灯 Y 就亮。从此例中可抽象出这样的逻辑关系：只要某个条件具备，结果便不会发生；而条件不具备时，结果却一定发生。这种因果关系称为非逻辑，或称为逻辑求反。非逻辑的真值表如表 15.3 所示。

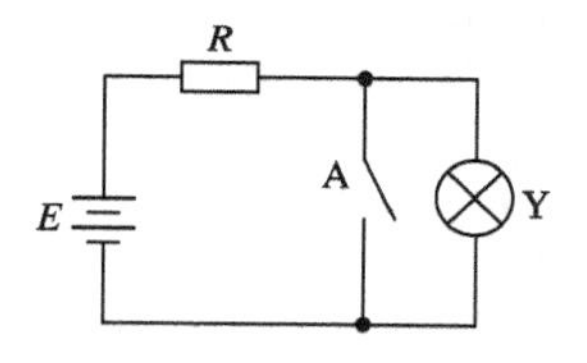

图 15.3 非逻辑演示电路

表 15.3 非逻辑真值表

A	Y
0	1
1	0

非逻辑关系的表达式为

$$Y = \overline{A}$$

其中逻辑关系 A 上方加符号“—”表示非的关系。

15.1.2 复合逻辑

实际的逻辑问题往往比与、或、非复杂得多，不过它们可以用基本逻辑通过不同的组合来实现。最常见的复合逻辑如下：

(1) 与非逻辑：逻辑表达式为 $Y=\overline{A \cdot B}$，逻辑符号如图 15.4(a)所示。

(2) 或非逻辑：逻辑表达式为 $Y=\overline{A+B}$，逻辑符号如图 15.4(b)所示。

(3) 异或逻辑：逻辑表达式为 $Y=A \oplus B$，逻辑符号如图 15.4(c)所示。

(4) 同或逻辑：逻辑表达式为 $Y=A \odot B$，逻辑符号如图 15.4(d)所示。

(5) 与或非逻辑：逻辑表达式为 $Y=\overline{A \cdot B+C \cdot D}$，逻辑符号如图 15.4(e)所示。

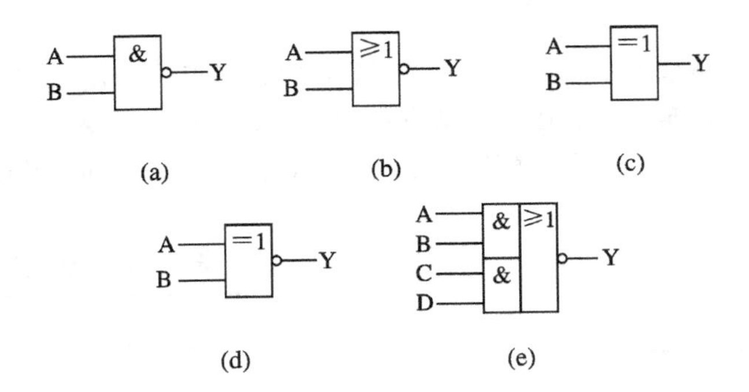

图 15.4 常见复合逻辑的逻辑符号

15.1.3 逻辑代数的基本公式和常用公式

1. 常量之间的关系

$$0 \cdot 0=0 \qquad 0+0=0$$

$$0 \cdot 1=0 \qquad 0+1=1$$

$$1 \cdot 1=1 \qquad 1+1=1$$

$$\overline{0}=1 \qquad \overline{1}=0$$

2. 变量和常量的关系

$$A \cdot 1=A \qquad A+1=1$$

$$A \cdot 0=0 \quad A+0=A$$

3. 各种定律

(1) 交换律：$A+B=B+A$，$A \cdot B=B \cdot A$；

(2) 结合律：$A+(B+C)=(A+B)+C$，$A \cdot (B \cdot C)=(A \cdot B) \cdot C$；

(3) 分配律：$A+B \cdot C=(A+B) \cdot (A+C)$，$A \cdot (B+C)=A \cdot B+A \cdot C$；

(4) 互非定律：$A \cdot \overline{A}=0$；

(5) 重叠定律(同一定律)：$A \cdot A=A$，$A+A=A$；

(6) 反演定律(摩根定律)：$\overline{A \cdot B}=\overline{A}+\overline{B}$，$\overline{A+B}=\overline{A} \cdot \overline{B}$；

(7) 还原定律：$\overline{\overline{A}}=A$。

4. 常用导出公式

(1) $A+A \cdot B=A$。

证 $$A+A \cdot B=A(1+B)=A \cdot 1=A$$

(2) $A+\overline{A} \cdot B=A+B$。

证 $$A+\overline{A} \cdot B=(A+\overline{A})(A+B)=A+B \quad (\text{用分配律})$$

(3) $A \cdot B+A \cdot \overline{B}=A$。

证 $$A \cdot B+A \cdot \overline{B}=A(B+\overline{B})=A \cdot 1=A$$

(4) $A\cdot(A+B)=A$。

证 $A\cdot(A+B)=A\cdot A+A\cdot B=A+AB=A(1+B)=A\cdot 1=A$

(5) $A\cdot B+\bar{A}\cdot C+B\cdot C=A\cdot B+\bar{A}\cdot C$。

证

$$\begin{aligned}A\cdot B+\bar{A}\cdot C+B\cdot C&=A\cdot B+\bar{A}\cdot C+BC(A+\bar{A})\\&=AB+\bar{A}C+ABC+\bar{A}BC\\&=A\cdot B(1+C)+\bar{A}C(B+1)\\&=A\cdot B+\bar{A}\cdot C\end{aligned}$$

推理 $AB+\bar{A}C+BCD=AB+\bar{A}C$

证

$$\begin{aligned}右&=AB+\bar{A}C+BC=AB+\bar{A}C+BC(D+1)\\&=AB+\bar{A}C+BCD+BC\\&=AB+\bar{A}C+BCD=左\end{aligned}$$

在进行逻辑代数的分析和运算时要注意：逻辑代数的运算顺序和普通代数一样，先括号，然后乘，最后加；逻辑乘号可以省略不写；先或后与的运算式，或运算时要加括号，如

$$(A+B)\cdot(C+D)\neq A+B\cdot C+D$$

15.1.4 逻辑代数的基本运算规则

1. 代入规则

在任何一个逻辑等式中，若将等式两边出现的同一变量代之以另一函数，则等式仍成立。

例 15.1 证明：$\overline{ABC}=\bar{A}+\bar{B}+\bar{C}$。

解 根据摩根定律$\overline{A\cdot B}=\bar{A}+\bar{B}$或$\overline{A+B}=\bar{A}\cdot\bar{B}$，用 B=BC 代入原式两边的 B 中，则有$\overline{ABC}=\bar{A}+\overline{BC}=\bar{A}+\bar{B}+\bar{C}$ 成立。

2. 反演规则

对于任意的 Y 逻辑式，若将其中所有的“·”换成“+”，“+”换成“·”，0 换成 1，1 换成 0，原变量换成反变量，反变量换成原变量，则得到的结果就是 $\bar{Y}$。

例 15.2 已知 $Y=A(B+C)+CD$，求 $\bar{Y}$。

解 根据反演规则写出

$$\begin{aligned}\bar{Y}&=(\bar{A}+\bar{B}\cdot\bar{C})\cdot(\bar{C}+\bar{D})=\bar{A}\ \bar{C}+\bar{A}\bar{D}+\bar{B}\bar{C}+\bar{B}\bar{C}\bar{D}\\&=\bar{A}\bar{C}+\bar{B}\bar{C}+\bar{A}\bar{D}\end{aligned}$$

例 15.3 若 $Y=\overline{\overline{A\bar{B}+C}+D}+C$，求 $\bar{Y}$。

解 根据反演规则写出

$$\bar{Y}=\overline{\overline{(\bar{A}+B)\cdot\bar{C}}\cdot\bar{D}}\cdot\bar{C}$$

反演规则为求取已知逻辑式的反逻辑式提供了方便。使用反演规则时要注意以下两点：

(1) 仍需遵守“先括号，然后乘，最后加”的运算规则。

(2) 不属于单个变量上的反号应保留不变。

3. 对偶规则

(1) 对偶式的概念：对于任何一个逻辑式 Y，若将其中的“·”换成“+”，将“+”换成“·”，将 0 换成 1，将 1 换成 0，可得到一个新的逻辑式 Y′，这个 Y′ 就称为 Y 的对偶式，或者说 Y 和 Y′互为对偶式。

例 15.4 若 $Y=A\cdot(B+C)$，则

$$Y'=A+B\cdot C$$

若 $Y=\overline{\overline{A}+\overline{B+\overline{C}}}$，则

$$Y'=\overline{\overline{A}\cdot\overline{B\cdot\overline{C}}}$$

(2) 对偶规则：若两个逻辑式相等，则它们的对偶式也相等。

15.2 逻辑函数的化简

15.2.1 逻辑函数及表示方法

从上节讲过的各种逻辑关系中可以看到，如果以逻辑变量作为输入量，以运算结果作为输出量，则输出输入之间是一种函数关系。这种函数关系称为逻辑函数，写作：

$$Y=F(A,B,C,\cdots)$$

任何一件具体事物的因果关系都可以用一个逻辑函数来表述。

表示逻辑函数的方法一般有：

(1) 真值表：描述逻辑函数各个变量取值的组合和函数值对应关系的表格称为函数的逻辑真值表。若逻辑函数有 n 个变量，则有 2^n 个不同变量的组合。将输入变量的全部取值组合和相应的输出函数值一个一个列出来，即可得到真值表(一般输入变量的取值按二进制递增顺序)。

(2) 函数式：逻辑函数式用与、或、非等基本逻辑运算符号来表示逻辑函数式中各个变量之间的关系。它可以从实际问题分析中直接写出，也可以由真值表、逻辑图写出。

(3) 逻辑图：它将逻辑函数式的运算关系用对应的逻辑符号表示出来。

(4) 卡诺图：它利用图示的方法，将各种输入逻辑变量取值组合下的输出函数一一表达出来。

(5) 波形图：它利用波形图示的方法，画出输入逻辑变量和输出函数的对应关系。

15.2.2 逻辑函数的最小项标准形式

在讲述逻辑函数的标准形式之前，先介绍最小项的概念，而后介绍逻辑函数的最小项之和的表达形式。

最小项的性质如下：

在 n 变量函数中，若 m 为包含 n 个因子的乘积项，且这 n 个变量均以原变量或反变量的形式在 m 中出现一次，则称 m 为该组变量的一个最小项。

例如：A、B、C 三个变量，其最小项有 $2^3=8$ 个，即 $\overline{A}\overline{B}\overline{C}$、$\overline{A}\overline{B}C$、$\overline{A}B\overline{C}$、$\overline{A}BC$、$A\overline{B}\overline{C}$、

$A\overline{B}C$、$AB\overline{C}$、ABC。三变量的最小项取值如表 15.4 所示。为了表达方便，用 m_0、m_1、m_2、…、m_n表示最小项的编号。

表 15.4　三变量最小项取值表

变量＼最小项			m_0	m_1	m_2	m_3	m_4	m_5	m_6	m_7
A	B	C	$\overline{A}\overline{B}\overline{C}$	$\overline{A}\overline{B}C$	$\overline{A}B\overline{C}$	$\overline{A}BC$	$A\overline{B}\overline{C}$	$A\overline{B}C$	$AB\overline{C}$	ABC
0	0	0	1	0	0	0	0	0	0	0
0	0	1	0	1	0	0	0	0	0	0
0	1	0	0	0	1	0	0	0	0	0
0	1	1	0	0	0	1	0	0	0	0
1	0	0	0	0	0	0	1	0	0	0
1	0	1	0	0	0	0	0	1	0	0
1	1	0	0	0	0	0	0	0	1	0
1	1	1	0	0	0	0	0	0	0	1

最小项具有下列性质：

(1) 在输入变量的任何取值下，必有一个最小项，而且仅有一个最小项的值为 1；

(2) 全体最小项之和为 1；

(3) 任意两个最小项的乘积为 0；

(4) 具有相邻性的两个最小项之和可以合并成一项，并可消除一对因子。

相邻性是指两个最小项只有一个因子不相同。例如 $\overline{A}B\overline{C}$ 和 $AB\overline{C}$，它们只有因子 $\overline{A}$ 和 A 不相同，故它们具有相邻性。这两个最小项相加时，能够合并成一项并可消除一对因子：

$$\overline{A}B\overline{C}+AB\overline{C}=B\overline{C}(\overline{A}+A)=B\overline{C}$$

例 15.5　将逻辑函数 $Y=A\overline{B}\overline{C}D+\overline{A}CD+AC$ 展开为最小项之和的形式。

解

$$\begin{aligned}
Y &= A\overline{B}\overline{C}D+\overline{A}CD+AC\\
&= A\overline{B}\overline{C}D+\overline{A}CD(B+\overline{B})+AC(B+\overline{B})(D+\overline{D})\\
&= A\overline{B}\overline{C}D+\overline{A}BCD+\overline{A}\overline{B}CD+ABC(D+\overline{D})+A\overline{B}C(D+\overline{D})\\
&= A\overline{B}\overline{C}D+\overline{A}BCD+\overline{A}\overline{B}CD+ABCD+ABC\overline{D}+A\overline{B}CD+A\overline{B}C\overline{D}\\
&= m_9+m_7+m_3+m_{15}+m_{14}+m_{11}+m_{10}\\
&= \sum m(3,7,9,10,11,14,15)
\end{aligned}$$

例 15.6　写出三变量函数 $Y=\overline{AC+\overline{\overline{B}C}}+AB$ 的最小项之和表达式。

解

$$\begin{aligned}
Y &= \overline{AC+\overline{\overline{B}C}}+AB=\overline{AC}\cdot\overline{\overline{\overline{B}C}}+AB\\
&= \overline{AC}\cdot\overline{B}C+AB=(\overline{A}+\overline{C})\overline{B}C+AB\\
&= \overline{A}\overline{B}C+\overline{B}C\overline{C}+AB(C+\overline{C})\\
&= \overline{A}\overline{B}C+ABC+AB\overline{C}\\
&= \sum m(1,6,7)
\end{aligned}$$

例 15.7　已知三变量的真值表 15.5，求最小项之和的表达式。

表 15.5　例 15.7 真值表

A	B	C	Y
0	0	0	0
0	0	1	1
0	1	0	0
0	1	1	0
1	0	0	1
1	0	1	1
1	1	0	1
1	1	1	0

解　根据真值表写出逻辑函数的表达式：

$$Y=\overline{A}\overline{B}C+A\overline{B}\overline{C}+A\overline{B}C+AB\overline{C}=m_1+m_4+m_5+m_6=\sum m(1,4,5,6)$$

15.2.3　逻辑函数的公式化简法

1. 逻辑函数的最简形式

同一逻辑函数可以写成不同的逻辑式，而这些逻辑式的繁简程度又相差甚远。逻辑形式越简单，它所表示的逻辑关系就越明显，同时也有利于用最少的电子器件实现这个逻辑关系。因此，经常需要通过化简的手段找出逻辑函数的最简形式。

例如：有两个逻辑函数 $Y=ABC+\overline{B}C+ACD$ 和 $Y=AC+\overline{B}C$，因为

$$\begin{aligned}Y&=ABC+\overline{B}C+ACD=(ABC+\overline{B}C)+ACD\\&=AC+\overline{B}C+ACD\\&=AC+\overline{B}C\end{aligned}$$

所以两式表示的是同一逻辑函数。

又如：逻辑函数 $Y=A+\overline{A}C+AB$，可化简为

$$Y=A+C$$

这样一来，化简后使用较少的电子器件就可以完成同样的逻辑功能。

上面化简的形式一般称为与或逻辑式，最简与或逻辑式的标准如下：

(1) 逻辑函数式中乘积项(与项)的个数最少；

(2) 每个乘积项中的变量数最少。

下面主要介绍与或逻辑式的化简方法。

2. 公式化简法

公式化简的原理就是反复使用逻辑代数的基本公式和常用公式，削去函数式中多余的乘积项和多余的因子，以求得函数式的最简形式。

1) 并项法

利用公式 $AB+A\overline{B}=A$，将两项合并为一项，削去一个变量，其中 A，B 可以是复杂的

逻辑函数式。

例 15.8 化简逻辑函数 $Y=ABC+AB\bar{C}+A\bar{B}$。

解 $$Y=ABC+AB\bar{C}+A\bar{B}=AB(C+\bar{C})+A\bar{B}=AB+A\bar{B}=A$$

例 15.9 试用并项法化简下列逻辑函数：

$$Y_1=A\,\overline{\bar{B}CD}+A\bar{B}CD$$

$$Y_2=A\bar{B}+ACD+\bar{A}\bar{B}+\bar{A}CD$$

$$Y_3=\bar{A}B\bar{C}+A\bar{C}+\bar{B}\bar{C}$$

$$Y_4=B\bar{C}D+BC\bar{D}+B\bar{C}\bar{D}+BCD$$

解 $Y_1=A(\overline{\bar{B}CD}+\bar{B}CD)=A$ （利用 $B=\bar{B}CD$，$\bar{B}=\overline{\bar{B}CD}$，$AB+A\bar{B}=A$）

$$Y_2=A\bar{B}+ACD+\bar{A}\bar{B}+\bar{A}CD=A(\bar{B}+CD)+\bar{A}(\bar{B}+CD)$$
$$=(\bar{B}+CD)(A+\bar{A})$$
$$=\bar{B}+CD$$

$$Y_3=\bar{A}B\bar{C}+A\bar{C}+\bar{B}\bar{C}=\bar{A}B\bar{C}+\bar{C}(A+\bar{B})$$
$$=\bar{C}(\bar{A}B+A+\bar{B})$$
$$=\bar{C}(A+B+\bar{B})$$
$$=\bar{C}(A+1)$$
$$=\bar{C}$$

$$Y_4=B\bar{C}D+BC\bar{D}+B\bar{C}\bar{D}+BCD=BC+B\bar{C}=B$$

2）吸收法

利用公式 $A+AB=A$ 可将 AB 项削去。

例 15.10 试用吸收法化简下列逻辑函数：

$$Y_1=(\overline{\bar{A}B}+C)ABD+AD$$

$$Y_2=AB+AB\bar{C}+ABD+ABC\bar{C}+AB\bar{D}$$

$$Y_3=A+\overline{\bar{A}\,\overline{BC}}(\bar{A}+\overline{\overline{BC}+D})+BC$$

解 $$Y_1=[(\overline{\bar{A}B}+C)B]AD+AD=AD$$

$$Y_2=AB+AB[\bar{C}+D+C\bar{C}+\bar{D}]=AB$$

$$Y_3=(A+BC)+(A+BC)(\bar{A}+\overline{\bar{B}\bar{C}+D})=A+BC$$

3）消项法

利用公式 $AB+\bar{A}C+BC=AB+\bar{A}C$ 将多余项 BC 消除，其中 A、B、C 可以是复杂的逻辑表达式。

例 15.11 用消项法化简下列逻辑函数：

$$Y_1=AC+A\bar{B}+\overline{B+C}$$

$$Y_2=A\bar{B}C\bar{D}+\overline{A\bar{B}}E+C\bar{D}E$$

解 $$Y_1=AC+A\bar{B}+\bar{B}\bar{C}=AC+\bar{B}\bar{C}$$

$$Y_2=(A\bar{B})C\bar{D}+(\overline{A\bar{B}})E+(C\bar{D})E=A\bar{B}C\bar{D}+\overline{A\bar{B}}E$$

4）消因子法

利用公式 $A+\bar{A}B=A+B$ 将 $\bar{A}B$ 中的 $\bar{A}$ 因子削去，其中 A、B 均可是任何复杂的逻辑式。

例 15.12 利用削因子法化简下列逻辑函数：

$$Y_1=\overline{B}+ABC$$

$$Y_2=A\overline{B}+B+\overline{A}B$$

$$Y_3=AC+\overline{A}D+\overline{C}D$$

解

$$Y_1=\overline{B}+(AC)\cdot B=\overline{B}+AC$$

$$Y_2=A\overline{B}+B+\overline{A}B=A+B$$

$$\begin{aligned}Y_3&=AC+\overline{A}D+\overline{C}D\\&=AC+D(\overline{A}+\overline{C})\\&=AC+\overline{AC}\cdot D\\&=AC+D\end{aligned}$$

5）配项法

利用公式 $A+A=A$ 可以在逻辑函数中重复写入某项，有时可能获得更加简单的化简结果。

例 15.13 化简逻辑函数 $Y=\overline{A}B\overline{C}+\overline{A}BC+ABC$。

解

$$\begin{aligned}Y&=\overline{A}B\overline{C}+\overline{A}BC+\overline{A}BC+ABC\\&=\overline{A}B(\overline{C}+C)+BC(\overline{A}+A)\\&=\overline{A}B+BC\end{aligned}$$

例 15.14 化简逻辑函数 $Y=ABC\overline{D}+ABD+BC\overline{D}+ABC+BD+B\overline{C}$。

解

$$\begin{aligned}Y&=ABC\overline{D}+ABD+BC\overline{D}+ABC+BD+B\overline{C}\\&=ABC(\overline{D}+1)+BD(A+1)+BC\overline{D}+B\overline{C}\\&=ABC+BD+BC\overline{D}+B\overline{C}\\&=B(AC+D+C\overline{D}+\overline{C})\\&=B[(AC+\overline{C})+(D+C\overline{D})]\\&=B(A+\overline{C}+D+C)\\&=B(A+D+1)\\&=B\end{aligned}$$

15.2.4 逻辑函数的卡诺图化简法

利用公式法化简逻辑函数，需要熟练地掌握逻辑代数公式，同时还要有一定的运算技巧。有些化简结果难以确定是否最简，则可利用卡诺图化简法，直观地得到最简的与或逻辑函数式。

1. 最小项的卡诺图

将 n 变量的全部最小项各用一个小方格表示，并使具有逻辑相邻性的最小项在几何位置上也相邻地排列起来，所得到的图形称为 n 变量最小项的卡诺图(该图是美国工程师卡诺首先提出的)。

最小项逻辑变量卡诺图的画法：n 个逻辑变量，就有 2^n 个最小项，需要 2^n 个小方块。图 15.5 所示为两变量、三变量、四变量的卡诺图。

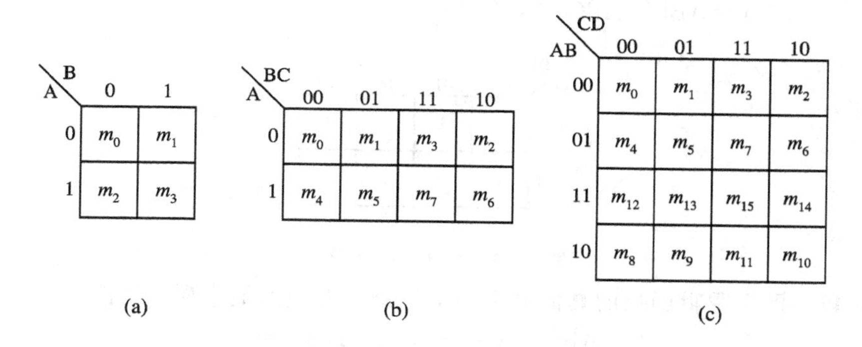

图 15.5　卡诺图

(a) 两变量；(b) 三变量；(c) 四变量

从图 15.5 中可看出，卡诺图最大的优点就是能够形象直观地将逻辑函数中各变量最小项之间的逻辑相邻性体现出来。

例如：m_0 和 m_2 即 $\overline{A}\overline{B}\overline{C}$ 和 $\overline{A}B\overline{C}$ 可以消去一个因子；m_4 和 m_6 即 $A\overline{B}\overline{C}$ 和 $AB\overline{C}$ 可以消去一个因子；m_{12} 和 m_{14} 即 $AB\overline{C}\overline{D}$ 和 $ABC\overline{D}$ 可以消去一个因子；m_1 和 m_9 即 $\overline{A}\overline{B}\overline{C}D$ 和 $A\overline{B}\overline{C}D$ 可以消去一个因子。

卡诺图将逻辑相邻性通过几何相邻实现，给逻辑函数化简带来简便直观的方法，逻辑变量最小项用卡诺图表示的方法如下：

(1) 根据逻辑函数所包含的逻辑变量数目，画出相应的最小项卡诺图(2^n 个方块)；

(2) 将逻辑函数中包含的最小项，在最小项卡诺图上找到对应的方块，并填上 1，函数中不包含的最小项处填 0(什么都不填，空着也行)。

例 15.15　用卡诺图表示逻辑函数

$$Y=\overline{A}\overline{B}\overline{C}D+\overline{A}B\overline{D}+ACD+A\overline{B}$$

解

$$\begin{aligned}Y &=\overline{A}\overline{B}\overline{C}D+\overline{A}B\overline{D}(C+\overline{C})+ACD(B+\overline{B})+A\overline{B}(C+\overline{C})(D+\overline{D})\\
&=\overline{A}\overline{B}\overline{C}D+\overline{A}BC\overline{D}+\overline{A}B\overline{C}\overline{D}+ABCD+A\overline{B}CD+A\overline{B}C(D+\overline{D})+A\overline{B}\overline{C}(D+\overline{D})\\
&=\overline{A}\overline{B}\overline{C}D+\overline{A}BC\overline{D}+\overline{A}B\overline{C}\overline{D}+ABCD+A\overline{B}CD+A\overline{B}CD+A\overline{B}C\overline{D}+A\overline{B}\overline{C}D+A\overline{B}\overline{C}\overline{D}\\
&=\overline{A}\overline{B}\overline{C}D+\overline{A}BC\overline{D}+\overline{A}B\overline{C}\overline{D}+ABCD+A\overline{B}CD+A\overline{B}C\overline{D}+A\overline{B}\overline{C}D+A\overline{B}\overline{C}\overline{D}\\
&=m_1+m_6+m_4+m_{15}+m_{11}+m_{10}+m_9+m_8\end{aligned}$$

卡诺图如图 15.6 所示。

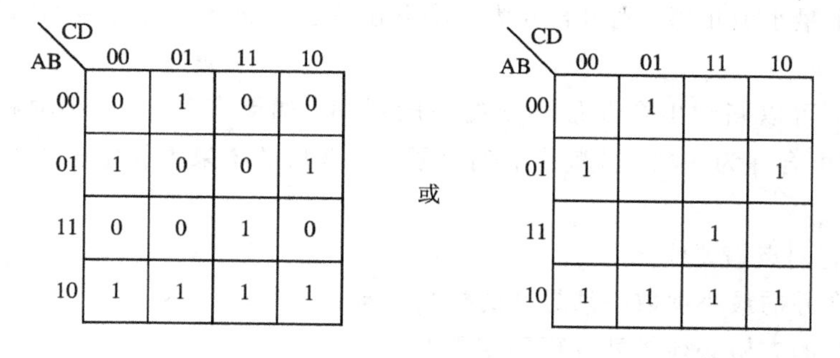

图 15.6　例 15.15 卡诺图

例 15.16　逻辑函数的卡诺图如图 15.7 所示，试写出该逻辑函数的逻辑式。

解 $$Y=\overline{A}\,\overline{B}C+\overline{A}B\overline{C}+A\overline{B}\,\overline{C}+ABC$$

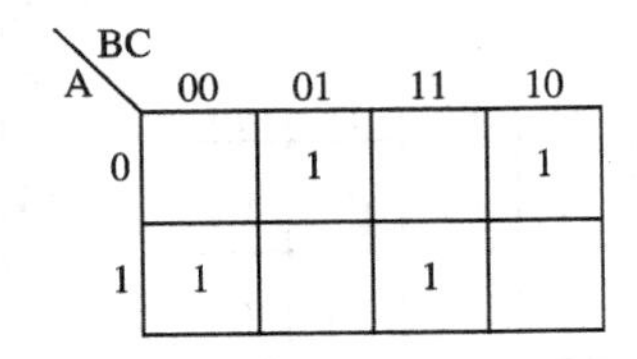

图 15.7 例 15.16 卡诺图

例 15.17 已知逻辑函数的真值表 15.6，试画出对应的最小项卡诺图。

解 $$Y=\overline{A}\,\overline{B}\,\overline{C}+\overline{A}B\overline{C}+A\overline{B}\,\overline{C}+AB\overline{C}=\overline{C}$$

卡诺图如图 15.8 所示。

表 15.6 例 15.17 真值表

A	B	C	Y
0	0	0	1
0	0	1	0
0	1	0	1
0	1	1	0
1	0	0	1
1	0	1	0
1	1	0	1
1	1	1	0

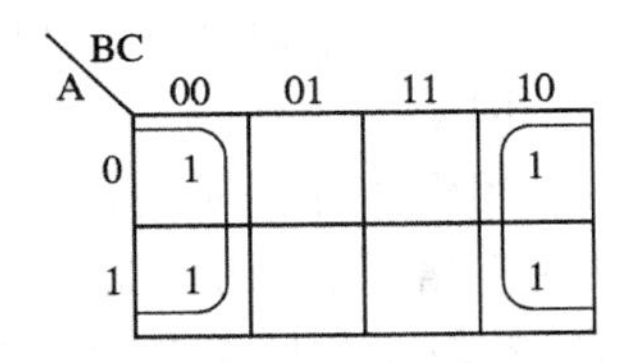

图 15.8 例 15.17 卡诺图

2. 用卡诺图化简逻辑函数

利用卡诺图化简逻辑函数的方法称为卡诺图化简法，或称为图形化简法。化简时依据的基本原理是具有相邻性的最小项可以合并，以消除不同的因子。合并最小项的规律如下：

(1) 若两个最小项相邻，则可合并为一项并削去一对因子，合并后的结果中只剩下公共因子；

(2) 若四个最小项相邻，则可合并为一项并削去两对因子，合并后的结果中只包含公共因子；

(3) 若八个最小项相邻，则可合并为一项并削去三对因子，合并后的结果中只包含公共因子。

由此类推，可以归纳出合并最小项的一般规则：如果有 2^n 个最小项相邻($n=1, 2, 3,\cdots$)，则它们可合并为一项，并削去 n 对因子，合并后的结果中仅包含这些最小项的公共因子。

在合并时有两点需要注意：

(1) 能够合并的最小项数必须是 2 的整数次幂；

(2) 要合并的方格必须排列成矩形或正方向。

图 15.9 所示分别为两个最小项、四个最小项、八个最小项合并成一项时的一些情况。

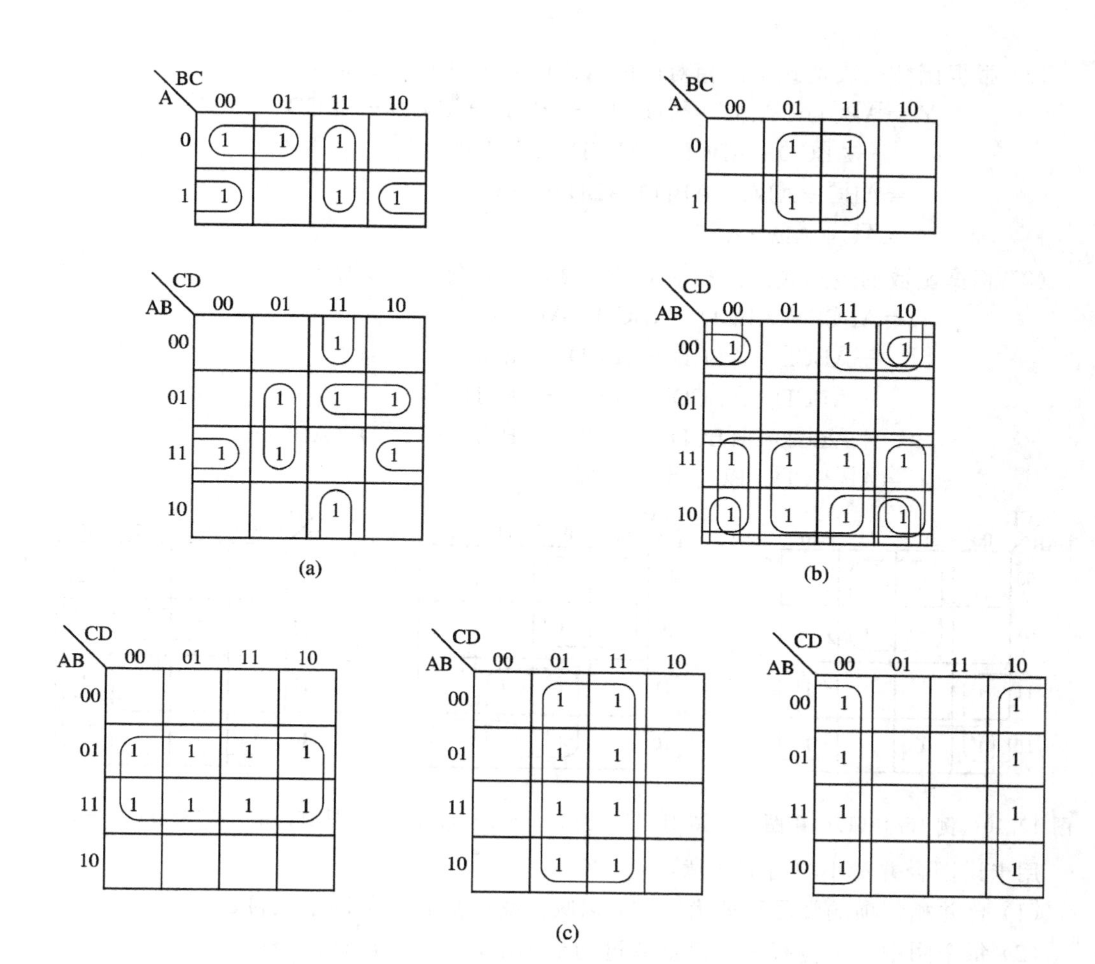

图 15.9　卡诺图化简举例

利用卡诺图化简的步骤归纳如下：

(1) 将函数化为最小项之和的形式；

(2) 画出表示该逻辑函数的卡诺图；

(3) 按照合并最小项的规则，将能合并的最小项圈起来，没有相邻最小项的单独圈起来；

(4) 每个包围作为一个乘积项，将乘积项相加即是化简后的与或表达式。

例 15.18　用卡诺图化简下列逻辑表达式：

(1) $Y_1(A,B,C,D)=\sum m(1,3,5,7,8,9,10,12,14)$

(2) $Y_2(A,B,C,D)=\sum m(0,1,4,5,9,10,11,13,15)$

(3) $Y_3(A,B,C,D)=\sum m(0,2,5,6,7,8,9,10,11,14,15)$

解　(1) 根据函数的表达式画出相对应的最小项变量卡诺图，如图 15.10 所示。

$$
\begin{aligned}
Y &= \overline{A}\,\overline{B}\,\overline{C}D+\overline{A}\,\overline{B}CD+\overline{A}B\overline{C}D+\overline{A}BCD+AB\overline{C}\,\overline{D} \\
&\quad +A\overline{B}\,\overline{C}\,\overline{D}+ABC\overline{D}+A\overline{B}C\overline{D}+A\overline{B}\,\overline{C}\,\overline{D}+A\overline{B}\,\overline{C}D \\
&= \overline{A}\,\overline{B}D+\overline{A}BD+A\overline{C}\,\overline{D}+AC\overline{D}+A\overline{B}\,\overline{C} \\
&= \overline{A}D+A\overline{D}+A\overline{B}\,\overline{C}
\end{aligned}
$$

(2) 根据函数的表达式画出相对应的卡诺图，如图 15.11 所示。

$$
\begin{aligned}
Y &= \bar{A}\bar{B}\bar{C}\bar{D}+\bar{A}\bar{B}\bar{C}D+\bar{A}B\bar{C}\bar{D}+\bar{A}B\bar{C}D+AB\bar{C}D+ABCD \\
&\quad +A\bar{B}\bar{C}D+A\bar{B}CD+A\bar{B}CD+A\bar{B}C\bar{D} \\
&= \bar{A}\bar{B}\bar{C}+\bar{A}B\bar{C}+ABD+A\bar{B}D+A\bar{B}C \\
&= \bar{A}\bar{C}+AD+A\bar{B}C
\end{aligned}
$$

(3) 根据函数的表达式画出相对应的卡诺图，如图 15.12 所示。

$$
\begin{aligned}
Y &= A\bar{B}\bar{C}\bar{D}+A\bar{B}\bar{C}D+A\bar{B}CD+A\bar{B}C\bar{D} \\
&\quad +\bar{A}\bar{B}C\bar{D}+\bar{A}BC\bar{D}+ABC\bar{D}+A\bar{B}C\bar{D} \\
&\quad +\bar{A}BCD+\bar{A}BC\bar{D}+ABCD+ABC\bar{D} \\
&\quad +\bar{A}B\bar{C}D+\bar{A}BCD+\bar{A}\bar{B}\bar{C}\bar{D}+\bar{A}\bar{B}C\bar{D}+A\bar{B}\bar{C}\bar{D}+A\bar{B}C\bar{D} \\
&= A\bar{B}+C\bar{D}+BC+\bar{A}BD+\bar{B}\bar{D}
\end{aligned}
$$

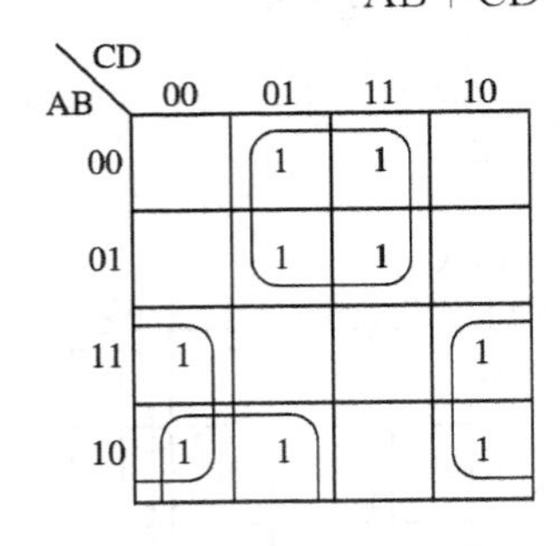

图 15.10　例 15.18(1)卡诺图

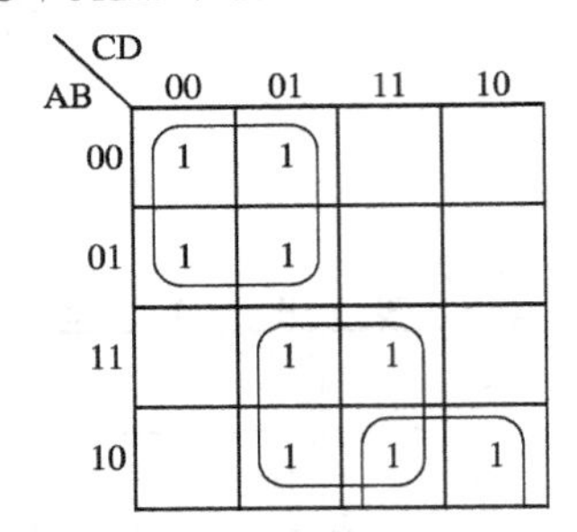

图 15.11　例 15.18(2)卡诺图

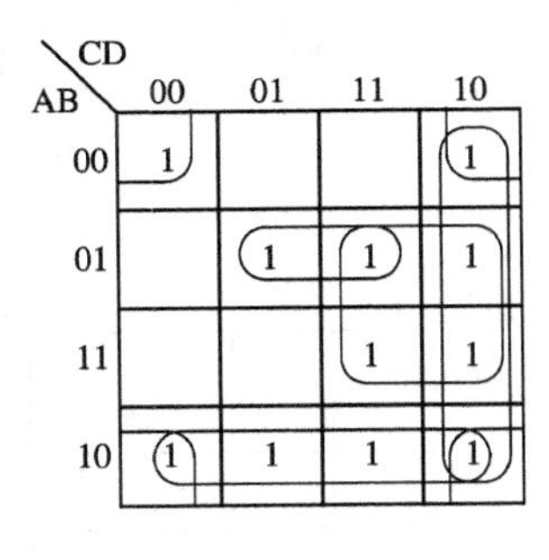

图 15.12　例 15.18(3)卡诺图

用卡诺图合并最小项时应注意：

(1) 合并相邻项的圈尽可能大一些，以减少化简后相乘的因子数目；

(2) 每个圈中至少应有一个没被圈过的最小项，以避免出现多余项；

(3) 所有函数值为 1 的最小项都要圈起来，圈的个数应尽可能少，使简化后的乘积项数目最少；

(4) 有些情况下，最小项的圈法不同，得到的最简与或表达式也不尽相同，常常要经过比较、检查才能确定哪一个是最简式。

15.3　无关项逻辑函数及化简法

15.3.1　约束项、任意项和逻辑函数中的无关项

在分析某些逻辑函数时，经常会遇到输入变量的取值不是任意的。对输入变量取值所加的限制称为约束，把这一组变量称为具有约束的一组变量。

例如有三个逻辑变量 A、B、C，它们分别表示一台电动机的正转、反转和停止命令，A=1 表示正转，B=1 表示反转，C=1 表示停止。因为电机任何时候只能执行其中的一个命令，所以不允许两个或两个以上的变量同时为 1。A、B、C 的取值可能是 001、010、100 当中的某一种，即不能是 000、011、101、110、111 中的任何一种，因此 A、B、C 是一组具有约束的变量。

通常用约束条件来描述约束的内容。用文字来叙述约束条件很不方便，一般用简单、明了的逻辑语言表达约束条件。

约束项：逻辑变量之间具有一定的约束关系，使得有些变量的取值组合不会出现，这些不会出现的取值组合所对应的最小项称为约束项。

任意项：在逻辑变量的取值下，允许函数值取 1 或 0，且都不影响电路的功能，这些变量的取值所对应的最小项称为任意项。

无关项：把约束项和任意项统称为逻辑函数无关项。无关项是指把这些最小项写入逻辑函数式时无关紧要，它们不影响逻辑函数的输出结果。

由于每组输入变量的取值都只能是一个，仅有一个最小项的值为 1，因此当限制某些输入变量的取值不能出现时，可以用它们所对应的最小项恒等于 0 来表示。上例中的约束条件可以表示为

$$\begin{cases}\overline{A}B\overline{C}=0\\ \overline{A}BC=0\\ A\overline{B}C=0\\ AB\overline{C}=0\\ ABC=0\end{cases}$$

或写成

$$\overline{A}B\overline{C}+\overline{A}BC+A\overline{B}C+AB\overline{C}+ABC=0$$

这些恒等于 0 的最小项就称为约束项。

15.3.2 无关项在化简逻辑函数中的应用

化简具有无关项的逻辑函数时，如果能合理地利用这些无关项，一般都可以得到更加简单的化简结果。为达到此目的，加入尽可能多无关项应用函数式的最小项(包括原有的最小项和已写入的无关项)具有逻辑相邻性。

合并最小项时，将约束条件填入卡诺图的方格，并以“×”表示，其填入的值为 1，以使圈尽可能大，而且圈的数目又最小；未被圈入的约束项应当作 0，以便不增加多余项。

根据卡诺图的最小项表示方法，约束项的最小值也可以用编号 $\sum d(m_i)$ 表示。

例 15.19 某逻辑电路的输入信号 A 、B 、C、D 为 8421BCD 码，又知当码值为 1、3、5、7、9 时，输出函数 Y 为 1。求该电路输出函数的最简与或表达式。

解 因为 8421BCD 码有六个输入组合 1010、1011、1100、1101、1110、1111 是不能出现的，故约束项为 $A\overline{B}C\overline{D}$、$A\overline{B}CD$、$AB\overline{C}\overline{D}$、$AB\overline{C}D$、$ABC\overline{D}$、$ABCD$，相应的表达式为

$$\begin{aligned}Y&=\overline{A}\overline{B}\overline{C}D+\overline{A}\overline{B}CD+\overline{A}B\overline{C}D+\overline{A}BCD\\&\quad+AB\overline{C}D+ABCD+A\overline{B}\overline{C}D+A\overline{B}CD\\&=D\end{aligned}$$

卡诺图如图 15.13 所示。

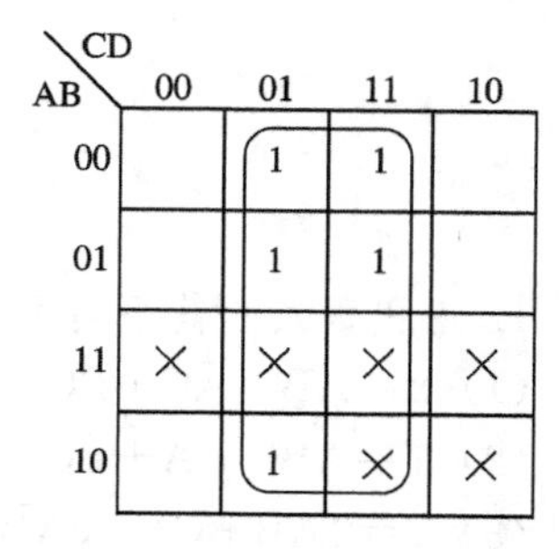

图 15.13 例 15.19 卡诺图

如果不利用约束项，则输出函数式为

$$Y=\overline{A}D+\overline{B}\overline{C}D$$

可见，有约束项参加化简，能使化简结果更加简单。

例 15.20 化简下列函数：

$$Y_1=\overline{B}\overline{C}+\overline{A}B \qquad (AB+AC=0)$$

$$Y_2=\sum m(1,3,5,7,9)+\sum d(10,11,12,13,14,15)$$

解 画出 Y_1 相应的卡诺图(带约束项)，如图 15.14 所示。

$$\begin{aligned}Y_1 &=\overline{B}\overline{C}(A+\overline{A})+\overline{A}B(C+\overline{C})\\ &=A\overline{B}\overline{C}+\overline{A}\overline{B}\overline{C}+\overline{A}BC+\overline{A}B\overline{C}\end{aligned}$$

$$\begin{aligned}AB+AC &=AB(C+\overline{C})+AC(B+\overline{B})\\ &=ABC+AB\overline{C}+ABC+A\overline{B}C\\ &=ABC+AB\overline{C}+A\overline{B}C=0\end{aligned}$$

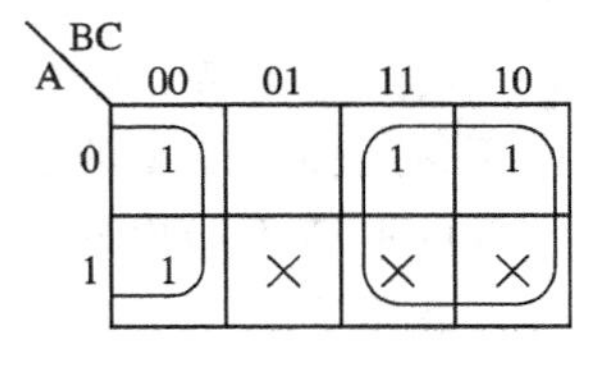

图 15.14 例 15.20 Y_1 卡诺图

则

$$\begin{aligned}Y_1 &=\overline{A}\overline{B}\overline{C}+A\overline{B}\overline{C}+\overline{A}B\overline{C}+AB\overline{C}+\overline{A}BC+\overline{A}B\overline{C}+ABC+AB\overline{C}\\ &=\overline{B}\overline{C}+B\overline{C}+\overline{A}B+AB\\ &=\overline{C}+B\end{aligned}$$

画出 Y_2 相应的卡诺图(带约束项)，如图 15.15 所示。

$$Y_2=\overline{C}D+CD=D$$

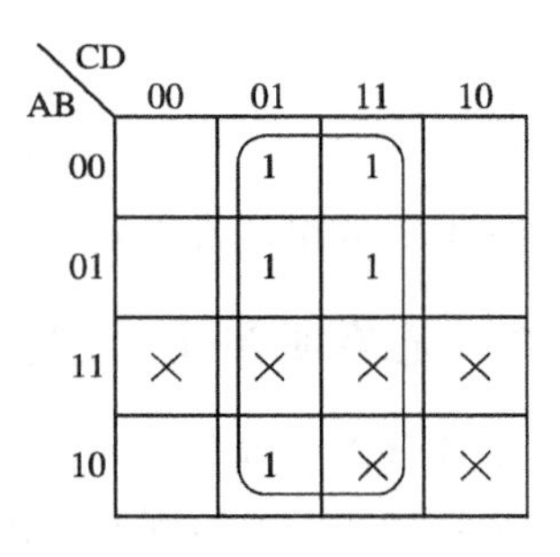

图 15.15 例 15.20 Y_2 卡诺图

例 15.21 化简函数式

$$\begin{cases}Y=AC+\overline{A}\overline{B}C\\ \overline{B}\overline{C}=0\end{cases}$$

解

$$\begin{aligned}Y &=AC+\overline{A}\overline{B}C+\overline{B}\overline{C}\\ &=AC(B+\overline{B})+\overline{A}\overline{B}C+\overline{B}\overline{C}\\ &=ABC+A\overline{B}C+\overline{A}\overline{B}C+\overline{B}\overline{C}\\ &=C(AB+A\overline{B})+\overline{A}\overline{B}C+\overline{B}\overline{C}\\ &=AC+\overline{A}\overline{B}C+\overline{B}\overline{C}\\ &=C(A+\overline{A}\overline{B})+\overline{B}\overline{C}\\ &=AC+\overline{B}C+\overline{B}\overline{C}\\ &=AC+\overline{B}\end{aligned}$$

习　题　15

1. 用代数法化简下列逻辑函数：

(1) $Y=AB+\overline{A}C+BC$；

(2) $Y=ABC+A+BC+\overline{B}C$；

(3) $Y=(AB+C)+(\overline{AB+C})\cdot(A+CD)$；

(4) $Y=AB+\overline{A}C+\overline{B}C+A\overline{B}C$。

2. 用代数法将下列函数化简成最简与或式：

(1) $Y=A(\overline{A}+B)+B(B+C)+B$;

(2) $Y=A\overline{B}+C+\overline{A}\overline{C}D+BC\overline{D}$;

(3) $Y=AD+BCD+(\overline{A}+\overline{B})C$;

(4) $Y=\overline{A}\overline{B}+AC+C\overline{D}+\overline{B}\overline{C}\overline{D}+B\overline{C}\overline{E}+\overline{B}\overline{C}\overline{E}+B\overline{C}\overline{D}$。

3. 一个电路有三个输入端 A、B、C，当其中两个输入端有1信号时，输出 D 有信号，试列出真值表，并写出 D 的逻辑表达式。

4. 当变量 A、B、C 分别为 0、1、0，1、1、0 和 1、0、1 时，求下列函数值：

(1) $\overline{A}B+BC$;

(2) $(A+B+C)(\overline{A}+B+\overline{C})$;

(3) $(\overline{A}B+A\overline{C})B$。

5. 将下列函数展开为最小项表达式：

(1) $F(A, B, C)=AB+\overline{B}C$;

(2) $F(A, B, C)=A+BC$。

6. 用卡诺图化简下列各式：

(1) $A\overline{B}CD+AB\overline{C}D+A\overline{B}+A\overline{D}+A\overline{B}C$;

(2) $A\overline{B}CD+D(\overline{B}\overline{C}D)+(A+C)B\overline{D}+\overline{A}\ \overline{(\overline{B}+C)}$;

(3) $F(A, B, C, D)=\sum m(0,1,2,5,6,7,8,9,13,14)$;

(4) $F(A, B, C, D)=\sum m(0,13,14,15)+\sum d(1,2,3,9,10,11)$。

7. 利用与非门实现下列函数：

(1) $F=AB+AC$;

(2) $F=\overline{(A+B)(C+D)}$;

(3) $F=\overline{D(A+C)}$。

8. 写出题图 15.1 所示逻辑电路的逻辑函数表达式。

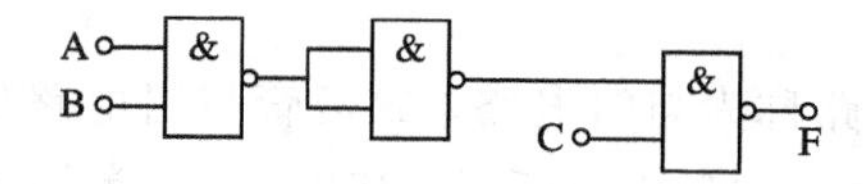

题图 15.1

9. 已知某逻辑函数 $F=A\overline{B}+B\overline{C}+C\overline{A}$。试用真值表、卡诺图和逻辑图表示。

10. 写出题图 15.2 所示各逻辑电路的逻辑函数表达式，并化简成最简与或式。

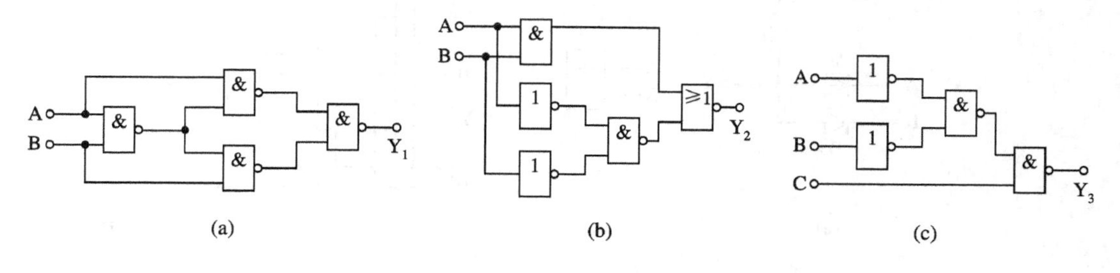

题图 15.2

第16章　逻辑门电路

具有逻辑功能的电路称为逻辑电路或逻辑门电路，它是构成数字电路的基本单元。逻辑门电路按照结构组成的不同可分为两类。

（1）分立元件门：它是由单个半导体器件组成的，目前较少使用。

（2）集成门：将各种半导体元器件集成在一个芯片上。

无论哪一种门电路，都是用高、低电平分别表示逻辑1和0两种逻辑状态的，如图16.1所示。若以逻辑1表示输出或输入高电平，以逻辑0表示输出或输入低电平，则称为正逻辑。反之，若以输出或输入的高电平为0，输出或输入的低电平为1，则称为负逻辑。

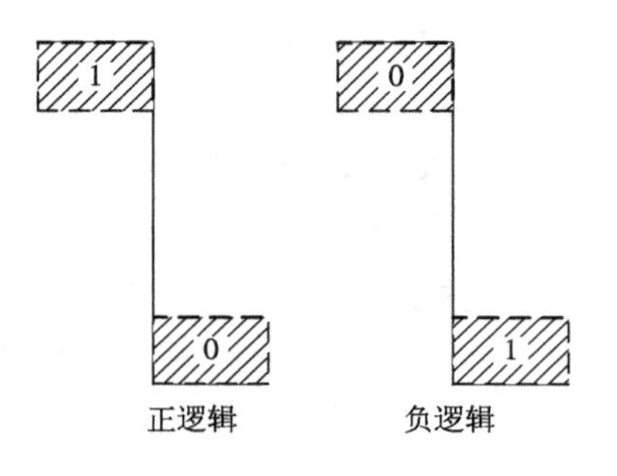

图16.1　正逻辑与负逻辑

16.1　基本逻辑门电路

用以实现基本逻辑运算的门电路有与门、或门、非门等。

1. 与门电路

能实现与逻辑关系的电路称为与门电路。二极管与门电路如图16.2(a)所示，其逻辑符号和波形图如图16.2(b)和图16.2(c)所示，其中A、B为输入变量，Y为输出变量。

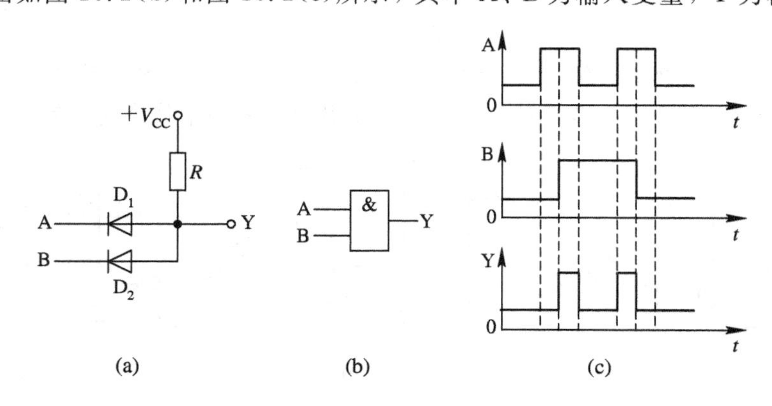

图16.2　与门电路

(a) 电路图；(b) 逻辑符号；(c) 波形图

设 V_{CC}=5 V，A、B 输入端的高、低电平分别为 U_{IH}=3 V，U_{IL}=0 V，U_{D}=0.7 V。输出 Y 的高、低电平为 U_{OH}=3.7 V，U_{OL}=0.7 V。输入、输出的逻辑电平及真值表如表16.1和表 16.2 所示。其逻辑表达式为

$$Y=A\cdot B$$

表 16.1　与门电路逻辑电平

A/V	B/V	Y/V
0	0	0.7
0	3	0.7
3	0	0.7
3	3	3.7

表 16.2　与门电路真值表

A	B	Y
0	0	0
0	1	0
1	0	0
1	1	1

2. 或门电路

能实现或逻辑关系的电路称为或门电路。二极管或门电路、符号和波形图如图 16.3 所示，其中，A、B 为输入变量，Y 为输出变量。

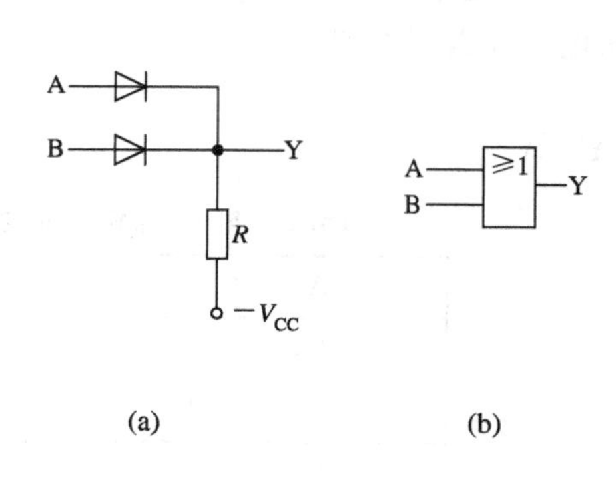

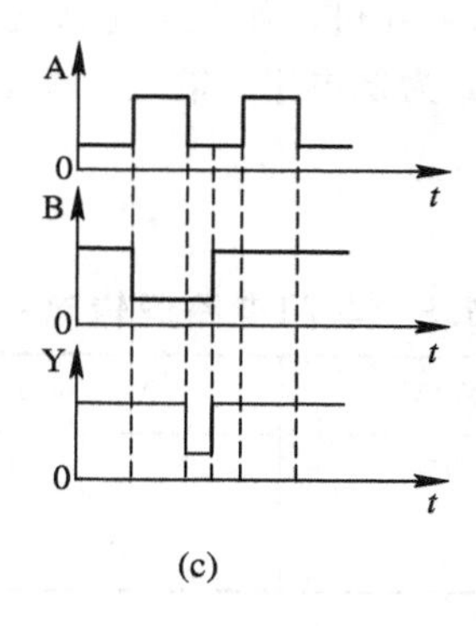

图 16.3　或门电路

(a) 电路图；(b) 逻辑符号；(c) 波形图

设 V_{CC}=5 V，A、B 端输入高电平为 U_{IH}=3 V，输入低电平为 U_{IL}=0 V；输出高电平为 U_{OH}=2.3 V，输出低电平 U_{OL}=−0.7 V。输入、输出的逻辑电平和真值表如表 16.3 和表 16.4 所示。其逻辑表达式为

$$Y=A+B$$

表 16.3　或门电路逻辑电平

A/V	B/V	Y/V
0	0	−0.7
0	3	2.3
3	0	2.3
3	3	2.3

表 16.4　或门电路真值表

A	B	Y
0	0	0
0	1	1
1	0	1
1	1	1

3. 非门电路(反相器)

能实现非逻辑关系的电路称为非门电路。非门电路、符号和波形图如图 16.4 所示，其中 A 为输入变量，Y 为输出变量。

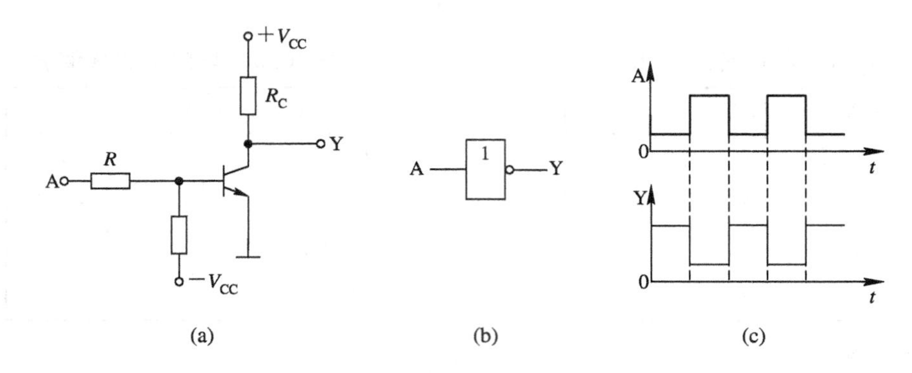

图 16.4 非门电路

(a) 电路图；(b) 逻辑符号；(c) 波形图

由图 16.4 可知，当输入端 A 为低电平时，输出端 Y 为高电平；当输入端 A 为高电平时，输出端 Y 为低电平。输入、输出的逻辑电平和真值表如表 16.5 和表 16.6 所示。其逻辑表达式为

$$Y=\overline{A}$$

表 16.5 非门电路逻辑电平

A/V	Y/V
0	3
3	0

表 16.6 非门电路真值表

A	Y
0	1
1	0

16.2 组合逻辑门

可以用基本逻辑门组成一些组合逻辑门，如与非门、或非门、与或非门及异或门等。

1. 与非门

图 16.5 所示为与非门的组成及符号。表 16.7 是与非门的真值表。其逻辑表达式为

$$Y=\overline{A\cdot B}$$

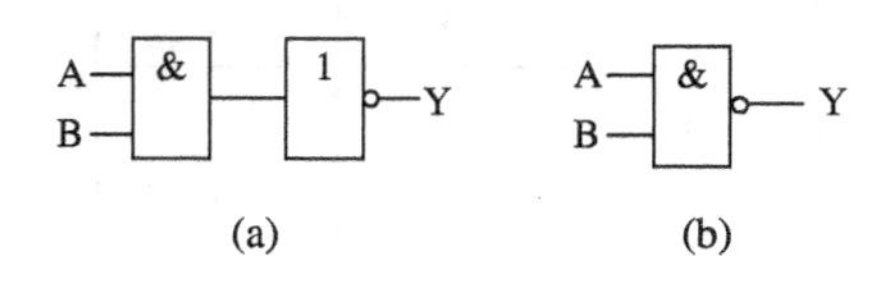

图 16.5 与非门的组成及符号

(a)组成；(b) 符号

表 16.7 与非门逻辑真值表

A	B	Y
0	0	1
0	1	1
1	0	1
1	1	0

2. 或非门

图 16.6 所示为或非门的组成及符号。表 16.8 为或非门的逻辑真值表。其逻辑表达式为

$$Y=\overline{A+B}$$

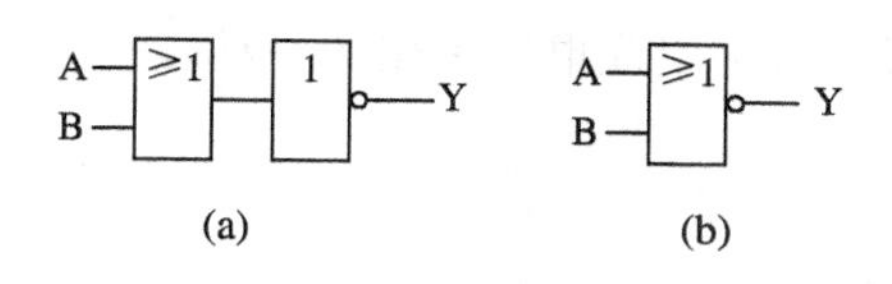

图 16.6　或非门的组成及符号
(a) 组成；(b) 符号

表 16.8　或非门逻辑真值表

A	B	Y
0	0	1
0	1	0
1	0	0
1	1	0

3. 与或非门

图 16.7 所示是与或非门的组成及符号。表 16.9 是与或非门的逻辑真值表。其逻辑表达式为

$$Y=\overline{A\cdot B+C\cdot D}$$

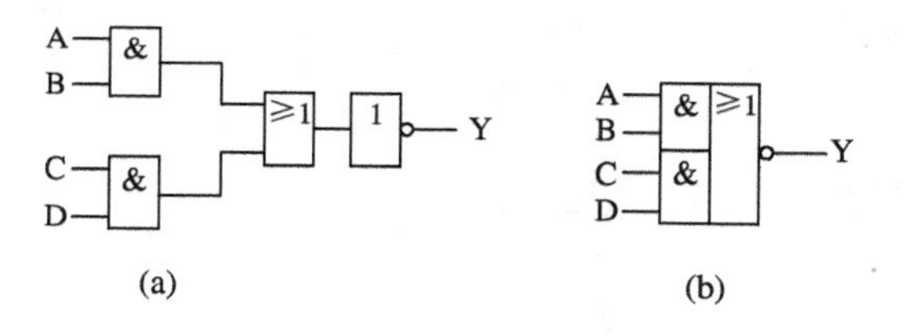

图 16.7　与或非门的组成及符号
(a) 组成；(b) 符号

表 16.9　与或非门逻辑真值表

A	B	C	D	Y
0	0	0	0	1
0	1	0	1	1
1	0	1	0	1
1	1	1	1	0

4. 异或门

异或关系是指两个输入信号在它们相同时没有输出，而不相同时一定有输出，这种逻辑关系的电路称为异或门。根据异或门的逻辑关系，可得到其真值表(见表 16.10)。它的逻辑符号如图 16.8 所示。其逻辑表达式为

$$Y=A\oplus B=\overline{A}B+A\overline{B}$$

表 16.10　异或门逻辑真值表

A	B	Y
0	0	0
0	1	1
1	0	1
1	1	0

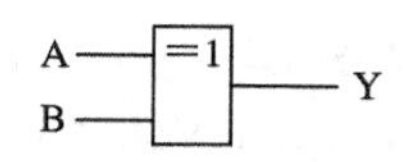

图 16.8　异或门的逻辑符号

16.3 TTL集成门和CMOS集成门

根据制造工艺的不同，集成电路可分为双极型和单极型两大类。TTL是双极型数字集成电路中用得最多的一种。CMOS集成电路是单极型数字集成电路常用的一种。

16.3.1 TTL集成门电路

TTL集成门电路是晶体管逻辑电路的简称，它主要是由双极型三极管组成的。由于TTL集成电路生产工艺成熟，产品的参数稳定，工作良好，开关速度较快，因此应用较为广泛。其主要型号有：N-TTL(标准型)，H-TTL(高速型)，L-TTL(低功耗)，S-TTL(肖特基型)，LS-TTL(低功耗肖特基型)等。

1. TTL与非门电路

1) 电路结构

TTL与非门的典型电路如图16.9所示，它由三部分组成：多发射极三极管 V_1 和电阻 R_1 组成输入级；V_2 和 R_2、R_3 组成中间级(倒相级)；V_3、V_4、R_4、D_3 组成输出级。电源 $V_{CC}=5$ V，输入 $U_{IL}=0.3$ V，$U_{IH}=3.6$ V；输出电平 $U_{OL}=0.3$ V，$U_{OH}=0.6$ V；D_1、D_2 为保护二极管。

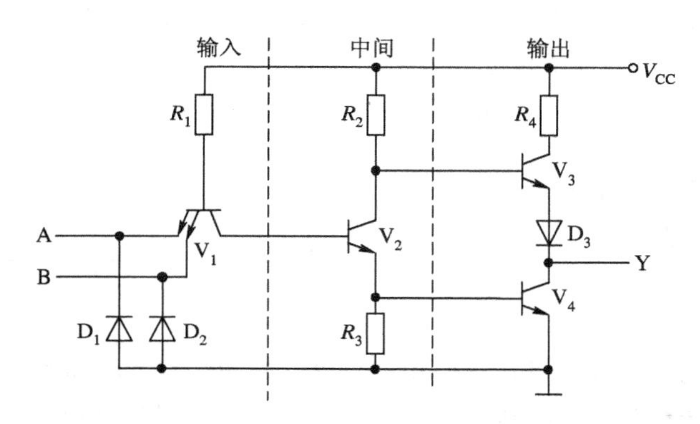

图 16.9 TTL与非门典型电路

2) TTL与非门的工作原理

当输入信号中任意一个为低电平，即 $U_{IA}=U_{IL}$ 或 $U_{IB}=U_{IL}$ 时，V_1 的发射结正偏，$U_{B_1}=U_{IL}+0.7=0.3+0.7=1$ V，使 V_1 管饱和导通，此时 $U_{B_2}=1$ V(要使 V_2 导通，$U_{B_2}=2\times0.7$ V$=1.4$ V)。V_2 管截止，V_4 也处于截止状态，而 V_3 导通，则

$$U_O=V_{CC}=U_{OH}$$

当输入信号都为高电平时，$U_{IA}=U_{IB}=U_{IH}=3.6$ V，$U_{B1}=U_{IH}+U_{BE_1}=3.6+0.7=4.3$ V，$U_{BC}\approx0.1$ V，则 $U_{C_1}\approx4.3$ V，此时 $U_{B_2}>1.4$ V，则 V_2、V_4 饱和导通，V_3 截止输出，有

$$U_O=U_{T_4CHS}\approx0.3\ \text{V}=U_{OL}$$

综上所述，电路实现的逻辑关系为与非关系：

$$Y=\overline{A \cdot B}$$

2. TTL 与非门的电气特性

1）电压传输特性

将与非门电路的输出电压随输入电压的变化用曲线描绘出来，可得到如图 16.10 所示的电压传输特性，它反映了 TTL 与非门电路的输出电压 U_O 随输入电压 U_I 的变化规律。

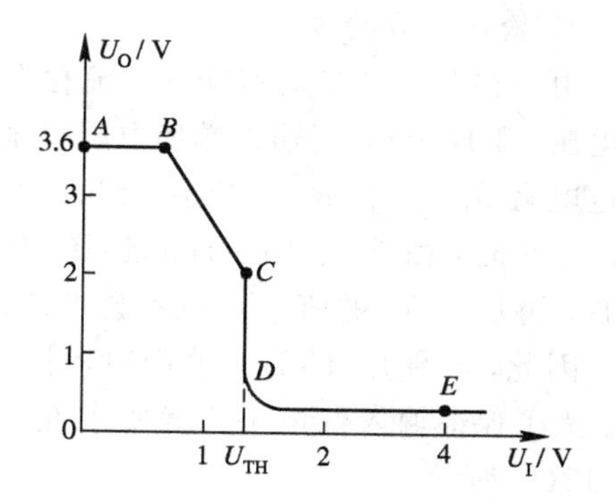

图 16.10　TTL 与非门电压传输特性

电压传输特性曲线可分为四段：AB、BC、CD、DE。

AB 段：因 $U_I<0.6$ V，V_1 的基极电位 $U_{B_1}<1.4$ V，V_2、V_4 截止，V_3 导通，所以输出为高电平，$U_{OH}=V_{CC}-U_{R_4}-U_{T_3 CES}-U_D=3.6$ V。这段称为特性曲线的截止区。

BC 段：因 0.6 V$<U_I<$1.4 V，V_2 导通而 V_4 仍然截止，故此时 V_2 工作在放大区。随着 U_I 的升高，U_{C_2}、U_O 线性下降，这段称为特性曲线的线性区。

CD 段：当输入电压上升到 1.4 V 左右时，$U_{B_1}\approx 2.1$ V，V_2、V_4 同时导通，V_3 截止，输出电位急剧下降为低电平，$U_O=0.3$ V。此时的输出电压称为阈值电压或门槛电压，用 U_{TH} 表示，它是输出高、低电平的分界线。故把 CD 段称为转折区。

DE 段：U_I 继续升高时，U_O 不再变化。此段称为特性曲线的饱和区。

2）输入伏安特性

输入伏安特性是指输入电压和输入电流之间的关系。图 16.11(a)所示为输入电路，改变输入电压 U_I，测出对应的输入电流 i_I 值，即可画出输入伏安特性曲线，如图 16.11(b)所示。

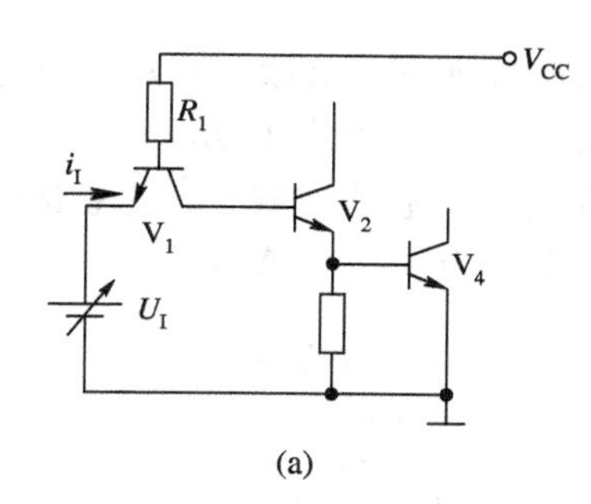

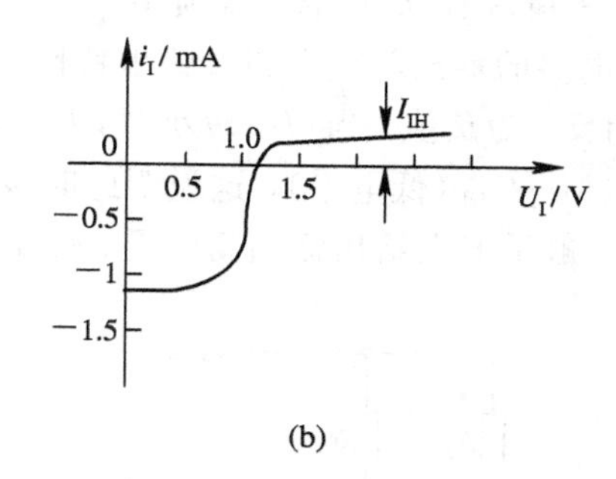

图 16.11　输入电路及输入伏安特性

(a) 输入电路；(b) 输入伏安特性

设 $R_1=4$ kΩ，$V_{CC}=5$ V，当 $U_I=0$ V 时，V_1 导通，V_2 截止，可求得输入端对地短路时的输入电流，用 I_{IS} 表示，称为输入短路电流，即

$$I_{IS}=-\frac{V_{CC}-U_{BE}}{R_1}=-\frac{5-0.7}{4}=-1.08\text{ mA}$$

上式中负号表示与 i_I 的参考方向相反。

当 $U_I>1.4$ V 以后，V_4 导通，V_1 的基极电位 U_{B_1} 被钳在 2.1 V 左右，V_1 进入倒置状态，此时输入端只有微小电流，用 I_{IH} 表示，这个电流称为 TTL 与非门的输入漏电流，一

般 $I_{IH} \leqslant 10\ \mu A$。

3）输入负载特性

由于在 $U_I=0$ V 时有输入电流存在，因而在输入端与地之间接入电阻 R_p，就会影响输入电压。TTL 与非门输入端串电阻接地时的等效电路如图 16.12(a)所示。因为输入电流流过电阻 R_p，会在 R_p 上产生压降而形成输入电位 U_I，且 R_p 越大，U_I 也越高。当 U_I 升高到 1.4 V 时，由于 V_2、V_4 的导通(图中用两个二极管表示)，就使得 V_1 的 U_{B1} 被钳在 2.1 V 左右，再加大 R_p 的值，U_I 也不会再升高，并且与非门输出低电平：$U_O=U_{OL}\approx 0.3$ V。

因此，在使用 TTL 与非门时，若输入端的串电阻较大，则相当于输入端接了一高电平。为了保证输入低电平，就要求在输入端的串联电阻 $R_p \leqslant 1$ kΩ。输入负载特性如图 16.12(b)所示。

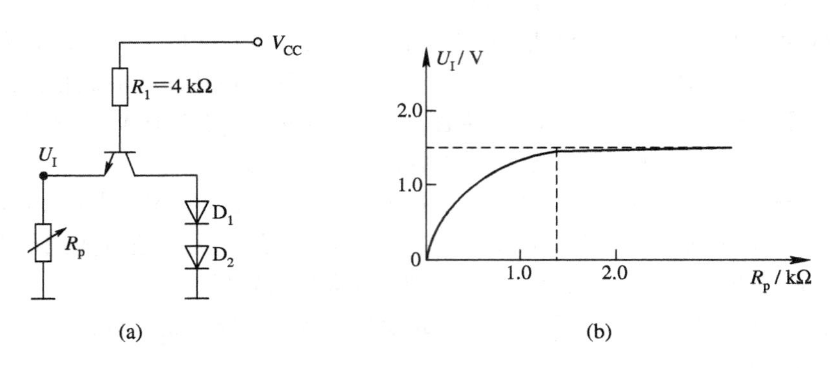

图 16.12 输入等效电路和输入负载特性

(a) 输入等效电路；(b) 输入负载特性

4）高电平输入特性(带拉电流负载)

与非门电路的输出等效电路及输出特性如图 16.13 所示。负载电流 i_L 与规定的输出电流 i_O 方向相反，为负值。当 $|I_O|$ 较小时，$U_O=U_{OH}$；当 $|I_O|$ 增大且 $|I_O|>5$ mA 时，U_O 快速下降，使 $U_O \to U_{OL}$(低电平)，这说明此时该电路的带负载能力较差，其主要原因是功率损耗增大。一般手册上给出输出高电平、带拉电流负载为 $-400\ \mu A$ 左右。

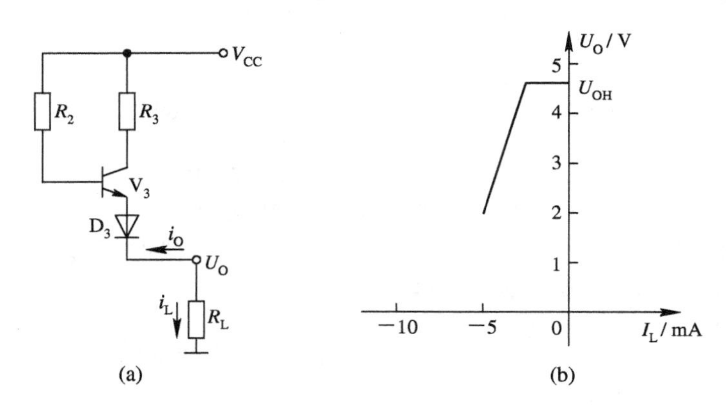

图 16.13 带拉电流负载输出等效电路及输出特性

(a) 输出等效电路；(b) 输出特性

5）低电平输出特性（带灌电流负载）

当输入低电平时，与非门输出级的 V_4 饱和导通，V_3 截止，此时的输出等效电路及输出特性如图 16.14 所示。由于 V_4 饱和导通，负载电流 i_L 与输出电流同相。当 V_4 饱和导通时，$U_{T_4 CES} \approx 0.1$ V，故 i_L 增大时，输出电压 U_O 上升不快，接近于 U_{OL}，即该电路带负载的能力较强。受到功耗的限制，一般手册上给出的输出低电平带灌电流负载值在十几毫安以上。

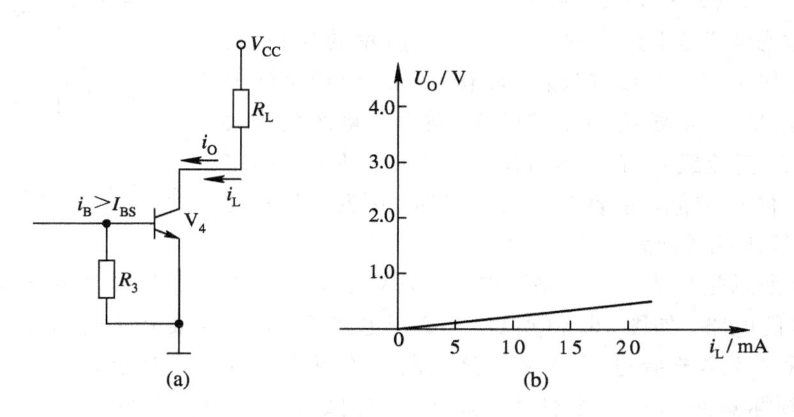

图 16.14 带灌电流负载输出等效电路及输出特性

(a) 输出等效电路；(b) 输出特性

3. TTL 与非门的扇出系数 N

扇出系数 N 表示 TTL 与非门电路的带负载能力，即代表电路能驱动同类型门电路的最大个数。当输出高电平、带拉电流负载时：

$$N_H = \frac{|I_{OH}|}{I_{IH}}$$

当输出低电平、带灌电流负载时：

$$N_L = \frac{I_{OL}}{|I_{IL}|}$$

例 16.1 已知 TTL 与非门电路 T1004 的 $I_{OH}=400\ \mu A$，$I_{OL}=16$ mA，$I_{IL}=-1.6$ mA，$I_{IH}=40\ \mu A$。电路如图 16.15 所示，求该电路的扇出系数 N。

解 当输出高电平时：

$$N_H = \frac{|I_{OH}|}{I_{IH}} = \frac{400}{40} = 10$$

当输出低电平时：

$$N_L = \frac{|I_{OL}|}{|I_{IL}|} = \frac{16}{1.6} = 10$$

则 $N_H = N_L = 10$，取 $N=10$。如果 $N_H \neq N_L$，则把较小的个数定义为扇出系数。

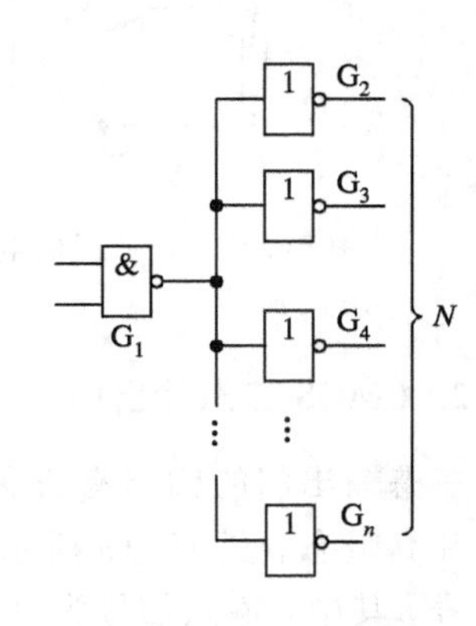

图 16.15 例 16.1 电路

16.3.2 其他类型的 TTL 门电路

1. 集电级开路与非门(OC 门)

在实际使用中，经常将门电路的输出端连接在一起，以实现逻辑与的关系。图 16.16 给出了两个与非门“线与”的逻辑图，其输出逻辑表达式为

$$Y=\overline{A \cdot B} \cdot \overline{C \cdot D}=\overline{AB+CD}$$

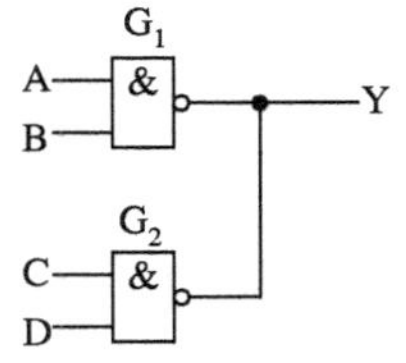

图 16.16 “线与”的逻辑图

但是，这样的“线与”是不允许的。从图 16.9 所示的 TTL 与非门的电路结构可知，当 G_1 门输出高电平，G_2 门输出低电平时，G_1 门的 V_3、D_3 导通，G_2 门的 V_4 导通，将产生较大的电流 i_0 从 G_1 门流经 G_2 门，然后流入参考点。该电流值将远远超出器件的额定值，很容易将器件损坏。因此，常采用 OC 门的技术解决此类问题。

图 16.17 所示是与非门的电路结构图，将 V_3、D_3、R_4 去掉，让 V_4 的集电极输出开路，即构成了 OC 门电路，如图 16.18 所示。OC 门电路工作时，需要外接电源 U_{CL}，并串联一个上拉电阻 R_L。只要选择合适的 R_L，该电路就不仅能实现与非功能，还能实现门的“线与”，且不会损坏器件。OC 门器件中，除有与非门之外，还有反相器、或非门、与或门等电路。

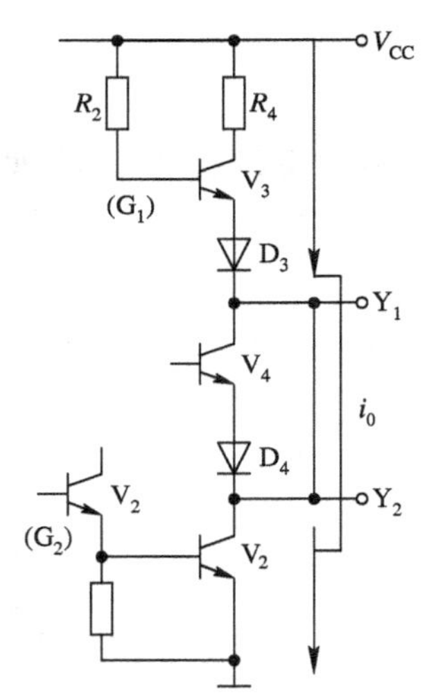

图 16.17 与非门的电路结构

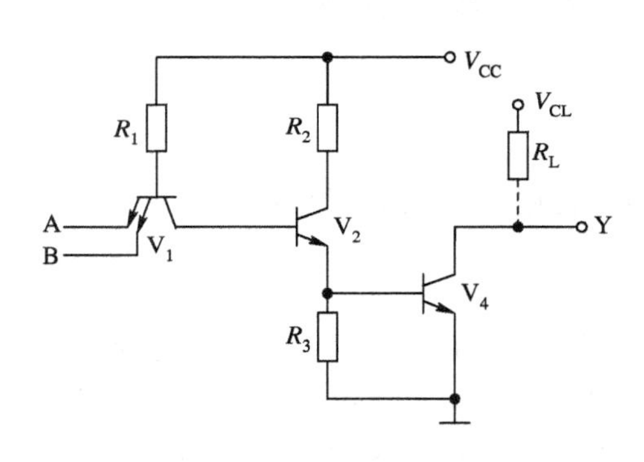

图 16.18 OC 门电路

2. CMOS 三态输出门

三态输出门的输出有三种状态：高电平、低电平和高阻态。图 16.19 所示为三态输出门的逻辑符号。其中，输入信号为 A、B，输出为 Y，EN 为使能端。其输出分别为

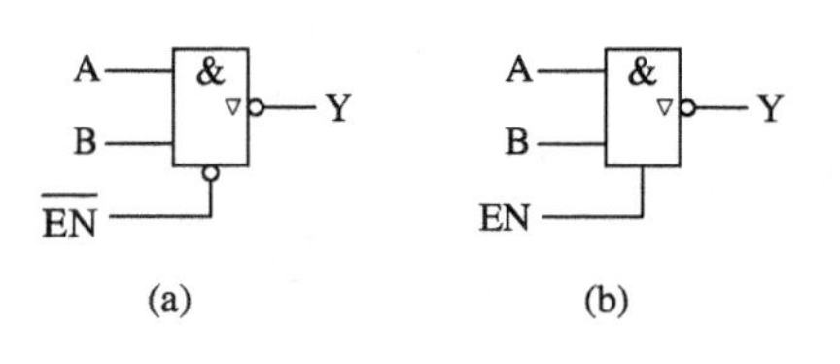

图 16.19 三态输出门的逻辑符号

(a) 控制端低电平有效；(b) 控制端高电平有效

$$Y=\begin{cases}\overline{A \cdot B} & (\overline{EN}=0)\\ Z & (\overline{EN}=1)\end{cases}$$

和

$$Y=\begin{cases}\overline{A \cdot B} & (EN=1)\\ Z & (EN=0)\end{cases}$$

3. 或非门、与或非门和异或门

图 16.20 所示是 TTL 或非门、与或非门和异或门的逻辑符号。

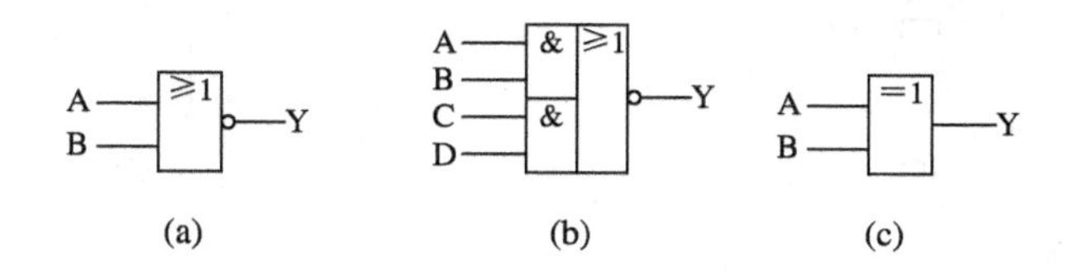

图 16.20 逻辑符号

(a) 或非门；(b) 与或非门；(c) 异或门

4. TTL 集成电路系列

考虑到国际通用标准和我国的现行标准，根据不同的工作温度和电源，将 TTL 数字集成电路大体分为两大类：CT54 系列和 CT74 系列。CT54 和 CT74 系列具有完全相同的供电性能和电气性能参数，不同之处在于它们适应不同的温度环境，且供电电压范围有所不同。其中，CT54 可在较恶劣的环境、供电电压变化较大的情况下工作；而 CT74 系列则适合在常规条件下工作。

5. TTL 集合逻辑门的使用

1）输出端的连接

除 OC 门以外，一般逻辑门的输出是不能“线与”连接的，也不能与电源或地短路。使用时，输出电压应小于手册上给出的最大值。三态门的输出端可以并联使用，但同一时刻只能有一个门工作。

2）多余输入端的处理

TTL 集成门电路在使用时，多余的输入端一般不能悬空。为防止干扰，在保证输入正确逻辑电平的条件下，可将多余的输入端接高电平或低电平。

与门的多余输入端接高电平，或门的多余输入端接低电平。接高、低电平的方法可通过限流电阻接正电源或地，也可直接和地相连接。但要注意输入端所接的电阻不能过大，否则将改变输入逻辑状态。

16.3.3 CMOS 集成门电路

CMOS 逻辑门电路是互补金属氧化半导体场效应管门电路的简称。它是由增强型 PMOS 管和 NMOS 管组成的互补对称 MOS 门电路。

1. CMOS 反相器

图 16.21(a)所示为 CMOS 反相器的原理图，其中 V_N 是增强型 NMOS 管，V_P 是增强

型 PNOS 管，两管的参数对称，且电压分别是：$U_{V_N}=2$ V，$U_{V_P}=-2$ V。两管的栅极相连作为输入端，漏极相连作为输出端。V_P 的源极接正电源 V_{DD}，V_N 的源极接地。

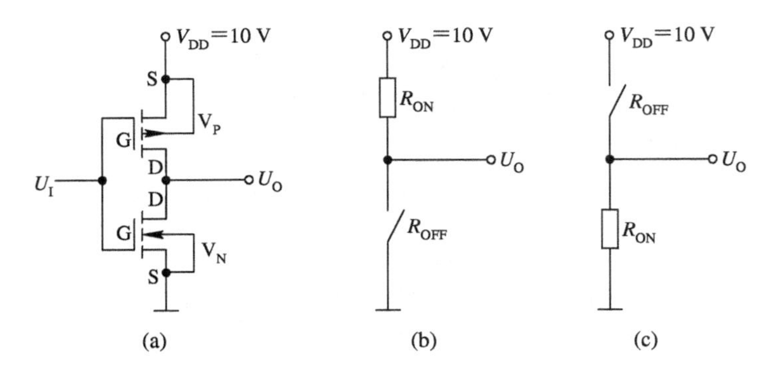

图 16.21 CMOS 反相器

(a) 原理图；(b) $U_I=0$ V 时的等效电路图；(c) $U_I=10$ V 时的等效电路图

2. CMOS 反相器的工作原理

当 $U_I=U_{IL}=0$ V 时，$U_{GSN}=0\ \text{V}<U_{V_N}=2$ V，V_N 管截止，而 $U_{GSP}=-10\ \text{V}<U_{V_P}=-2$ V，V_P 管导通。其等效电路如图 16.21(b)所示，此时的输出电压为

$$U_O\approx V_{DD}=10\ \text{V}\quad (U_{OH})$$

当 $U_I=U_{IH}=10$ V 时，$U_{GSN}=10\ \text{V}>U_{V_N}=2$ V，V_N 管导通，而 $U_{GSP}=0\ \text{V}>U_{V_P}=-2$ V，则 V_P 管截止，其等效电路如图 16.21(c)图所示，此时的输出电压为

$$U_O=0\ \text{V}\quad (U_{OL})$$

由此可见，在两种输入电平的情况下，总有一个管导通而另一个管截止，即处于互补状态。电路输入低电平时，输出高电平；输入高电平时，输出低电平。电路能实现反相功能，即输入与输出之间的逻辑关系为非逻辑。

3. CMOS 反相器的电气特性

1) CMOS 反相器的电压传输特性

把 CMOS 反相器的输出电压随输入电压变化的曲线称为其电压传输特性，如图 16.22 所示。$V_{DD}=10$ V，两管的开启电压为±2 V。当反相器工作于电压传输特性的 AB 段时，由于 $U_I\leqslant 2$ V，V_P 导通，V_N 截止，使得 $U_O=U_{OH}=V_{DD}$。

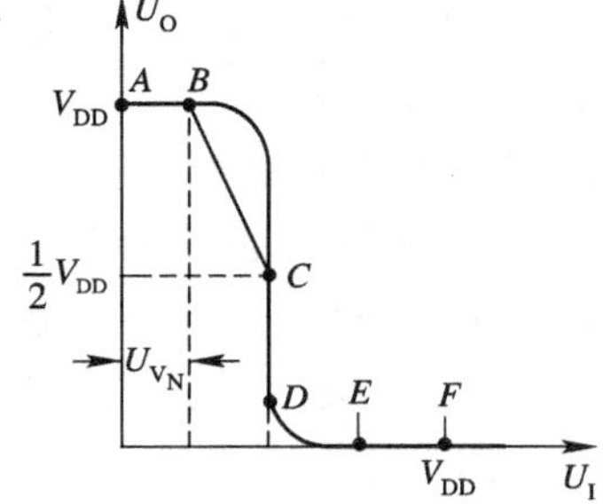

图 16.22 CMOS 反相器的电压传输特性

当反相器工作在电压传输特性的 BC 段，即 2 V$<U_I<$5 V 时，V_P 管工作在可变电阻区，V_N 管工作在饱和区，此时两管同时导通，U_O 开始随 U_I 的增加而近似线性地减小，故 BC 段为电压传输特性的线性区。

在特性曲线的 CD 段，由于 $U_I\geqslant\frac{1}{2}V_{DD}$时，$V_P$ 管截止，V_N 管导通，所以此时的输出电压随输入电压的增加而迅速下降，并很快达到低电压 $U_{OL}=0$ V，故 CD 段又叫做电压传输特性的转折区或过渡区。

2）CMOS 反相器的电流转移特性

图 16.23 所示为 CMOS 反相器的电流转移特性。在 AB 段，因为 V_N 工作在截止状态，所以内阻较高，流过 V_P、V_N 管的 I_O 电流较小而近似为 0。在 $B \to C$ 和 $D \to E$ 段，V_N、V_P 两个管子导通，此时电流 I_O 流过 V_N、V_P，且在 $U_I = \frac{1}{2} V_{DD}$ 时，I_O 电流最大。故在使用时，应尽量不要使 CMOS 反相器工作在 U_I 接近 $V_{DD}/2$ 的区域。

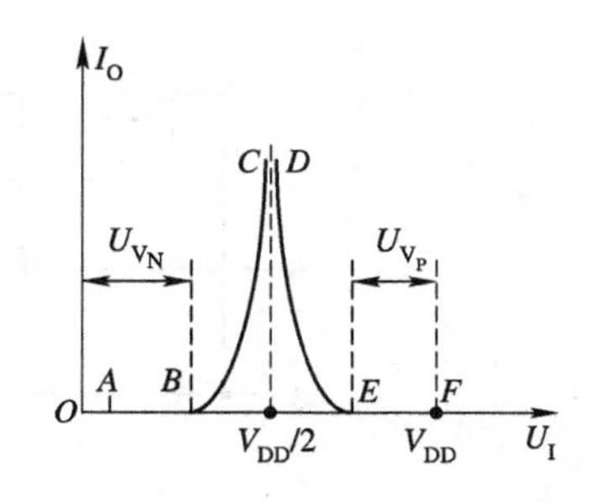

图 16.23 CMOS 反相器的电流转移特性

3）CMOS 反相器的输入和输出特性

由于存在保护电路，且 MOS 管的输入电阻较高（$10^9\ \Omega \sim 10^{14}\ \Omega$），因此输入电流 $I_I \approx 0$ A，输入特性曲线如图 16.24 所示。在 $U_I > V_{DD} + 0.7$ V 以后，I_I 迅速增大；而在 $U_I < V_{SS} - U_{DF}$ 后，I_I 向负方向增加，而且斜率由 R_S 决定。

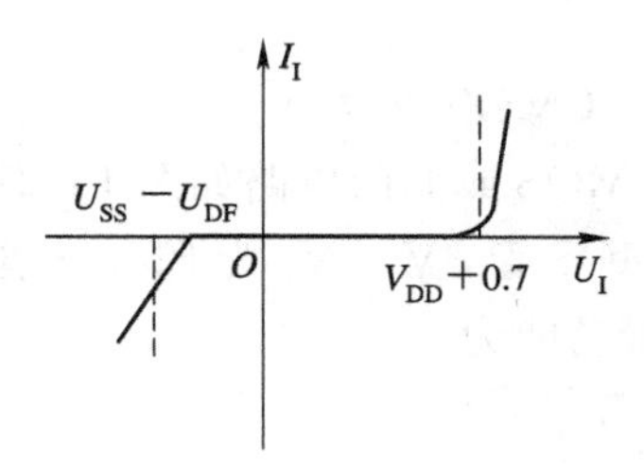

图 16.24 输入特性曲线

图 16.25(a) 所示为 CMOS 反相器输出高电平，带拉电流负载。图 16.25(b) 所示为 CMOS 反相器输出低电平，带灌电流负载。图 16.25(c) 所示是 CMOS 反相器输出特性曲线。从曲线上看，CMOS 反相器与 TTL 反相器相比较，带负载能力较差。

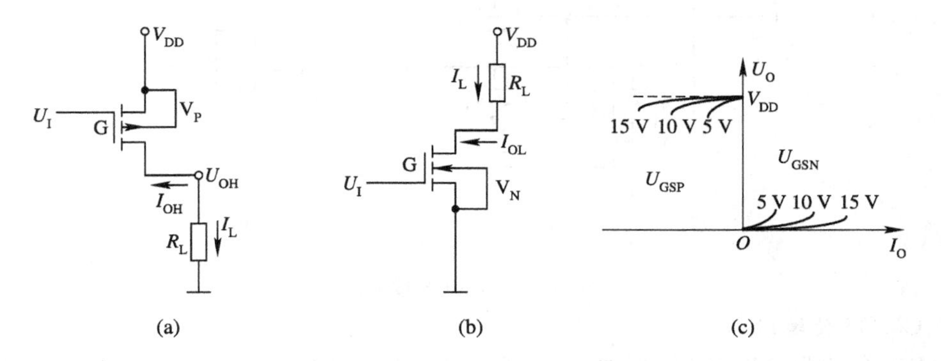

图 16.25 拉电流负载和灌电流负载及输出特性曲线

(a) 带拉电流负载；(b) 带灌电流负载；(c) 输出特性曲线

4. 其他功能的 CMOS 门电路

1）CMOS 与非门

CMOS 与非门电路如图 16.26(a) 所示，其逻辑符号如图 16.26(b) 所示，其中 V_1、V_2 为 NMOS 管，V_3、V_4 为 PMOS 管，A、B 为输入端，Y 为输出端，V_{DD} 为正电源。

电路实现的逻辑功能为

$$Y = \overline{A \cdot B}$$

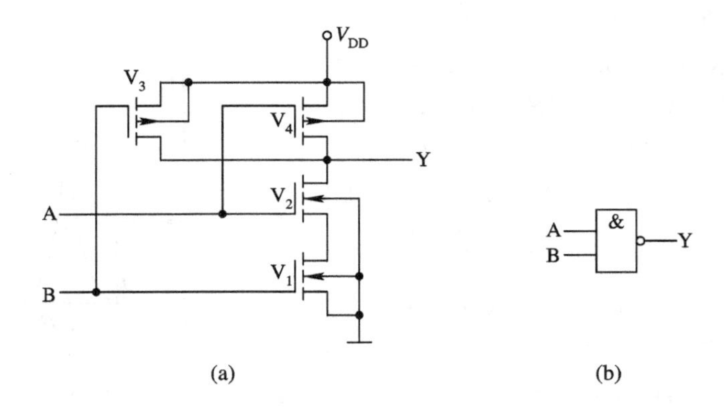

图 16.26　CMOS 与非门

2）CMOS 或非门

CMOS 或非门电路如图 16.27(a)所示，其逻辑符号如图 16.27(b)所示，其中 V_1、V_2 为 NMOS 管，V_3、V_4 为 PMOS 管，A、B 为输入端，Y 为输出端，V_{DD}为正电源。电路实现的逻辑功能为

$$Y=\overline{A+B}$$

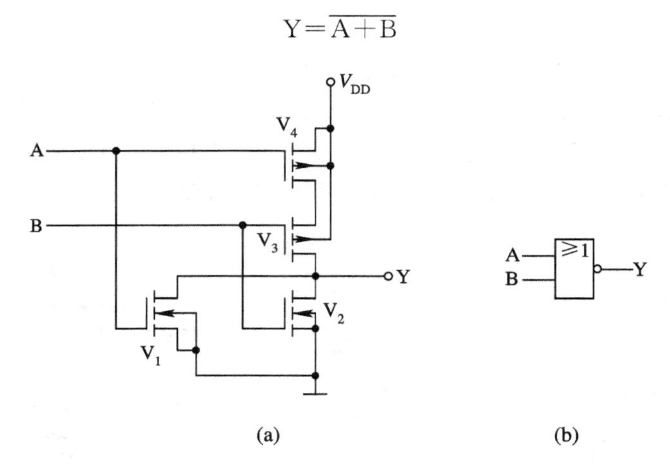

图 16.27　CMOS 或非门

3）CMOS 传输门

CMOS 传输门又称为模拟开关，它实质上是电压控制的无触点开关。图 16.28 所示是 CMOS 传输门电路图和逻辑符号。由图可见，它是由两个 CMOS 管(一个 V_N 和一个 V_P)构成的，它们的参数和结构是对称的，所以栅极的引出端画在中间。V_P、V_N 的源极和漏极分别相连作为传输门的输入端，C 和 $\overline{C}$ 是一对互补的控制信号端。

当 C=0，$\overline{C}$=1 时，V_P、V_N 均不导通，输入和输出之间断开，传输门呈高阻状态。当 C=1，$\overline{C}$=0 时，V_P、V_N 均导通，输入输出之间呈低阻状态，传输导通。

传输门主要用作模拟开关，用来传输连续变化的模拟电压信号。这种开关无法用一般逻辑门电路实现。

图 16.29 所示为用传输门和反相器组成的双向模拟开关。当 C=1 时，开关 SW 导通；当 C=0 时，开关 SW 断开。

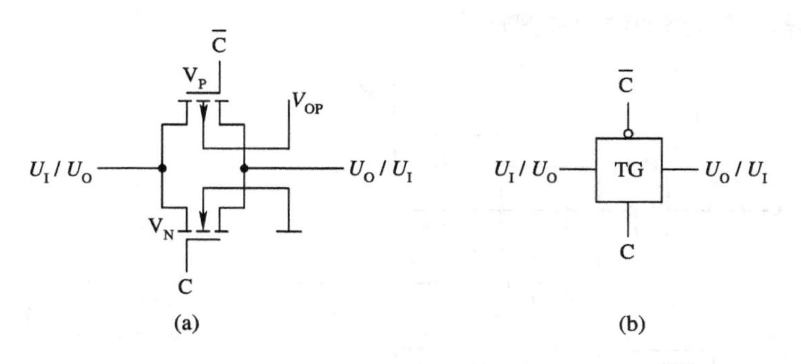

图 16.28 CMOS 传输门

(a) 门电路图；(b) 逻辑符号

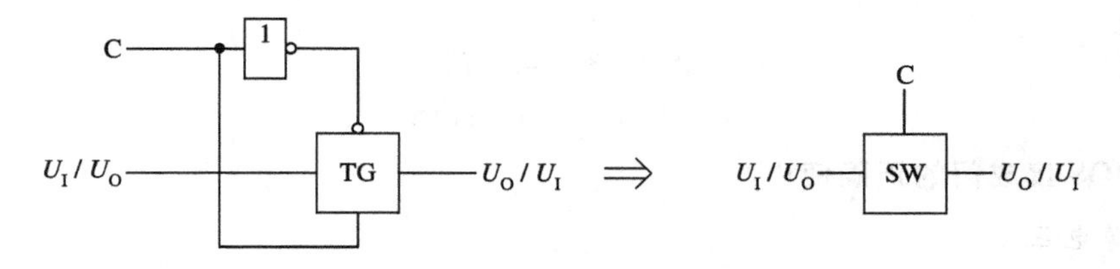

图 16.29 双向模拟开关

4）CMOS 三态门

从逻辑功能和应用的角度讲，三态输出的 CMOS 门电路和 TTL 电路中的三态门电路没有什么区别。在电路结构上，CMOS 的三态门电路要简单得多。图 16.30 所示为两种类型的 CMOS 三态输入门。

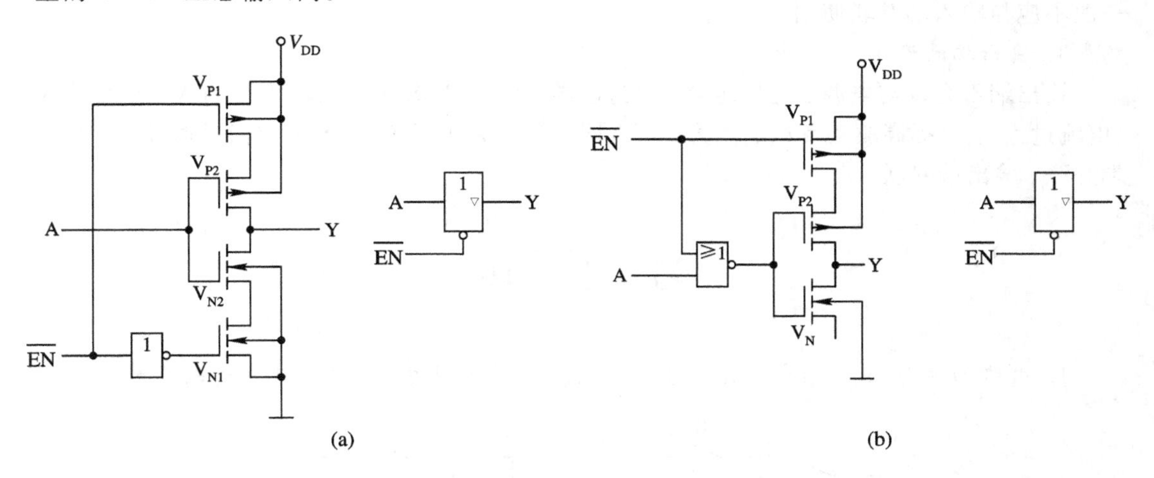

图 16.30 两种 CMOS 三态输入门

CMOS 三态门的逻辑表达式为

$$Y=\begin{cases}\overline{A} & (\overline{EN}=0)\\ Z & (\overline{EN}=1)\end{cases}$$

5）CMOS 异或门

CMOS 异或门是利用反相器和传输门电路组合而成的，能实现异或功能的电路。图

16.31 所示为异或门电路的结构和逻辑符号。

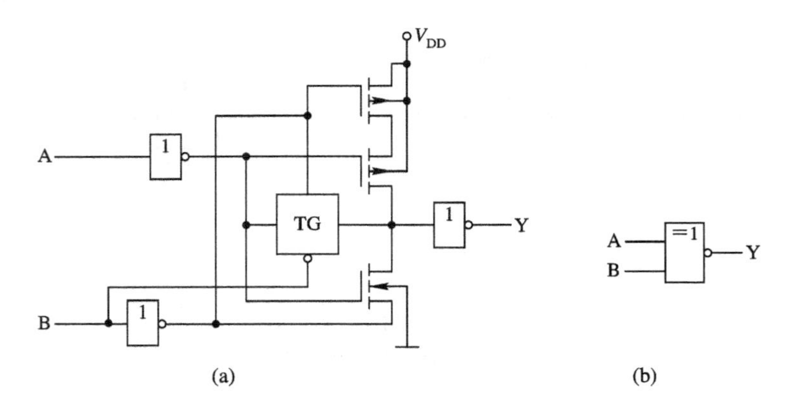

图 16.31 异或门

(a) 电路；(b) 逻辑符号

5. CMOS 集成门的正确使用

1) 电源电压

CMOS 集成门的电源极性不能接反，否则会造成电路的损坏。另外，CMOS 集成门的电源电压值不能超限程，一般应适当取得高一些，这样有利于抗干扰。

2) 多余输入端的处理

多余的输入端不能悬空，否则易接收干扰信号。如果是与门或与非门，应将多余的输入端接高电平；如果是或门或或非门，应将多余的输入端接地或接低电平。多余的输入端一般不应与输入端并联使用。

3) 输出端的连接

输出端不允许与电源、地相连接，因为这样会将 CMOS 集成门输出级的 MOS 管损坏(电流过大)。为提高驱动负载的能力，可将同一集成片上的 CMOS 集成门并联使用(输入端并联、输出端并联)。

习 题 16

1. 电路如题图 16.1 所示，试写出 F 和 A、B、C 之间关系的真值表和逻辑函数。

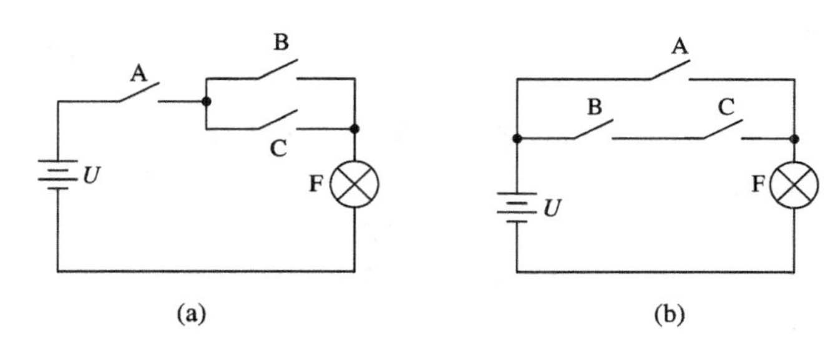

题图 16.1

2. 在题图 16.2(a)、(b)、(c)所示各 CMOS 电路中，已知输入信号 A、B、C 的波形如题图 16.2(d)所示，写出各输出端 Y 的表达式，并画出相应的波形图。

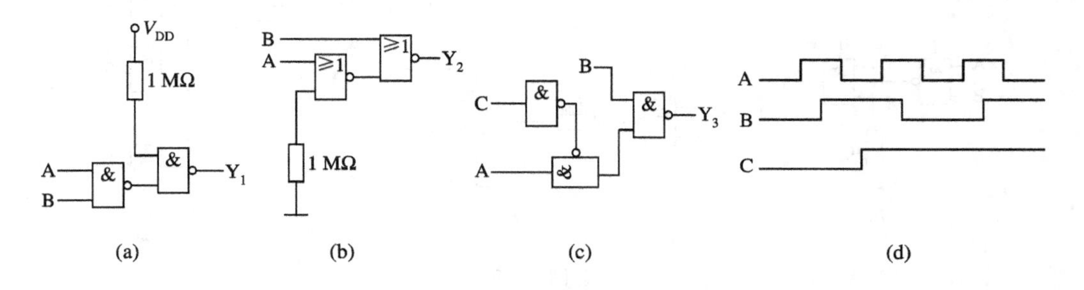

题图 16.2

3. 题图 16.3 中所示电路均为 CMOS 电路，为实现表达式的功能，改正图中错误。

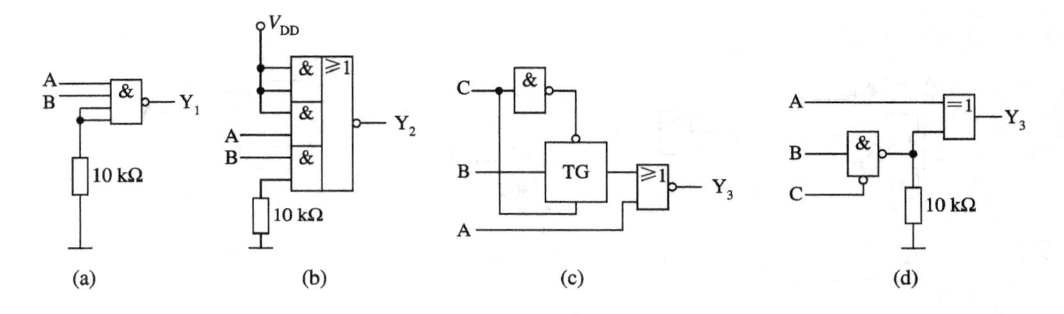

题图 16.3

$$Y_1=\overline{A\cdot B};\qquad Y_2=\overline{A+B};$$

$$Y_3=\begin{cases}\overline{A+B} & C=1\\ \overline{A} & C=0\end{cases};\qquad Y_4=\begin{cases}A\oplus\overline{B} & C=0\\ \overline{A} & C=1\end{cases}$$

4. 与非门电路如题图 16.4 所示，试求各输出值。

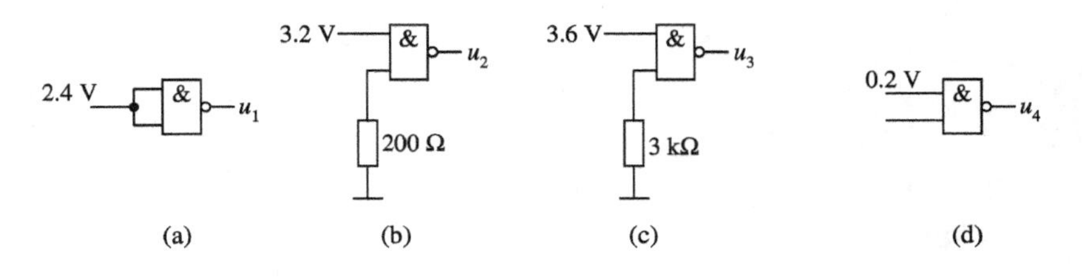

题图 16.4

5. 电路如题图 16.5 所示。已知 $U_{OH}=3.6\ \text{V}$，$U_{OL}=0.3\ \text{V}$，$I_{OH}=-400\ \mu\text{A}$，$I_{OL}=12\ \text{mA}$，$I_{IH}=40\ \mu\text{A}$，$I_{IL}=-1.2\ \text{mA}$。

(1) 要实现 $Y_1=AB$，对电阻 R_I 有何要求？

(2) 要实现 $Y_2=AB$，R_b 的取值范围是多少？

(3) 图(c)电路的 N 为多少？

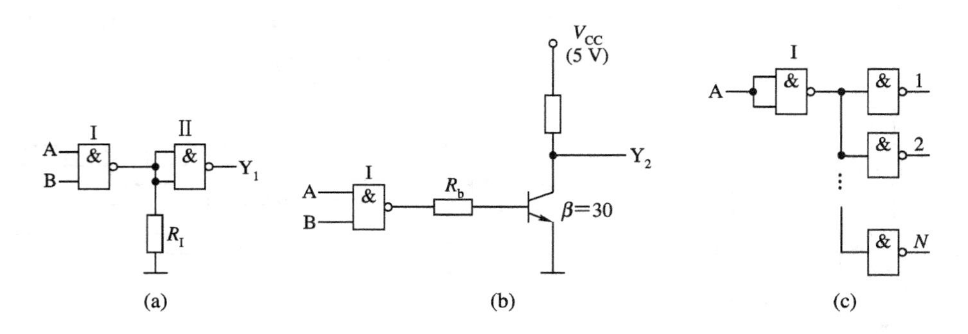

题图 16.5

6. 改正题图 16.6 所示 TTL 电路接法上的错误，实现以下逻辑表达式所示功能：

$$Y_1=\overline{AB};\qquad Y_2=\overline{A+B};$$

$$Y_3=\overline{A+B};\qquad Y_4=\overline{AB+CD}$$

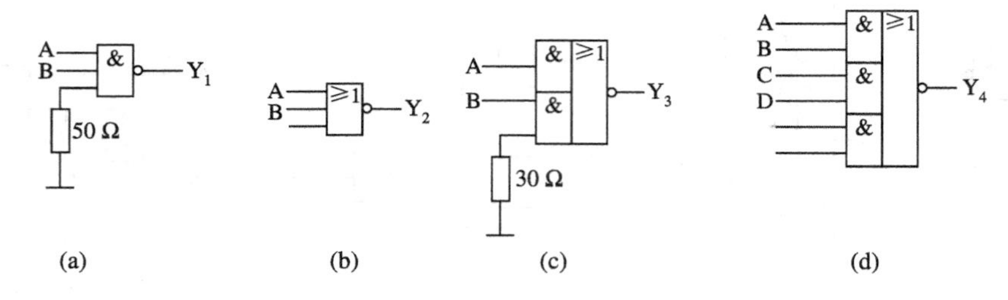

题图 16.6

第 17 章　组合逻辑电路

17.1　概　　述

1. 组合逻辑电路的特点

根据逻辑功能的不同，可将数字电路分为组合逻辑电路和时序逻辑电路两大类。其中组合逻辑电路不仅能独立完成各种逻辑功能，而且它又是时序电路的组成部分。

组合逻辑电路又称为组合电路，是指在逻辑电路中，任何时刻的输出仅仅取决于该时刻的输入状态，而与电路的原来状态无关。图 17.1 所示为组合逻辑电路的例子。它有三个输入变量 A、B、C，两个输出变量 Y、S。由图可知，无论任何时刻，只要 A、B 和 C 的取值确定，Y 和 S 的取值就随之确定，与电路过去的工作状态无关。

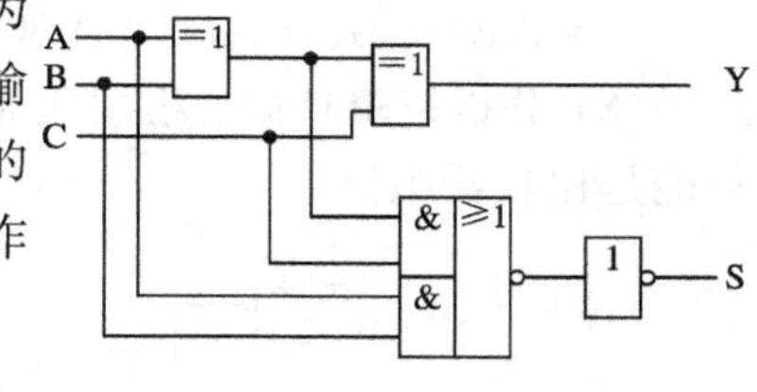

图 17.1　组合逻辑电路例子

根据图 17.1 所示，可以写出该图的逻辑功能表达式：

$$\begin{cases} Y=(A\oplus B)\oplus C \\ S=(A\oplus B)C+AB \end{cases}$$

组合逻辑电路的特点是：电路结构只能由逻辑门电路组成，没有记忆单元，且只有输入到输出的通路，没有从输出到输入的回路。

2. 逻辑功能的描述

对于任一多输入、多输出的组合逻辑电路，都可以用图 17.2 所示的框图表示。

图中 $A_1, A_2, \cdots, A_n$ 表示输入变量，$Y_1, Y_2, \cdots, Y_n$ 表示输出变量。输入和输出之间的逻辑关系可以用一组逻辑函数表示：

$$\begin{cases} Y_1=f_1(A_1,A_2,\cdots,A_n) \\ Y_2=f_2(A_1,A_2,\cdots,A_n) \\ \quad\vdots \\ Y_m=f_m(A_1,A_2,\cdots,A_n) \end{cases}$$

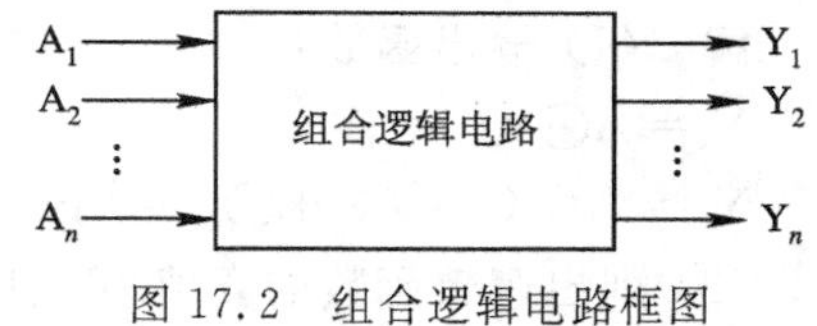

图 17.2　组合逻辑电路框图

17.2　组合逻辑电路的分析和设计

组合逻辑电路的分析是指依据逻辑电路图，找出输入信号和输出信号之间的逻辑关系，确定其逻辑功能。而组合逻辑电路的设计，是指依据给出的实际问题，求出能实现这一逻辑功能的最简逻辑电路。

17.2.1　组合逻辑电路的分析

组合逻辑电路的分析方法一般是从电路的输入到输出逐级写出逻辑函数式，得到表示输出与输入关系的逻辑函数式，然后利用公式化简法或卡诺图化简法将得到的函数式化简或变换，以使逻辑关系简单明了。为了使电路的逻辑功能更加直观，有时还可以把逻辑函数式转换为真值表的形式。组合逻辑电路的一般分析步骤可归纳如下：

(1) 由逻辑图写出输出逻辑表达式；

(2) 化简或变换输出逻辑表达式；

(3) 列真值表；

(4) 说明电路的逻辑功能。

例 17.1 分析图 17.3 所示逻辑电路的功能。

解 (1) 写输出函数表达式：

$L_1=\overline{AB}$； $L_2=\overline{\overline{A}+C}$； $L_3=BC$； $L_4=\overline{B}\cdot\overline{C}$； $L_5=L_1\cdot L_2$； $L_6=L_3+L_4$

(2) 化简输出函数表达式：

$$Y=\overline{L_5+L_6}=\overline{\overline{L_1L_2}+L_3+L_4}=\overline{\overline{AB}(\overline{\overline{A}+C})+BC+\overline{B}\overline{C}}=(AB+\overline{A}+C)\overline{(BC+\overline{B}\overline{C})}$$
$$=\overline{A}\overline{B}C+\overline{B}C+AB\overline{C}+\overline{A}B\overline{C}=\overline{B}C(\overline{A}+1)+B\overline{C}(\overline{A}+A)=B\oplus C$$

(3) 分析逻辑功能：根据化简后的表达式列出真值表(见表 17.1)，从中可知该电路的功能是比较器电路。

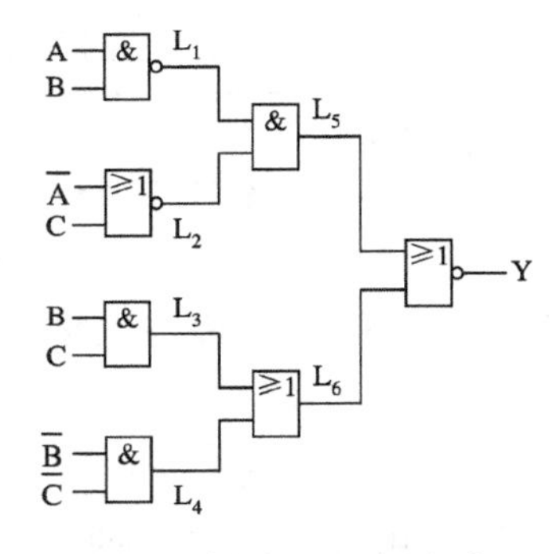

图 17.3 例 17.1 逻辑电路

表 17.1 例 17.3 逻辑真值表

B	C	Y
0	0	0
0	1	1
1	0	1
1	1	0

例 17.2 分析图 17.4 所示逻辑电路的功能。

解 (1) 输出函数：

$Y_1=A\oplus B$

$Y=Y_1\oplus C=A\oplus B\oplus C=\overline{A}\overline{B}C+\overline{A}B\overline{C}+A\overline{B}\overline{C}+ABC$

(2) 列出逻辑函数的真值表，如表 17.2 所示。

(3) 分析逻辑功能：A，B，C 三个输入变量有奇数个 1 时，输出函数 Y 就为 1，故为判奇电路。

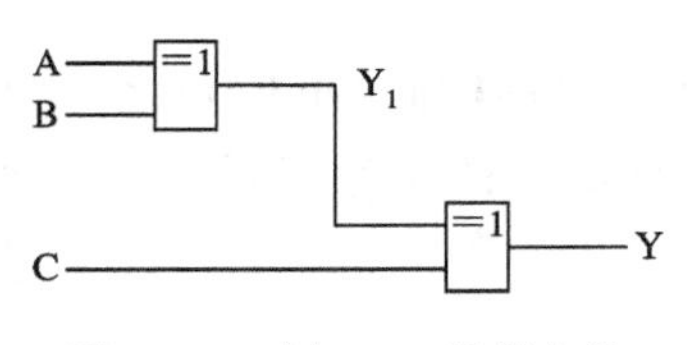

图 17.4 例 17.2 逻辑电路

表 17.2 例 17.2 逻辑真值表

A	B	C	Y
0	0	0	0
0	0	1	1
0	1	0	1
0	1	1	0
1	0	0	1
1	0	1	0
1	1	0	0
1	1	1	1

17.2.2　组合逻辑电路的设计

组合逻辑电路设计的方法是根据给出的实际逻辑问题，求出实现这一逻辑功能的最简逻辑电路。其步骤如下：

(1) 依据实际问题的逻辑关系列出相应的真值表；

(2) 由真值表写出输出逻辑函数表达式；

(3) 对输出逻辑函数进行化简；

(3) 根据最简输出逻辑函数式画出逻辑图。

例 17.3　设计一个 A、B、C 三人表决电路，当提案表决时，多数人同意，提案通过，但同时 A 具有否决权。

解　(1) 根据题意列出相应的真值表 17.3，其中同意用 1 表示，不同意用 0 表示，提案通过用 1 表示，提案否决用 0 表示。

(2) 写出输出函数表达式，而后根据卡诺图化简得出最简输出逻辑表达式：

$$Y=AC+AB=\overline{\overline{AC+AB}}=\overline{\overline{AC}\cdot\overline{AB}}$$

(3) 根据输出逻辑表达式，画出逻辑图，如图 17.5 所示。

表 17.3　例 17.3 逻辑真值表

A	B	C	Y
0	0	0	0
0	0	1	0
0	1	0	0
0	1	1	0
1	0	0	0
1	0	1	1
1	1	0	1
1	1	1	1

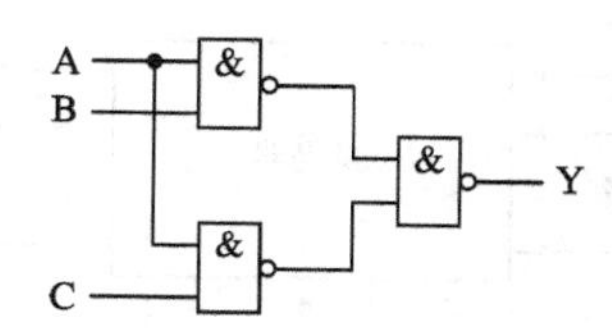

图 17.5　例 17.3 逻辑图

例 17.4　分析图 17.6 所示逻辑电路的逻辑功能。

解　(1) 写出逻辑函数表达式：

$$Y_1=\overline{\overline{A\cdot\overline{AB}}\cdot\overline{B\cdot\overline{AB}}},\quad Y_2=\overline{\overline{AB}}$$

(2) 化简逻辑函数表达式：

$$Y_1=A\overline{B}+\overline{A}B=A\oplus B,\quad Y_2=AB$$

(3) 列出相应的真值表，如表 17.4 所示。

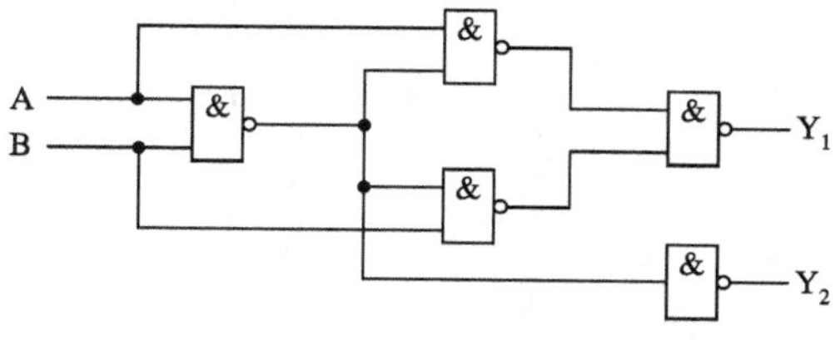

图 17.6　例 17.4 逻辑电路

表 17.4　例 17.4 逻辑真值表

A	B	Y_1	Y_2
0	0	0	0
0	1	1	0
1	0	1	0
1	1	0	1

(4) 分析逻辑功能：此电路的逻辑功能为一位二进制加法器(半加器)。

17.3 常用组合逻辑电路

组合逻辑电路的种类较多，常见的有编码器、译码器、数据选择器等。由于这些电路应用广泛，因而有专门的中规模集成器件(MSI)。因为采用 MSI 不但可以缩小体积，使电路设计更为简化，同时也提高了电路的可靠性。

17.3.1 编码器

编码是将具有特定意义的信息按一定的规律编成相应进制代码的过程。执行编码功能的电路通称为编码器。编码器的框图如图 17.7 所示，其输入信号为被编信号，输出为相应进制代码。

根据被编码信号的不同特点和要求，编码器可分为二进制编码器、二—十进制编码器和优先编码器等。

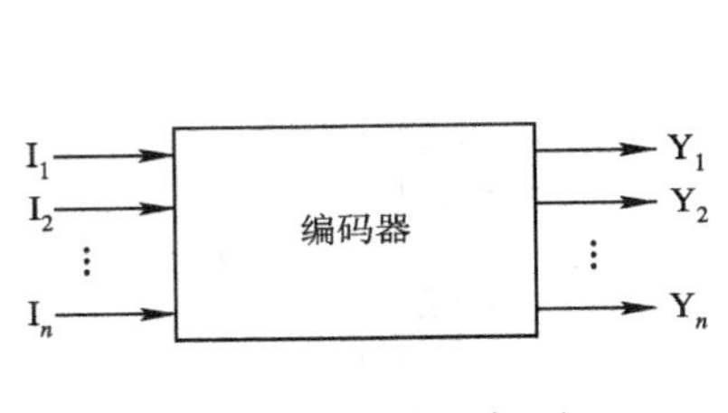

图 17.7 编码器框图

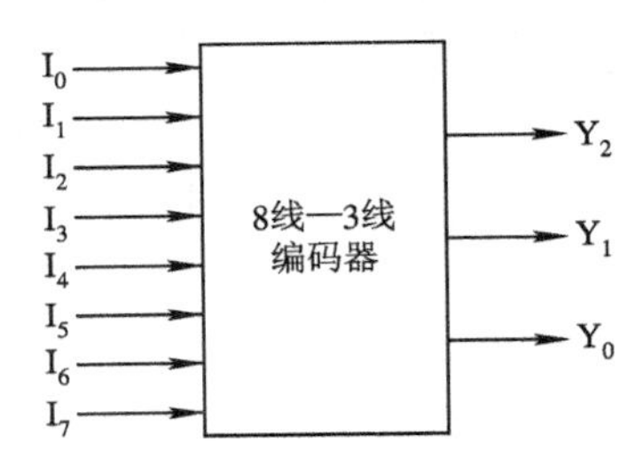

图 17.8 8 线—3 线编码器

1. 二进制编码器

用 n 位二进制代码对 2^n 个信号进行编码的电路称为二进制编码器。现以 8 线—3 线编码器为例说明，如图 17.8 所示。

8 线—3 线编码器有 $I_0 \sim I_7$ 八个输入端，且高电平有效，输出是 3 位二进制代码 $Y_0 \sim Y_2$。输入输出所对应的逻辑关系如表 17.5 所示。

表 17.5 二进制编码器的逻辑关系

I_0	I_1	I_2	I_3	I_4	I_5	I_6	I_7	Y_2	Y_1	Y_0
1	0	0	0	0	0	0	0	0	0	0
0	1	0	0	0	0	0	0	0	0	1
0	0	1	0	0	0	0	0	0	1	0
0	0	0	1	0	0	0	0	0	1	1
0	0	0	0	1	0	0	0	1	0	0
0	0	0	0	0	1	0	0	1	0	1
0	0	0	0	0	0	1	0	1	1	0
0	0	0	0	0	0	0	1	1	1	1

根据表 17.5 的值写出对应的逻辑表达式：

$$
\begin{cases}
Y_2=\bar{I}_0\bar{I}_1\bar{I}_2\bar{I}_3I_4\bar{I}_5\bar{I}_6\bar{I}_7+\bar{I}_0\bar{I}_1\bar{I}_2\bar{I}_3\bar{I}_4I_5\bar{I}_6\bar{I}_7+\bar{I}_0\bar{I}_1\bar{I}_2\bar{I}_3\bar{I}_4\bar{I}_5I_6\bar{I}_7+\bar{I}_0\bar{I}_1\bar{I}_2\bar{I}_3\bar{I}_4\bar{I}_5\bar{I}_6I_7 \\
Y_1=\bar{I}_0\bar{I}_1I_2\bar{I}_3\bar{I}_4\bar{I}_5\bar{I}_6\bar{I}_7+\bar{I}_0\bar{I}_1\bar{I}_2I_3\bar{I}_4\bar{I}_5\bar{I}_6\bar{I}_7+\bar{I}_0\bar{I}_1\bar{I}_2\bar{I}_3\bar{I}_4\bar{I}_5I_6\bar{I}_7+\bar{I}_0\bar{I}_1\bar{I}_2\bar{I}_3\bar{I}_4\bar{I}_5\bar{I}_6I_7 \\
Y_0=\bar{I}_0I_1\bar{I}_2\bar{I}_3\bar{I}_4\bar{I}_5\bar{I}_6\bar{I}_7+\bar{I}_0\bar{I}_1\bar{I}_2I_3\bar{I}_4\bar{I}_5\bar{I}_6\bar{I}_7+\bar{I}_0\bar{I}_1\bar{I}_2\bar{I}_3\bar{I}_4I_5\bar{I}_6\bar{I}_7+\bar{I}_0\bar{I}_1\bar{I}_2\bar{I}_3\bar{I}_4\bar{I}_5\bar{I}_6I_7
\end{cases}
$$

在任何时刻，编码器只能对 $I_0\sim I_7$ 中的一个变量进行编码，即一个输入量为 1，其余七个输入量均为 0。此时编码器输出一组数码，表示对输入端为“1”的输入进行编码，得出下面的表达式：

$$
\begin{cases}
Y_2=I_4+I_5+I_6+I_7 \\
Y_1=I_2+I_3+I_6+I_7 \\
Y_0=I_1+I_3+I_5+I_7
\end{cases}
\quad（或式）
$$

或

$$
\begin{cases}
Y_2=\overline{\bar{I}_4\cdot\bar{I}_5\cdot\bar{I}_6\cdot\bar{I}_7} \\
Y_1=\overline{\bar{I}_2\cdot\bar{I}_3\cdot\bar{I}_6\cdot\bar{I}_7} \\
Y_0=\overline{\bar{I}_1\cdot\bar{I}_3\cdot\bar{I}_5\cdot\bar{I}_7}
\end{cases}
\quad（与非式）
$$

根据上面的逻辑表达式，可以得出编码器的“或门”或“与非门”电路，如图 17.9 所示。

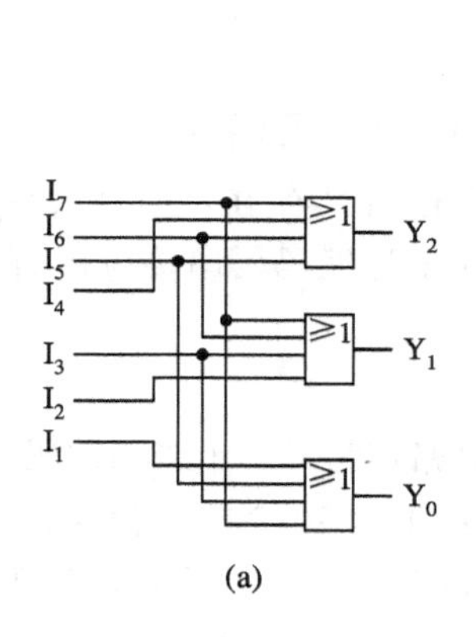

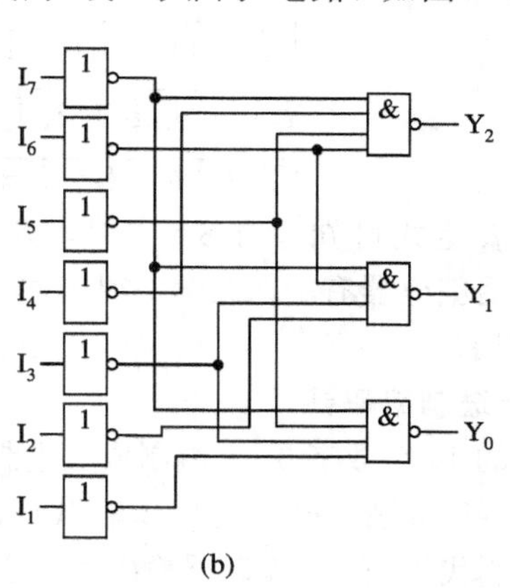

图 17.9　8 线—3 线编码器电路

(a) 或式编码器电路；(b) 与非式编码器电路

2. 优先编码器

优先编码器克服了一般编码器的局限性，它允许所有输入端可以同时有信号，而电路只对其中优先级别最高的输入信号进行编码，而不会对级别较低的信号编码，输入信号之间无约束条件，使用比较广泛。常用的型号一般有：T341、T1148、T4148、74LS148 等系列产品。图 17.10 所示为 74LS148 优先编码器芯片引脚图，真值表如表 17.6 所示，表中的符号“×”表示可任意取值。

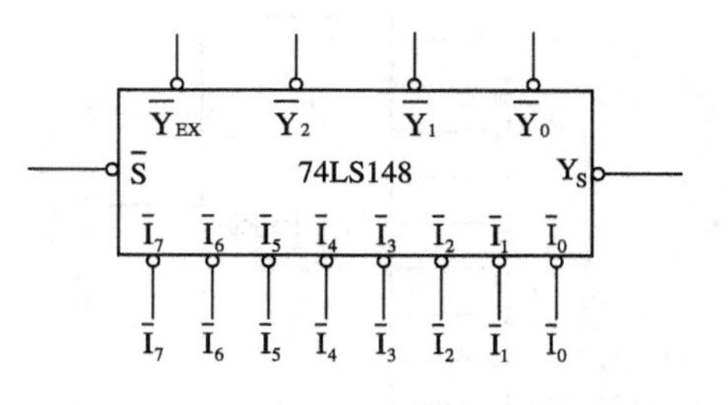

图 17.10　74LS148 优先编码器芯片引脚图

表 17.6　74LS148 真值表

$\bar{S}$	$\bar{I}_7$	$\bar{I}_6$	$\bar{I}_5$	$\bar{I}_4$	$\bar{I}_3$	$\bar{I}_2$	$\bar{I}_1$	$\bar{I}_0$	$\bar{Y}_2$	$\bar{Y}_1$	$\bar{Y}_0$	Y_S	$\bar{Y}_{EX}$
1	×	×	×	×	×	×	×	×	1	1	1	1	1
0	1	1	1	1	1	1	1	1	1	1	1	0	1
0	0	×	×	×	×	×	×	×	0	0	0	1	0
0	1	0	×	×	×	×	×	×	0	0	1	1	0
0	1	1	0	×	×	×	×	×	0	1	0	1	0
0	1	1	1	0	×	×	×	×	0	1	1	1	0
0	1	1	1	1	0	×	×	×	1	0	0	1	0
0	1	1	1	1	1	0	×	×	1	0	1	1	0
0	1	1	1	1	1	1	0	×	1	1	0	1	0
0	1	1	1	1	1	1	1	0	1	1	1	1	0

由表 17.6 可见，在 $\bar{S}=0$ 时，电路正常工作状态下，允许$\bar{I}_0\sim\bar{I}_7$ 当中同时有编码信号的存在。$\bar{I}_7$ 的优先级别最高，$\bar{I}_0$ 的优先级别最低。$\bar{S}$ 为控制端，Y_S 为片选信号，$\bar{Y}_{EX}$用于扩展输出端。根据真值表 17.6 可写出输出逻辑表达式：

$$\begin{cases}\bar{Y}_2=\overline{(I_7+I_6+I_5+I_4)\cdot S}\\ \bar{Y}_1=\overline{(I_7+I_6+\bar{I}_5\,\bar{I}_4I_3+\bar{I}_5\,\bar{I}_4I_2)\cdot S}\\ \bar{Y}_0=\overline{(I_7+\bar{I}_6I_5+\bar{I}_6\,\bar{I}_4I_3+\bar{I}_6\,\bar{I}_4\,\bar{I}_2I_1)\cdot S}\end{cases}$$

$$Y_S=\overline{\bar{I}_7\,\bar{I}_6\,\bar{I}_5\,\bar{I}_4\,\bar{I}_3\,\bar{I}_2\,\bar{I}_1\,\bar{I}_0\cdot S}$$

$$\bar{Y}_{EX}=\overline{(I_7+I_6+I_5+I_4+I_3+I_2+I_1+I_0)\cdot S}$$

由 $\bar{Y}_{EX}$的表达式可知，当 $\bar{S}=0$ 时，只要输入端有信号存在，则 $\bar{Y}_{EX}=0$。反之，若 $\bar{Y}_{EX}=0$，则表明编码器有输入信号。利用这一特征，在多片编码器串接应用时，可把 $\bar{Y}_{EX}$作为输出位的扩展端。

3. 二—十进制编码器

将十进制的 10 个数字 0～9 编制成二进制代码的电路称为二—十进制编码器，它是把 10 个输入信号 $I_0\sim I_9$ 分别编成对应的 BCD 代码的电路。由于对 10 个输入信号进行编码，因此需要 4 位二进制代码表示，编码器输出为 4 位。图 17.11 所示为二—十进制编码器的框图。

常用的二—十进制编码器为 8421BCD，有 T340，T1147，T4147 或是 74LS147 等型号，下面就以 74LS147 二—十进制编码器为例进行说明。图 17.12 是 74LS147 芯片的引脚图，其真值表如表 17.7 所示。

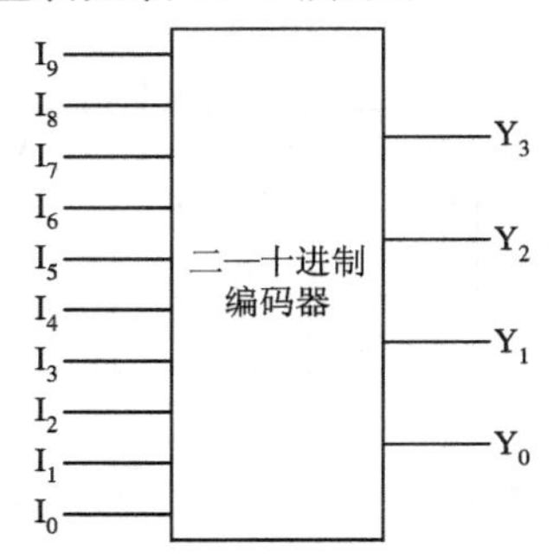

图 17.11　二—十进制编码器框图

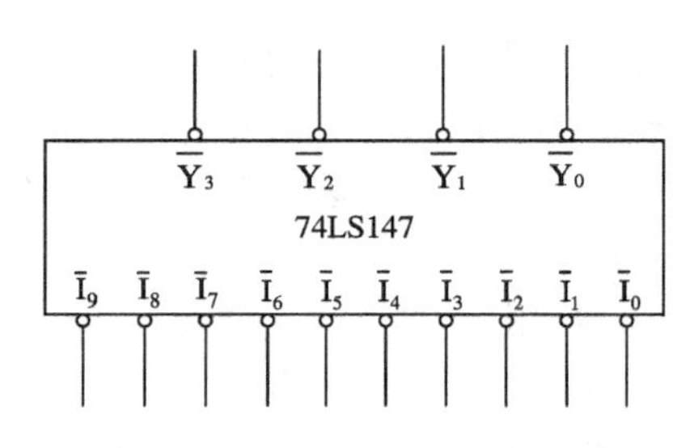

图 17.12　74LS147 芯片引脚图

表 17.7　74LS147 真值表

$\overline{I}_9$	$\overline{I}_8$	$\overline{I}_7$	$\overline{I}_6$	$\overline{I}_5$	$\overline{I}_4$	$\overline{I}_3$	$\overline{I}_2$	$\overline{I}_1$	$\overline{I}_0$	$\overline{Y}_3$	$\overline{Y}_2$	$\overline{Y}_1$	$\overline{Y}_0$
1	1	1	1	1	1	1	1	1	1	1	1	1	1
0	×	×	×	×	×	×	×	×	×	0	1	1	0
1	0	×	×	×	×	×	×	×	×	0	1	1	1
1	1	0	×	×	×	×	×	×	×	1	0	0	0
1	1	1	0	×	×	×	×	×	×	1	0	0	1
1	1	1	1	0	×	×	×	×	×	1	0	1	0
1	1	1	1	1	0	×	×	×	×	1	0	1	1
1	1	1	1	1	1	0	×	×	×	1	1	0	0
1	1	1	1	1	1	1	0	×	×	1	1	0	1
1	1	1	1	1	1	1	1	0	×	1	1	1	0
1	1	1	1	1	1	1	1	1	0	1	1	1	1

根据表 17.7，可写出 74LS147 二—十进制编码器输出逻辑表达式：

$$\begin{cases}\overline{Y}_3=\overline{I_8+I_9}\\ \overline{Y}_2=\overline{I_7\,\overline{I}_8\,\overline{I}_9+I_6\,\overline{I}_8\,\overline{I}_9+I_5\,\overline{I}_8\,\overline{I}_9+I_4\,\overline{I}_8\,\overline{I}_9}\\ \overline{Y}_1=\overline{I_7\,\overline{I}_8\,\overline{I}_9+I_6\,\overline{I}_8\,\overline{I}_9+I_3\,\overline{I}_4\,\overline{I}_5\,\overline{I}_8\,\overline{I}_9+I_2\,\overline{I}_4\,\overline{I}_5\,\overline{I}_8\,\overline{I}_9}\\ \overline{Y}_0=\overline{I_9+I_7\,\overline{I}_8\,\overline{I}_9+I_5\,\overline{I}_6\,\overline{I}_8\,\overline{I}_9+I_3\,\overline{I}_4\,\overline{I}_6\,\overline{I}_8\,\overline{I}_9+I_1\,\overline{I}_2\,\overline{I}_4\,\overline{I}_6\,\overline{I}_8\,\overline{I}_9}\end{cases}$$

17.3.2　译码器

编码是将含有特定意义的信息编制成二进制代码。译码是将表示特定信息的二进制代码翻译出来，它是编码的逆过程。实现译码功能的电路称为译码器。译码器的输入为二进制代码，输出为与输入代码相对应的特定信息，可以是脉冲，也可以是电平，根据需要而定。

将二进制代码翻译成对应的输出信号的电路称为二进制译码器。图 17.13 所示为二进制译码器框图。输入信号是二进制代码，输出则是一组高、低电平信号。每输入一组不同的代码，输出端有一个与其相对应的有效状态，其余的输出端保持无效状态。

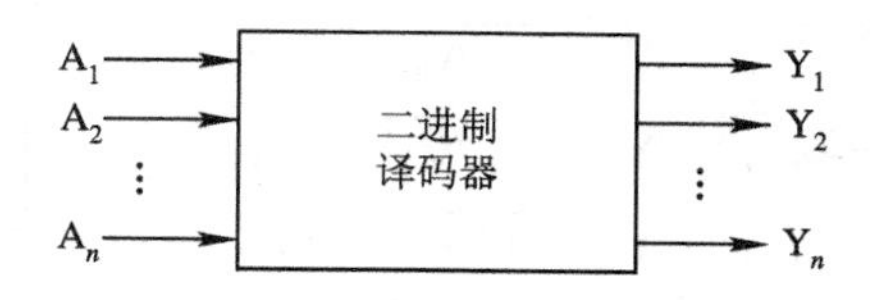

图 17.13　二进制译码器框图

为了保证输入代码和输出端的对应关系，若输入是 n 位二进制代码时，则译码器必然有 2^n 个输出端线。因此，2 位二进制译码器一般有四个输出端，称为 2 线—4 线译码器；三位二进制译码器有 8 个输出端，又称为 3 线—8 线译码器。

1. 2 线—4 线译码器

图 17.14 所示为 2 线—4 线译码器 74LS139 的芯片引脚图，其真值表如表 17.8 所示。

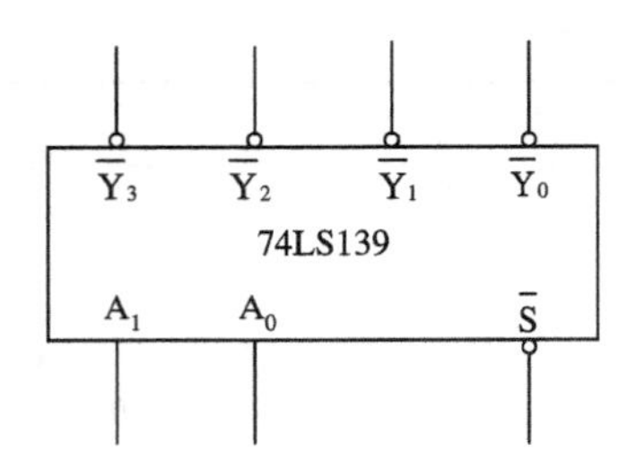

图 17.14　74LS139 芯片引脚图

表 17.8　74LS139 真值表

$\overline{S}$	A_1	A_0	$\overline{Y}_3$	$\overline{Y}_2$	$\overline{Y}_1$	$\overline{Y}_0$
1	×	×	1	1	1	1
0	0	0	1	1	1	0
0	0	1	1	1	0	1
0	1	0	1	0	1	1
0	1	1	0	1	1	1

根据真值表 17.8，可写出该译码器的输出表达式：

$$\overline{Y}_0=\overline{\overline{A}_1\overline{A}_0 S};\quad \overline{Y}_1=\overline{\overline{A}_1 A_0 S}$$

$$\overline{Y}_2=\overline{A_1\overline{A}_0 S};\quad \overline{Y}_3=\overline{A_1 A_0 S}$$

2. 3 线—8 线译码器

图 17.15 所示为 3 线—8 线译码器 74LS138 芯片引脚图，真值表如表 17.9 所示。

表 17.9　74LS138 真值表

1G	$\overline{2GB}$	$\overline{2GA}$	A_2	A_1	A_0	$\overline{Y}_7$	$\overline{Y}_6$	$\overline{Y}_5$	$\overline{Y}_4$	$\overline{Y}_3$	$\overline{Y}_2$	$\overline{Y}_1$	$\overline{Y}_0$
0	×	×	×	×	×	1	1	1	1	1	1	1	1
1	0	1	×	×	×	1	1	1	1	1	1	1	1
1	1	0	×	×	×	1	1	1	1	1	1	1	1
1	0	0	0	0	0	1	1	1	1	1	1	1	0
1	0	0	0	0	1	1	1	1	1	1	1	0	1
1	0	0	0	1	0	1	1	1	1	1	0	1	1
1	0	0	0	1	1	1	1	1	1	0	1	1	1
1	0	0	1	0	0	1	1	1	0	1	1	1	1
1	0	0	1	0	1	1	1	0	1	1	1	1	1
1	0	0	1	1	0	1	0	1	1	1	1	1	1
1	0	0	1	1	1	0	1	1	1	1	1	1	1

根据表 17.9 可写出该译码器的输出表达式及最小项表达式：

$$\overline{Y}_0=\overline{\overline{A}_2\overline{A}_1\overline{A}_0}=\overline{m}_0;\quad \overline{Y}_1=\overline{\overline{A}_2\overline{A}_1 A_0}=\overline{m}_1$$

$$\overline{Y}_2=\overline{\overline{A}_2 A_1\overline{A}_0}=\overline{m}_2;\quad \overline{Y}_3=\overline{\overline{A}_2 A_1 A_0}=\overline{m}_3$$

$$\overline{Y}_4=\overline{A_2\overline{A}_1\overline{A}_0}=\overline{m}_4;\quad \overline{Y}_5=\overline{A_2\overline{A}_1 A_0}=\overline{m}_5$$

$$\overline{Y}_6=\overline{A_2 A_1\overline{A}_0}=\overline{m}_6;\quad \overline{Y}_7=\overline{A_2 A_1 A_0}=\overline{m}_7$$

图 17.15　74LS138 芯片引脚图

由上面的式子可知，$\overline{Y}_0 \sim \overline{Y}_7$ 同时又是 A_2、A_1、A_0 这三个变量的全部最小项的译码输出，故又将这种译码器称为最小项译码器。1G、$\overline{2GA}$、$\overline{2GB}$是选通端，只有当 1G=1，$\overline{2GA}=\overline{2GB}=0$ 时，译码器才正常工作。

例 17.5　用两片 3 线—8 线译码器 74LS138 构成 4 线—16 线译码器。

解　根据题目要求，需要 4 个输入端，16 个输出端，需用 2 片 74LS138 构成，如图

17.16 所示。

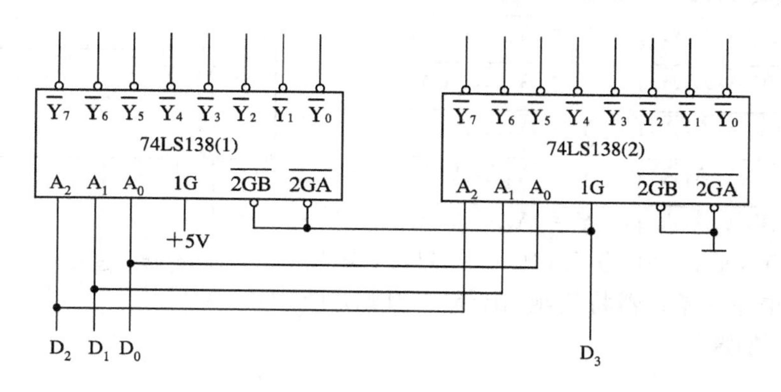

图 17.16　例 17.5 译码器电路

3. 二—十进制译码器

二—十进制译码器的逻辑功能是将输入的 4 位 BCD 码译成 10 个对应的输出信号，又称为 4 线—10 线译码器。图 17.17 所示是 74LS42(4 线—10 线)译码器芯片引脚图，其真值表如表 17.10 所示。

表 17.10　74LS42 译码器真值表

序号	A_3	A_2	A_1	A_0	$\overline{Y}_9$	$\overline{Y}_8$	$\overline{Y}_7$	$\overline{Y}_6$	$\overline{Y}_5$	$\overline{Y}_4$	$\overline{Y}_3$	$\overline{Y}_2$	$\overline{Y}_1$	$\overline{Y}_0$
0	0	0	0	0	1	1	1	1	1	1	1	1	1	0
1	0	0	0	1	1	1	1	1	1	1	1	1	0	1
2	0	0	1	0	1	1	1	1	1	1	1	0	1	1
3	0	0	1	1	1	1	1	1	1	1	0	1	1	1
4	0	1	0	0	1	1	1	1	1	0	1	1	1	1
5	0	1	0	1	1	1	1	1	0	1	1	1	1	1
6	0	1	1	0	1	1	1	0	1	1	1	1	1	1
7	0	1	1	1	1	1	0	1	1	1	1	1	1	1
8	1	0	0	0	1	0	1	1	1	1	1	1	1	1
9	1	0	0	1	0	1	1	1	1	1	1	1	1	1
伪码	1	0	1	0	1	1	1	1	1	1	1	1	1	1
	1	0	1	1	1	1	1	1	1	1	1	1	1	1
	1	1	0	0	1	1	1	1	1	1	1	1	1	1
	1	1	0	1	1	1	1	1	1	1	1	1	1	1
	1	1	1	0	1	1	1	1	1	1	1	1	1	1
	1	1	1	1	1	1	1	1	1	1	1	1	1	1

根据真值表 17.10 可写出译码器的输出表达式：

$\overline{Y}_0=\overline{\overline{A}_3\overline{A}_2\overline{A}_1\overline{A}_0}$；　　$\overline{Y}_1=\overline{\overline{A}_3\overline{A}_2\overline{A}_1A_0}$

$\overline{Y}_2=\overline{\overline{A}_3\overline{A}_2A_1\overline{A}_0}$；　　$\overline{Y}_3=\overline{\overline{A}_3\overline{A}_2A_1A_0}$

$\overline{Y}_4=\overline{\overline{A}_3A_2\overline{A}_1\overline{A}_0}$；　　$\overline{Y}_5=\overline{\overline{A}_3A_2\overline{A}_1A_0}$

$\overline{Y}_6=\overline{\overline{A}_3A_2A_1\overline{A}_0}$；　　$\overline{Y}_7=\overline{\overline{A}_3A_2A_1A_0}$

$\overline{Y}_8=\overline{A_3\overline{A}_2\overline{A}_1\overline{A}_0}$；　　$\overline{Y}_9=\overline{A_3\overline{A}_2\overline{A}_1A_0}$

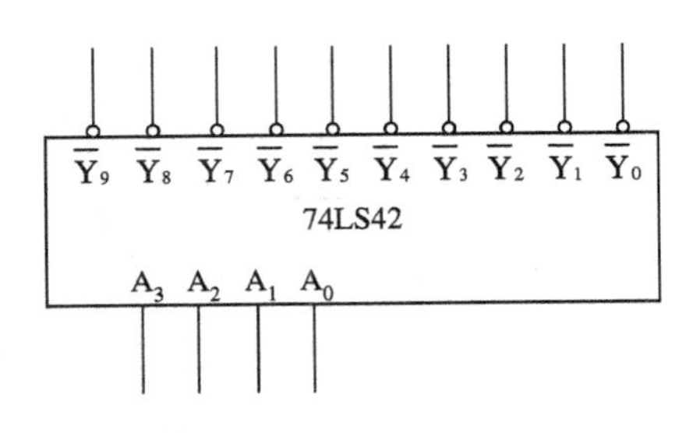

图 17.17　译码器芯片引脚图

对于 BCD 代码以外的伪码（1010～1111），输出 $\overline{Y}_0$～$\overline{Y}_9$ 为高电平，译码器将拒绝“翻译”。因此，译码器不会出现错误。

17.3.3　数据选择器

在多路数据传输过程中，经常需要将其中的一路信号挑选出来进行传输，这时就要用到数据选择器逻辑电路，如图 17.18 所示。

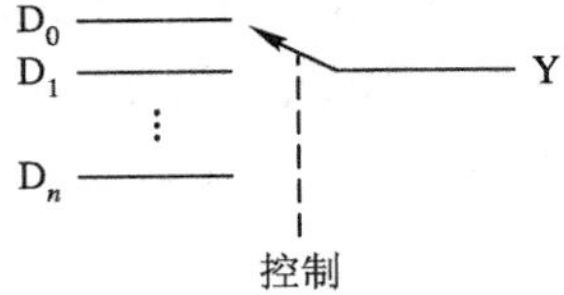

图 17.18　数据选择器

数据选择器实际上是一个多用开关，它能按需要从多个输入信号中选出一个送到数据公共线上传输。如一个四选一的数据选择器有 2 个输入端，即 $2^2=4$ 种不同的组合，每一种组合可选择对应一路输入数据输出。同理，八选一数据选择器有 3 个输入端，有 $2^3=8$ 种组合，可以选取 8 路输入数据输出。

图 17.19 所示为四选一数据选择器 74LS153 芯片引脚图，其中 D_0～D_3 是数据输入端，A_1、A_0 是选择控制端，$\overline{S}$ 是选通工作端，Y 是输出端，真值表如表 17.11 所示。

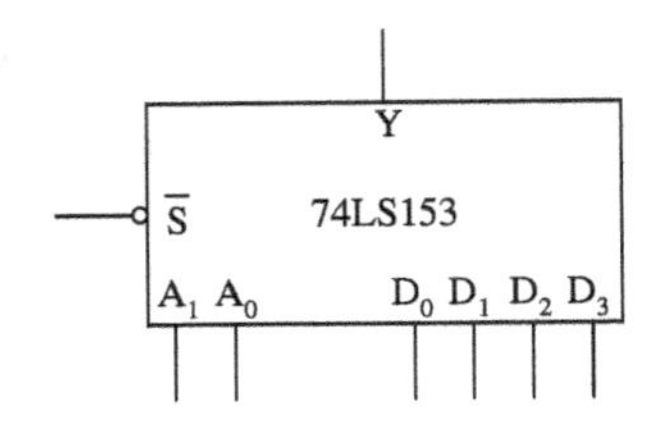

图 17.19　74LS153 芯片引脚图

表 17.11　74LS153 真值表

$\overline{S}$	A_1	A_0	D_3	D_2	D_1	D_0	Y
1	×	×	×	×	×	×	0
0	0	0	×	×	×	D_0	D_0
0	0	1	×	×	D_1	×	D_1
0	1	0	×	D_2	×	×	D_2
0	1	1	D_3	×	×	×	D_3

根据图 17.19 和真值表 17.11 可写出输出逻辑函数表达式：

$$Y=(\overline{A}_1\overline{A}_0D_0+\overline{A}_1A_0D_1+A_1\overline{A}_0D_2+A_1A_0D_3)\cdot S$$

当 $\overline{S}=1$ 时输出 $Y=0$，数据选择器不工作。当 $\overline{S}=0$ 时输出 $Y=D_n$，数据选择器工作，其输出为

$$Y=\overline{A}_1\overline{A}_0D_0+\overline{A}_1A_0D_1+A_1\overline{A}_0D_2+A_1A_0D_3$$

一般常用的还有八选一（74LS151）和双四选一（74LS14539）选择器。

例 17.6　用 74LS14539 双四选一数据选择器构成一个八选一数据选择器。

解　双四选一（74LS14539）数据选择器包含两组四选一电路，只要控制选通端 $\overline{S}_1$、$\overline{S}_2$ 让两组电路交替工作，即可实现八选一功能。电路连接图如图 17.20 所示。由于八路数据

信号需要三路地址码信号 ABC，则可把 C 接 A_0，B 接 A_1，另需增加 A_2 端子以便接最高位信号 A。我们可以让 A 与 $\bar{S}_1$ 相连，并通过反相器和 $\bar{S}_2$ 相接。这样，当 A＝0 时，$\bar{S}_1=0$，$\bar{S}_2=1$，第一组电路工作，其输入端中有一个信号被送至输出端。当 A＝1 时，$\bar{S}_1=1$，$\bar{S}_2=0$，第二组电路工作，其输入端中有一个信号被送至输出端。电路总的输出为 $Y=Y_1+Y_2$，用或门实现即可。

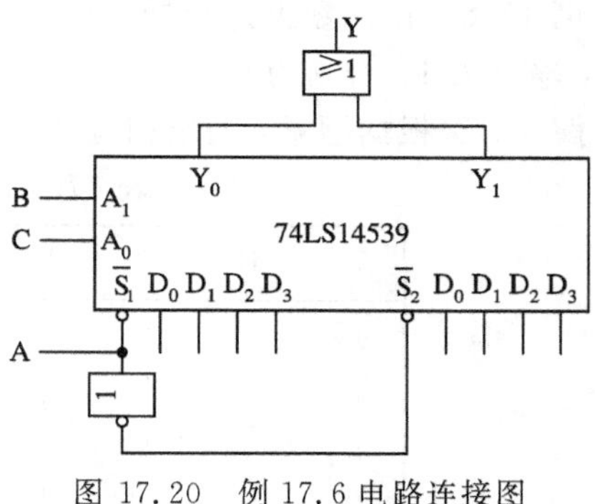

图 17.20　例 17.6 电路连接图

17.4　中规模集成组合逻辑电路的应用

由于中规模集成器件的性能稳定，且通过设置控制端可以扩展其功能，因而应用越来越广泛。本节仅简单介绍两种典型 MSI 的应用。

17.4.1　用数据选择器实现组合逻辑函数

例 17.7　试用数据选择器实现逻辑函数 Y＝AB＋BC＋AC。

解　由于函数 Y 中含有变量 A、B、C，则可选用八选一的数据选择器来实现此功能。

函数 Y 的最小项表达式为

$$\begin{aligned}Y&=AB+BC+AC\\&=AB(C+\bar{C})+BC(A+\bar{A})+AC(B+\bar{B})\\&=\bar{A}BC+A\bar{B}C+AB\bar{C}+ABC\end{aligned}$$

74LS151 的输出表达式为

$$\begin{aligned}Y'=(&\bar{A}_2\bar{A}_1\bar{A}_0D_0+\bar{A}_2\bar{A}_1A_0D_1+\bar{A}_2A_1\bar{A}_0D_2+\bar{A}_2A_1A_0D_3\\&+A_2\bar{A}_1\bar{A}_0D_4+A_2\bar{A}_1A_0D_5+A_2A_1\bar{A}_0D_6+A_2A_1A_0D_7)S\end{aligned}$$

比较 Y 和 Y′，最小项的对应关系为 Y＝Y′，则 $A=A_2$，$B=A_1$，$C=A_0$，Y′中包含 Y 的最小项时，函数 $D_n=1$，未包含最小项时，$D_n=0$，即

$$D_0=D_1=D_2=D_4=0,\quad D_3=D_5=D_6=D_7=1$$

根据上面分析的结果，画出电路连线图，如图 17.21 所示。

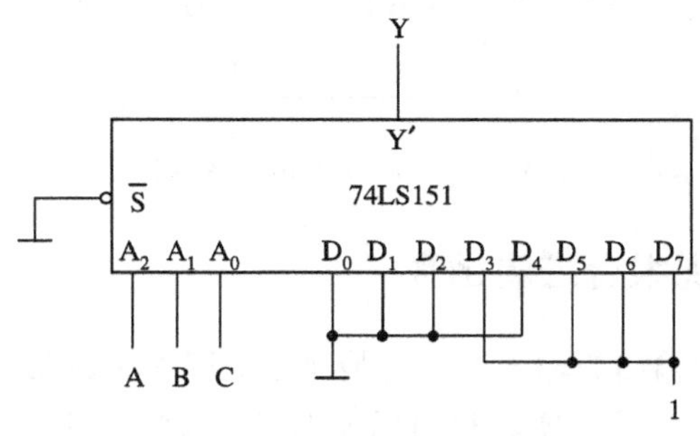

图 17.21　例 17.7 电路连线图

例 17.8 试用数据选择器设计一个 4 位奇偶校验器，要求 4 位二进制数中含有奇数个 1 时，输出为 1，否则为 0。

解 (1) 根据题意，列出相应的真值表，见表 17.12，求出逻辑函数的表达式。

表 17.12 例 17.8 逻辑真值表

A	B	C	D	Y	A	B	C	D	Y
0	0	0	0	0	1	0	0	0	1
0	0	0	1	1	1	0	0	1	0
0	0	1	0	1	1	0	1	0	0
0	0	1	1	0	1	0	1	1	1
0	1	0	0	1	1	1	0	0	0
0	1	0	1	0	1	1	0	1	1
0	1	1	0	0	1	1	1	0	1
0	1	1	1	1	1	1	1	1	0

由真值表求出逻辑函数的表达式：

$$Y=\overline{A}\overline{B}\overline{C}D+\overline{A}\overline{B}C\overline{D}+\overline{A}B\overline{C}\overline{D}+\overline{A}BCD+A\overline{B}\overline{C}\overline{D}$$
$$+A\overline{B}CD+AB\overline{C}D+ABC\overline{D}$$

因函数中包含 4 个变量，故选用八选一电路。用双四选一 74LS14539 来实现：

$$Y'=\overline{A}_2\overline{A}_1\overline{A}_0D_{10}+\overline{A}_2\overline{A}_1A_0D_{11}+\overline{A}_2A_1\overline{A}_0D_{12}+\overline{A}_2A_1A_0D_{13}+A_2\overline{A}_1\overline{A}_0D_{20}$$
$$+A_2\overline{A}_1A_0D_{21}+A_2A_1\overline{A}_0D_{22}+A_2A_1A_0D_{23}$$

Y 与 Y′的比较结果为

$A_2=A$； $A_1=B$； $A_0=C$； $D_{10}=D$； $D_{11}=\overline{D}$； $D_{12}=\overline{D}$

$D_{13}=D$； $D_{20}=\overline{D}$； $D_{21}=D$； $D_{22}=D$； $D_{23}=\overline{D}$

画出电路连线图，如图 17.22 所示。

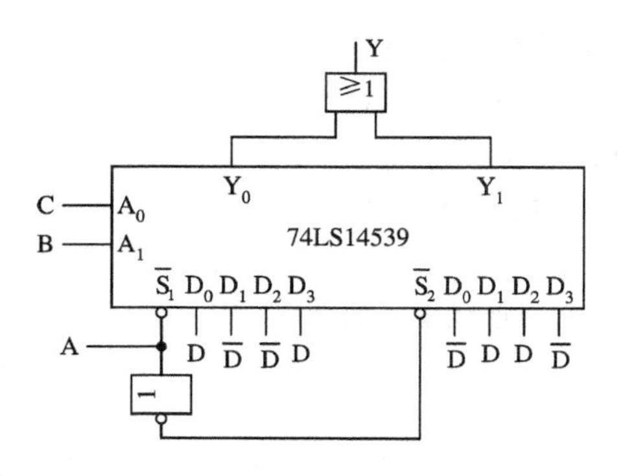

图 17.22 例 17.8 电路连线图

17.4.2 用译码器实现组合逻辑函数

由于二进制译码器的输出为输入变量的最小项，即一个输出对应一个最小项，而任何一个逻辑函数都可以变换为最小项之和的标准形式，因此，用译码器可以实现单个输出或多个输出的组合逻辑函数。

例 17.9 试用译码器实现逻辑函数：

$$Y=\overline{A}\overline{B}C+AB\overline{C}+C$$

解 将逻辑函数变为最小项标准式：

$$\begin{aligned}Y&=\overline{A}\overline{B}C+AB\overline{C}+C\\&=\overline{A}\overline{B}C+AB\overline{C}+C(A+\overline{A})(B+\overline{B})\\&=\overline{A}\overline{B}C+\overline{A}BC+A\overline{B}C+AB\overline{C}+ABC\\&=m_1+m_3+m_5+m_6+m_7\\&=\overline{\overline{m_1}\cdot\overline{m_3}\cdot\overline{m_5}\cdot\overline{m_6}\cdot\overline{m_7}}\end{aligned}$$

由于变量数为 3 个（A、B、C），因而选用 3 线－8 线译码器，其输出表达式为

$$Y'=\overline{\overline{Y_0}\,\overline{Y_1}\,\overline{Y_2}\,\overline{Y_3}\,\overline{Y_4}\,\overline{Y_5}\,\overline{Y_6}\,\overline{Y_7}}$$

将 Y 和 Y′比较后得到：

$$Z=\overline{\overline{Y_1}\,\overline{Y_3}\,\overline{Y_5}\,\overline{Y_6}\,\overline{Y_7}}$$

画出相应的连线图，如图 17.23 所示。

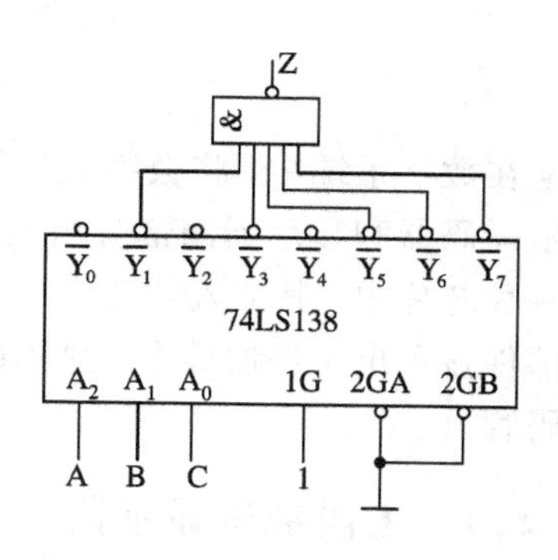

图 17.23 例 17.9 连线图

例 17.10 试用译码器和门电路构成 1 个一位全加器。

解 （1）根据题意，列出 1 个全加器的真值表。设在第 i 位的 2 个二进数相加，被加数为 A_i，加数为 B_i，相邻低的进位为 C_{i-1}，本位的和为 S_i，向高位的进位为 C_i，由此列出全加器的真值表，如表 17.13 所示。

表 17.13 例 17.10 真值表

A_i	B_i	C_{i-1}	S_i	C_i
0	0	0	0	0
0	0	1	1	0
0	1	0	1	0
0	1	1	0	1
1	0	0	1	0
1	0	1	0	1
1	1	0	0	1
1	1	1	1	1

（2）根据真值表写出输出逻辑函数：

$$\begin{cases}S_i=\overline{A}_i\overline{B}_iC_{i-1}+\overline{A}_iB_i\overline{C}_{i-1}+A_i\overline{B}_i\overline{C}_{i-1}+A_iB_iC_{i-1}\\C_i=\overline{A}_iB_iC_{i-1}+A_i\overline{B}_iC_{i-1}+A_iB_i\overline{C}_{i-1}+A_iB_iC_{i-1}\end{cases}$$

将上式变为与非式：

$$\begin{aligned}S_i&=\overline{\overline{\overline{A}_i\overline{B}_iC_{i-1}}\cdot\overline{\overline{A}_iB\overline{C}_{i-1}}\cdot\overline{A_i\overline{B}_i\overline{C}_{i-1}}\cdot\overline{A_iB_iC_{i-1}}}\\&=\overline{\overline{m_1}\cdot\overline{m_2}\cdot\overline{m_4}\cdot\overline{m_7}}\end{aligned}$$

$$\begin{aligned}C_i&=\overline{\overline{\overline{A}_iB_iC_{i-1}}\cdot\overline{A_i\overline{B}_iC_{i-1}}\cdot\overline{A_iB_i\overline{C}_{i-1}}\cdot\overline{A_iB_iC_{i-1}}}\\&=\overline{\overline{m_3}\cdot\overline{m_5}\cdot\overline{m_6}\cdot\overline{m_7}}\end{aligned}$$

（3）由于有 3 个输入变量，2 个输出变量，故选用 3 线－8 线译码器 74LS138。令 $A_2=A_i$，$A_1=B_i$，$A_0=C_{i-1}$，则 74LS138 输出表达式比较后得出相应表达式：

$$\begin{cases}S_i=\overline{\overline{Y_1}\cdot\overline{Y_2}\cdot\overline{Y_4}\cdot\overline{Y_7}}\\C_i=\overline{\overline{Y_3}\cdot\overline{Y_5}\cdot\overline{Y_6}\cdot\overline{Y_7}}\end{cases}$$

（4）画出连线图，如图 17.24 所示。

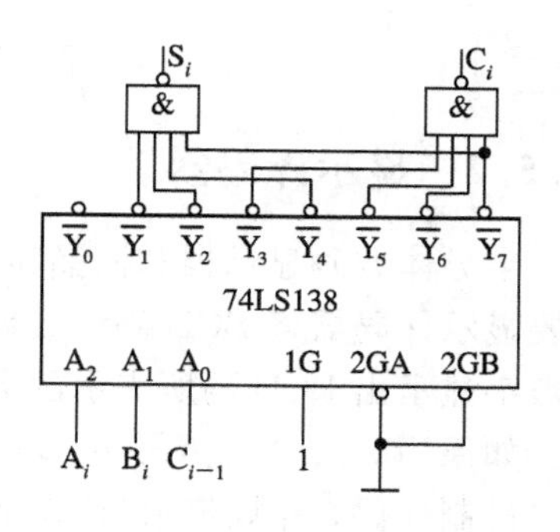

图 17.24 例 17.10 连线图

17.5 显示译码器及显示器

在数字系统中，将数字或运行的结果显示出来的电路称为显示电路。显示电路一般由显示译码器和显示器两部分组成。显示译码器主要由译码器和驱动电路组成，通常被集成在一片芯片中。其输入一般为二—十进制的 BCD 码，其输出信号用于驱动显示器件，使显示部件显示出十进制数字。显示部件也称为数码显示器，或者称为数码管，常见的有七段数码管。

17.5.1 七段数码显示器

常见的七段数码显示器有半导体数码显示器(LED)和液晶显示器(LCD)。这里主要介绍 LED 显示器，如图 17.25 所示。

七段数码显示器是利用不同的字段组合，用来分别显示 0～9 十个数码，每个字段均由发光二极管组成。根据七段数码显示器内部发光二极管不同的连接方式，七段数码显示器可分共阳极和共阴极两种结构，如图17.26 所示，R 为限流电阻。

半导体数码显示器的优点是工作电压低、体积小、寿命长、工作可靠、响应速度快、亮度较高，其缺点是工作电流较大，一般每个字段需 10 mA 左右。

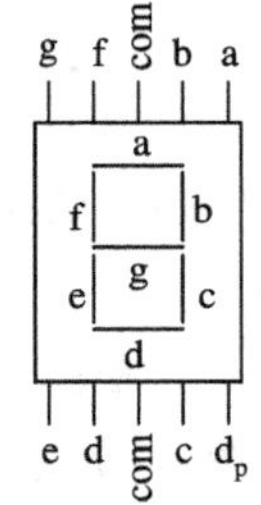

图 17.25 七段数码显示器

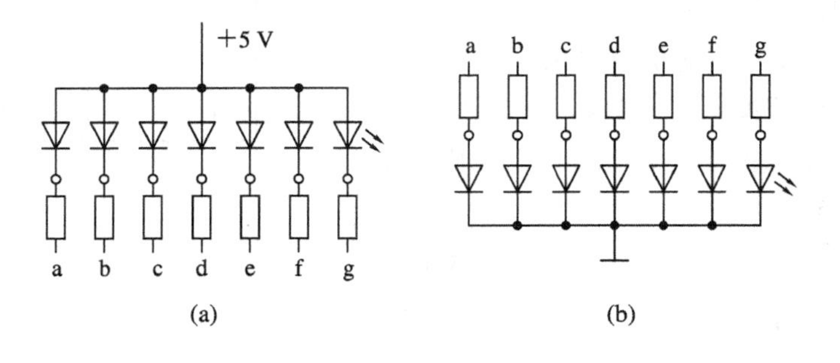

图 17.26 七段数码显示器的连接方式

17.5.2 显示译码器

半导体数码显示器和液晶显示器都可以用 TTL、COMS 集成电路直接驱动。为此，就需要显示译码器将 BCD 码译成数码显示器所需要的驱动信号，以便使数码显示器用十进制数字显示出 BCD 码所表示的数值。

如果用 A_1、A_2、A_3、A_4 表示显示译码器输入的 BCD 代码，用 Y_a～Y_g 表示输出的 7 位二进制代码，并规定用“1”表示字段亮状态，用“0”表示字段灭状态，则根据显示字形的要求可得到真值表 17.14。

表 17.14　显示译码器真值表

	输　　入				输　　出							
数字	A_3	A_2	A_1	A_0	Y_a	Y_b	Y_c	Y_d	Y_e	Y_f	Y_g	字符
0	0	0	0	0	1	1	1	1	1	1	0	
1	0	0	0	1	0	1	1	0	0	0	0	
2	0	0	1	0	1	1	0	1	1	0	1	
3	0	0	1	1	1	1	1	1	0	0	1	
4	0	1	0	0	0	1	1	0	0	1	1	
5	0	1	0	1	1	0	1	1	0	1	1	
6	0	1	1	0	1	0	1	1	1	1	1	
7	0	1	1	1	1	1	1	0	0	0	0	
8	1	0	0	0	1	1	1	1	1	1	1	
9	1	0	0	1	1	1	1	1	0	1	1	
10	1	0	1	0	0	0	0	1	1	0	1	
11	1	0	1	1	0	0	1	1	0	0	1	
12	1	1	0	0	0	1	0	0	0	1	1	
13	1	1	0	1	1	0	0	1	0	1	1	
14	1	1	1	0	0	0	0	1	1	1	1	
15	1	1	1	1	0	0	0	0	0	0	0	

显示译码器电路如图 17.27 所示，七段译码器 74LS14537 与七段显示器相连，可以直接驱动七段显示器。

图中$\overline{BI}$为消隐功能。当$\overline{BI}=0$时，$Y_a \sim Y_g$ 均为低电平，各字段熄灭，显示器不显示数字；当$\overline{BI}=1$时，译码器工作，当 A、B、C、D 输入 8421BCD 码时，译码器输出相应的七段代码，数码显示器显示相应的内容字段。

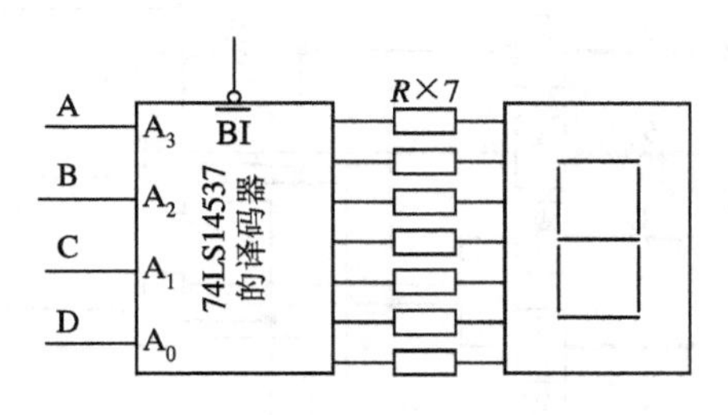

图 17.27　显示译码器电路

习　题　17

1. 试分析题图 17.1 所示电路的逻辑功能。

2. 试分析题图 17.2 所示电路的逻辑功能。

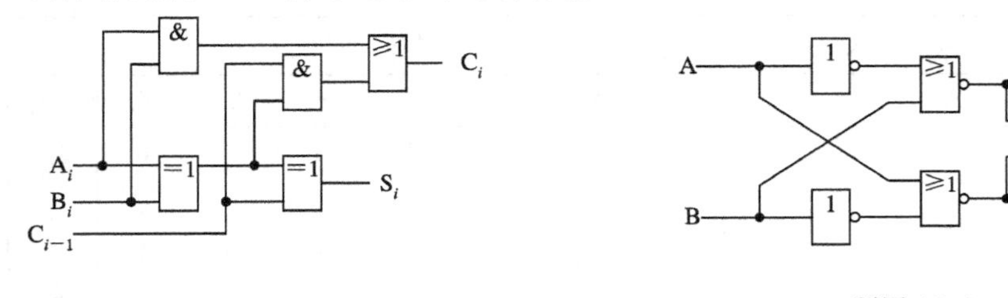

题图 17.1　　　　　　　　题图 17.2

3. 试分别设计一个用全与非门和全或非门实现异或逻辑的逻辑电路。

4. 试设计一个四输入、四输出逻辑电路。当控制信号 C=0 时，输出状态与输入状态相反；当 C=1 时，输出状态与输入状态相同。

5. 试设计一个能实现题表 17.1 的逻辑功能的多数表决电路。

题表 17.1

A	B	C	Y
0	0	0	0
0	0	1	0
0	1	0	0
0	1	1	1
1	0	0	0
1	0	1	1
1	1	0	1
1	1	1	1

6. 设计一个监测信号灯工作状态的逻辑电路。每组信号灯由红、黄、绿三盏灯组成。正常时，只能亮一盏灯，否则表明电路出现故障，逻辑电路发出故障信号，以提醒维护人员前去修理。

7. 一优先编码器逻辑如题图 17.3 所示。

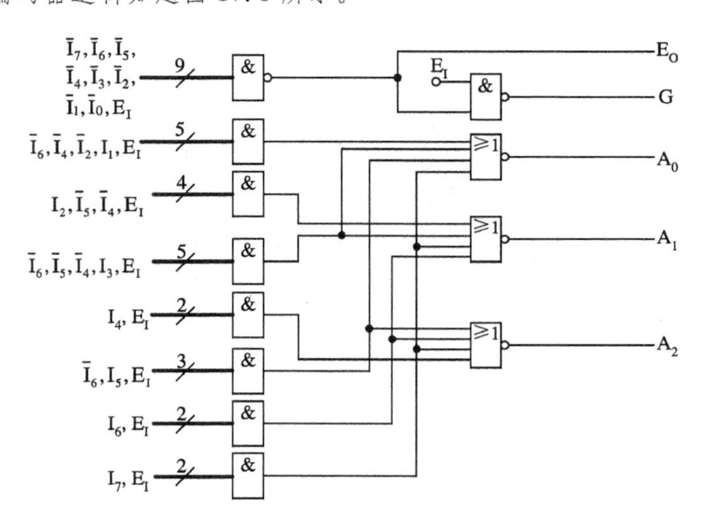

题图 17.3

(1) 列出输出使能 E_O 和优先状态标志 G 的真值表；

(2) 指出 $I_7 \sim I_0$ 的优先级别，并加以证明。

8. 设计一个输入为 BCD 码的七段译码器。

9. 试用四选一数据选择器产生下列逻辑函数：

(1) $Y_1 = A \oplus B$；

(2) $Y_2 = AB + \overline{A}\,\overline{B} = A \odot B$。

10. 试用四选一、八选一数据选择器产生下列函数：

(1) $Y = \overline{A}\overline{B}C + \overline{A}B\overline{C} + AC$；

(2) $Y = A\overline{B}\overline{C} + \overline{A}C + BC$。

11. 已知逻辑函数：$F_1 = \overline{A}\overline{B}\overline{C} + AB$，$F_2 = A\overline{B} + \overline{C}$。

(1) 写出函数 F_1 和 F_2 的最小项表达式；

(2) 用一片 3 线—8 线译码器 74LS138 加一片与非门实现 F_1，加一片与门实现 F_2，画出逻辑图。

12. 用四选一数据选择器和 3 线—8 线译码器，组成二十选一数据选择器和三十二选一数据选择器。

第18章 触 发 器

18.1 触发器的基本概念及逻辑功能

18.1.1 触发器的基本概念

在复杂的数字电路中，不但要对二进制信号进行算术运算和逻辑运算，而且还经常要求将这些信号和运算的结果保存起来。这样，就要求数字电路中应包含有记忆功能的基本单元，触发器就是具有记忆一位二进制码功能的基本单元。

触发器有两个基本特征：① 它有两个稳定状态，可以分别用于表示二进制码0和1；② 在输入信号的作用下，它的两个稳定的工作状态可以相互转换(被置1或0)，输入信号消失后，新的稳定状态能够保持下来。从这两个特征可说明触发器具有记忆功能。

触发器电路有一个或多个输入端，有两个互补输出端Q和$\overline{Q}$。通常是用Q端表示触发器的状态，当Q=1，$\overline{Q}$=0时，称为触发器的1状态，记为Q=1；当Q=0，$\overline{Q}$=1时，称为触发器的0状态，记为Q=0。这两个状态和二进制数码1和0相对应。

触发器的种类较多，根据逻辑功能可划分为RS触发器、D触发器、JK触发器和T触发器等；根据触发方式的不同可划分为电平触发器、边沿触发器、主从触发器等；根据电路结构的不同可划分为RS触发器、同步触发器、维持阻塞D触发器、主从结构触发器和边沿触发器等。

18.1.2 触发器的逻辑功能

1. 基本RS触发器

基本RS触发器又称为RS锁存器，它是一种形式最简单的触发器，其电路结构和逻辑符号如图18.1所示。

从图18.1(a)可知基本RS触发器是用两个与非门组成的，且G_1和G_2两个与非门的性能和作用都相同，S_D称为置位端，R_D称为复位端。其逻辑功能的分析如下：

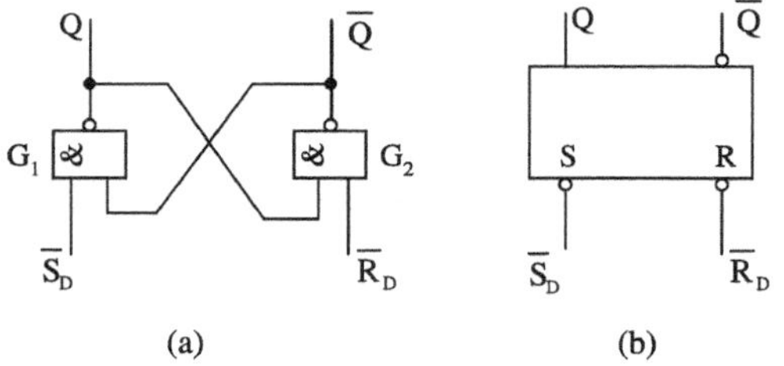

图18.1 基本RS触发器
(a) 电路结构；(b) 逻辑符号

当S_D=1，R_D=0时，Q=1，$\overline{Q}$=0，触发器被置于1。此时S_D=1，则$\overline{S}_D$=0，G_1门输入为0($\overline{S}_D \cdot \overline{Q}$=0)，使输出为$\overline{Q}$=0，Q=1，触发器置1，$Q^{n+1}$=1。

当 $S_D=0$，$R_D=1$ 时，$Q=0$，$\overline{Q}=1$，触发器被置于 0。此时 $S_D=0$，则 $\overline{S}_D=1$，$R_D=1$，则 $\overline{R}_D=0$，G_2 门的输入为 0（$\overline{R}_D \cdot Q=0$），使输出 $\overline{Q}=1$，$Q=0$，触发器置 0，$Q^{n+1}=0$。

当 $S_D=R_D=0$，$\overline{S}_D=\overline{R}_D=1$ 时，电路处于保持功能，$Q^n=Q^{n+1}=1$。

当 $S_D=R_D=1$，$\overline{S}_D=\overline{R}_D=0$ 时，$Q=\overline{Q}=0$ 或 $Q=\overline{Q}=1$，是一个不确定状态，因此无法确定触发器的状态。

把触发器原来的状态（现态）用 Q^n 表示，触发器变化后新状态（次态）用 Q^{n+1} 表示，可将上述逻辑关系列成真值表 18.1，称为触发器特性表（功能表）。

表 18.1　基本 RS 触发器特性表

$\overline{S}$	$\overline{R}$	Q^n	Q^{n+1}	功能
1	1	0	0	保持
1	1	1	1	
0	1	0	1	置 1
0	1	1	1	
1	0	0	0	置 0
1	0	1	0	
0	0	0	×	不定式
0	0	1	×	

从表 18.1 可见，基本 RS 触发器有三个稳定的工作状态，即保持功能、置 1 功能和置 0 功能，还存在一个不确定状态。

例 18.1　图 18.2 所示为基本 RS 触发器电路和输入端 $\overline{S}_D$、$\overline{R}_D$ 的信号波形，试求 Q 和 $\overline{Q}$ 端的输出波形，设 $t=0$ 时刻 $Q^n=0$（初始状态）。

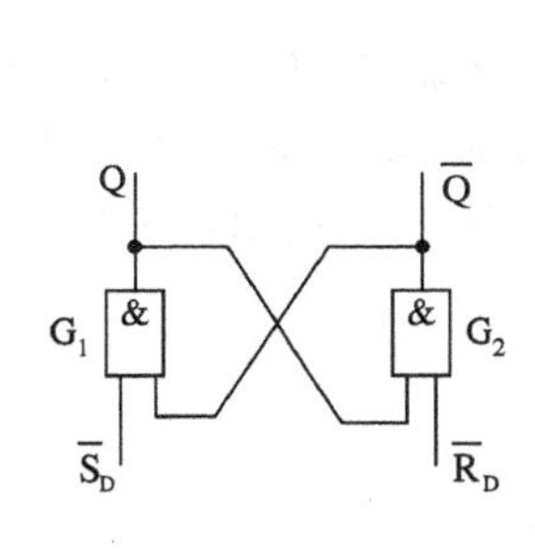

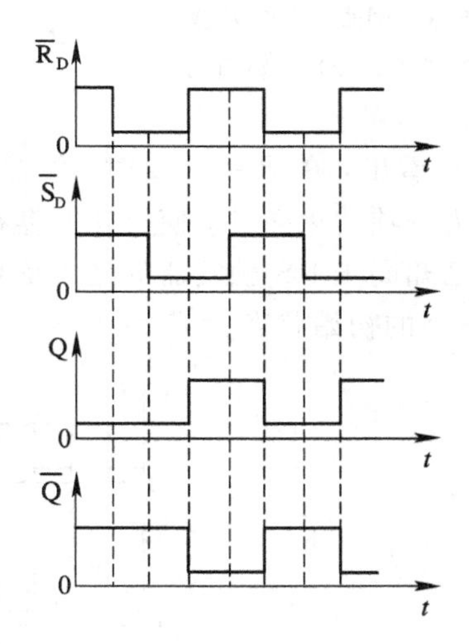

图 18.2　例 18.1 信号波形

解　根据表 18.1 触发器的状态，可画出 Q 和 $\overline{Q}$ 的波形（见图 18.2）。

由于 RS 触发器的输出受到输入信号电平的直接控制，因此其输出随输入信号的变化而变化。此时的输入信号易受到干扰，影响输出正确结果。另外，其同步性较差，与其他触发器配合使用时工作也无法协调，为此，需引入由时钟控制的触发器。

2. 同步 RS 触发器

在数字系统中，往往要求触发器最终的输出状态不仅由输入端所加的触发信号来决定，而且对触发信号的响应时间需要有另一个辅助控制信号来决定。即要求触发器在辅助信号没有到来之前，即使有触发信号，它对触发器也不起作用。这个起辅助作用的信号称为同步信号或时钟脉冲，也称为时钟信号，简称时钟，用 CP（Clock Pulse）表示。受时钟信号控制的触发器称为时钟控制触发器。图 18.3 所示为同步 RS 触发器的逻辑图和逻辑符号。

（1）同步 RS 触发器的电路结构由两部分组成：与非门 G_1、G_2 组成基本 RS 触发器，与非门 G_3、G_4 组成输入控制电路。图中 CP 为时钟脉冲输入端，简称时钟控制端或 CP 端。

（2）逻辑功能：当 CP=0 时，G_3、G_4 门被封锁，输出为 1（$\overline{S}_D=\overline{R}_D=1$），无论 S、R 的信号如何变化，触发器的状态都保持不变，即 $Q^{n+1}=Q^n$。当 CP=1 时，G_3、G_4 门开放，R、S 端的输入信号经 G_3、G_4 反相后加到 G_1、G_2 组成的基本 RS 触发器，使 Q 和 $\overline{Q}$ 随输入信号（R、S）状态变化而变化。它的特性如表 18.2 所示。

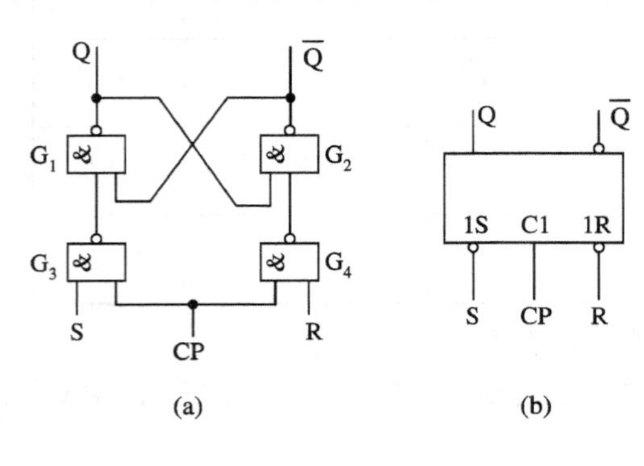

图 18.3　同步 RS 触发器
（a）逻辑图；（b）逻辑符号

表 18.2　同步 RS 触发器特性表

CP	S	R	Q^n	Q^{n+1}	说明
0	×	×	0	0	保持
0	×	×	1	1	
1	0	0	0	0	保持
1	0	0	1	1	
1	1	0	0	1	置 1
1	1	0	1	1	
1	0	1	0	0	置 0
1	0	1	1	0	
1	1	1	0	×	不定式
1	1	1	1	×	

从表 18.2 可看出，在 R=S=1 时，触发器的输出状态不定。为了避免出现这种情况，应使 RS=0 作为一项约束条件，使得触发器在 CP=1 时的输出状态受到输入信号的控制。

例 18.2　已知同步 RS 触发器的输入信号波形如图 18.4 所示，试画出 Q 和 $\overline{Q}$ 端的电压波形。设触发器的初始状态为 $Q^n=0$。

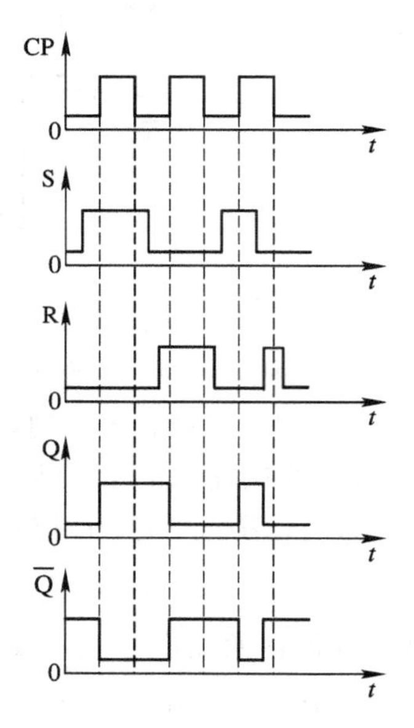

图 18.4　例 18.2 信号波形

3. 同步 D 触发器

为避免同步 RS 触发器同时出现 R 和 S 都为 1 的情况，可在 R 和 S 之间接入非门 G_5，如图 18.5 所示。这种单输入的触发器称为 D 触发器，又称为 D 锁存器。

当 CP=0 时，G_3、G_4 被封锁，输出都为 1，触发器输出保持原状态不变，不受 D 端输入信号的控制；当 CP=1 时，G_3、G_4 解除封锁，可接收 D 端输入的信号，若 D=1 时，$\overline{D}=0$，触发器翻转到 1 状态，即 $Q^{n+1}=1$；若 D=0 时，$\overline{D}=1$，触发器翻转到 0 状态，即 $Q^{n+1}=0$。由此可列出同步 D 触发器的特性表，见表 18.3。

由表 18.3 可知，同步 D 触发器的逻辑功能如下：当 CP 由 0 变为 1 时，触发器的状态翻转为与 D 的状态相同，当 CP 由 1 变为 0 时，触发器保持原状态不变。

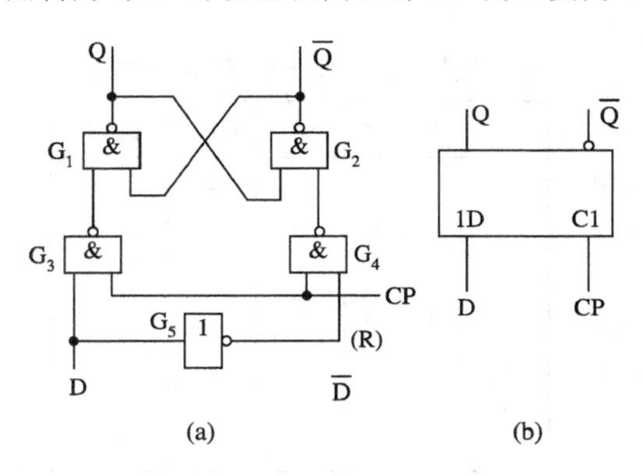

图 18.5　D 触发器

（a）逻辑图；（b）逻辑符号

表 18.3　D 触发器特性表

D	Q^n	Q^{n+1}	说　明
0	0	0	输出状态与 D 相同
0	1	0	
1	0	1	
1	1	1	

4. 主从结构触发器

同步触发器在 CP=1 期间，当输入信号 S、R 的状态多次改变时，同步触发器的状态也随之多次发生改变，即触发器的输出状态很不稳定。为了提高触发器工作的稳定性和可靠性，要求在每个 CP 脉冲周期内触发器的输出状态只能变化一次，为此，又在同步触发器的基础上设计出了主从结构触发器。

1）主从 RS 触发器

主从 RS 触发器是由两个同样的同步 RS 触发器组成的，但它们的时钟信号相位相反。其电路结构及逻辑符号如图 18.6 所示。

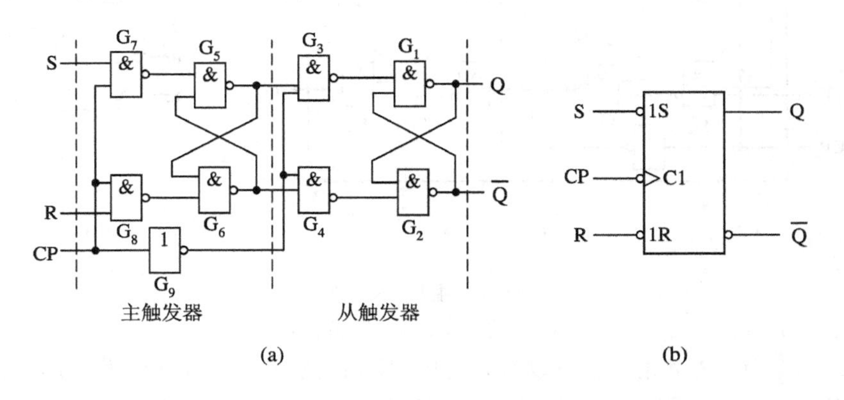

图 18.6　主从 RS 触发器

（a）电路结构；（b）逻辑符号

从图 18.6(a)中可知，G_1、G_4 组成从触发器，G_5、G_8 组成主触发器，反相器 G_9 的作用是使主触发器和从触发器受时钟脉冲控制。

主从 RS 触发器的工作原理和逻辑功能如下：

当 CP=1 时，G_7、G_8 被打开，G_3、G_4 被封锁，主触发器根据 R、S 的状态确定输出状态，而从触发器保持原来的状态不变。主触发器的输出是从触发器的输入。因此，从触发器的状态由主触发器的状态决定。

当 CP 由 1 变到 0 时，G_7、G_8 被锁，即主触发器被封锁，其输出不受 R、S 端信号的控制，保持原状态不变。与此同时，G_3、G_4 打开，从触发器按主触发器的状态变化(翻转)，因此，在 CP 的周期内触发器只变化一次。

表 18.4　主从 RS 触发器特性表

CP	S	R	Q^n	Q^{n+1}	说 明
×	×	×	×	Q^n	保持
↓	0	0	0	0	
↓	0	0	1	1	
↓	1	0	0	1	置 1
↓	1	0	1	1	
↓	0	1	0	0	置 0
↓	0	1	1	0	
↓	1	1	0	×	不定式
↓	1	1	1	×	

从上面的分析可知，主从 RS 触发器的逻辑功能与同步 RS 触发器相同，它的工作是分两拍进行的。在 CP 的一个周期中(从 0 到 1，再从 1 到 0)，主从结构 RS 触发器的输出只能改变一次。主从 RS 触发器是 CP 脉冲的下降沿触发翻转，其特性如表 18.4 所示。

从同步 RS 触发器到主从 RS 触发器的这一变化，克服了 CP=1 期间触发器输出状态多次翻转的问题。但由于主触发器本身就是同步 RS 触发器，因此输入端 S、R 之间仍需遵守约束条件 SR=0。

2) 主从 JK 触发器

虽然采用了主从结构的触发器能够保证输出状态在每个时钟周期内只能改变一次，但主从 RS 触发器仍需遵守 RS=0 的约束条件。为了在 R=S=1 时，触发器的状态也能确定，引入主从结构 JK 触发器，其电路结构和逻辑符号如图 18.7 所示。

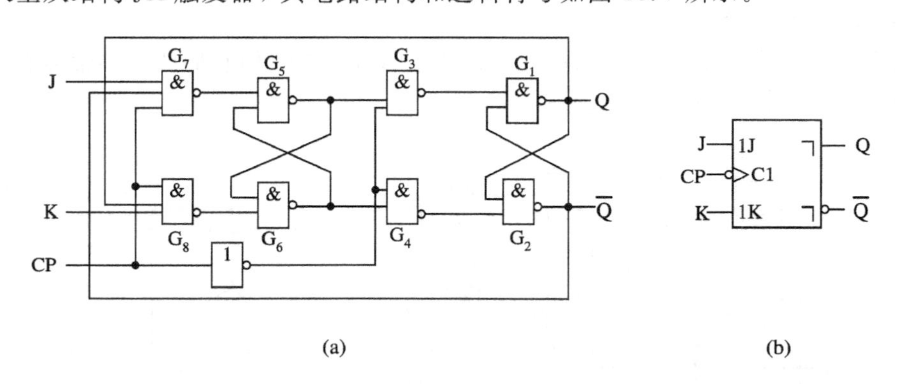

图 18.7　主从 JK 触发器

(a) 电路结构；(b) 逻辑符号

将图 18.6 和图 18.7 相比较可发现，主从 JK 触发器和主从 RS 触发器的不同之处是：JK 触发器从 Q 引到 G_8 门和 $\overline{Q}$ 引到 G_7 门的连线是将输出信号反馈到输入端。这两根线在制作集成电路时已在内部连好。为了表示与 RS 触发器逻辑功能上的区别，以 J、K 表示两个信号输入端。

主从 JK 触发器的逻辑功能如下：

当 J=0，K=0 时，在 CP 脉冲下降沿到来时，$Q^{n+1}=Q^n$，保持原状态；

当 J=0，K=1 时，在 CP 脉冲下降沿到来时，$Q^{n+1}=0$，置 0 状态；

当 J=1，K=0 时，在 CP 脉冲下降沿到来时，$Q^{n+1}=1$，置 1 状态；

当 J=1，K=1 时，在 CP 脉冲下降沿到来时，$Q^{n+1}=\overline{Q^n}$，翻转一次。

由上述的逻辑关系可得到主从 JK 触发器的特性表，如表 18.5 所示。

表 18.5　主从 JK 触发器特性表

CP	J	K	Q^n	Q^{n+1}	说明
×	×	×	×	Q^n	保持
↓	0	0	0	0	
↓	0	0	1	1	
↓	1	0	0	1	置 1
↓	1	0	1	1	
↓	0	1	0	0	置 0
↓	0	1	1	0	
↓	1	1	0	1	翻转
↓	1	1	1	0	

从表 18.5 可知，触发器的状态转换次数正好反映了 CP 脉冲的个数。由此可见，当 J、K 端接高电平时，JK 触发器具有计数功能，因此时钟脉冲又称为计数脉冲。

例 18.3　设 JK 触发器的初始状态 $Q^n=0$，试根据图 18.8 所示输入波形图画出输出波形图。

解　输出波形如图 18.8 所示。

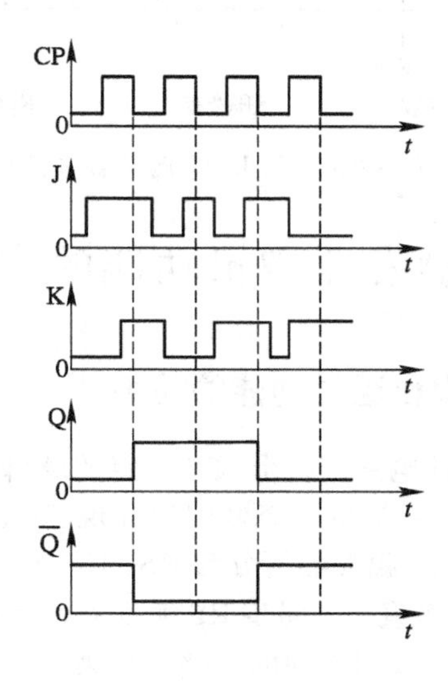

图 18.8　例 18.3 波形图

5. T 触发器

T 触发器是在时钟脉冲 CP 的作用下，具有保持和翻转功能的触发器。T 触发器只有一个输入端 T，当 T=0 时，触发器保持原状态；当 T=1 时，在 CP 脉冲到达后，触发器就翻转一次。T 触发器的逻辑符号如图 18.9 所示，其特性表如表 18.6 所示。从表中可看出，T=0 时触发器的状态保持不变，T=1 时在 CP 脉冲的作用下触发器翻转。

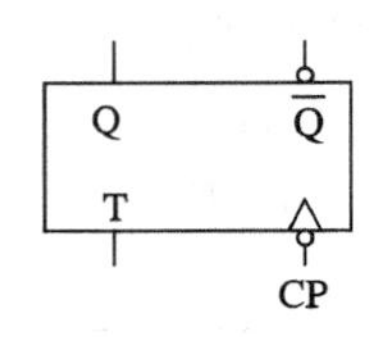

图 18.9　T 触发器的逻辑符号

表 18.6　T 触发器特性表

CP	T	Q^n	Q^{n+1}	说 明
↓	0	0	0	保持
↓	0	1	1	
↓	1	0	1	翻转
↓	1	1	0	

18.1.3　边沿触发器

边沿触发器是指只有在时钟信号 CP 的上升沿或下降沿时刻接收信号，电路的状态才能发生翻转，从而提高了触发器工作时的可靠性和干扰能力，它没有空翻现象。边沿触发器主要有维持阻塞 D 触发器、边沿 JK 触发器、CMOS 边沿触发器等。由于其逻辑功能与前面介绍的触发器相同，因此这里不再详述。

边沿触发器的逻辑符号是在 CP 脉冲信号上画"∧"表示边沿触发有效，在其下端画"∘"称为下降沿触发有效，无"∘"称为上升沿触发有效。图 18.10 所示为边沿 JK、D、T 触发器的逻辑符号。

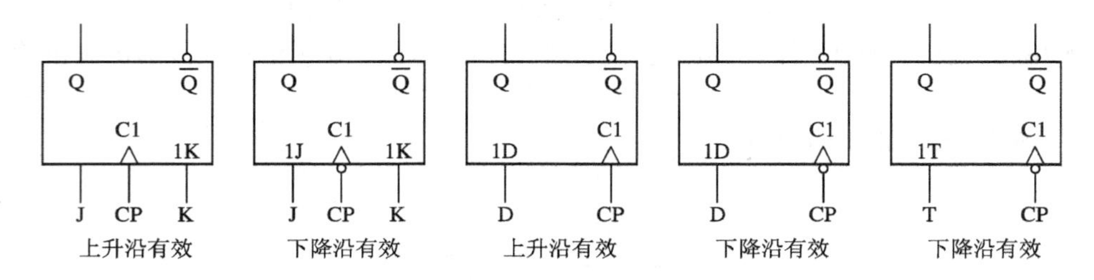

图 18.10　边沿 JK、D、T 触发器的逻辑符号

18.2　触发器逻辑功能的表示方法

18.2.1　触发器的电路结构和逻辑功能的关系

每一种触发器都具有一定的电路结构形式和一定的逻辑功能。逻辑功能和电路结构是两个不同的概念。逻辑功能指触发器的次态(Q^{n+1})和现态(Q^n)及输入信号之间在稳态下的逻辑关系。根据逻辑功能的不同，触发器可分为 RS、JK、D、T 触发器等。根据电路结构的不同，触发器可分为：基本 RS 触发器、同步 RS 触发器、主从结构触发器、边沿触发器等。

同一种逻辑功能的触发器可以用不同的电路结构来实现，这就是触发器的电路结构和逻辑功能之间的关系。

18.2.2　触发器逻辑功能的表示方法

触发器的逻辑功能一般可用特性表、特性方程、状态转换图和波形来描述。

1. RS 触发器的逻辑功能及表示方法

无论电路结构如何，凡在时钟信号作用下，符合特性表 18.7 所规定逻辑功能的触发器均称为 RS 触发器。RS 触发器的特性方程为

$$\begin{cases} Q^{n+1}=S+\overline{R}Q^{n} \\ R\cdot S=0 \end{cases}$$

RS 触发器的状态转换图如图 18.11 所示，其中的箭头表明状态转换的走向，同时也表明转换的条件。

表 18.7 RS 触发器特性表

S	R	Q^n	Q^{n+1}	说 明
0	0	0	0	保持
0	0	1	1	
0	1	0	0	置 0
0	1	1	0	
1	0	0	1	置 1
1	0	1	1	
1	1	0	×	不定式
1	1	1	×	

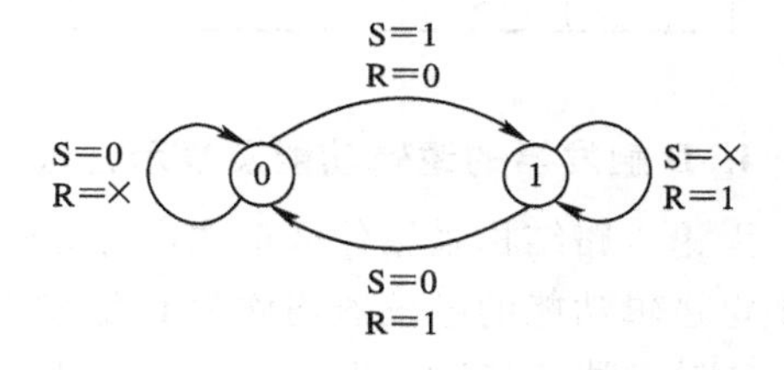

图 18.11 RS 触发器状态转换图

2. JK 触发器的逻辑功能及表示方法

无论电路结构如何，凡在时钟信号作用下，符合特性表 18.8 所示逻辑功能的触发器都称为 JK 触发器。

JK 触发器的特性方程为

$$Q^{n+1}=J\overline{Q}^{n}+\overline{K}Q^{n}$$

JK 触发器的状态转换图如图 18.12 所示，其中的箭头表明状态转换的走向，同时也表明转换的条件。

表 18.8 JK 触发器特性表

J	K	Q^n	Q^{n+1}	说 明
0	0	0	0	保持
0	0	1	1	
0	1	0	0	置 0
0	1	1	0	
1	0	0	1	置 1
1	0	1	1	
1	1	0	1	翻转
1	1	1	0	

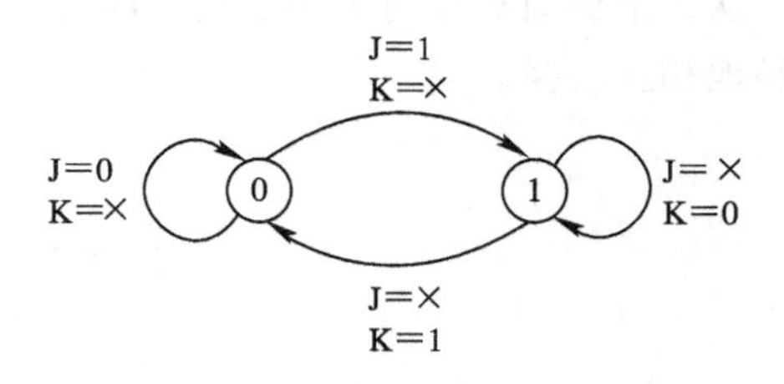

图 18.12 JK 触发器状态转换图

3. T 触发器的逻辑功能及表示方法

具备以下逻辑功能的触发器称为 T 触发器：当控制信号 T=1 时，每来一个脉冲 CP 信号，它的输出状态就翻转一次；而当 T=0 时，CP 脉冲信号到达后它的状态保持不变。T 触发器的特性如表 18.9 所示。

T 触发器的特性方程为

$$Q^{n+1}=T\overline{Q}^n+\overline{T}Q^n$$

T 触发器的状态转换图如图 18.13 所示，其中的箭头表明状态转换的走向，同时也说明转换的条件。

表 18.9　T 触发器特性表

T	Q^n	Q^{n+1}	说　明
0	0	0	保持
0	1	1	
1	0	1	翻转
1	1	0	

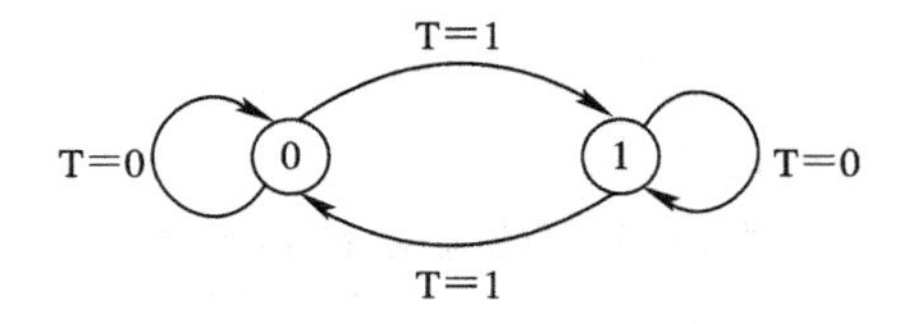

图 18.13　T 触发器状态转换图

4. D 触发器的逻辑功能及表示方法

无论电路结构采用什么形式，凡在时钟信号 CP 的作用下，逻辑功能符合特性表 18.10 所规定逻辑功能的触发器均称为 D 触发器。

D 触发器的特性方程为

$$Q^{n+1}=D$$

D 触发器的状态转换图如图 18.14 所示，其中的箭头表明状态转换的走向，同时也表明转换的条件。

表 18.10　D 触发器特性表

D	Q^n	Q^{n+1}	说　明
0	0	0	置 0
0	1	0	
1	0	1	置 1
1	1	1	

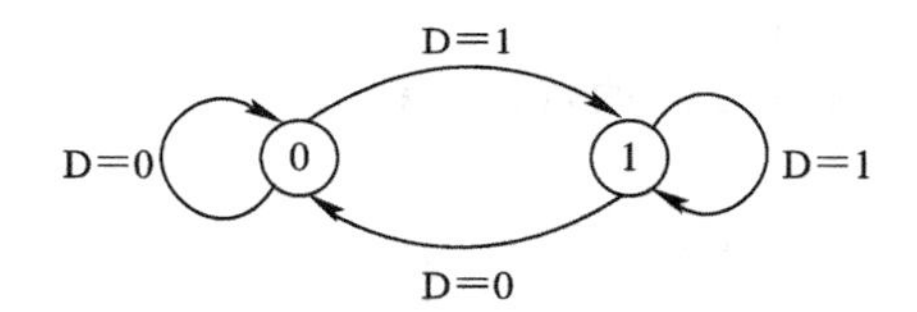

图 18.14　D 触发器状态转换图

从以上的讨论中可看出：在特性表、特性方程和状态转换图这三种方法之间可以比较容易地相互转换。

习　题　18

1. 基本 RS 触发器的输入信号 $\overline{S}$、$\overline{R}$ 的波形如题图 18.1 所示，试画出 Q 和 $\overline{Q}$ 的波形。

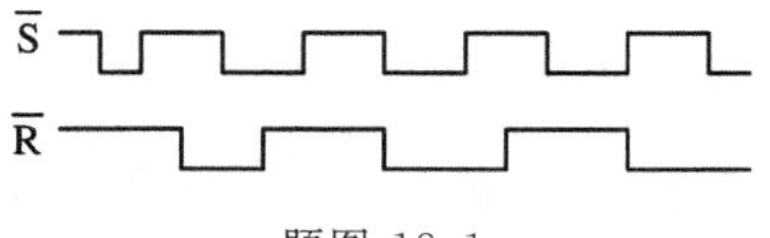

题图 18.1

2. 试分析题图 18.2 所示电路的逻辑功能，并列出真值表。

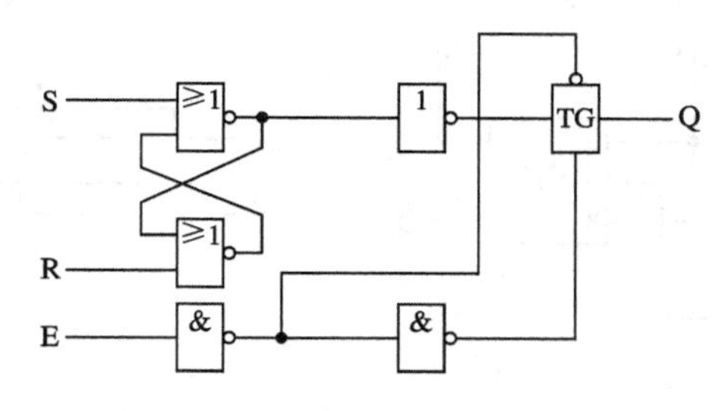

题图 18.2

3. 已知 TTL 主从 JK 触发器输入端 J、K 及时钟脉冲 CP 波形如题图 18.3 所示，试画出内部主触发器 Q 端及输出端 Q 的波形。设触发器初态为 0。

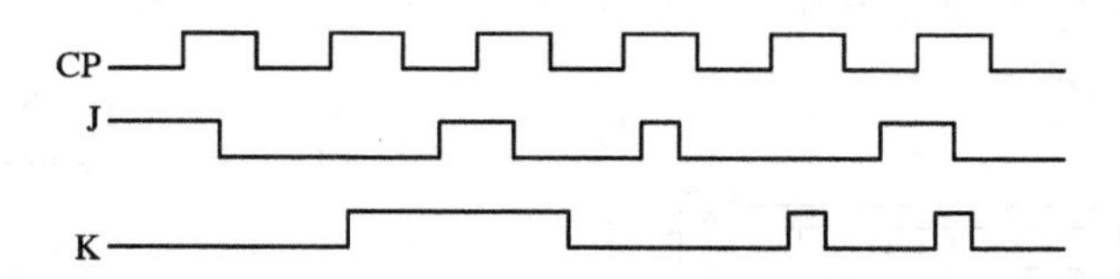

题图 18.3

4. 触发器电路及相关波形如题图 18.4 所示。

(1) 写出该触发器的次态方程；

(2) 对应给出波形画出 Q 端波形(设起始状态 Q=0)。

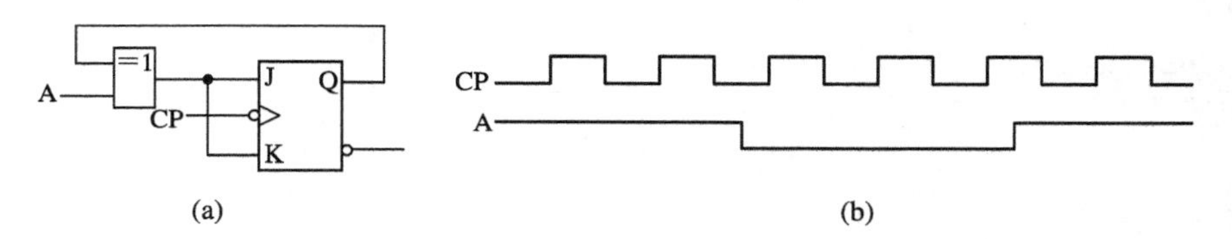

题图 18.4

5. 同步 RS 触发器和基本 RS 触发器在电路结构和动作特点上有哪些不同？

6. 设题图 18.5 中触发器的初始状态为 0，试画出在 CP 及输入信号作用下触发器输出端的波形。

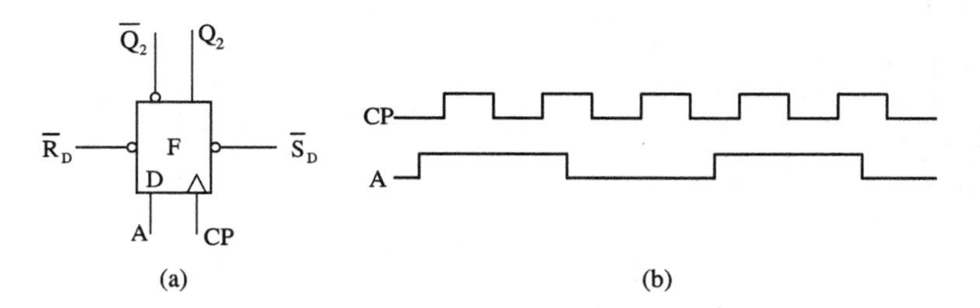

题图 18.5

7. 在题图 18.6(a)中 F_1 是 D 触发器，F_2 是 JK 触发器，CP 和 A 的波形如题图 18.6(b)所示，试画出 Q_1、Q_2 的波形。

8. 试分别画出由主从 RS 触发器构成边沿 JK 触发器、边沿 D 触发器和边沿 T 触发器电路。

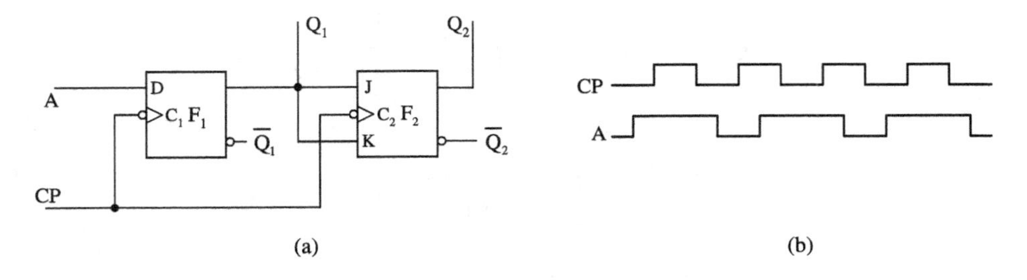

题图 18.6

9. 试分析题图 18.7 所示时序电路的逻辑功能。

10. 试分析题图 18.8 所示时序电路的逻辑功能。

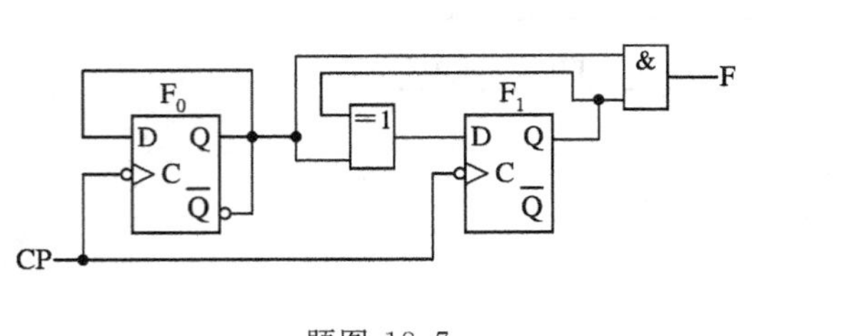

题图 18.7

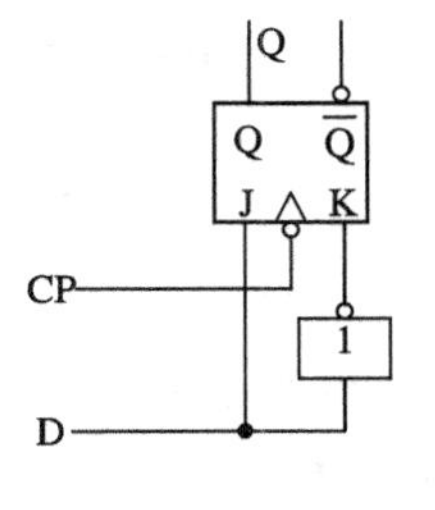

题图 18.8

第19章 寄存器和计数器

19.1 寄 存 器

寄存器是暂时存放二进制数码的逻辑部件。它通常由触发器和门电路组成，前者用来存放数码，后者用来控制数码的接收与发送。一个触发器可以存放一位二进制代码，N 个触发器可以存放 N 位二进制代码，即寄存器存放代码的位数和所用的触发器个数是相同的，用 N 个触发器就可组成 N 位寄存器。

寄存器分为数码寄存器和移位寄存器，它们是数字电路中使用最广泛的基本逻辑部件，下面分别进行介绍。

19.1.1 数码寄存器

数码寄存器是用于存放二进制代码的电路。图19.1所示是利用触发器的记忆功能构成的寄存器，它是由四个D触发器($F_0 \sim F_3$)组成的，有 $D_0 \sim D_3$ 四个数据输入端，$Q_0 \sim Q_3$ 四个输出端。CP为脉冲输入端，$\overline{R}_D$ 为各触发器的清零端，低电平有效。

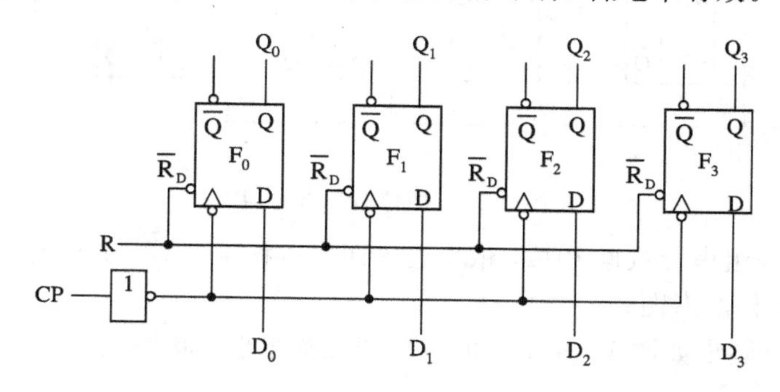

图19.1 四位数码寄存器

寄存器的工作原理如下：

当 $\overline{R}_D=0$ 时，触发器 $F_0 \sim F_3$ 同时被置0；寄存器工作时，$\overline{R}_D=1$。要存放二进制代码时，将数据放到数据输入端 $D_0 \sim D_3$ 处，在CP脉冲的作用下，输入到 $F_0 \sim F_3$ 四个D触发器中，寄存器的输出端为 $Q_3Q_2Q_1Q_0= D_3D_2D_1D_0$。

在 $CP=0$，$\overline{R}_D=1$ 时，寄存器中存放的数据保持不变，即 $F_0 \sim F_3$ 的状态保持不变。从图19.1中不难看出，这种寄存器在接收数据时，各位数据是同时输入的，输出的数据也是同时的，故称为并行输入、输出数码寄存器。常用型号有74LS175和CC4076。

19.1.2 移位寄存器

移位寄存器不仅能储存代码，而且还具有移位功能。移位功能是指存储在寄存器里的二进制代码，能在时钟 CP 脉冲的作用下，依次左移或右移一位。移位存储器可用来实现数据的串—并行转换等。

移位寄存器的输入、输出分串行和并行两种。串行输入方式是指在 CP 脉冲的作用下，将数据从寄存器的最低位逐位输入到各寄存器中；并行输入方式是指在 CP 脉冲的作用下，各位数据同时输入到各寄存器中。串行输出方式是在 CP 脉冲的作用下，数据从寄存器的最高位逐位输出；并行输出方式是在 CP 脉冲的作用下，寄存器中各触发器同时对外输出。移位寄存器又分单向移位寄存器和双向移位寄存器。

1. 单向移位数码寄存器

图 19.2 所示是用四个 D 触发器组成的四位右移寄存器，其中 F_3 是最高数码触发器，F_0 是最低数码触发器，四个触发器共用同一个时钟脉冲 CP 信号，因此称为同步时序电路。F_0 的 D_0 端是串行输入，每当 CP 脉冲沿来到时，输入的数码被移入到 F_0 触发器，而每个触发器的状态在 CP 脉冲的作用下，也同时移入下一位触发器，最高位触发器的状态从串行输出端移出寄存器。如果将一组四位数码逐位移到寄存器中，经过四个 CP 脉冲后，将在 $F_3F_2F_1F_0$ 四个输出端（$Q_3Q_2Q_1Q_0$）并行输出四位数码，即将串行数据输入转换成并行数据输出。

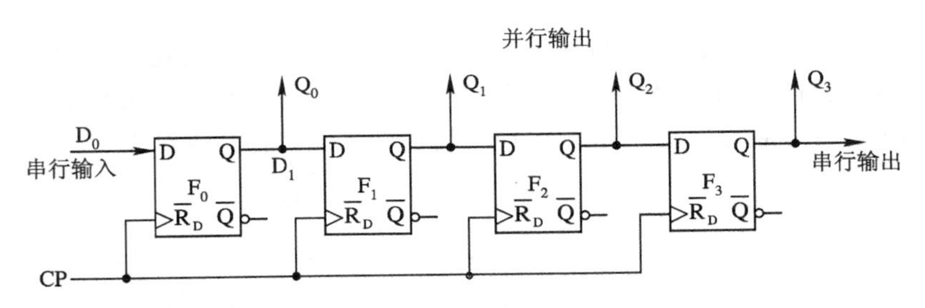

图 19.2 四位右移寄存器

例 19.1 有一组串行数据 1011，依次送入四位右移寄存器，试画出四位右移寄存器的电路、状态表和工作波形图。

解 根据题意画出如图 19.3 所示的电路图和波形图，状态表如表 19.1 所示（输入数据为 1011）。

表 19.1 四位右移寄存器状态表

CP	D	Q_0	Q_1	Q_2	Q_3
0	0	0	0	0	0
1	1	1	0	0	0
2	0	0	1	0	0
3	1	1	0	1	0
4	1	1	1	0	1

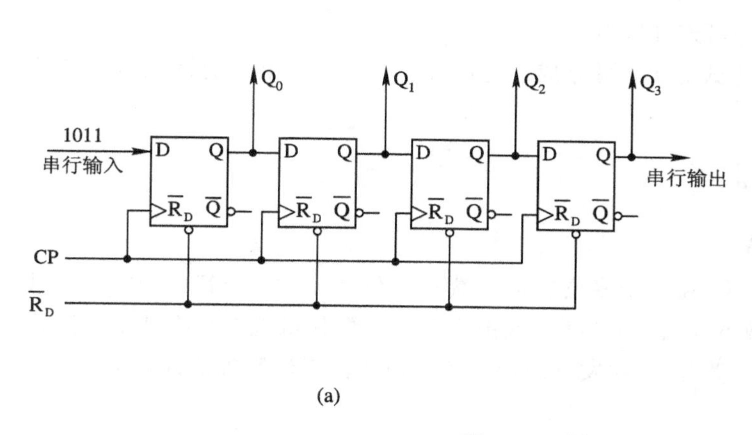

(a)

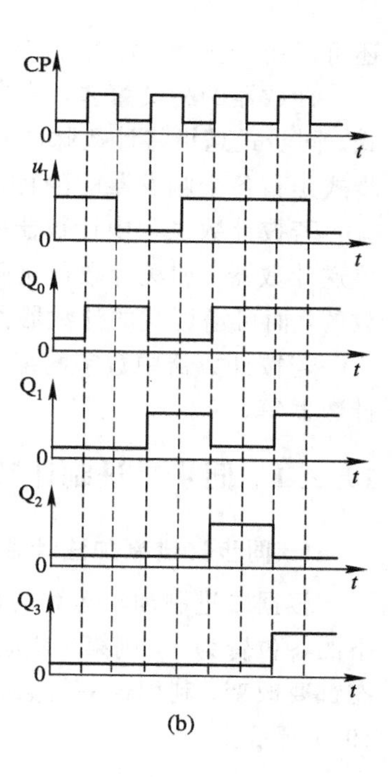

(b)

图 19.3　例 19.1 图

(a) 例 19.1 四位右移寄存器的电路；(b) 例 19.1 波形图

同理，用 D 触发器也可以组成左移寄存器，这里不再叙述。

2. 双向移位寄存器

由单向移位寄存器的工作原理可知，双向移位寄存器的左移和右移功能是在单向寄存器的基础上增加左移或右移功能，另外加上一些控制电路和控制信号即可构成双向移位寄存器。如图 19.4 所示为集成四位双向移位寄存器 74LS194 的引脚图，其功能表如表 19.2 所示。

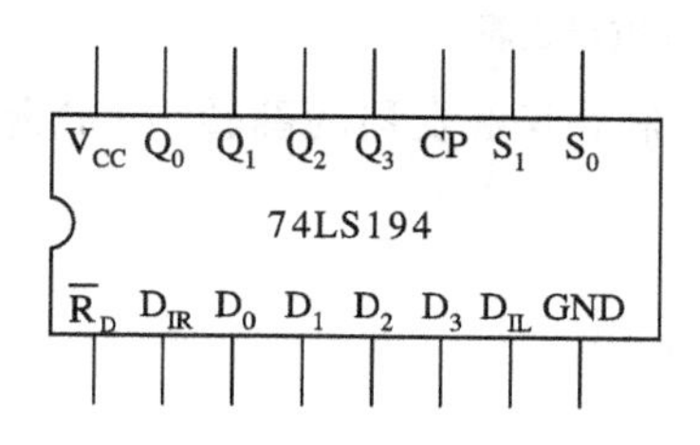

图 19.4　四位双向移位寄存器 74LS194 引脚图

表 19.2　四位双向移位寄存器 74LS194 功能表

$\overline{R}_D$	S_1	S_2	工作状态
0	×	×	清零
1	0	0	保持
1	0	1	右移
1	1	0	左移
1	1	1	并行输入

19.2　同步计数器

数字电路中使用最多的时序电路就是计数器。计数器不仅能用于对时钟脉冲的计数，还可以用于分频、定时、产生节拍脉冲和脉冲序列等。

计数器的种类繁多。若按计数器中的触发器是否同时翻转分类，可分为同步式和异步式。同步式是指将计数脉冲同时加到所有触发器时，各个触发器的翻转是同时发生的。异步式是指各个触发器的翻转是有先后顺序的，不是同时发生的。

若按计数过程中计数器中的增减分类，又可把计数器分为加法计数器、减法计数器和可逆计数器。加法计数器是随着计数脉冲的不断输入而递增计数的，减法计数器是递减计数的，而可增可减的计数器称为可逆计数器。

若按计数器中数字的编码方式分类，可分成二进制计数器、二—十进制计数器和循环计数器等。

19.2.1 同步二进制计数器

1. 同步二进制加法计数器

根据二进制加法运算的规则，在一个多位二进制数的末位加 1 时，若其中的第 i 位以下的各位皆为 1，则第 i 位应改变状态(由 0 变 1 或由 1 变 0)。而最低位在每次加 1 时其状态都要改变。利用这一特点，可使用 JK 触发器组成一个四位同步二进制加法计数器，如图 19.5 所示。

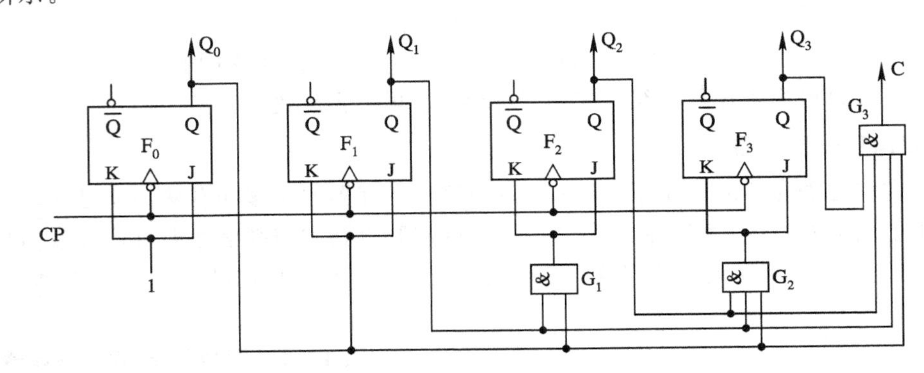

图 19.5　四位同步二进制加法计数器逻辑图

从图 19.5 中可看出，各触发器受同一 CP 脉冲控制，其触发器的翻转与 CP 脉冲的下降沿同步。

对图 19.5 的时序电路分析如下。

输出方程：

$$C=Q_3Q_2Q_1Q_0$$

驱动方程：

$$J_0=K_0=1$$

$$J_1=K_1=Q_0^n$$

$$J_2=K_2=Q_1^nQ_0^n$$

$$J_3=K_3=Q_2^nQ_1^nQ_0^n$$

将驱动方程代入触发器的特性方程，得到

$$Q_0^{n+1}=J_0\overline{Q}^n+\overline{K}_0Q^n=\overline{Q}_0^n$$

$$Q_1^{n+1}=J_1\overline{Q}_1^n+\overline{K}_1Q_1^n=Q_0^n\oplus Q_1^n$$

$$Q_2^{n+1}=J_2\overline{Q}_2^n+\overline{K}_2Q_2^n=\overline{Q}_2^nQ_1^nQ_0^n+Q_2^n\ \overline{Q_1^nQ_0^n}$$

$$Q_3^{n+1}=J_3\overline{Q}_3^n+\overline{K}_3Q_3^n=\overline{Q}_3^nQ_2^nQ_1^nQ_0^n+Q_3^n\ \overline{Q_2^nQ_1^nQ_0^n}$$

根据状态方程可作出电路的状态转换表，如表 19.3 所示。

表 19.3　四位同步二进制加法计数器状态转换表

计数	CP	Q_3^n	Q_2^n	Q_1^n	Q_0^n	Q_3^{n+1}	Q_2^{n+1}	Q_1^{n+1}	Q_0^{n+1}	C
0	↓	0	0	0	0	0	0	0	0	0
1	↓	0	0	0	0	0	0	0	1	0
2	↓	0	0	0	1	0	0	1	0	0
3	↓	0	0	1	0	0	0	1	1	0
4	↓	0	0	1	1	0	1	0	0	0
5	↓	0	1	0	0	0	1	0	1	0
6	↓	0	1	0	1	0	1	1	0	0
7	↓	0	1	1	0	0	1	1	1	0
8	↓	0	1	1	1	1	0	0	0	0
9	↓	1	0	0	0	1	0	0	1	0
10	↓	1	0	0	1	1	0	1	0	0
11	↓	1	0	1	0	1	0	1	1	0
12	↓	1	0	1	1	1	1	0	0	0
13	↓	1	1	0	0	1	1	0	1	0
14	↓	1	1	0	1	1	1	1	0	0
15	↓	1	1	1	0	1	1	1	1	1
16	↓	1	1	1	1	0	0	0	0	0

根据状态转换表，可画出状态转换图和各触发器输出端的波形图，如图 19.6 和图 19.7 所示。

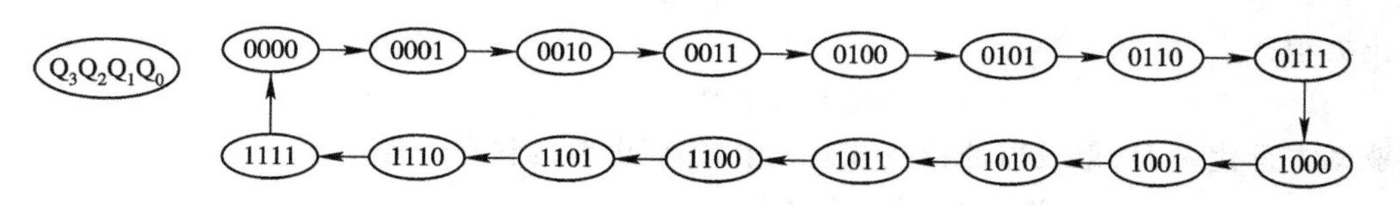

图 19.6　四位同步二进制加法计数器状态转换图

图 19.7　四位同步二进制加法计数器波形图

2. 同步二进制减法计数器

根据二进制减法计数器的运算规则可知，从多位二进制数减 1 时，要求每输入一个计数脉冲，最低位触发器要翻转一次，而其他触发器只能在其低位触发器均为 0 时，在计数脉冲 CP 的作用下才翻转。用 JK 触发器构成四位同步二进制减法计数器如图 19.8 所示。

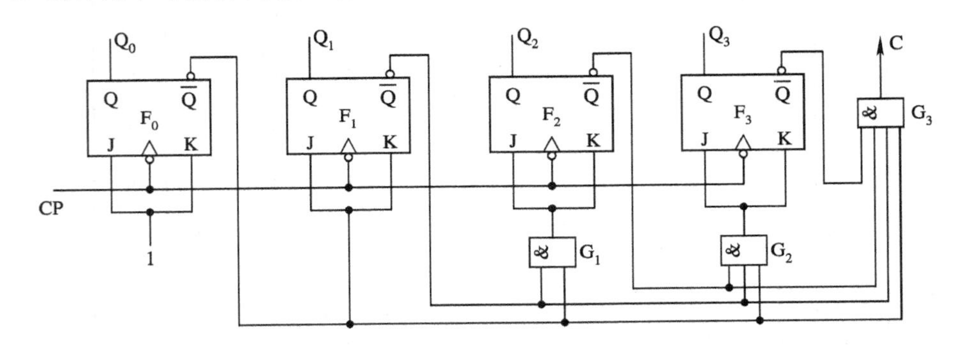

图 19.8　四位同步二进制减法计数器逻辑图

根据图 19.8 的逻辑电路可写出驱动方程：

$$J_0=K_0=1$$

$$J_1=K_1=\overline{Q}_0^n$$

$$J_2=K_2=\overline{Q}_0^n\overline{Q}_1^n$$

$$J_3=K_3=\overline{Q}_2^n\overline{Q}_1^n\overline{Q}_0^n$$

输出方程：

$$C=\overline{Q}_3^n\overline{Q}_2^n\overline{Q}_1^n\overline{Q}_0^n$$

将驱动方程代入 JK 触发器的特性方程式中，得到电路的状态方程：

$$Q_0^{n+1}=J_0\overline{Q}_0^n+\overline{K}_0Q_0^n=\overline{Q}_0^n$$

$$Q_1^{n+1}=J_1\overline{Q}_1^n+\overline{K}_1Q_1^n=\overline{Q}_1^n\overline{Q}_0^n+Q_1^nQ_0^n$$

$$Q_2^{n+1}=J_2\overline{Q}_2^n+\overline{K}_2Q_2^n=\overline{Q}_2^n\overline{Q}_1^n\overline{Q}_0^n+Q_2^n\,\overline{\overline{Q}_1^n\overline{Q}_0^n}$$

$$Q_3^{n+1}=J_3\overline{Q}_3^n+\overline{K}_3Q_3^n=\overline{Q}_3^n\overline{Q}_2^n\overline{Q}_1^n\overline{Q}_0^n+Q_3^n\,\overline{\overline{Q}_2^n\overline{Q}_1^n\overline{Q}_0^n}$$

根据状态方程，可作出状态转换表 19.4，其中 C 为进位。

表 19.4　四位同步二进制减法计数器状态转换表

CP	Q_3^n	Q_2^n	Q_1^n	Q_0^n	Q_3^{n+1}	Q_2^{n+1}	Q_1^{n+1}	Q_0^{n+1}	C
↓	0	0	0	0	0	0	0	0	1
↓	0	0	0	0	1	1	1	1	0
↓	1	1	1	1	1	1	1	0	0
↓	1	1	1	0	1	1	0	1	0
↓	1	1	0	1	1	1	0	0	0
↓	1	1	0	0	1	0	1	1	0
↓	1	0	1	1	1	0	1	0	0
↓	1	0	1	0	1	0	0	1	0
↓	1	0	0	1	1	0	0	0	0
↓	1	0	0	0	0	1	1	1	0
↓	0	1	1	1	0	1	1	0	0
↓	0	1	1	0	0	1	0	1	0
↓	0	1	0	1	0	1	0	0	0
↓	0	1	0	0	0	0	1	1	0
↓	0	0	1	1	0	0	1	0	0
↓	0	0	1	0	0	0	0	1	0
↓	0	0	0	1	0	0	0	0	1

根据状态转换表，可画出状态转换图 19.9 和各触发器输出端的波形图 19.10。

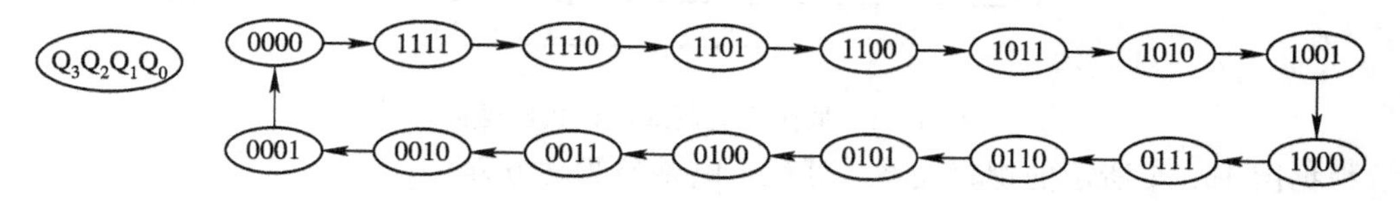

图 19.9　四位同步二进制减法计数器状态转换图

图 19.10　四位同步二进制减法计数器各触发器输出端的波形

19.2.2 同步十进制计数器

一般把二—十进制编码的计数器称为十进制计数器，它用4位二进制代码表示一位十进制数。十进制计数器是在4位同步二进制计数器的基础上改进而成的。4位二进制计数器的状态从0000状态开始到1001状态，第10个计数脉冲到来时，电路的状态从1001返回到0000状态，其余6个状态(1010，1011，1100，1101，1110，1111)可通过电路设置被跳过，同时计数器输出一个进位信号(C=1)。

1. 同步十进制加法计数器

图19.11所示为由四个JK触发器和门电路构成的同步十进制加法计数器。

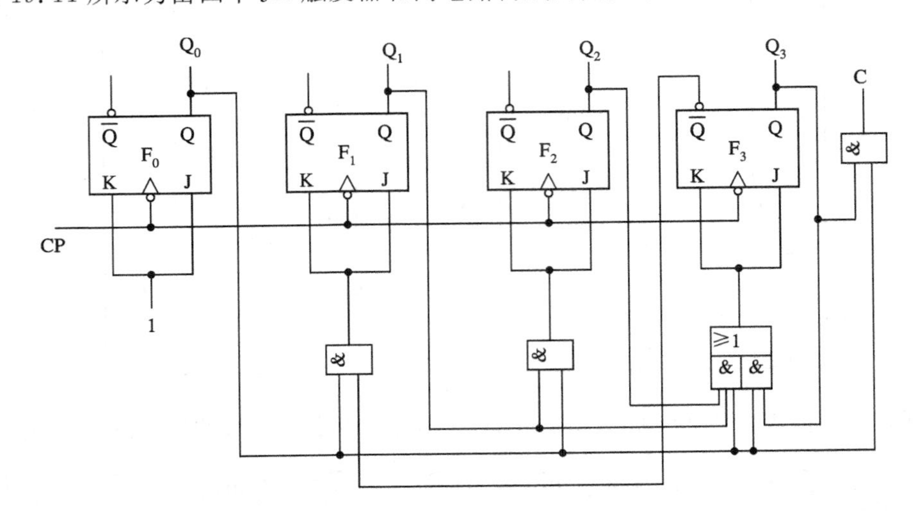

图 19.11　同步十进制加法计数器逻辑图

根据图19.11所示的逻辑关系，可写出电路的驱动方程：

$$J_0=K_0=1$$

$$J_1=K_1=\overline{Q}_3^n Q_0^n$$

$$J_2=K_2=Q_1^n Q_0^n$$

$$J_3=K_3=Q_2^n Q_1^n Q_0^n+Q_3^n Q_0^n$$

输出方程：

$$C=Q_3^n Q_0^n$$

将上面的式子代入JK触发器的特性方程可得到：

$$Q_0^{n+1}=\overline{Q}_0^n$$

$$Q_1^{n+1}=\overline{Q}_3^n \overline{Q}_1^n Q_0^n+\overline{\overline{Q}_3^n Q_0^n}\,Q_1^n$$

$$Q_2^{n+1}=\overline{Q}_2^n Q_1^n Q_0^n+Q_2^n\ \overline{Q_1^n Q_0^n}$$

$$Q_3^{n+1}=(Q_2^n Q_1^n Q_0^n+Q_3^n Q_0^n)\overline{Q}_3^n+\overline{(Q_2^n Q_1^n Q_0^n+Q_0^n Q_3^n)}\,Q_3^n$$

由上面的的状态转换方程可列出状态转换表19.5。

状态转换如图19.12所示。

根据图19.12可画出各触发器输出端的波形图，如图19.13所示。

表 19.5　同步十进制加法计数器状态转换表

计数顺序	Q_3^n	Q_2^n	Q_1^n	Q_0^n	Q_3^{n+1}	Q_2^{n+1}	Q_1^{n+1}	Q_0^{n+1}	C
0	0	0	0	0	0	0	0	1	0
1	0	0	0	1	0	0	1	0	0
2	0	0	1	0	0	0	1	1	0
3	0	0	1	1	0	1	0	0	0
4	0	1	0	0	0	1	0	1	0
5	0	1	0	1	0	1	1	0	0
6	0	1	1	0	0	1	1	1	0
7	0	1	1	1	1	0	0	0	0
8	1	0	0	0	1	0	0	1	0
9	1	0	0	1	0	0	0	0	1
10	0	0	0	0	1	0	0	1	0
0	1	0	1	0	1	0	1	1	0
1	1	0	1	1	0	1	1	0	1
2	0	1	1	0	1	1	0	0	0
0	1	1	0	0	1	1	0	1	0
1	1	1	0	1	0	1	0	0	1
2	0	1	0	0	1	1	1	0	0
0	1	1	1	0	1	1	1	1	0
1	1	1	1	1	0	0	1	0	1
2	0	0	1	0	0	0	1	1	0

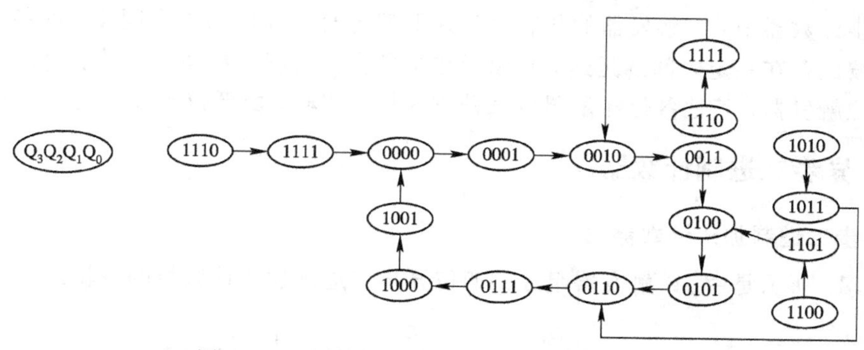

图 19.12　同步十进制加法计数器状态转换图

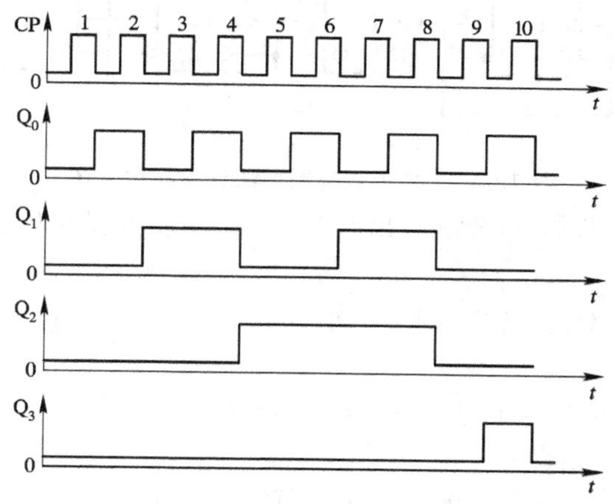

图 19.13　同步十进制加法计数器各触发器输出端波形图

2. 同步十进制减法计数器

图 19.14 所示为同步十进制减法计数器的逻辑图，它基本上是从同步二进制减法计数器电路演变而来，其工作原理请读者自行分析。

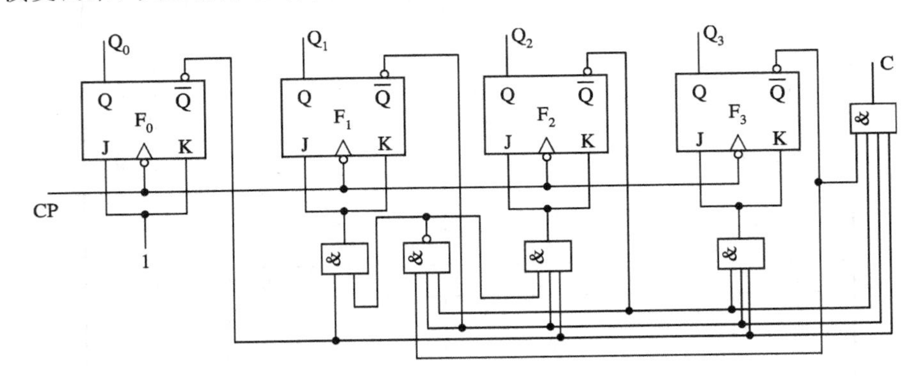

图 19.14　同步十进制减法计数器逻辑图

19.3 异步计数器

在异步计数器中，各触发器的状态更新并不都与时钟脉冲的输入同步，即各触发器的状态更新彼此存在一定时间的延迟，其原因在于异步二进制计数器的时钟脉冲输入只能作用在最低位触发器，其他各位触发器以某种方式相互串联，由低位到高位逐位翻转。

19.3.1 异步二进制计数器

1. 异步二进制加法计数器

图 19.15 所示是由 JK 触发器组成的四位异步二进制加法计数器的逻辑图。

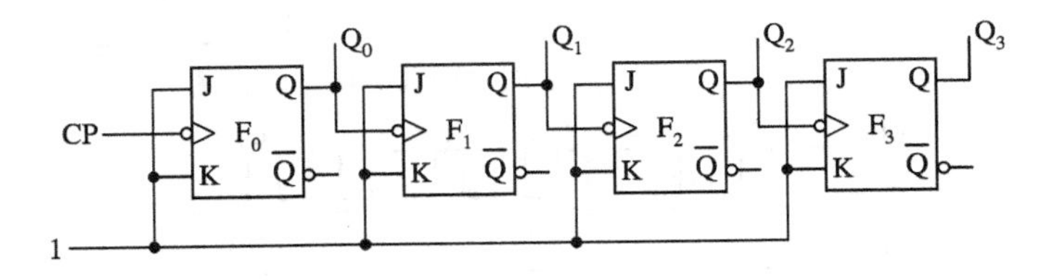

图 19.15　异步二进制加法计数器逻辑图

根据图 19.15 的逻辑图，可分别写出时钟方程、驱动方程和状态方程。

时钟方程：

$$CP_0=CP，CP_1=Q_0^n，CP_2=Q_1^n，CP_3=Q_2^n$$

驱动方程：

$$J_0=K_0=1，J_1=K_1=1，J_2=K_2=1，J_3=K_3=1$$

状态方程：

$$Q_0^{n+1}=J_0\overline{Q}_0^n+\overline{K}_0Q_0^n=\overline{Q}_0^n$$

$$Q_1^{n+1} = J_1 \overline{Q}_1^n + \overline{K}_1 Q_1^n = \overline{Q}_1^n$$
$$Q_2^{n+1} = J_2 \overline{Q}_2^n + \overline{K}_2 Q_2^n = \overline{Q}_2^n$$
$$Q_3^{n+1} = J_3 \overline{Q}_3^n + \overline{K}_3 Q_3^n = \overline{Q}_3^n$$

状态转换图如图 19.16 所示。

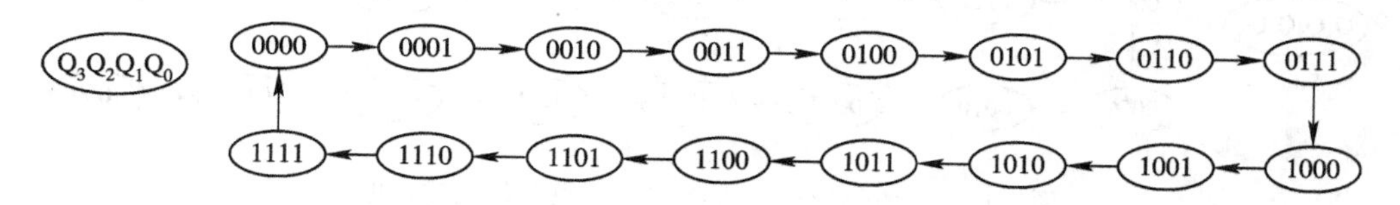

图 19.16 异步二进制加法计数器状态转换图

由状态转换图可画出各触发器输出端的状态转换波形图，如图 19.17 所示。

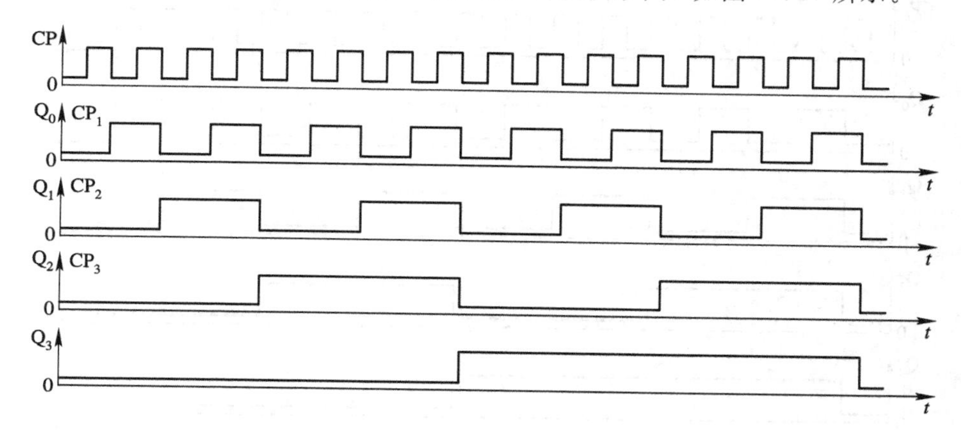

图 19.17 异步二进制加法计数器状态转换波形图

2. 异步二进制减法计数器

图 19.18 所示为由 JK 触发器组成的四位异步二进制减法计数器的逻辑图。

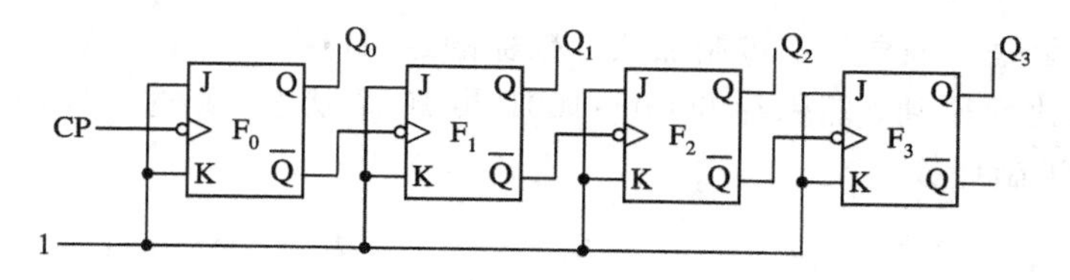

图 19.18 四位异步二进制减法计数器逻辑图

根据图 19.18 所示的逻辑图，可分别写出时钟方程、驱动方程和状态方程。

时钟方程：

$$CP_0 = CP,\ CP_1 = \overline{Q}_0^n,\ CP_2 = \overline{Q}_1^n,\ CP_3 = \overline{Q}_2^n$$

驱动方程：

$$J_0 = K_0 = 1,\ J_1 = K_1 = 1,\ J_2 = K_2 = 1,\ J_3 = K_3 = 1$$

状态方程：

$$Q_0^{n+1} = J_0 \overline{Q}_0^n + \overline{K}_0 Q_0^n = \overline{Q}_0^n$$
$$Q_1^{n+1} = J_1 \overline{Q}_1^n + \overline{K}_1 Q_1^n = \overline{Q}_1^n$$

$$Q_2^{n+1}=J_2\overline{Q}_2^n+\overline{K}_2Q_2^n=\overline{Q}_2^n$$

$$Q_3^{n+1}=J_3\overline{Q}_3^n+\overline{K}_3Q_3^n=\overline{Q}_3^n$$

状态转换如图 19.19 所示。

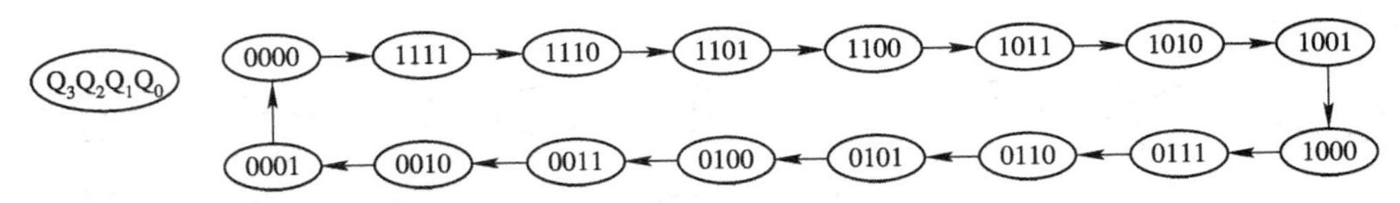

图 19.19 四位异步二进制减法计数器状态转换图

由状态转换图可画出各触发器的输入端和输出端波形图，如图 19.20 所示。

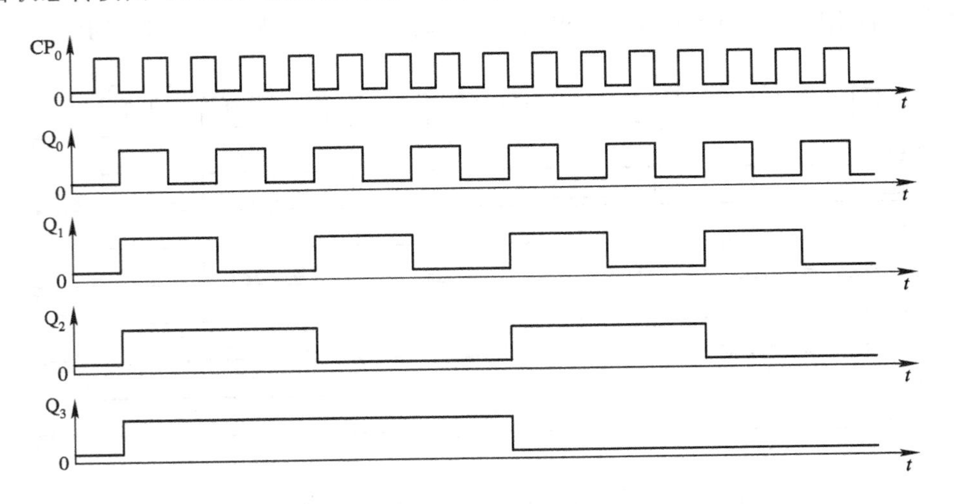

图 19.20 四位异步二进制减法计数器输入输出波形图

19.3.2 异步十进制加法计数器

图 19.21 所示是一个异步十进制加法计数器的逻辑电路，它是在四位二进制加法计数器的基础上经修改而得到，能保存 0000～1001 共 10 个状态，跳过 1010～1111 共 6 个状态，从而实现十进制计数。

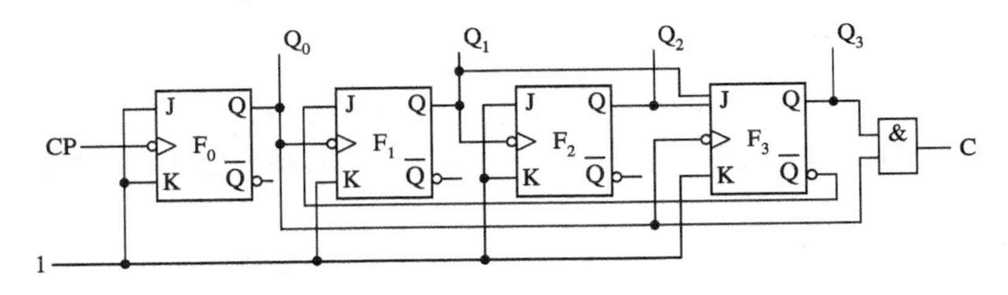

图 19.21 异步十进制加法计数器逻辑图

由图 19.21 所示逻辑图，可分别写出时钟方程、驱动方程和输出方程。

时钟方程：

$$CP_0=CP,\ CP_1=Q_0^n,\ CP_2=Q_1^n,\ CP_3=Q_0^n=CP_1$$

驱动方程：

$$J_0=K_0=1$$
$$J_1=\overline{Q}_3^n,\ K_1=1$$
$$J_2=K_2=1$$
$$J_3=Q_2^nQ_1^n,\ K_3=1$$

输出方程：

$$C=Q_3^nQ_0^n$$

状态方程：

$$Q_0^{n+1}=J_0\overline{Q}_0^n+\overline{K}_0Q_0^n=\overline{Q}_0^n$$
$$Q_1^{n+1}=\overline{Q}_3^nQ_1^n$$
$$Q_2^{n+1}=\overline{Q}_2^n$$
$$Q_3^{n+1}=\overline{Q}_3^nQ_2^nQ_1^n$$

状态转换图如图 19.22 所示。

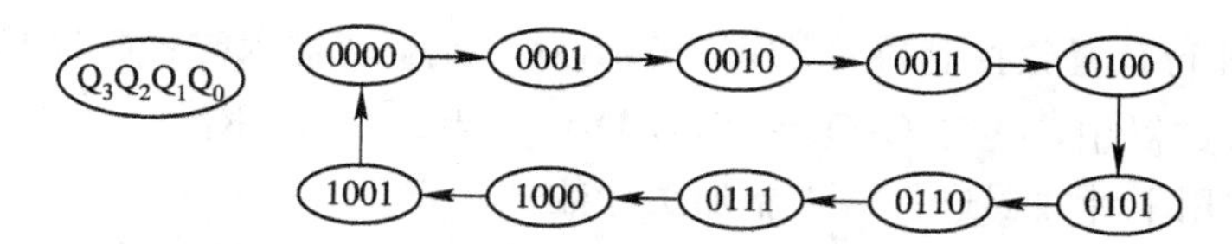

图 19.22　异步十进制加法计数器状态转换图

由图 19.22 可画出各触发器输入端和输出端波形图，如图 19.23 所示。

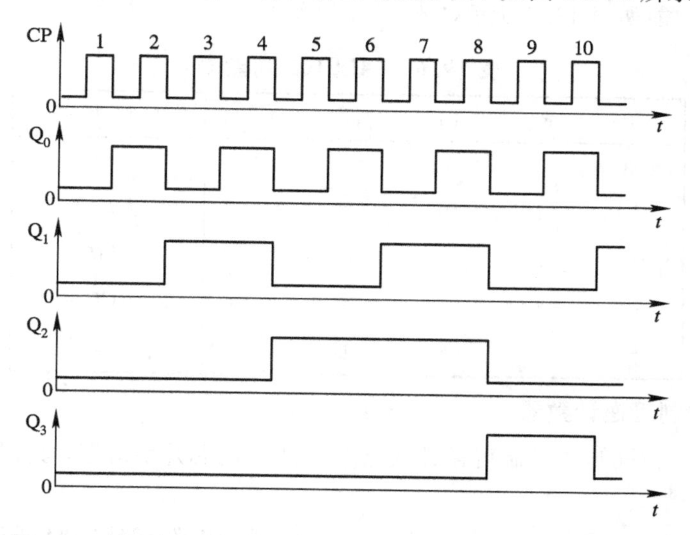

图 19.23　异步十进制加法计数器各触发器输入和输出端波形图

19.4　任意进制计数器的构成方法

19.4.1　中规模集成电路计数器

前面介绍了用触发器组成各种计数器的一些方法，随着集成电路制造技术的发展，各种功能的中规模集成电路计数器已经在大量生产和使用，因此有必要了解它们的功能和使用方法。下面介绍一些常用的中规模集成电路计数器。

1. 四位同步二进制加法计数器

图 19.24 所示为集成四位同步二进制加法计数器 74LS161 的芯片引脚图。它具有二进制加法器功能，还具有异步置 0 端($\bar{R}_D$)，预置数控制端($\overline{LD}$)和保持功能。图中的 D_0、D_1、D_2和 D_3 为并行数据输入端，Q_3、Q_2、Q_1 和 Q_0 为输出端，CO 为进位输出端，CT_P和 CT_T 为计数控制端。

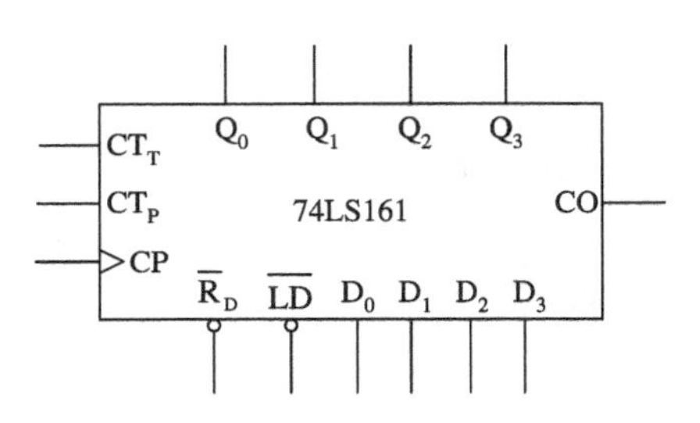

图 19.24　74LS161 芯片引脚图

各端子的功能如下：

$\bar{R}_D$ 为异步置 0 端，当 $\bar{R}_D=0$ 时，无论有无脉冲 CP 和其他信号，计数器输出端为 0，即 $Q_3Q_2Q_1Q_0=0000$。

$\overline{LD}$为同步并行预置数控制端，当$\overline{LD}=0$，$\bar{R}_D=1$ 时，在输入时钟脉冲 CP 的作用下，并行数据输入到计数器中，$Q_3Q_2Q_1Q_0= D_0D_1D_2D_3$。当$\overline{LD}=1$，$\bar{R}_D=1$，$CT_P=CT_T=1$ 时，在时钟脉冲的作用下计数器进行二进制加法计数。

CT_P和 CT_T 为计数控制端，当 $CT_P=0$，$CT_T=\times$ 时，计数器处于保持状态；当 $CT_P=\times$，$CT_T=0$ 时，计数器处于保持状态，同时使进位输出 CO=0。

74LS161 的功能如表 19.6 所示("↑"为上升沿)。

表 19.6　74LS161 功能表

CP	$\bar{R}_D$	$\overline{LD}$	CT_P	CT_T	工 作 状 态
×	0	×	×	×	置零
↑	1	0	×	×	预置数
×	1	1	0	1	保持
×	1	1	×	0	保持(CO=0)
↑	1	1	1	1	计数

2. 同步二进制可逆计数器

图 19.25 为 4 位同步二进制可逆计数器 74LS191 的芯片引脚图，其逻辑功能如表19.7所示("↑"为上升沿)。

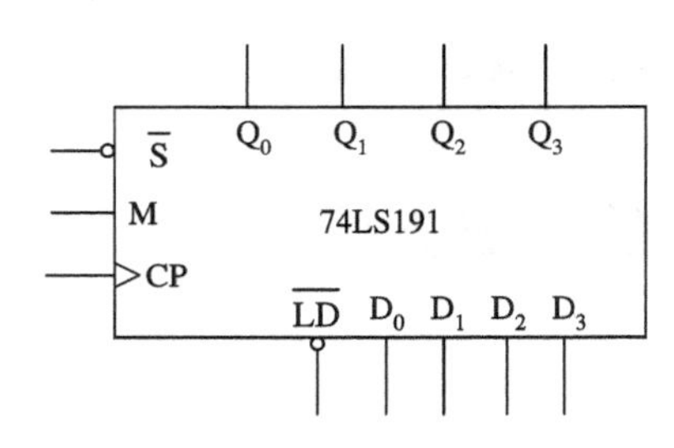

图 19.25　74LS191 芯片引脚图

表 19.7　74LS191 逻辑功能表

CP	$\bar{S}$	$\overline{LD}$	M	工 作 状 态
↑	0	1	0	加法计数
↑	0	1	1	减法计数
×	×	0	×	预置数
×	1	1	×	保持

功能表说明如下：

M 为加、减计数控制端，M=0 为加法计数，M=1 为减法计数。

$\bar{S}$ 为工作控制端，$\bar{S}=0$ 时，74LS191 可以工作，反之不能。

$\overline{LD}$为预置数据控制端，当$\overline{LD}=0$ 时，将输入数据由 $D_0 \sim D_3$ 端并行输入到计数器，使输出端 $Q_3Q_2Q_1Q_0 = D_0D_1D_2D_3$。

3. 同步十进制计数器

1）同步十进制加法计数器

图 19.26 为集成十进制同步加法计数器 74LS160 芯片引脚图，其逻辑功能如表 19.8 所示（“↑”为上升沿）。

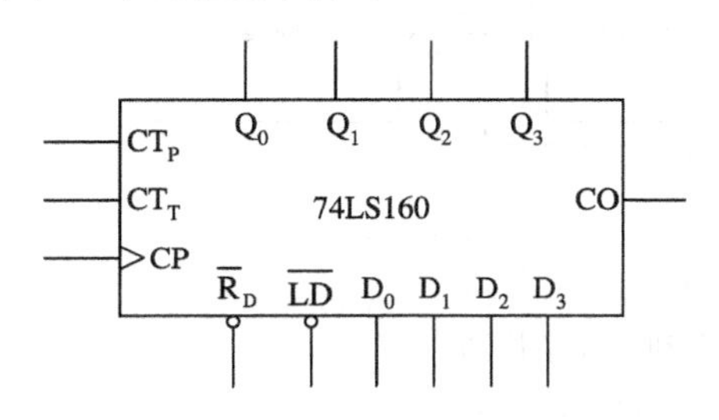

图 19.26　74LS160 芯片引脚图

表 19.8　74LS160 逻辑功能表

CP	$\bar{R}_D$	$\overline{LD}$	CT_P	CT_T	工作状态
×	0	×	×	×	置零
↑	1	0	×	×	预置数
×	1	1	0	1	保持
×	1	1	×	0	保持（CO=0）
↑	1	1	1	1	计数

功能表说明如下：

$\bar{R}_D$ 为异步置 0 端，当 $\bar{R}_D=0$ 时，无论有无时钟脉冲和其他输入信号，计数器的输出都为 0，即 $Q_3Q_2Q_1Q_0=0000$。

$\overline{LD}$为同步并行预置数据端，当$\overline{LD}=0$，且 $\bar{R}_D=1$ 时，在输入时钟信号 CP 的上升沿作用下，数据 $D_0 \sim D_3$ 并行输入到计数器的输出端，即 $Q_3Q_2Q_1Q_0 = D_0D_1D_2D_3$。当$\overline{LD}=\bar{R}_D=CT_P=CT_T=1$ 时，在 CP 脉冲的作用下，计数器按十进制开始计数工作。当$\overline{LD}=\bar{R}_D=1$，$CT_P=0$，$CT_T=1$ 时，计数器处于保持状态。

2）同步十进制可逆计数器

图 19.27 为集成十进制同步可逆计数器 74LS190 芯片引脚图，其逻辑功能如表 19.9 所示（“↑”为上升沿）。

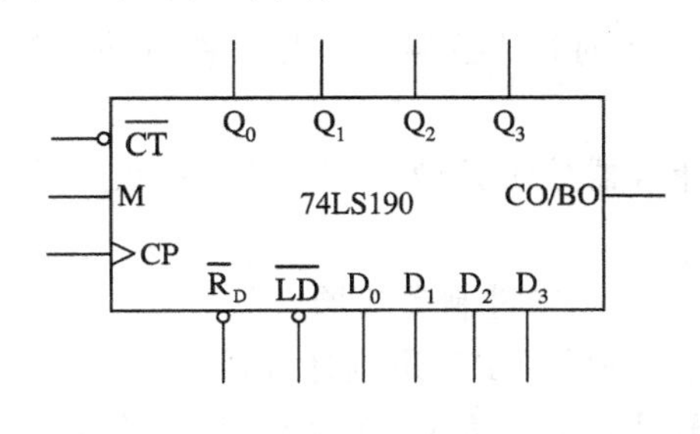

图 19.27　74LS190 芯片引脚图

表 19.9　74LS190 逻辑功能表

CP	$\bar{R}_D$	$\overline{LD}$	M	$\overline{CT}$	工作状态
↑	0	1	0	0	加法计数
↑	0	1	1	0	减法计数
×	×	0	×	×	预置数
×	0	1	×	0	保持

图 19.27 中的$\overline{LD}$为预置数控制端，它不占用时钟脉冲 CP；$\overline{CT}$为 74LS190 的计数控制

端；$D_0 \sim D_3$ 为并行数据输入端；$Q_0 \sim Q_3$ 为输出端；M 为选择计数器计数方式控制端；CO/BO 为进位输出/借位输出端。

4. 异步计数器

图 19.28(a)为集成异步二—五—十进制计数器 74LS290 芯片引脚图。它实际上是一个一位二进制计数器和一个五进制计数器两部分的组合，图 19.28(b)为 74LS290 的电路结构图。

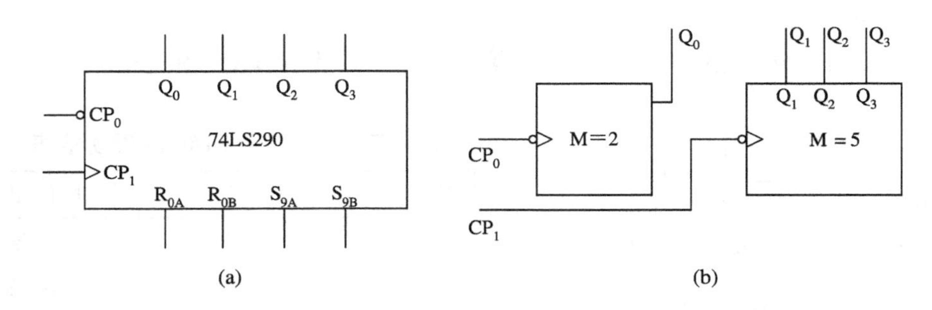

图 19.28　74LS290 芯片引脚图和电路结构图

(a) 芯片引脚图；(b) 电路结构图

图中的 R_{0A} 和 R_{0B} 为置 0 输入端，S_{9A}、S_{9B} 为置 9 输入端。表 19.10 为 74LS290 的逻辑功能表。

表 19.10　74LS290 的逻辑功能表

CP	$R_{0A} \cdot R_{0B}$	$S_{9A} \cdot S_{9B}$	Q_3	Q_2	Q_1	Q_0	说明
×	1	0	0	0	0	0	置 0
×	0	1	1	0	0	1	置 9
↓	0	0	计数				计数

由功能表可知 74LS290 逻辑功能如下：

异步置 0 功能：当 $R_0 = R_{0A} \cdot R_{0B} = 1$，$S_9 = S_{9A} \cdot S_{9B} = 0$ 时，计数器置零与时钟脉冲 CP 无关，因而称为异步置 0。

异步置 9 功能：当 $R_0 = R_{0A} R_{0B} = 0$，$S_9 = S_{9A} S_{9B} = 1$ 时，计数器置 9 与时钟脉冲 CP 无关，因此称为异步置 9。

计数功能：当 $R_{0A} \cdot R_{0B} = 0$，$S_{9A} \cdot S_{9B} = 0$ 时，计数器处于计数工作状态。一般分为四种情况讨论：

(1) 计数脉冲由 CP_0 端输入，从 Q_0 输出时，构成一位二进制计数器。

(2) 计数脉冲由 CP_1 端输入，输出为 $Q_3Q_2Q_1$ 时，构成异步五进制计数器。

(3) 若将 Q_0 与 CP_1 相连，计数脉冲由 CP_0 端输入，输出为 $Q_3Q_2Q_1Q_0$ 时，构成十进制异步计数器。

(4) 若将 Q_3 与 CP_0 相连，计数脉冲由 CP_1 端输入，从高位到低位输出为 $Q_3Q_2Q_1Q_0$ 时，构成 5421BCD 码的异步十进制加法计数器。

19.4.2 构成任意进制计数器的方法

1. 用复位法构成任意进制计数器

复位法，又称为异步置零法，其工作原理如下：如果计数器从 S_0 开始计数，当输入了 M 个脉冲后，电路进入 S_M 状态。如果将 S_M 状态译码，产生一个异步置0信号加到计数的异步置0端，则电路一旦进入 S_M 状态后会立即复位，回到 S_0 状态。由于跳过了 $N\sim M$ 的状态，故可得到 M 进制计数器。图19.29所示是复位法产生 M 进制计数器的示意图，图中虚线箭头表示 S_M 只在一个短暂的时间里出现。

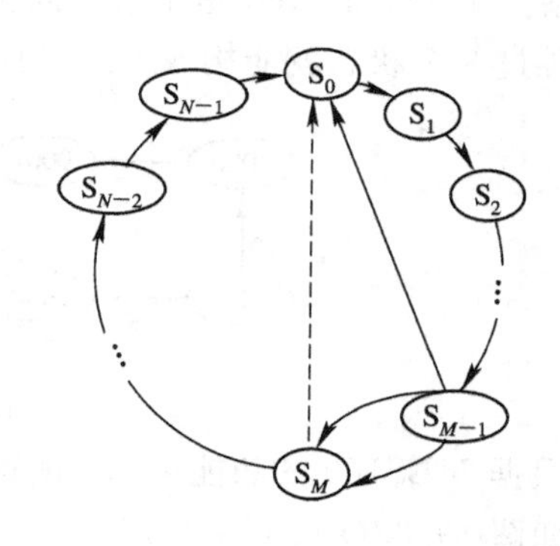

图19.29 复位法产生 M 进制计数器示意图

例19.2 试用74LS161构成十二进制计数器。

解 采用复位法实现的电路连线如图19.30所示。

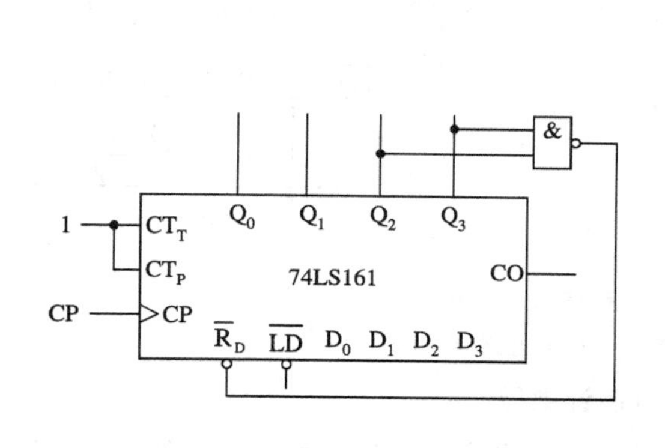

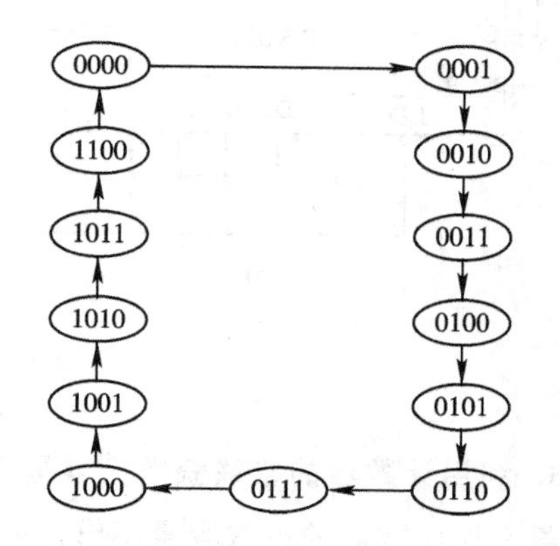

图19.30 例19.2电路图

例19.3 试用74LS160构成七进制计数器。

解 采用复位法实现的电路连线如图19.31所示。

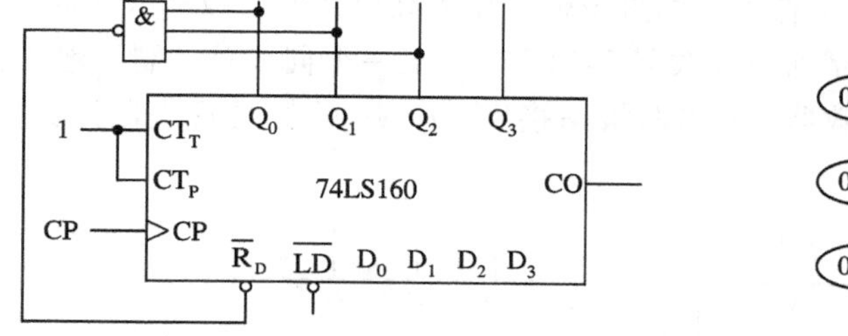

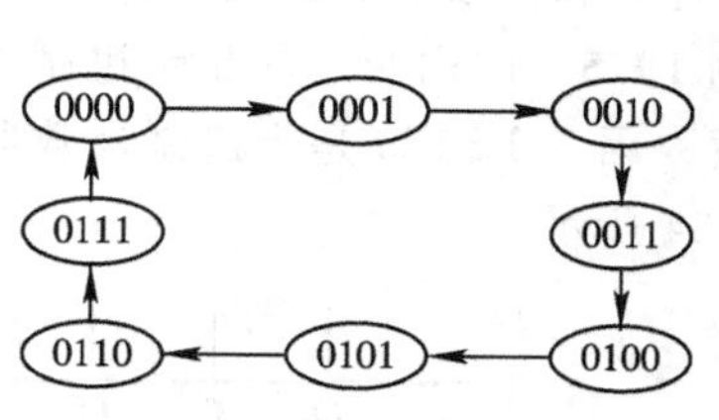

图19.31 例19.3电路图

2. 用置位法构成任意进制计数器

如果已有 N 进制计数器，而且具有预置功能，则可以通过预置的方法，使 N 进制计数器由循环计数过程中跳过 $N\sim M$ 状态，得到 M 进制计数器。

例 19.4 试用 74LS160 构成七进制计数器(采用置位法实现)。

解 由于 74LS160 是十进制同步计数器，具有 0000～1001 共 10 个工作状态，工作时若能跳过 3 个状态就能构成七进制计数器，如图 19.32 所示。

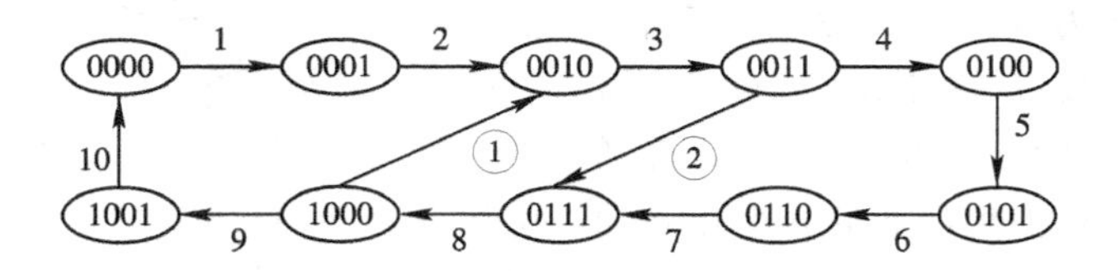

图 19.32 状态示意图

根据 74LS160 的功能可知，预置过程需在 CP 时钟的控制下完成，则可选择两种方案，分别如图 19.33(a)、(b)所示。

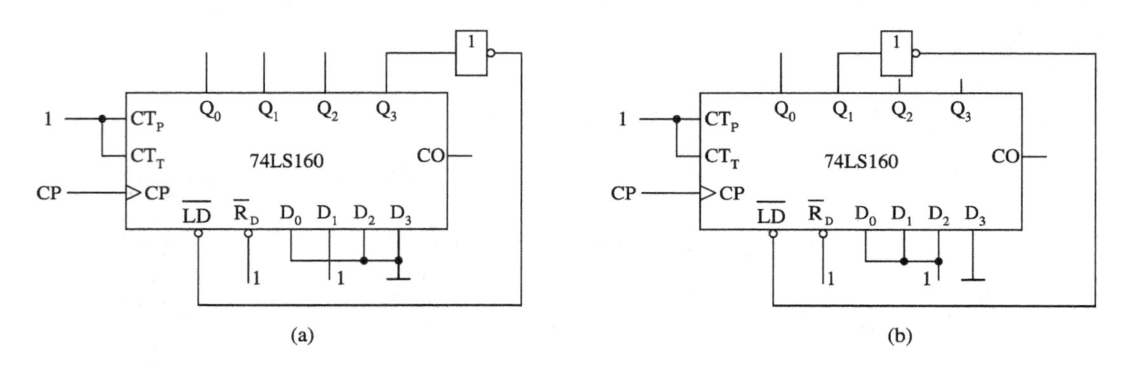

图 19.33 例 19.4 电路图

(a) 电路方案一；(b) 电路方案二

3. 利用计数器的级联获得大容量 *N* 进制计数器

若一片计数器的计数容量不够用时，则可以用若干片串联，其总的计数容量为各级计数容量(进制)的乘积。

串联连接时有同步式连接和异步式连接两种。在同步式连接中，计数脉冲同时加到各片上，低位片的进位输出作为高位片的选片信号或计数脉冲的输入选通信号。在异步式连接中，计数脉冲仅加到最低位片上，低位片的进位输出作为高位片的计数输入脉冲。

例 19.5 试用两片同步十进制加法计数器 74LS160 构成一个同步百进制计数器。

解 因 74LS160 是十进制计数器，所以两级串接后 10×10 恰好是百进制计数器，如图 19.34 所示。

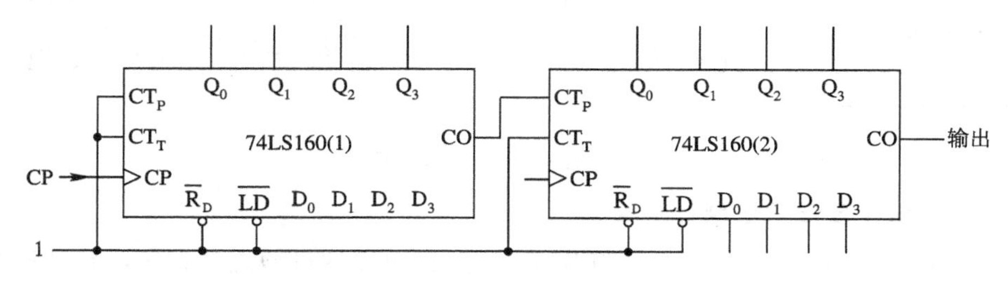

图 19.34 例 19.5 电路

习　题　19

1. 分别用方程式、状态表、状态图、时序图表示题图 19.1 所示电路的功能。

2. 分析题图 19.2 所示电路，写出方程式、状态表，画出状态图、时序图，并说明其功能。

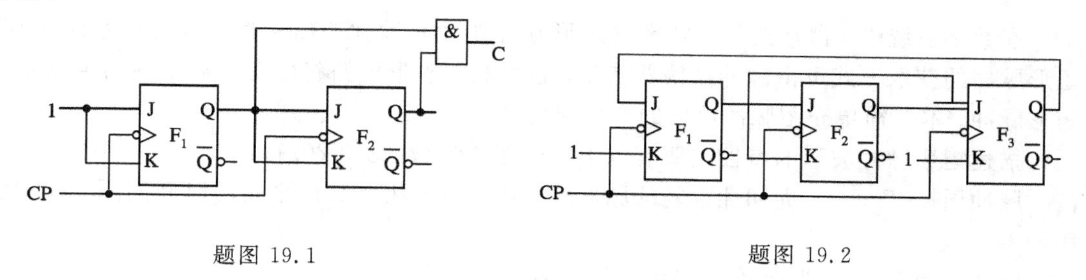

题图 19.1　　　　　　　　　　题图 19.2

3. 试分析题图 19.3 所示电路，并说明其功能。

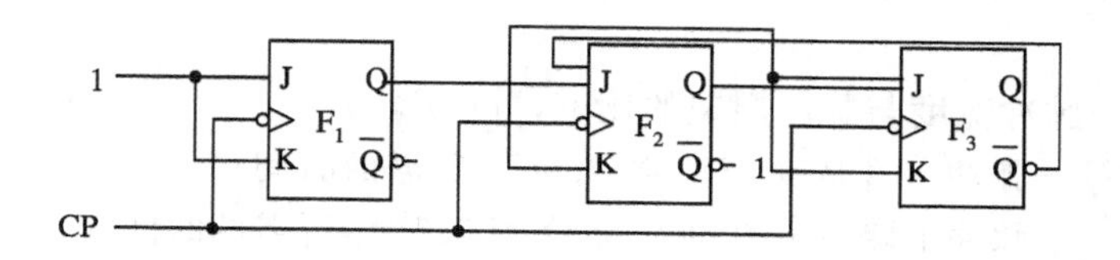

题图 19.3

4. 试分析题图 19.4 所示电路，并说明其功能。

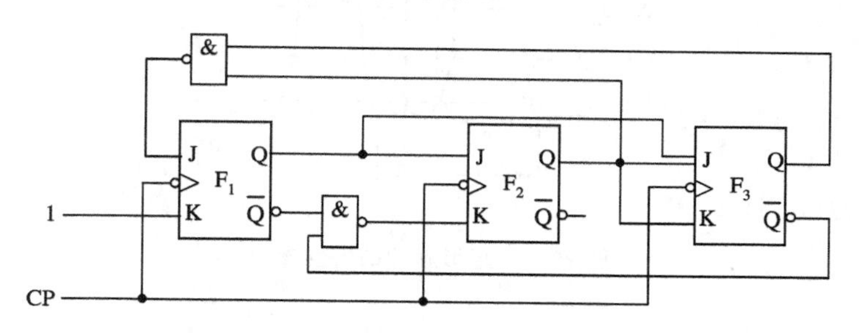

题图 19.4

5. 试用集成同步十进制计数器 74LS160 接成五进制和九进制计数器（用 $\overline{R}_D$ 和 $\overline{LD}$ 端复位）。

第 20 章　脉冲波形的产生和变换

在数字系统中，常常把各种频率的矩形脉冲作为时钟脉冲信号控制和协调系统工作。矩形脉冲的获取方式可由脉冲振荡器产生，也可利用整形电路将已有的周期性信号变换为矩形脉冲。本节简单介绍脉冲波形的产生与变换。

描述矩形脉冲波形的特性主要有以下几个主要参数(见图 20.1)：

脉冲周期 T——在周期性重复的脉冲序列中，两个相邻脉冲之间的时间间隔，有时也用频率 f 表示；

脉冲幅值 U_m——脉冲电压变化的最大幅值；

脉冲宽度 T_W——从脉冲前沿上升到 $0.5U_m$ 起，到脉冲后沿下降到 $0.5U_m$ 为止的一段时间；

占空比 q——脉冲宽度与脉冲周期的比值，$q=T_W/T$；

上升时间 t_r——脉冲上升从 $0.1U_m$ 到 $0.9U_m$ 所需的时间；

下降时间 t_f——脉冲下降沿从 $0.9U_m$ 下降到 $0.1U_m$ 所需的时间。

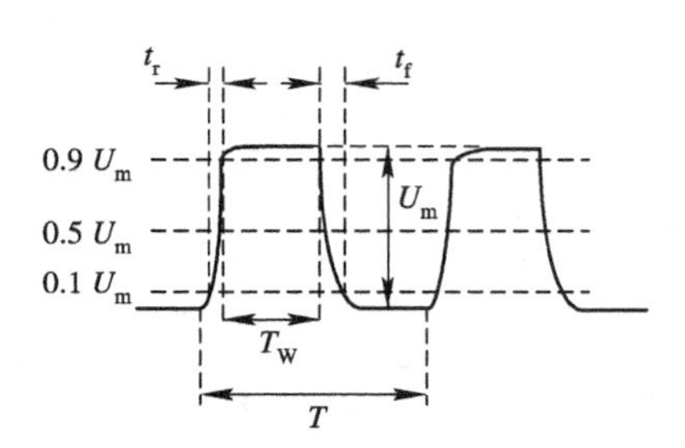

图 20.1　矩形脉冲的特性参数

20.1　单稳态触发器及多谐振荡器

20.1.1　单稳态触发器

单稳态触发器的工作特性具有如下特点：

(1) 有稳态和暂态两个工作状态；

(2) 在外界触发脉冲的作用下，可从稳态转到暂态，在暂态维持一段时间后，再自动返回到稳态；

(3) 暂态维持时间的长短取决于电路本身的参数，与触发脉冲的宽度无关。

由于具有这些特点，单稳态触发器被广泛的用于脉冲整形、延时及定时电路中。

1. 门电路组成的单稳态触发器

用CMOS门电路和RC微分电路构成的微分型单稳态触发器如图20.2所示。

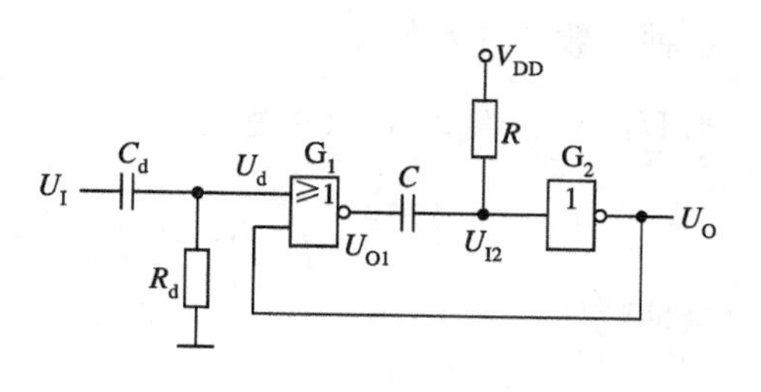

图 20.2 微分型单稳态触发器

对于CMOS电路，可近似认为$U_{OH}\approx V_{DD}$，$U_{OL}\approx 0$。故可以认为：在稳态下$U_I=0$，$U_{I2}=V_{DD}$，$U_O=0$，$U_{O1}=V_{DD}$，电容上没有电压。

当输入触发脉冲U_I加到输入端时，由R_d、C_d组成的微分电路的输出端便得到一个很窄的正、负脉冲电压U_d，当U_d上升到U_{TH}以后，将引发如下的正反馈过程：

$$U_d\uparrow \rightarrow U_{O1}\downarrow \rightarrow U_{I2}\downarrow \rightarrow U_O\uparrow$$

使U_{O1}迅速跳变为低电平。由于电容上的电压不能突变，因此U_{I2}也同时跳变为低电平，并使U_O跳变为高电平，电路进入暂态。此时即使U_d回到低电平，U_O仍将维持高电平。与此同时，电容C开始充电，且随着充电过程的进行，U_{I2}逐渐升高，当上升到$U_{I2}=U_{TH}$时，将引发另一个正反馈过程：

$$U_{I2}\uparrow \rightarrow U_O\downarrow \rightarrow U_{O1}\uparrow$$

若此时触发脉冲消失(U_d回到低电平)，则U_{O1}、U_{I2}将迅速跳变到高电平，并使输出返回到$U_O=0$的状态。同时，电容C通过R和G_2门的输入保护电路向V_{DD}放电，直至电容C上的电压降为0 V时，电路又恢复到稳定状态。整个过程的波形变化如图20.3所示。

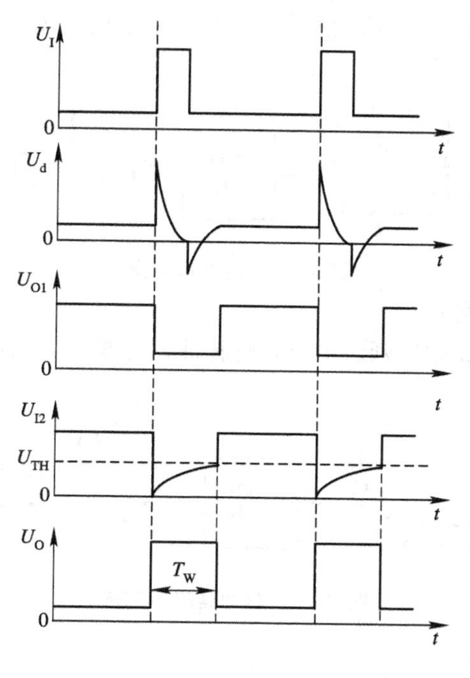

图 20.3 微分型单稳态触发器波形图

各种参数的计算如下：

当$U_{TH}=\frac{1}{2}V_{DD}$时，脉冲宽度

$$T_W=RC\ \ln\frac{V_{DD}-0}{V_{DD}-U_{TH}}=RC\ \ln 2=0.69RC$$

输出脉冲幅度

$$U_m=U_{OH}-U_{OL}\approx V_{DD}$$

为了保证单稳态触发器输出脉冲的宽度准确无误，输入触发脉冲的时间间隔 T(重复周期)应满足：

$$T\geqslant T_W+T_{re}$$

其中，T_{re}表示电容 C 放电完毕所需要的时间，称为电路的恢复时间，一般可取

$$T_{re}=(3\sim5)R\cdot C$$

2. 集成单稳态触发器

鉴于单稳态触发器的应用广泛，市场上有多种集成单稳态触发器可供用户选用，其特点是：在 TTL 和 CMOS 电路产品内部具有上升沿与下降沿触发的控制和置零功能，连线较少，采取了温度补偿措施，可以通过改变外接电容和电阻的参数调节输出脉冲的宽度等。常见的型号有 74121(TTL 型)、74221(TTL 型)、74123(TTL 型)和 CCL14528(CMOS 型)等。

3. 单稳态触发器的应用

1) 用于脉冲整形

脉冲信号经过长距离传输后，脉冲波形会发生变化，经过单稳电路后，可使波形整形为符合要求的波形，如图 20.4 所示。脉冲的宽窄可以根据具体要求通过改变外接的 R 和 C 值而改变。

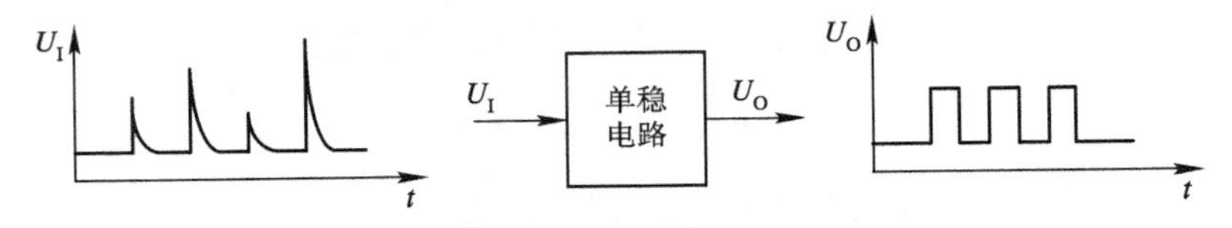

图 20.4　整形示意图

2) 用于脉冲延时(展宽)

利用单稳电路，可组成脉冲延时电路，使脉冲信号展宽，以满足有些数字控制系统的需求，如图 20.5 所示。

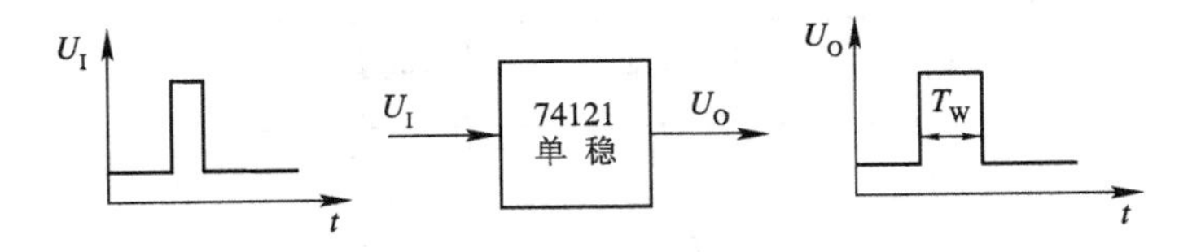

图 20.5　脉冲延时示意图

20.1.2　多谐振荡器

多谐振荡器是一种自激振荡器，在接通电源后，无需外加触发信号就能自动产生矩形

脉冲。由于矩形波中含有丰富的高次谐波分量，故称为多谐振荡器。多谐振荡器没有稳定状态，工作时在两个暂态之间不停地转换。

1. 对称式多谐振荡器

图 20.6 所示为对称式多谐振荡器的典型电路。它由反相器 G_1、G_2 和耦合电容 C_1、C_2 及电阻 R_{F1}、R_{F2} 组成。其中 G_1、G_2 与 C_1、C_2 构成正反馈电路。R_{F1}、R_{F2} 控制 G_1、G_2，使之工作在电压传输特性的转折点。

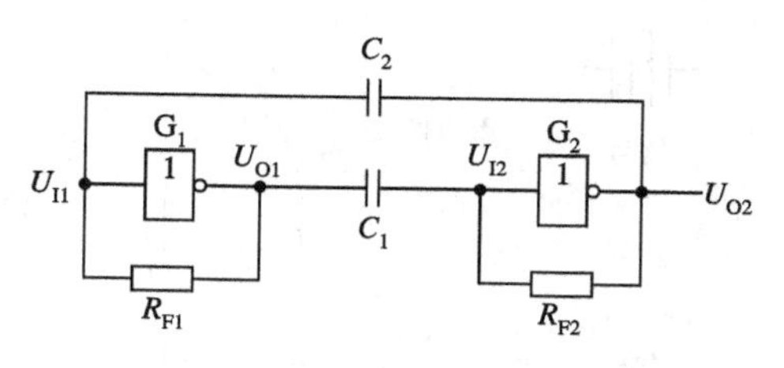

图 20.6　对称式多谐振荡器

从图 20.6 可见，该电路是利用 RC 的充放电分别控制 G_1、G_2 门的开通与关断来实现自激振荡。假如由于某种原因(例如电源或外界的干扰)使 U_{I1} 有一个微小变化(正跃变)，则必然会得到下列的正反馈过程：

$$U_{I1}\uparrow \rightarrow U_{O1}\downarrow \rightarrow U_{I2}\downarrow \rightarrow U_{O2}\uparrow$$

使 U_{O1} 迅速跳变为低电平，U_{O2} 跳变为高电平，电路进入第一个暂稳态。与此同时，U_{O2} 开始经 R_{F2} 向 C_1 充电，C_2 开始经 R_{F1} 放电。

随着 C_1 的充电，U_{I2} 逐渐上升到 G_2 的阈值电压 U_{TH} 时，U_{O2} 开始下降，并引起另一个正反馈过程：

$$U_{I2}\uparrow \rightarrow U_{O2}\downarrow \rightarrow U_{I1}\downarrow \rightarrow U_{O1}\uparrow$$

从而使 U_{O2} 迅速跳变至低电平，电路进入第二个暂态。同时 C_2 开始充电，而 C_1 开始放电。随着 C_2 充电，U_{I1} 逐渐升高到 G_1 的 U_{TH} 后，电路又迅速返回到第一个暂态。因此，电路是不停地在两个暂态之间往复转换，在输出端不断地输出矩形电压脉冲，如图 20.7 所示。

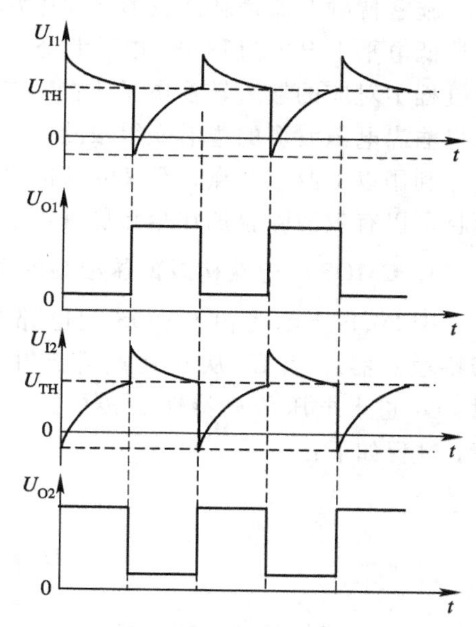

图 20.7　矩形电压脉冲形成示意图

从上面的分析可知，输出脉冲的周期等于两个暂态持续时间之和，每个暂态持续时间与 C_1、C_2 的充放电有关。若取 $R_{F1}=R_{F2}=R_F$，$C_1=C_2=C$，$U_{TH}=1.4\ \text{V}$，$U_{OL}=0\ \text{V}$，$U_{OH}=3.6\ \text{V}$，则振荡周期为

$$T=2T_W\approx 1.4R_FC$$

由此可知，改变 R 和 C 可改变 T。

2. 石英晶体多谐振荡器

对称式多谐振荡器的振荡频率主要取决于门电路的输入电压在充、放电过程中达到转换电平所需要的时间。由于电阻、电容的数值在使用过程中会发生变化，因而严重影响振荡频率的稳定性。目前普遍采用的稳频方法是，在多谐振器电路中接入石英晶体，构成石英晶体多谐振荡器。石英晶体的符号、电抗频率特性及石英晶体多谐振荡器电路如图 20.8 所示。

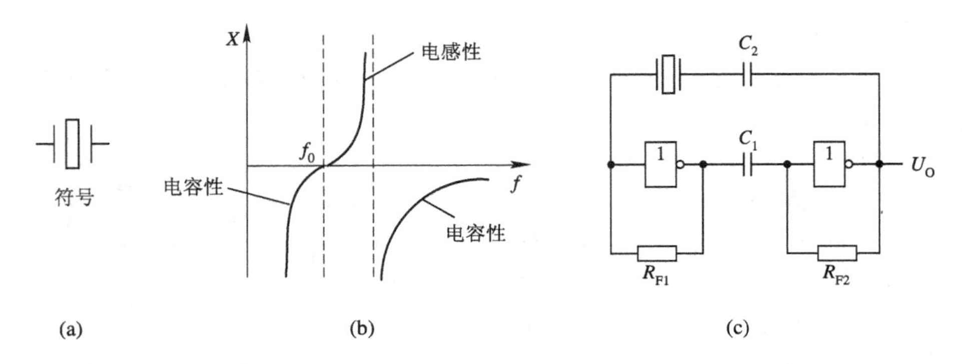

图 20.8　石英晶体符号、电抗频率特性及多谐振荡器电路

(a) 符号；(b) 频率特性；(c) 电路

由石英晶体的电抗特性可知，当外加电压的频率为 f_0 时，电抗最小，电压信号最容易通过并在电路中形成正反馈，其他频率的信号经过石英晶体将被衰减。因此，石英晶体多谐振荡器的频率取决于石英晶体的固有谐振频率 f_0，与外接电阻、电容无关，适用于对信号频率稳定性要求较高的场合。

20.2　施密特触发器

施密特触发器是脉冲波形变换中常用的一种电路，它具有两个重要特点：一是输入信号从低电平上升的过程中，电路状态发生转换时对应的输入电平，与输入信号从高电平下降过程中对应的输入转换电平不同；二是在电路状态发生转换时，电路内部的正反馈过程使得输出电压波形的边沿变得很陡。

利用以上两个特点，不仅可以将边沿变化缓慢的信号波形整形为边沿陡峭的矩形波，而且可以有效清除叠加在矩形脉冲高、低电平上的干扰波，起到脉冲整形的作用。

1. CMOS 门电路构成的施密特触发器

图 20.9 所示为由 CMOS 门电路构成的施密特触发器。当 U_I 从 0 逐渐升高并达到 U_{TH} 时，G_1 进入电压传输特性的转折区，引起正反馈，过程如下：

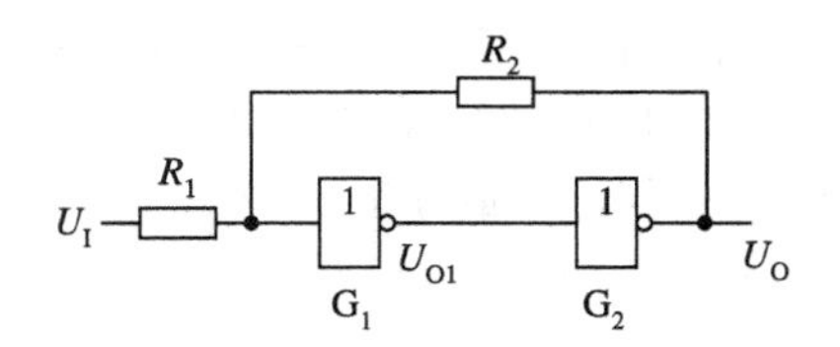

图 20.9　CMOS 门电路构成的施密特触发器

$$U_I \uparrow \to U_{O1} \downarrow \to U_O \uparrow$$

这时电路的状态迅速转换为

$$U_O = U_{OH} \approx V_{DD}$$

由此可求出 U_I 上升过程中电路状态发生转换所对应的输入电平为 U_{T+}（正向阈值

电压)：

$$U_{T+}=\left(1+\frac{R_1}{R_2}\right)U_{TH}$$

当 U_I 从高电平逐渐下降并达到 U_{TH}时，又引发另一个正反馈过程：

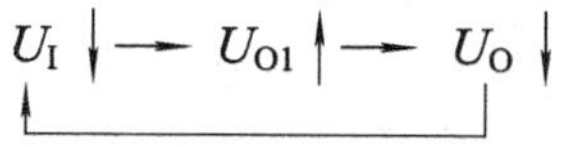

$$U_I\downarrow\rightarrow U_{O1}\uparrow\rightarrow U_O\downarrow$$

电路状态迅速转换为

$$U_O=U_{OL}\approx 0$$

由此可求出 U_I 下降过程中电路状态发生转换时所对应的输入电平为 U_{T-}(反向阈值电压)：

$$U_{T-}=\left(1+\frac{R_1}{R_2}\right)U_{TH}-\frac{R_1}{R_2}V_{DD}$$

若 $V_{DD}=2U_{TH}$，则

$$U_{T-}=\left(1-\frac{R_1}{R_2}\right)U_{TH}$$

将 U_{T+} 与 U_{T-} 之差定义为回差电压 ΔU_T：

$$\Delta U_T=U_{T+}-U_{T-}$$

由此，可画出施密特触发器的电压传输特性，称为施密特滞回曲线，如图 20.10 所示。

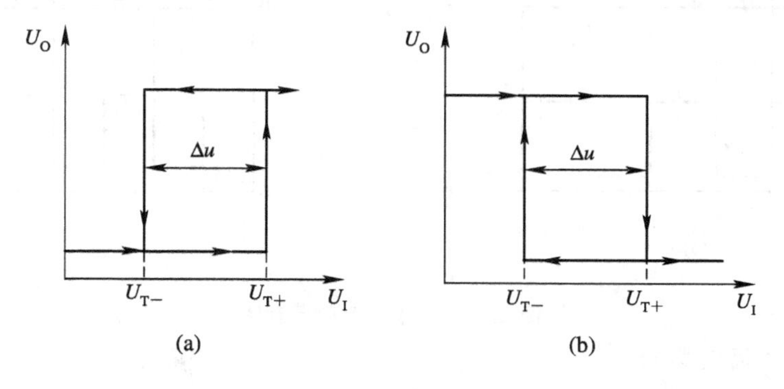

图 20.10 施密特滞回曲线

(a) 同相输出；(b) 反相输出

由于施密特触发器应用广泛，无论是 CMOS 电路，还是 TTL 电路均有大量的集成施密特触发器，其特性与分立门组成的施密特触发器相同，这里不再介绍。常见的集成施密特触发器有：74132、CC40106、74LS132 等，它们的逻辑符号如图 20.11 所示。

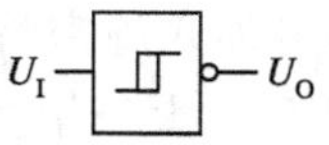

U_I — U_O

图 20.11 施密特触发器的逻辑符号

2. 施密特触发器的应用

1) 用于波形变换

施密特触发器可用于将三角波、正弦波及一些不规则波形转换为矩形波，如图 20.12 所示。

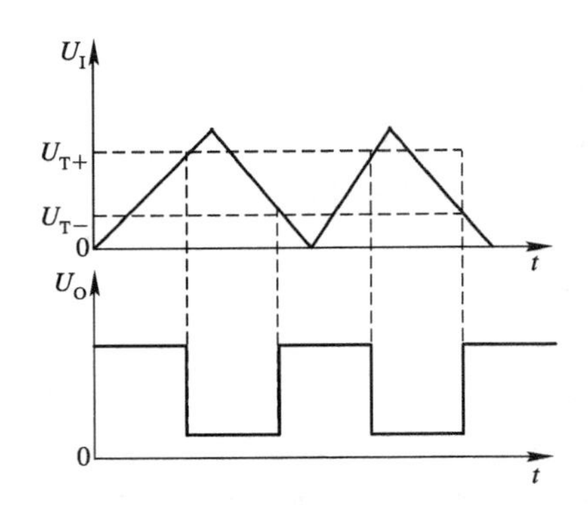

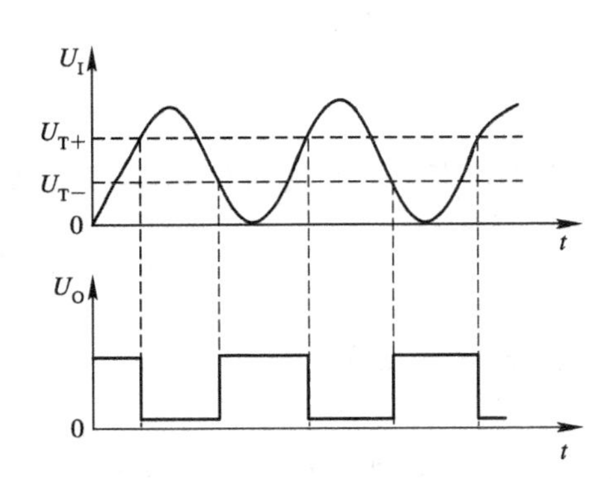

图 20.12 波形变换示意图

2）用于脉冲整形

当传输信号受到干扰时，施密特触发器的滞回特性会将受到干扰的信号整形成较好的矩形脉冲，如图 20.13 所示。

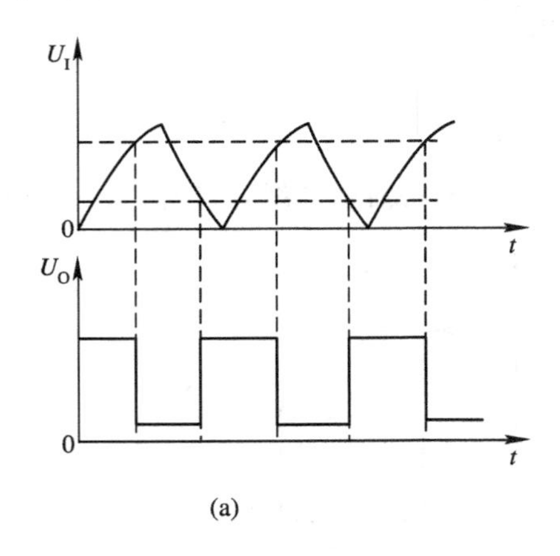

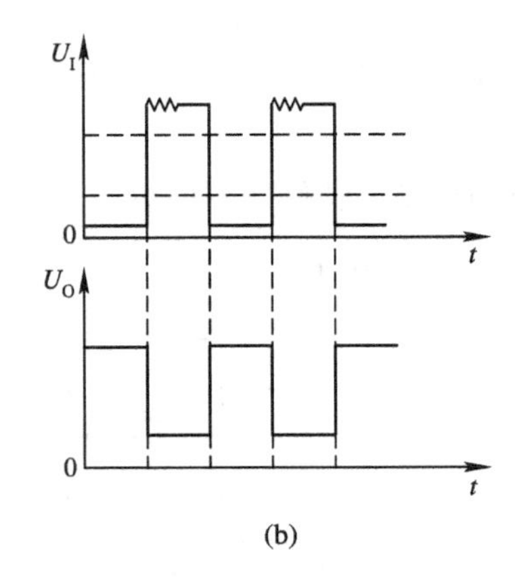

图 20.13 脉冲整形示意图

3）用于脉冲幅度鉴别

当输入信号为一组幅度不等的脉冲，而要求将幅度大于 U_{TH} 的脉冲信号选出时，可采用施密特触发器的输入信号进行鉴别。方法是：将信号加入施密特触发器，使它的正向阈值电平 U_{T+} 大于干扰信号的幅度，而小于有用信号的幅度，这样就可以滤除干扰。因为，只有大于 U_{T+} 的信号才能使电路翻转而产生输出脉冲，干扰信号不能触发电路，所以不能形成输出脉冲。如图 20.14 所示。

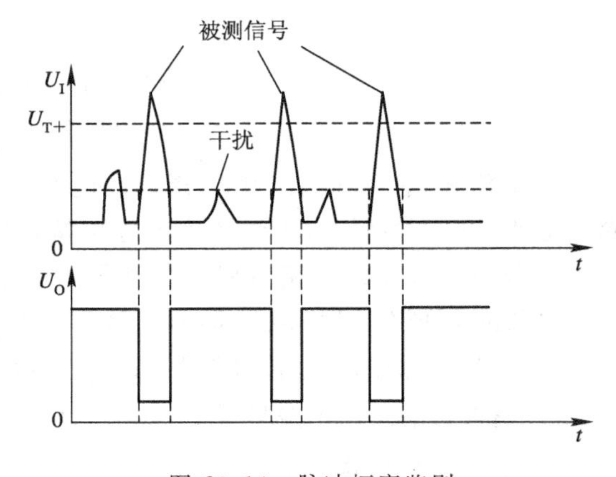

图 20.14 脉冲幅度鉴别

4）由施密特触发器组成多谐振荡器

多谐振荡器最突出的特点是它的电压传输特性具有滞回特性。据此可以使其输入信号在 $U_{T+}\sim U_{T-}$ 之间不停地往复变化，在输出端就可得到矩形脉冲波形。其电路和波形如图 20.15 所示。

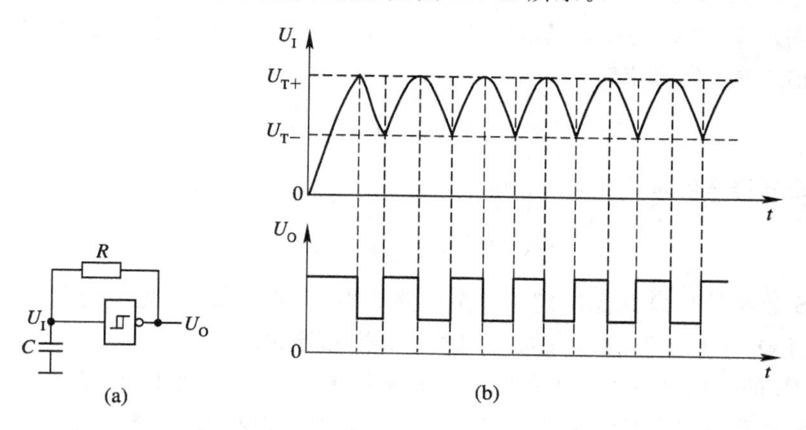

图 20.15 多谐振荡器电路及波形

20.3 555 定时器及其应用

20.3.1 555 定时器的电路结构与功能

555 定时器是一种多用途的数字—模拟混合集成电路，只要外加几个阻容元件便可组成施密特触发器、单稳态触发器和多谐振荡器。555 定时器的电源电压范围宽，双极型 555 定时器为(5～16) V，CMOS 555 定时器为(3～18) V。它可提高与 TTL、CMOS 数字电路兼容的接口电平。555 定时器可输出一定的功率，可驱动微电机、指示灯、扬声器等，在脉冲波形的产生与变换、仪器与仪表、测量与控制等领域中的应用广泛。

图 20.16 所示为国产双极型定时器 NE555 的电路结构图(虚线框内是内部电路)，它由比较器 C_1、C_2、基本 RS 触发器和集电极开路的放电三极管 T_D 三部分组成。

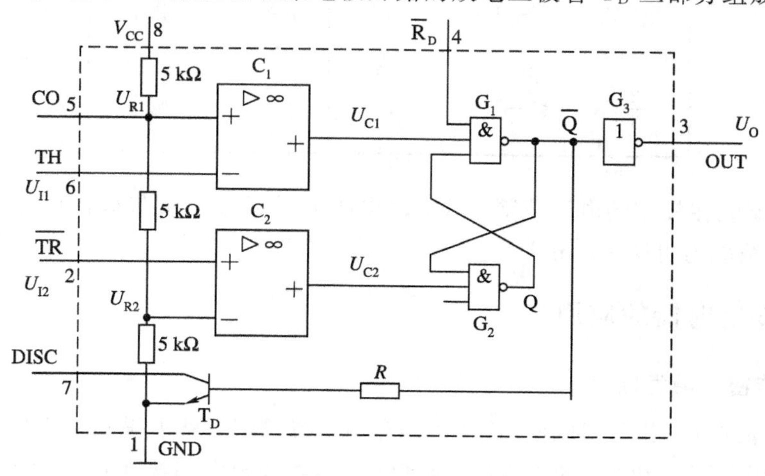

图 20.16 NE555 双极型定时器

图中的 TH 是比较放大器 C_1 的输入端(又称阈值电压)，$\overline{TR}$ 是比较器 C_2 的输入端(又称触发输入端)。C_1 和 C_2 的比较基准电压 U_{R1} 和 U_{R2} 由 V_{CC} 经过三个 5 kΩ 的电阻分压确定。在控制电压输入端 CO 悬空时，

$$U_{R1}=\frac{1}{2}V_{CC},\quad U_{R2}=\frac{1}{3}V_{CC}$$

若 CO 端外接至固定电压 U_{CO}，则

$$U_{R1}=U_{CO},\quad U_{R2}=\frac{1}{2}U_{CO}$$

基本 RS 触发器的 $\overline{Q}$ 状态决定了整个电路输出 U_O 的状态，$\overline{Q}$ 也决定了 T_D 是饱和导通还是截止。当 $\overline{Q}=0$ 时，T_D 截止；$\overline{Q}=1$ 时，T_D 饱和导通。

复位端 $\overline{R}_D$ 的作用是可以加入负脉冲，使触发器置 0。而平时 $\overline{R}_D$ 总是保持高电位。

基本 RS 触发器的状态受比较器 C_1 和 C_2 输出端的控制。若 C_1 输出低电平，触发器置 0；若 C_2 输出低电平，则触发器置 1。

与非门 G3 接在基本 RS 触发器的输出端，它的输出就是整个定时器的输出。其作用是隔离负载对定时器的影响，起到缓冲的作用，提高了定时器带负载的能力。

NE555 定时器的功能如表 20.1 所示。

表 20.1　NE555 功能表

输　　入			输　　出	
U_{I1}	U_{I2}	$\overline{R}_D$	U_O	T_D
×	×	0	0	导通
$>\frac{2}{3}V_{CC}$	$>\frac{1}{3}V_{CC}$	1	0	导通
$<\frac{2}{3}V_{CC}$	$>\frac{1}{3}V_{CC}$	1	不变	不变
$<\frac{2}{3}V_{CC}$	$<\frac{1}{3}V_{CC}$	1	1	截止
$>\frac{2}{3}V_{CC}$	$<\frac{1}{3}V_{CC}$	1	1	截止

555 定时器能在较宽的电压范围工作，输出高电平不低于 90%电源电压，带拉电流负载和灌电流负载能力可达 200 mA。

20.3.2　555 定时器的应用

1. 接成施密特触发器

图 20.17 是将 U_{I1} 和 U_{I2} 连在一起作为信号输入端(U_I)，就可得到施密特触发器。为提高比较器参考电压 U_{R1} 和 U_{R2} 的稳定性，通常在 V_{CC} 端与地之间接 0.01 μF 的电容。

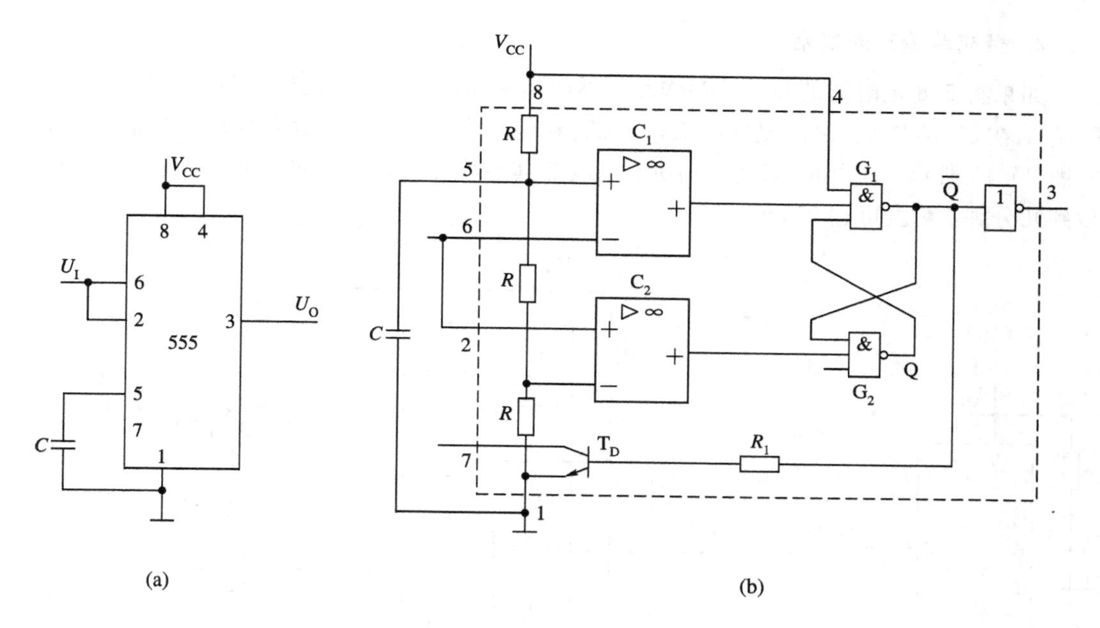

图 20.17　由 555 定时器构成的施密特触发器

(a) 外部接线图；(b) 内部电路图

电路工作的原理如下。

首先，讨论 U_I 从 0 开始升高：

当 $U_I<\frac{1}{3}V_{CC}$时，$U_{C1}=1$，$U_{C2}=0$，$Q=1$，$U_O=U_{OH}$；

当$\frac{1}{3}V_{CC}<U_I<\frac{2}{3}V_{CC}$时，$U_{C1}=U_{C2}=1$，$U_O=U_{OH}$；

当 $U_I\geqslant\frac{2}{3}V_{CC}$时，$U_{C1}=0$，$U_{C2}=1$，$Q=0$，$U_O=U_{OL}$。

由此可见，电路的正向阈值电压

$$U_{T+}=\frac{2}{3}V_{CC}$$

其次，讨论 U_I 从高于$\frac{2}{3}V_{CC}$开始下降：

当$\frac{1}{3}V_{CC}<U_I<\frac{2}{3}V_{CC}$时，$U_{C1}=U_{C2}=1$，$U_O=U_{OL}$；

当 $U_I<\frac{1}{3}U_{CC}$时，$U_{C1}=1$，$U_{C2}=0$，$Q=1$，$U_O=U_{OH}=1$。

由此可见，电路的负向阈值电压

$$U_{T-}=\frac{1}{3}V_{CC}$$

则回差电压

$$\Delta U=U_{T+}-U_{T-}=\frac{1}{3}V_{CC}$$

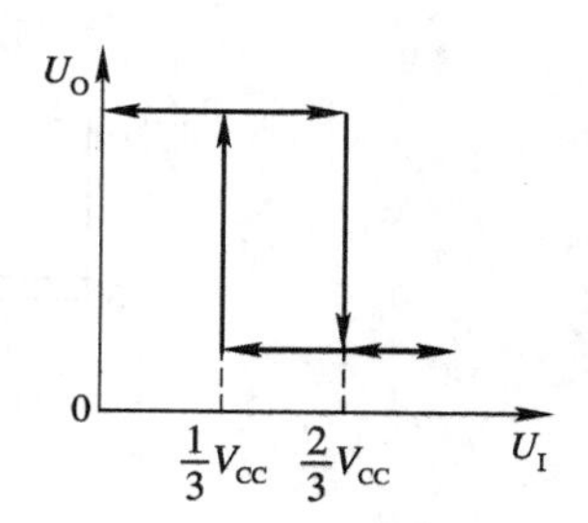

图 20.18　施密特触发器的电压传输特性

从以上讨论的结果可画出施密特触发器的电压传输特性如图 20.18 所示。

2. 接成单稳态触发器

如果将555定时器的U_{I2}($\overline{TR}$)作触发器的信号输入端，同时把输出DISC(7脚)接回到U_{I1}端，在U_{I1}端与V_{CC}之间接电阻R，在U_{R1}和地之间接电容C，就可构成单稳态触发器，如图20.19所示。其中R、C为定时元件，改变其参数可以改变脉冲的宽度，范围可从几微秒到几分钟，精度可达0.1%。

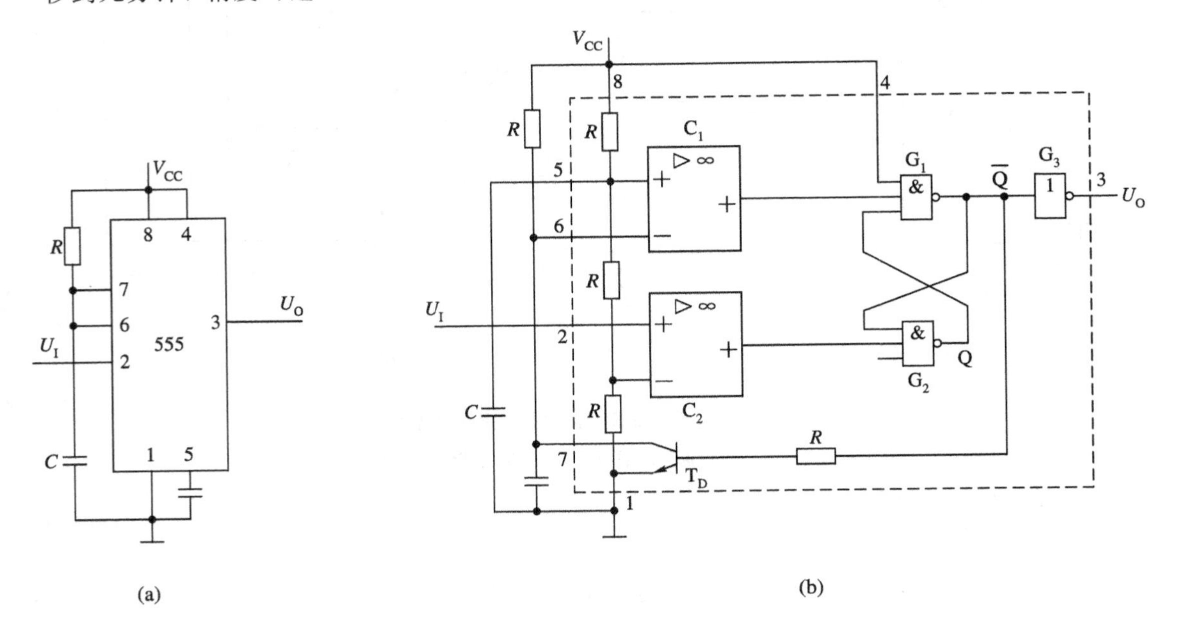

图20.19 由555定时器构成的单稳态触发器

(a) 外部接线图；(b) 内部电路图

此电路的工作波形如图20.20所示。其工作原理如下。

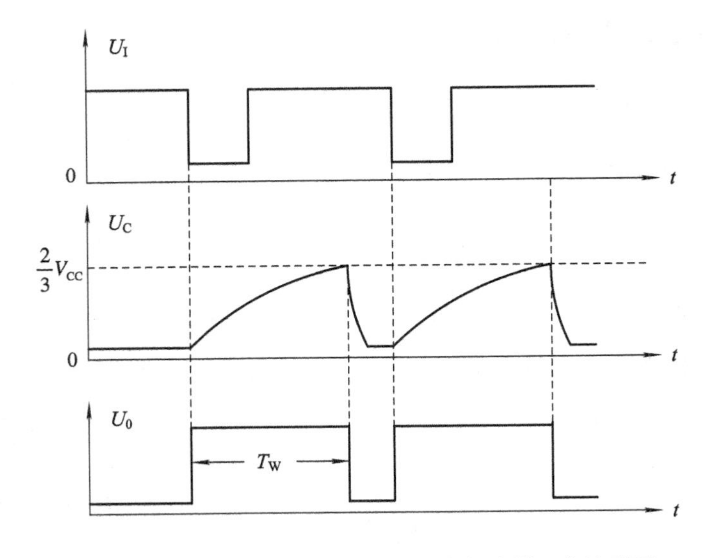

图20.20 由555定时器构成的单稳态触发器工作波形图

稳态时：触发信号 U_I 为高电平，$U_I=U_H>\frac{1}{3}V_{CC}$（$C_2$ 的 U_{2-}），故 C_2 输出高电平。接通电源后，电源 V_{CC} 经 R 向 C 充电，当 $U_C\geqslant\frac{2}{3}V_{CC}$ 时，$U_{1-}\geqslant\frac{2}{3}V_{CC}(U_{1+})$，$C_1$ 输出低电平，这短时出现的低电平可使基本 RS 触发器置 0，即 $Q=0$，$\overline{Q}=1$，$U_o=0$。同时 $\overline{Q}=1$ 加到三极管 T_D 的基极，使其饱和导通，电容 C 就通过 T_D 迅速放电，致 $U_{1-}=0$，然后，C_1 和 C_2 输出均为高电平，基本 RS 触发器就保持稳定状态。

暂稳态时，U_I 从高电平转换为低电平，C_2 的输入信号 $U_{2-}=\frac{1}{3}V_{CC}>U_{2+}(U_I=0)$，$C_2$ 输出低电平。而 C_1 输入端不变，输出仍为高电平。这时，基本 RS 触发器被置 1，即 $Q=1$，$\overline{Q}=0$，U_o 跳变为高电平，电路转入暂稳态工作过程。由于这时的 $\overline{Q}=0$，电源又开始向电容充电，而当 U_C 增加到 $U_C\geqslant\frac{2}{3}V_{CC}$ 时，C_1 又将输出低电平，使得触发器的状态再次翻转，暂稳态过程结束，电路重新回到原来的稳态并重复上述过程。

输出脉冲的宽度，可用电容电压自 0 升高到 $\frac{2}{3}V_{CC}$ 的时间来计算，即

$$T_W\approx RC\ln 3\approx 1.1RC$$

3. 接成多谐振荡器

将放电管 T_D 的集电极(DISC)经 R_1 接到 V_{CC} 上，同时经 R_2、U_{I1}、U_{I2} 和电容 C 连接，其中 T_D 和 R_1 组成反相器，使输出端 DISC(7 脚)经 R_2、C 组成积分电路，积分电容 C 接到 U_{I1}(TH)和 U_{I2}($\overline{TR}$)端，便组成了如图 20.21 所示的多谐振荡器，其中 R_1、R_2、C 为定时元件。

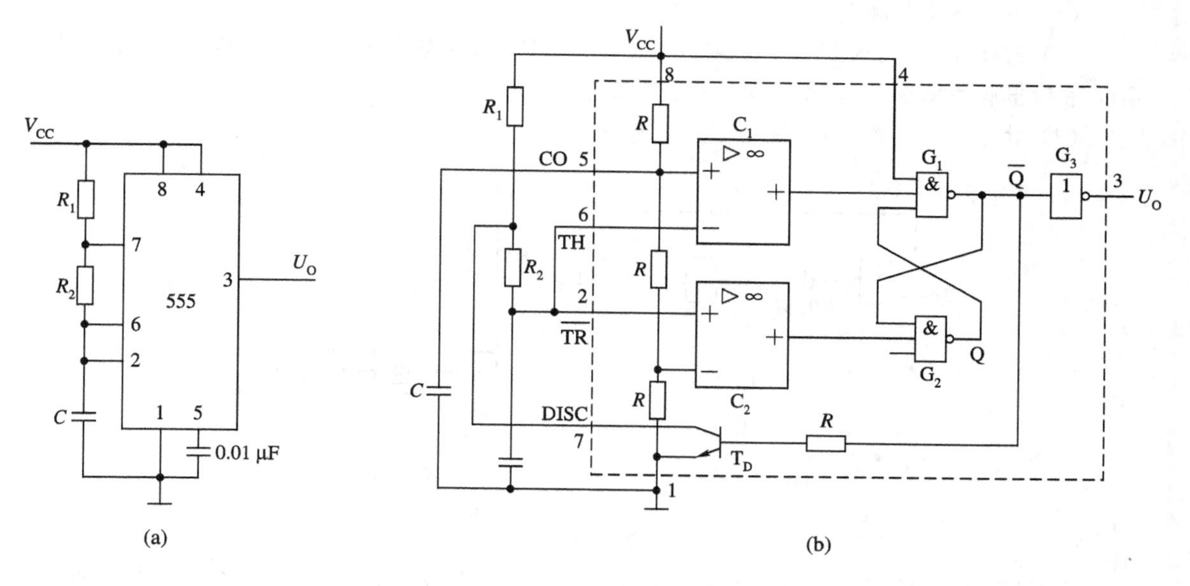

图 20.21　由 555 定时器构成的多谐振荡器

(a) 外部接线图；(b) 内部电路图

由 555 定时器构成的多谐振荡器的输出波形如图 20.22 所示，电路的工作原理可试着

自行分析。

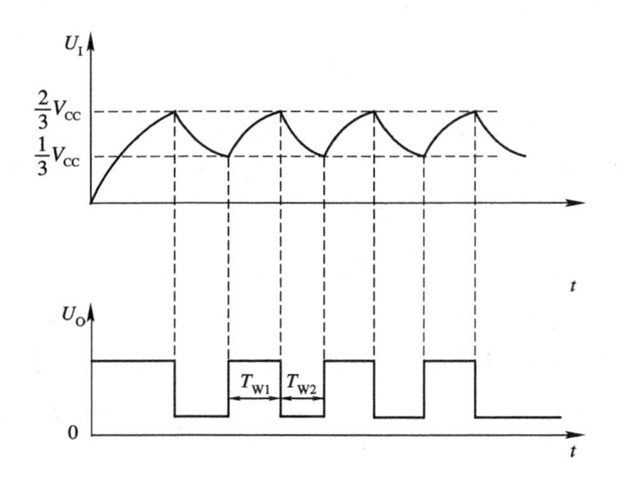

图 20.22　由 555 构成多谐振荡器的工作波形图

多谐振荡器的振荡周期为

$$T=T_{W1}+T_{W2}\approx 0.7(R_1+R_2)C$$

习　题　20

1. 电路和输入波形如题图 20.1(a)、(b)所示。

(1) 该电路是何种电路?

(2) 已知 TTL 门的 $U_{OH}=3.6\ V$, $U_{OL}=0.3\ V$, 门的输出电阻 $R=25\ \Omega$, 在给定参数下, 求输出脉冲幅度 U_m、宽度 T_W 及最高工作频率 f_{max}。

(3) 对应于输入信号 U_I 画出 U_O 的波形。

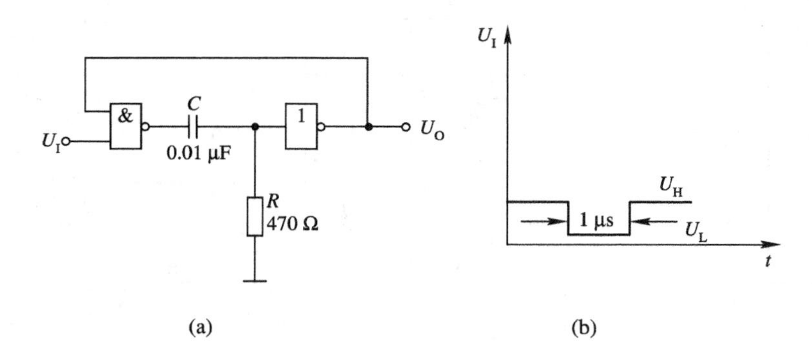

题图 20.1

2. 现有一个 5G1555, 一个串电阻 $R=500\ k\Omega$、一个电容 $C=10\ \mu F$, $V_{CC}=5\ V$。试求解下列问题:

(1) 用上面给出的元器件组成一个单稳态触发器, 画出其电路图。

(2) 已知触发脉冲 U_I 波形, 画出相应的 U_O 的波形。

(3) 求输出脉冲 U_O 的宽度 T_W。

(4) 若将电源电压 V_{CC} 由 5 V 增至 10 V，则 T_W 是增加，减小，还是不变？

(5) 若其他参数不变，减小电阻 R 的值，则 T_W 是增加，减小，还是不变？

(6) 若输入负脉冲的宽度 $T_{WI}>T_W$ 时，单稳态触发器能否正常工作？为什么？若不能正常工作，应怎样解决？

3. 题图 20.2 所示的施密特触发器中，若电路参数 $R_1=R_2$，$U_{TH}=1.4$ V，$U_D=0.7$ V，试求上下限电平 U_{T+}、U_{T-} 及回差电压 ΔU_T。

4. 如题图 20.3 所示的单稳态电路，若其 5 脚不接 0.01 μF 的电容，则必接直流正电源 U_R，当 U_R 变大和变小时，单稳态电路的输出脉冲宽度如何变化？若 5 脚通过 10 kΩ 的电阻接地，其输出脉冲宽度又有什么变化？

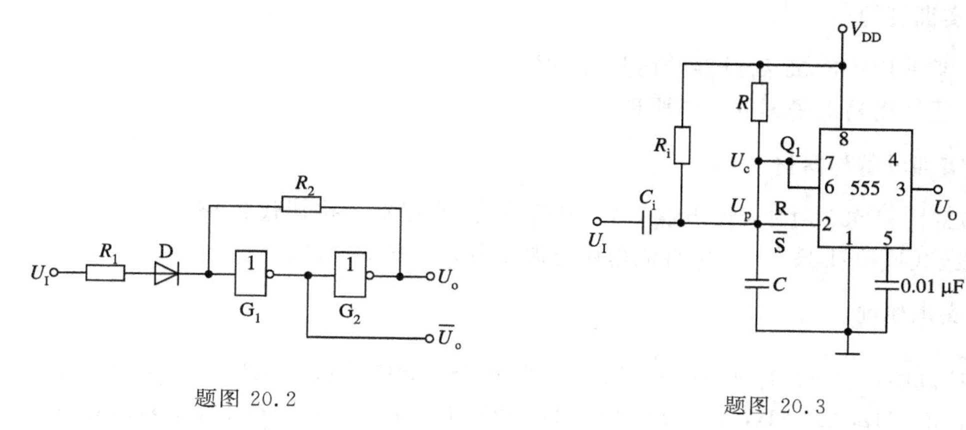

题图 20.2　　　　题图 20.3

5. 试用 555 定时器组成一个施密特触发器，要求：

(1) 画出电路接线图；

(2) 画出该施密特触发器的电压传输特性；

(3) 若电源电压 V_{CC} 为 6 V，输入电压是以 $u_i=6\sin\omega t$ V 为包络线的单相脉动波形，试画出相应的输出电压波形。

数字电子电路实训

实训7　简易电子琴电路

1. 实训目的

(1) 掌握用 NE555 组成多谐振荡器的方法；

(2) 了解简易电子琴的组成原理。

2. 实训设备与器材

IC 芯片 NE555 两片，扬声器 1 个，琴键开关(或用常用按钮代替)8 个，电阻、电容若干，二极管(4148)1 只，+5 V 直流稳压电源 1 台，示波器 1 台。

3. 实训原理

在 C 调中，1，2，3，4，5，6，7，$\dot{1}$这 8 个音符对应的频率依次为 264 Hz，297 Hz，330 Hz，352 Hz，396 Hz，440 Hz，495 Hz，528 Hz。用 555 定时器外加电阻电容可以组成多谐振荡器，合理选择电阻的值，就可以产生上述 8 个音符的频率信号。用此信号驱动扬声器就可以发出不同音调的声音。用 NE555 组成多谐振荡器的电路如实训图7.1 所示，电容充电时间 $T_1=0.7(R_1+R_2)C$，电容放电时间 $T_2\approx0.7R_2C$，故产生的方波的频率为

$$f=\frac{1}{T}=\frac{1}{T_1+T_2}=\frac{1.43}{(R_1+2R_2)C}$$

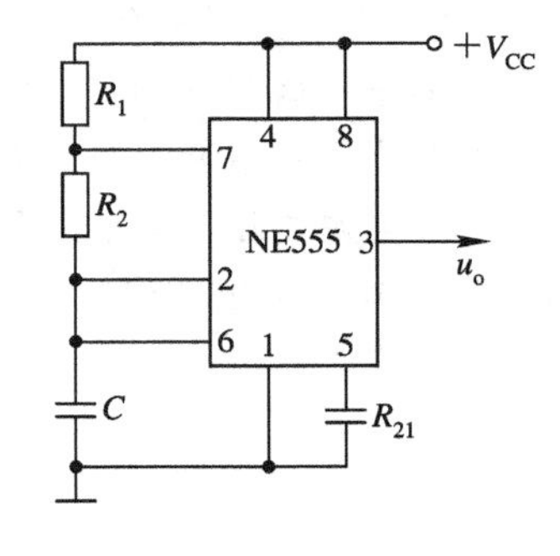

实训图 7.1　NE555 构成的振荡器

简易电子琴电路如实训图 7.2 所示，图中 $R_{21}\sim R_{28}$和按键 $S_1\sim S_8$ 可以分别与 NE555A 的 R_1 及 C_1 组成多谐振振器，产生各种音调信号，NE555B 构成的振荡器起节拍发生器的作用，在 R_p 两端并联的二极管 D，可以缩短放电时间，因而 NE555B 每隔一段时间输出一个负脉冲，从而构成节拍，同时经扬声器输出。调节 R_p 的大小，可以改变节拍的快慢。

4. 实训步骤

(1) 按所给频率计算出阻值，若不在标称值之列，则通过串并联电阻的方法来解决。

(2) 按实训图 7.2 所示电路接好线路。

(3) 接上电源，分别按下 $S_1\sim S_8$ 开关，试听 C 调的 1，2，3，4，5，6，7，$\dot{1}$，音调要清晰，节拍发生电路应工作正常。

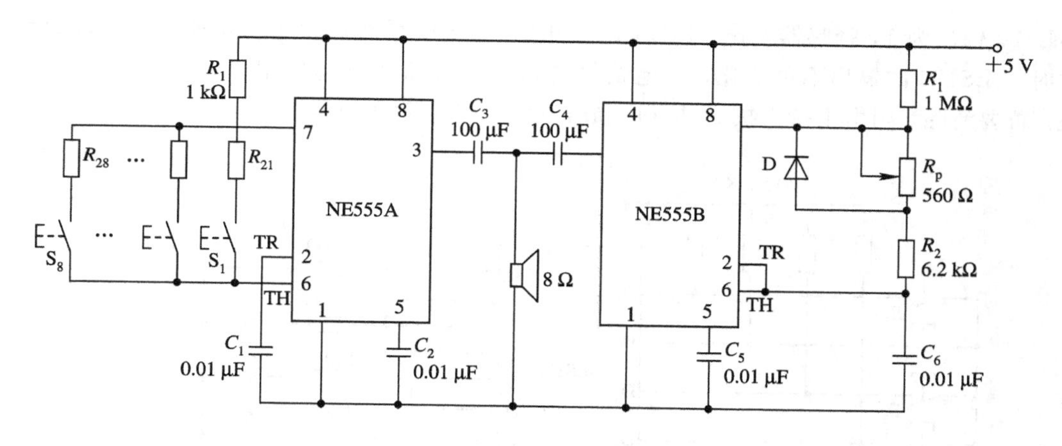

实训图 7.2　简易电子琴电路

5. 实训报告

(1) 通过改变 C_1 的值改变输出信号的频率可不可以？与改变 R_2(R_{21}～R_{28})的值的方法相比，哪一种更好？为什么？

(2) 去掉 C_3，把 NE555A 的 3 脚直接接在扬声器上会有什么现象？

实训 8　四人抢答电路

1. 实训目的

(1) 掌握四 D 触发器 74LS175 的原理及使用；

(2) 熟悉与非门的使用；

(3) 掌握实践电路的工作原理；

(4) 培养独立分析故障及排除故障的能力。

2. 实训设备与器材

74LS175 一片，74LS20 一片，74LS00 一片，NE555 一片，电阻、电容若干，发光二极管 4 只，常闭按钮 5 个，+5 V 直流稳压电源 1 台，蜂鸣器 1 个。

3. 实训原理

实验电路如实训图 8.1 所示，该电路由四 D 触发器、与非门及脉冲触发电路等组成。74LS175 为四 D 触发器，其内部具有 4 个独立的 D 触发器，4 个触发器的输入端分别为 D_1、D_2、D_3、D_4，输出端相应为 Q_1、Q_2、Q_3、Q_4。四 D 触发器具有共同的时钟端(CP)和共同的清除端(CLR)。74LS20 为四输入端的与非门，一块芯片中有 2 个独立的与非门。74LS00 为二输入端与非门，在一块芯片中有 4 个独立的与非门。优先判决电路是用来判断哪一个预定状态优先发生的电路，如判断知识竞赛中谁先抢答。S_1、S_2、S_3、S_4 为抢答人按钮，S_5 为主持人复位按钮。当无人抢答时，S_1～S_4 均未被按下，D_1～D_4 均为低电平，在 NE555 电路产生的时钟脉冲作用下，74LS175 输出端 Q_1～Q_4 均为 0，LED 发光二极管不亮，74LS20 输出为低电平，蜂鸣器不发声。当有人抢答时，例如，S_1 被按下时，D_1 输入端为高电平，在时钟上升沿时，Q_1 翻转为 1，对应的 LED 发光二极管发光，同时 $\overline{Q_1}=0$，使

74LS20 输出为 1，蜂鸣器发声。74LS20 输出经 74LS00 反相后变为低电平，将脉冲封锁，此时 74LS175 的输出不再变化，其他抢答者再按下按钮也不起作用，从而实现了优先判决。若要清除，则由主持人按 S_5 按钮完成，为下一次抢答做好准备。

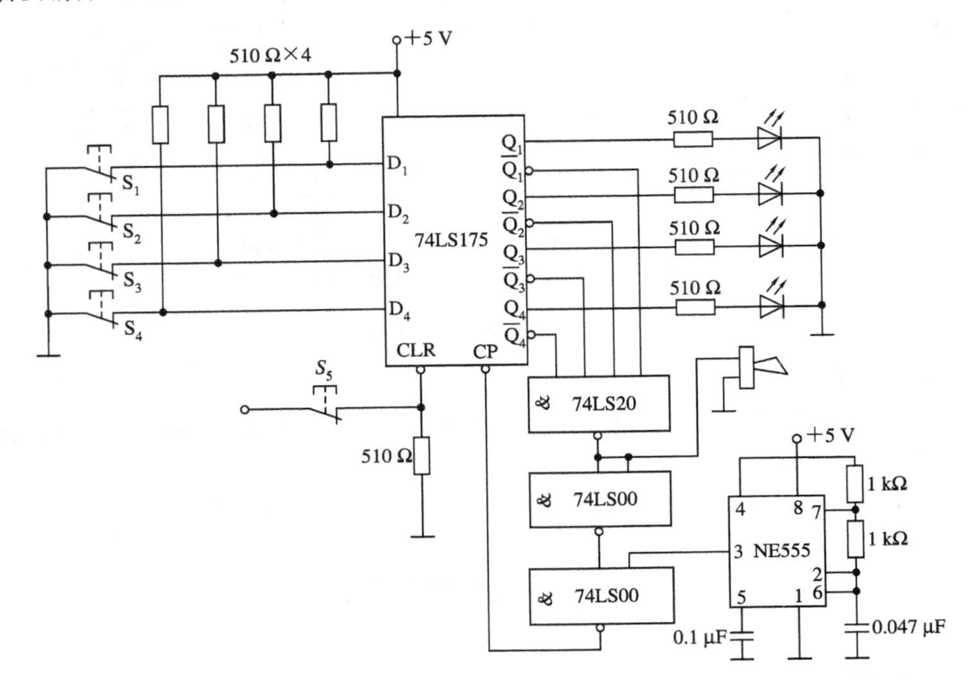

实训图 8.1　四人优先判决电路

4. 实训步骤

(1) 按实训图 8.1 连接电路，检查电源线、地线是否连接正确。将按钮 S_1、S_2、S_3、S_4 分别按下，观察发光管 LED 是否正常，蜂鸣器是否发声。

(2) 按下 S_5 按钮，观察工作是否正常，当按下 S_5 时，发光管 LED 全灭，蜂鸣器不发声。

(3) 如果发现电路工作不正常，按照原理进行分析，用仪表检查，找出原因加以解决。

5. 实训报告

(1) 发光二极管 LED 为什么要串联一个电阻？发光二极管正常工作时的电流大约为多少？

(2) 若发光二极管改为共阳极接法，则电路将如何改动？试说明原因。

(3) 如果有两个按键同时按下，有两个灯同时亮，可能是何原因？如何解决。

实训 9　简易电子门铃的制作与电路测试

1. 实训目的

(1) 熟悉 555 集成定时器的使用方法；

(2) 基本掌握示波器的使用方法；

(3) 认识 RC 动态电路的主要特点。

2. 实训设备、器件与实训电路

(1) 实训设备与器件：直流稳压电源 1 台，双通道示波器 1 台，万能板 1 块，8 Ω 扬声器 1 个，按键开关 1 个，电阻、电容、导线若干。

(2) 实训电路与说明：实训电路如实训图 9.1 所示。图中 555 为集成定时器电路。555 定时器具有如下特点：当它按实训图 9.1 的方式将 2、6 脚连到一起时，如果连接点的电位高于电源电压的 2/3，则 3 脚的输出电压等于 0 V，7 脚对地短路；如果连接点的电位低于电源电压的 1/3 时，则 3 脚的输出电压等于电源电压，7 脚对地开路。

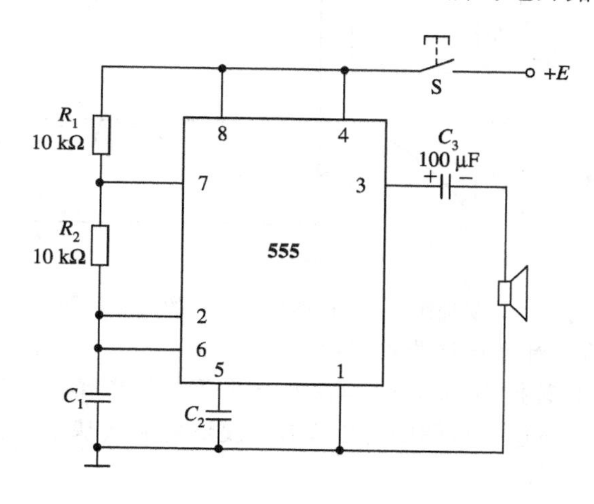

实训图 9.1　电子门铃电路图

3. 实训步骤与要求

1) 连接电路

按图在万能板上将电路连接好，注意 IC 的引脚及电容 C_1、C_3 的极性不要接错。

2) 通电试听

接通电源(5 V)，按下按键 S，此时，可以听到扬声器发出的单一频率的声音。松开按键，声音停止。

3) 测试输出波形

打开示波器，把通道 1 输入探头的“地”与电路的“地”相连，中心头接至扬声器的上端。注意，如果事先不会使用示波器，请仔细阅读示波器的说明书直至能正确使用为止。

如果操作正确，则当按下按键喇叭发声时，可以在荧光屏上看到如实训图 9.2(a)所示的脉冲波形。要求用示波器读出输出波形的周期 T 及脉冲的宽度 T_1，并记录在实训报告上(为减少声音干扰，可以将扬声器从电路中断开)。

4) 测试 555 第 2、6 脚的波形

把示波器通道 2 输入探头的中心头接 555 第 2、6 脚，“地”与“地”相接。按下按键，此时，可以观测到如实训图 9.2(b)所示的锯齿状波形。如将示波器的输入状态设置为直流，则可以读出其幅度最小值约为电源电压的 1/3，其最大值约为电源电压的 2/3。

在荧光屏上比较通道 1 与通道 2 的波形可以发现，锯齿波的最小值与输出波形从低电平向高电平的过渡对应，锯齿波的最大值与输出波形从高电平向低电平的过渡对应。

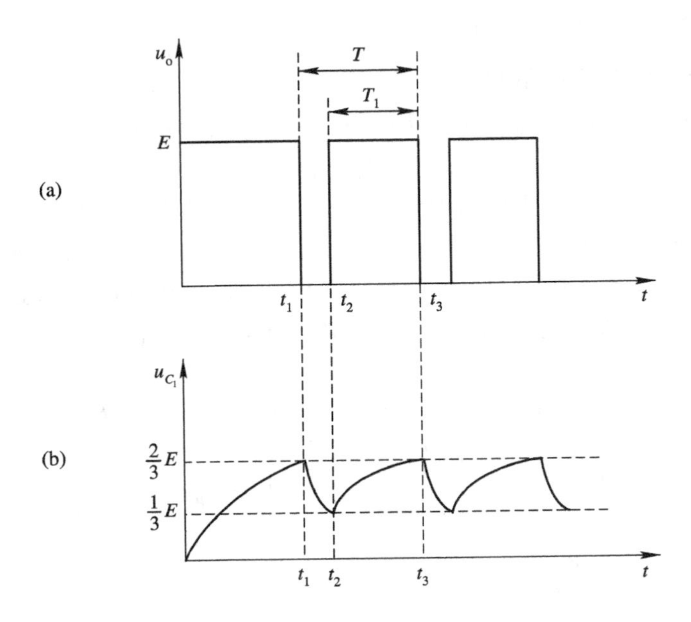

实训图 9.2　电路中对应点的波形

5）观察改变电容 C_1 对输出信号周期的影响

将电容 C_1 由 10 μF 替换为 20 μF，再次测试步骤 3 与步骤 4 中测试到的波形，并记录周期 T 与脉冲宽度 T_1。在这一步骤中可以发现，波形的形状基本没有改变，但波形的周期与脉冲宽度却变大了。

6）观察改变电阻 R_1 对输出信号周期的影响

在步骤 5 的基础上，将电阻 R_1 由 10 kΩ 替换为 20 kΩ，再次测试两处的波形，同时记录 T 与 T_1。可以发现，T 与 T_1 又变大了。

4. 实训总结与分析

1）音频信号产生的原理

上面的实训中，在扬声器测得如实训图 9.2(a)所示的输出波形，它的频率恰落在音频范围内，因此可以推动扬声器发出声音。电路中并没有音频信号源，显然，加至扬声器的音频信号是电路自己产生的。音频信号产生的过程，涉及到电路的过渡过程，可以按如下过程来定性地理解电路的工作原理。

(1) 从接通电源到 C_1 两端电压升高至 $2E/3$。接通电源后的瞬间，由于电容 C_1 内部原先没有储存电荷，因此其两端电压为 0。根据 555 的性质，其 3 脚电压等于电源电压，7 脚对地开路。然后，电源 E 通过电阻 R_1 与 R_2 对电容 C_1 充电，使 C_1 两端电压升高。当 C_1 两端电压高于 $2E/3$ 时，根据 555 的性质，其输出电压立即跳变至 0 V，7 脚对地短路。由于 7 脚对地短路，电源 E 无法再通过 R_2 对 C_1 充电，C_1 两端电压不可能再升高。这一段时间，与实训图 9.2 中 $0\sim t_1$ 时间段对应。从实训图 9.2(b)中，可以看到在充电过程中，电容器两端电压逐渐升高的情况，

(2) 电容 C_1 两端电压从 $2E/3$ 降到 $E/3$。C_1 两端电压升至 $2E/3$ 后无法再升高，同时也无法维持这一电压值。由于 R_2 上端通过 555 第 7 脚接地，因此 C_1 通过 R_2 对地放电，电流从 C_1 流出，其两端电压随着放电过程慢慢降低。当 C_1 两端电压降至 $E/3$ 时，555 输出

电压立即从 0 V 跳变至E，7 脚对地开路。由于 7 脚开路，电容 C_1 不可能再通过 R_2 对地放电，C_1 两端电压不可能再降低。这一过程与实训图 9.2 中 $t_1 \sim t_2$ 时间段对应。从实训图 9.2(b)中，可以看到在放电过程中，电容器两端电压逐渐降低的情况。

(3) 充电放电的不断循环。显然，电路跳变后，电源 E 又通过 R_1 与 R_2 对 C_1 充电，完成 $t_2 \sim t_3$ 的过程，引起电路又一次跳变。然后，C_1 又通过 R_2 放电。如此循环往复，形成了输出波形如实训图 9.2(a)所示的振荡。如果图 9.2(a)波形的频率为 f，则它可以分解成许多频率为 $nf(n=0, 1, 2, \cdots)$ 的正弦电压，nf 称为 f 的谐波。所以，这种振荡器称为多谐振荡器。

2) 决定振荡周期的因素

在实训步骤 5 与步骤 6 中，改变 C_1 或 R_1 的值，引起了输出波形的周期的变化。显然，振荡周期与 R_1 和 C_1 的值有关。从实训图 9.2(b)中可以看出，振荡周期 T 等于电容充电时间 T_1 与放电时间之和。还可以看出，充电时间明显大于放电时间。这是因为，充电电流同时流过了 R_1 与 R_2，而放电电流只流过了 R_2。可以证明，在电容充放电电路中，电流流经的电容与电阻的乘积越大，其充放电的时间就越长。

附录　复数的表示及运算方法

1. 复数的概念

在数学中，当遇到对负数开平方时，称负数的平方根为虚数。如 $\sqrt{-4}=\sqrt{-1}\times\sqrt{4}=$ j2 即为一虚数，其中 $\mathrm{j}=\sqrt{-1}$ 称为虚数的单位。

把实数和虚数的代数和称为复数，一般用大写字母表示，如

$$A = a + \mathrm{j}b \tag{①}$$

上式中的 a 为复数的实部，用 Re[　]表示，即 $\mathrm{Re}[A]=a$；b 为复数的虚部，用 Im[　]表示，即 $\mathrm{Im}[A]=b$。

2. 复数的表示方式

(1) 复数的代数表示。

①式即为复数的代数表示式。

(2) 复数的直角坐标表示。

用横轴代表实数轴，纵轴代表虚数轴，就构成了一个平面，称为复平面。任一复数都可用复平面上的有向线段(矢量)表示，如附图 1 所示。

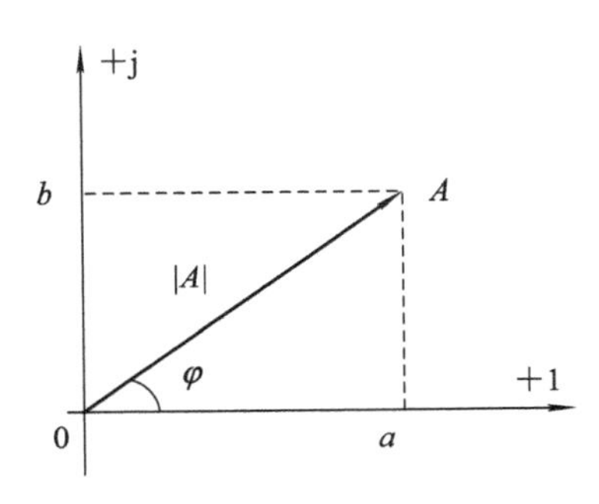

附图 1　复数的直角坐标表示

从附图 1 中可看出，复数 A 的实部是该矢量在实数轴上的投影，复数 A 的虚部是该矢量在虚数轴上的投影。该矢量的长度为

$$|A| = \sqrt{a^2 + b^2} \tag{②}$$

$|A|$ 称为复数 A 的模或绝对值。该矢量与实数轴的夹角为

$$\varphi = \arctan\frac{b}{a} \tag{③}$$

φ 称为复数的幅角。利用幅角 φ，可知：

$$\begin{cases} a = |A| \cos\varphi \\ b = |A| \sin\varphi \end{cases} \tag{④}$$

(3) 复数的三角函数表示。

将④式代入①式，可得到：

$$A = |A| \cos\varphi + \mathrm{j} |A| \sin\varphi = |A| (\cos\varphi + \mathrm{j} \sin\varphi) \quad ⑤$$

上式即为复数的三角函数表示式。

(4) 复数的指数表示。

利用数学上的尤拉公式：

$$\mathrm{e}^{\mathrm{j}\varphi} = \cos\varphi + \mathrm{j} \sin\varphi \quad ⑥$$

将⑥式代入⑤式，可得到：

$$A = |A| \mathrm{e}^{\mathrm{j}\varphi} = |A| \angle\varphi \quad ⑦$$

上式即为复数的指数表示式(或称为极坐标表示式)，式中的$|A|\angle\varphi$为简写形式。

3. 复数的运算规律

(1) 虚数单位 j 的运算。

根据 j 的定义可知：

$$\mathrm{j}^2 = (\sqrt{-1})^2 = -1$$

$$\mathrm{j}^3 = \mathrm{j} \cdot \mathrm{j}^2 = -\mathrm{j}$$

$$\mathrm{j}^4 = \mathrm{j}^2 \cdot \mathrm{j}^2 = 1$$

由于

$$\mathrm{e}^{\mathrm{j}\pi/2} = \cos\varphi \frac{\pi}{2} + \mathrm{j} \sin \frac{\pi}{2} = \mathrm{j}$$

而

$$\mathrm{e}^{-\mathrm{j}\pi/2} = \cos\varphi\left(-\frac{\pi}{2}\right) + \mathrm{j} \sin\left(-\frac{\pi}{2}\right) = -\mathrm{j}$$

故 j 的几何意义在于：一个矢量乘上 j 相当于该矢量在坐标上沿逆时针方向旋转 90°，乘上 −j 相当于该矢量在坐标上沿顺时针方向旋转 90°。

(2) 两个复数相加(减)时，它们的实部和虚部分别相加(减)，其结果是组成一个新的复数。例如：

$$A_1 + A_2 = (a_1 + \mathrm{j}b_1) + (a_2 + \mathrm{j}b_2) = (a_1 + a_2) + \mathrm{j}(b_1 + b_2)$$

(3) 若两个复数相等，则两者的实部和虚部分别相等。

(4) 两个复数乘积也是复数，且相乘时用指数式比用代数式方便。例如：$A_1 = |A_1| \mathrm{e}^{\mathrm{j}\varphi_1}$，$A_2 = |A_2| \mathrm{e}^{\mathrm{j}\varphi_2}$

$$A_1 \cdot A_2 = |A_1| \cdot |A_2| \mathrm{e}^{\mathrm{j}(\varphi_1 + \varphi_2)} = |A_1| \cdot |A_2| \angle(\varphi_1 + \varphi_2)$$

(5) 两个复数相除，其商也是复数，且相除时用指数式比用代数式更方便。例如：

$$\frac{A_1}{A_2} = \frac{|A_1| \mathrm{e}^{\mathrm{j}\varphi_1}}{|A_2| \mathrm{e}^{\mathrm{j}\varphi_2}} = \frac{|A_1|}{|A_2|} \mathrm{e}^{\mathrm{j}(\varphi_1 - \varphi_2)} = \frac{|A_1|}{|A_2|} \angle(\varphi_1 - \varphi_2)$$

参考文献

1 沈世锐．电路与电机．北京：高等教育出版社，1986

2 冯满顺．电子技术基础．北京：机械工业出版社，2003

3 魏绍亮，陈新华．电子技术实践．北京：机械工业出版社，2002

4 李忠波．电子技术．北京：机械工业出版社，2003

5 刘守义．应用电路分析．西安：西安电子科技大学出版社，2000

6 阎石．数字电路．北京：高等教育出版社，1998

7 邹寿彬．数字电路基础．北京：高等教育出版社，1998

8 赵六骏，金良玉．数字电路与逻辑设计．北京：北京邮电大学出版社，1993

9 杨志忠．数字集成电路．北京：中国电力工业出版社，1998

10 任为民．电子技术基础课程设计．北京：中央广播电视大学出版社，1996

11 焦宝文．电子技术基础课程设计．北京：清华大学出版社，1984